AF339261

Professeur A. HÉRAUD

LES SECRETS

DE LA SCIENCE ET DE L'INDUSTRIE

RECETTES, FORMULES ET PROCÉDÉS

D'UNE UTILITÉ GÉNÉRALE ET D'UNE APPLICATION JOURNALIÈRE

Avec 127 figures intercalées dans le texte

LES MÉTAUX, LE BOIS, LES TISSUS
L'ÉLECTRICITÉ, LES MACHINES
LA TEINTURE, LES PRODUITS CHIMIQUES
L'ORFÈVRERIE
LA CÉRAMIQUE, LA VERRERIE, LES ARTS DÉCORATIFS
LES ARTS GRAPHIQUES

PARIS

LIBRAIRIE J.-B. BAILLIÈRE ET FILS

19, rue Hautefeuille, près du boulevard Saint-Germain

1904

LES SECRETS

DE LA SCIENCE ET DE L'INDUSTRIE

PROFESSEUR A. HÉRAUD

LES SECRETS

DE LA SCIENCE ET DE L'INDUSTRIE

RECETTES, FORMULES ET PROCÉDÉS

D'UNE UTILITÉ GÉNÉRALE ET D'UNE APPLICATION JOURNALIÈRE

Avec 127 figures intercalées dans le texte

LES MÉTAUX, LE BOIS, LES TISSUS
L'ÉLECTRICITÉ, LES MACHINES
LA TEINTURE, LES PRODUITS CHIMIQUES
L'ORFÈVRERIE
LA CÉRAMIQUE, LA VERRERIE, LES ARTS DÉCORATIFS
LES ARTS GRAPHIQUES

PARIS

LIBRAIRIE J.-B. BAILLIÈRE ET FILS

19, rue Hautefeuille, près du boulevard Saint-Germain

1904

PRÉFACE

Le but que l'auteur s'est proposé en écrivant ce livre est de vulgariser les notions usuelles fournies par la science, et de donner au lecteur des renseignements pratiques d'une utilité générale et d'une application journalière.

Chaque acheteur de ce livre est certain d'y trouver une ou plusieurs recettes, qui lui procureront agrément ou économie dans son travail de chaque jour, et qui lui rembourseront facilement dix fois le montant de son achat : voilà le vrai criterium du livre utile.

Ce livre s'adresse aux industriels qui veulent être tenus au courant des progrès de la science dont les applications fécondes se multiplient sans cesse ; tous les corps de métiers y trouveront des formules, des recettes, des procédés qui pourront, à un moment donné, leur rendre les plus grands services.

Quant aux personnes étrangères à la technique industrielle, ce livre leur permettra d'exécuter elles-mêmes des opérations simples et faciles sans le secours d'un matériel dispendieux et encombrant ; il leur donnera en outre des renseignements précis et exacts sur les appareils scientifiques qui prennent de plus en plus d'importance dans l'installation de la maison moderne.

Nous avons souvent donné plusieurs formules pour un même but à atteindre ; ce n'est pas que nous mettions en doute la valeur d'aucun des procédés que nous avons donnés, car nous les avons tous vérifiés avant de les livrer au public, mais nous avons pensé qu'il y avait des cas où, à défaut d'un produit indiqué dans une formule, on trouverait facilement à se procurer un produit similaire indiqué dans une autre formule : on aura donc le choix pour s'adresser au procédé que l'on pourra plus commodément exécuter.

Un conseil à ceux qui voudront bien prendre notre livre pour guide, c'est de toujours commencer l'opération par un essai avant de compromettre toute la provision ou d'exposer l'objet précieux aux tâtonnements d'un opérateur inexpérimenté : quelle que soit la précision et la clarté que nous avons cherché à apporter dans l'exposition des procédés, nous savons par expérience qu'il y a certains tours de mains que l'on n'acquiert que par une expérience répétée.

L'ordre alphabétique est celui que nous avons adopté. En effet, notre livre n'est pas un ouvrage didactique, où tout s'enchaîne, mais un recueil de renseignements qu'on consulte, au jour le jour et suivant les besoins du moment. A ce titre, l'ordre alphabétique nous a paru préférable à tout autre, car il a l'avantage de faciliter les recherches et d'être parfaitement en rapport avec le caractère pratique que nous avons tâché de donner à ce travail.

Le lecteur, alors même qu'il ne posséderait aucune connaissance technique, pourra y trouver intérêt et profit. Pour cela, nous n'avons usé qu'avec la plus grande réserve du langage scientifique et avons essayé par suite de nous mettre à la portée de tous.

De nombreuses figures ont été intercalées dans le texte ; le lecteur saisira mieux une opération de chimie ou un procédé de fabrication, lorsque la représentation figurée de l'objet viendra compléter et faciliter la description.

Une *table alphabétique* très complète aidera dans les recherches et permettra de trouver immédiatement et sans perte de temps le renseignement désiré.

Un *tableau des industries ou métiers* qui auront intérêt et profit à consulter ce livre, renvoie aux divers articles de la table alphabétique et permet à chacun de trouver facilement l'ensemble des renseignements qui lui sont utiles.

Cet ouvrage a reçu déjà, dans deux éditions, un accueil empressé, qui nous a fait un devoir de le soumettre à une sérieuse révision ; nous avons fait de nombreuses additions pour mettre le livre au courant des dernières découvertes dont ont bénéficié la science et l'industrie.

15 juillet 1903.

LES SECRETS

DE

LA SCIENCE ET DE L'INDUSTRIE

A

ACIER. — **Caractères du bon acier.** — Trempé à un faible degré de chaleur, l'acier acquiert une grande dureté ; sa dureté est uniforme dans toute la masse ; après la trempe, il résiste au choc sans se rompre et ne-perd sa dureté que par un recuit très intense ; il se soude avec facilité, ne se fendille pas, supporte une chaleur très élevée ; il présente dans sa cassure un grain très fin et bien égal ; il possède une grande pesanteur spécifique.

Distinction de l'acier et du fer. — Cette question a une grande importance, tant au point de vue technique qu'au point de vue industriel et commercial, vis-à-vis des fraudes qui se produisent à l'entrée en France des divers produits fabriqués à l'étranger.

On est parti de cette définition, admise par le *Comité des Forges de France* et à laquelle s'est ralliée la majorité des praticiens :

« Le mot *acier* doit être attribué non seulement aux produits non fondus qui trempent, mais encore à tous les produits fondus malléables, même lorsqu'ils ne trempent pas. »

Le problème sera résolu si on arrive à mettre en évidence les traces de soudure des produits soudés.

I. Trempez un petit bout de bois ou de plume dans l'acide azotique et touchez-en l'objet à essayer. On lave ensuite avec de l'eau la partie touchée. Si c'est du fer, la tache sera claire ou légèrement blanchâtre ; si c'est de l'acier, la tache sera noire.

II. *Procédé A. Evrard.* — On fait couper dans une

série d'échantillons de fils de fer et d'acier, de qualités et de numéros différents, des morceaux de 0ᵐ400.

Tous les morceaux réunis sont chauffés ensemble, dans un feu de forge, à la température du jaune oxydant, puis trempés dans l'eau froide, dans le but d'ouvrir les dessoudures du métal. Après cette opération, les fils sont chauffés de nouveau au rouge-cerise, puis soumis à un forgeage énergique, qui acheve de désagréger le métal. Quand une longueur de 30 centimetres de fil a été martelée, le forgeron l'étire en lame de 4 à 8 dixièmes de millimètre d'épaisseur: si pendant cette opération le fil se refroidit, on le réchauffe.

La partie étirée est chauffée de nouveau au jaune oxydant pendant une minute, puis on la laisse refroidir très lentement dans le foyer, afin de détruire la texture nerveuse que lui a donnée l'étirage. Quand le métal paraît rouge sombre, on le plonge dans l'eau froide.

Les lames sont ensuite polies sur les deux faces, soit sur une meule de grès, soit au moyen d'une lime douce, et l'on voit alors apparaître les dessoudures des fers obtenus de paquets soudés.

Mais cette opération est insuffisante pour permettre la distinction absolue du métal, si on opère sur des fers provenant de *blooms* ou massiaux.

On poursuit les recherches en plongeant les lames dans l'acide azotique à 10 ou 15 degrés, de manière à obtenir une attaque très énergique qui a pour but de faire ressortir le grain du métal.

L'acier présente toujours une surface unie et un aspect gris terne. Au contraire, le fer montre toujours, à cause de l'irrégularité de l'attaque, une surface rugueuse, avec parties à grains brillants caractéristiques, disposées suivant des lignes longitudinales, à côte d'autres parties à grains ternes analogues au grain de l'acier. Le fer en blooms présente en outre des bandes noires, dues aux impuretés qu'il contient.

Afin de rendre ces résultats encore plus frappants et plus sensibles, M. Eviard a eu l'ingénieuse idée de se servir de l'appareil Molteni, qui donne sur un transparent les projections lumineuses, considérablement agrandies, des échantillons soumis aux opérations, ainsi que des cassures des diverses éprouvettes, fer ou acier. En conjuguant ensemble deux appareils Molteni à 90 degrés l'un sur l'autre, on éclaire d'une façon parfaite les pièces à projeter. L'objet est placé au point de rencontre des deux faisceaux lumineux, et son image va se produire sur l'écran, grâce à une lentille placée entre les deux appareils.

Double cémentation de l'acier. — On a cherché le moyen de donner au fer et à l'acier, déjà transformés en outils, une dureté de plus en plus grande.

I. M. Patridge, directeur d'une usine anglaise, est arrivé à d'heureux résultats en faisant chauffer l'outil à durcir dans un bain de plomb ou d'autre métal fondu, et en le recouvrant, à sa sortie du bain, d'une couche pulvérulente ou liquide d'un mélange de prussiate de potasse, de nitre et de sel ordinaire et en le plongeant de nouveau dans le bain.

II. M. Alexandre a aussi employé avec succès une méthode de double cémentation pour les *plumes métalliques* et les *rasoirs*.

Gravure sur acier. — I. On chauffe légèrement le métal et on le couvre d'une couche de cire, on flambe ensuite à la flamme d'une chandelle ou d'une lampe fumeuse, afin de noircir le métal et de mieux voir les traits que l'on trace sur ce fond noir soit avec une pointe, soit avec une plume. Cela fait, on passe sur les parties mises à nu de l'*acide azotique* du commerce étendu de deux fois son volume d'eau, en ayant soin que la couche liquide qui recouvre la gravure présente une certaine épaisseur. Au bout de trois minutes, l'opération est terminée, il ne reste plus qu'à laver à grande eau et à essuyer avec soin.

Ce procédé ne peut être employé lorsqu'il s'agit de produire les traits fins et délicats que comporte la gravure exécutée sur des planches d'acier.

On opère alors de la manière suivante :

II. Après avoir recouvert la planche d'un vernis spécial (voyez *Vernis*), on enlève sur ce vernis les lignes du dessin, et l'on fait agir sur les parties ainsi découvertes un *mordant spécial*. Voici quelques formules des mordants employés :

MORDANT POUR LA GRAVURE SUR ACIER

Eau distillée . . . . 15 parties (1)
Alcool . . . . 2 —
Acide nitrique . . . . . . 1 —
Nitrate d'argent . . . . . 1 gramme par litre du mordant

MORDANT DE TURELL

Acide pyroligneux . . . . 4 grammes
Alcool à 90° . . . . 1 —
Acide azotique . . . . 1 —

On mélange d'abord l'acide pyroligneux et l'alcool ; puis on ajoute l'acide azotique. Ce liquide est laissé en contact avec l'acier, de une minute et demie à quinze minutes, suivant la profondeur que l'on désire.

MORDANT DE DELESCHAMP (GLYPHOGÈNE)

Acétate d'argent. . .	8 gr.	Acide azotique pur .	260 gr.
Alcool rectifié . . .	500	Éther azoteux . . .	64
Eau distillée. . . .	500	Acide oxalique. . .	4

En laissant ce liquide en contact avec le métal pendant une demi-minute, on produit les tons légers. On peut le faire servir deux ou trois fois, mais il faut éviter de verser sur la planche le dépôt qui s'est formé, par suite de l'action du mordant sur le métal.

La gravure par l'acide nitrique a l'inconvénient de dégager des vapeurs nitreuses: outre le désagrément qui en résulte pour l'opérateur, ce dégagement de gaz soulève la couche protectrice dans le voisinage des parties mordues, et il en résulte une attaque du métal sous-jacent et, par suite moins de netteté dans le tirage des épreuves.

(1) Le mot *partie* peut exprimer le gramme ou tout autre multiple, tel que 1 hectogramme, le kilogramme, suivant la quantité de produit que l'on veut obtenir. Lorsqu'il s'agira seulement du gramme et de ses fractions, nous aurons soin de le spécifier. Quelquefois il est indispensable de représenter les quantités des substances qui entrent dans une formule, les œufs par exemple, non par leur poids, mais par leur nombre, ce que l'on indique en se servant de l'abréviation: N°.

III. *L'acide chromique* ne présente pas cet inconvénient. L'attaque est plus lente, mais l'opérateur n'est pas incommodé et la gravure présente plus de netteté.

Pour préparer l'acide chromique pour cet usage, on dissout 150 grammes de bichromate de potasse dans 800 grammes d'eau chaude et l'on y ajoute 200 grammes d'acide sulfurique. C'est la dissolution formée par ce mélange qui est employée pour la gravure. (H. Erkmann.)

Empreintes sur l'acier. — Au lieu de graver sur l'acier, on peut laisser sur le métal l'empreinte de tel dessin que l'on désire en employant le procédé suivant. L'acier poli est enduit de térébenthine, puis recouvert d'abord de papier brouillard, et ensuite de terre grasse. La pièce ainsi disposée est portée au feu et chauffée jusqu'au rouge. Du moment que cette température a été obtenue, on sort l'acier du feu, on arrache tout ce qui le recouvre et on y applique fortement, soit en serrant avec une presse, soit en frappant avec un marteau, la figure dont on désire laisser l'empreinte sur l'acier. Cette figure a été ordinairement coulée en sable, avec un alliage formé de 10 parties de laiton et de 3 parties d'étain.

Régénération de l'acier brûlé. — Lorsque l'acier, et surtout l'acier fondu a été exposé à une température trop élevée, il perd sa malléabilité, la finesse de son grain, *il a été brûlé.* Il faut le régénérer, lui rendre ses qualités primitives.

I. On le fait chauffer au rouge-cerise (Camus), et on le plonge une ou deux fois dans la solution suivante :

Gomme arabique................................. 200 grammes.
Eau commune.................................... 1 litre.

II. On se sert d'eau bouillante, dans laquelle on plonge l'acier chauffé, avec précaution, au rouge-cerise et on réitère trois ou quatre fois cette opération (Malberg).

III. On le trempe dans un bain composé de suif de mouton, d'huile de colza et de noir de fumée (Rigaut).

Soudure de l'acier. — Pour souder l'acier avec lui-même ou avec le fer, il faut apporter à l'opération des soins particuliers, de manière à ne pas altérer la qualité de l'acier.

I. Lorsqu'on soude l'acier avec lui-même, on saupoudre ordinairement la pièce de grès ou de verre pilé pour éviter l'oxydation produite par une température trop élevée, qui déterminerait, dans la masse du métal, des gerçures irréparables. Voici les formules de quelques mélanges qui peuvent être employés dans cette circonstance :

N° 1.

	gr.
Borate de soude (*borax*).....	500
Sel ammoniac.................	250
Alcool à 90°..................	50

N° 2.

Borate de soude concassé.,...	500
Limaille d'acier.............	125

N° 3.

Borate de soude fondu.......	500
Limaille de fer.............	500

N° 4.

	gr.
Acide borique...............	35
Sel marin décrépité.........	30
Ferrocyanure de potassium (*prussiate jaune*)..........	27
Colophane...................	8

N° 5.

Acide borique...............	42
Sel marin décrépité.........	35
Ferrocyanure de potassium,..	15
Carbonate de soude desséché..	8

Le n° 5 est spécialement employé pour souder l'acier fondu avec lui-même.

II. Müller, professeur à l'École pratique d'Osnabrück, recommande l'artifice suivant, qui est à peu près infaillible si l'on ne chauffe pas trop : c'est d'interposer une lame de fer entre les deux morceaux d'acier qu'on veut réunir.

Trempe de l'acier. — L'acier, porté à une température rouge et refroidi ensuite brusquement, éprouve le phénomène de la *trempe*. Cette opération communique aux outils d'acier une dureté qui leur permet de diviser les matières les plus dures, et l'acier lui-même, tout en gardant leur forme et la vivacité de leur tranchant.

Il résulte des études de M. Charpy que, pour toutes les variétés d'acier, en général, l'opération de la trempe produit des modifications analogues: augmentation de la charge de rupture, diminution de l'allongement, augmentation de la résistance à la flexion et au choc.

La trempe exige des soins particuliers, mais elle ne présente pourtant point les difficultés que la routine, les préjugés ont accumulées autour d'elle. Elle ne dépend que de deux choses: 1° de la nature du liquide dans lequel on plonge l'outil ; 2° du degré de chaleur que l'on doit donner à l'acier.

1° L'eau pure et fraîche est le seul liquide qu'on doive employer pour tremper, elle donne aux outils le maximum de dureté et de ténacité; quelquefois pourtant on peut y mêler quelques gouttes d'acide nitrique ou d'acide sulfurique, mais c'est une pratique à laquelle il faut n'avoir recours que rarement, car le surplus de dureté qu'acquiert l'outil dans ces conditions est le plus souvent accompagné d'une grande fragilité.

Le mercure est avantageux pour les burins et les forets d'une petite dimension, il donne au métal une grande dureté sans lui faire perdre de sa ténacité.

Lorsqu'il s'agit de donner à l'acier une dureté moyenne, on se sert avec avantage de bains d'huile, de suif, ou de cire; on peut employer ces substances soit prises isolément, soit combinées dans certaines proportions.

On communique une excellente trempe aux *scies*, *ressorts*, *hameçons*, *aiguillons*, *poinçons*, en se servant d'un mélange formé de:

Huile de baleine......................................	2 parties
Suif	2 —
Cire	1 —

L'eau de savon faible permet d'obtenir une trempe à peine sensible, le phénomène de la trempe cesserait même d'avoir lieu si l'eau était trop chargée de savon.

La gomme arabique, d'après Camus, présente vis-à-vis de l'acier une singulière propriété: en solution concentrée, elle adoucit tellement l'acier qu'il se laisse limer avec une facilité extraordinaire; si au contraire elle est en dissolution étendue (gomme arabique 30, eau 1000), elle est très avantageuse aux petits objets, tels que forets, burins d'horlogerie, tarauds, qui ont besoin d'une certaine dureté et surtout d'une grande résistance. La trempe à l'eau gommée a de plus l'avantage de ne jamais déformer les objets qui y sont soumis.

2° La température à laquelle on doit porter l'acier avant de le tremper varie avec la nature et la qualité du métal.

Les aciers dits d'Allemagne et de cémentation ne doivent jamais être chauffés au delà de la couleur rouge clair, avant leur immersion. L'acier fondu doit être amené seulement à la couleur rouge-cerise. Il est d'une haute importance de ne pas dépasser le degré de chaleur qui vient d'être indiqué; il vaut mieux même rester un peu en deçà, car l'acier chauffé à une température supérieure à celle que comporte sa nature perd à jamais ses qualités.

La pièce que l'on veut tremper doit être chauffée aussi uniformément que possible. On la saisit alors avec des tenailles et on la plonge, un peu obliquement, dans un vase rempli d'eau fraîche, en lui communiquant un léger et rapide mouvement de torsion, comme si on voulait s'en servir pour percer le fond du vase. On renouvelle ainsi la couche d'eau qui est en contact avec l'acier.

Dans tous les cas, les modifications se produisent presque complètement autour de 700°. Si le métal est chauffé au-dessous de 700°, on risque de ne pas le tremper ; en le chauffant au-dessus de 750°, ou au moins de 800°, on n'a pas grand'chose à gagner.

Ce résultat est important au point de vue pratique. Il montre que le phénomène élémentaire de la trempe est très simple, et que les difficultés à vaincre proviennent surtout des dimensions des pièces à tremper, qui font que les transformations restent souvent incomplètes.

Recuit de l'acier. — Quel que soit le liquide employé pour la trempe, l'outil présenterait une dureté telle que, dans la plupart des cas, il serait trop cassant, si on voulait l'employer tel qu'il sort de son bain d'immersion.

Pour atténuer cette rigidité, cette dureté, on a recours au *recuit*. Pour exécuter méthodiquement cette opération, on éclaircit, soit au moyen de la meule, soit avec un grès, soit avec un buffle garni d'émeri, la surface de l'outil et on le chauffe graduellement. Alors le brillant disparaît et fait place à des couleurs vives et éclatantes qui se succèdent toujours dans l'ordre suivant :

Jaune-paille.	Pourpre.	Bleu-gris.
Jaune-citron.	Gorge de pigeon.	Gris.
Jaune d'or.	Bleu riche.	
Orangé.	Bleu terne.	

A chacune de ces teintes correspond une dureté, qui va constamment en diminuant, du commencement à la fin du tableau. Pour tous les outils destinés à travailler les métaux, la couleur du recuit est un des trois jaunes ; on peut pousser à l'orangé et au pourpre pour l'acier fondu. Les nuances pourpre et gorge de pigeon convien-

nent pour les outils destinés à couper le bois; les divers
bleus doivent être obtenus lorsqu'on recherche plutôt l'é-
lasticité que la finesse du tranchant; tel est, par exemple,
le cas des ressorts et des épées.

Pour chauffer graduellement l'outil d'acier, on le dispose sur une couche de sable, placée sur une plaque de
tôle reposant sur des charbons incandescents : on retourne
l'outil à mesure que la température s'élève, en observant
les changements qui se manifestent dans les couleurs, et
aussitôt que ce point est atteint, on plonge l'objet dans
l'eau pour arrêter à ce point l'effet du recuit. Toute la
difficulté consiste à disposer la couche de sable de manière
à ce que l'échauffement du métal soit aussi égal que possible dans toutes ses parties. Afin d'obtenir ce résultat,
Parkes a proposé des alliages métalliques dont le point de
fusion est connu, et qui donnent à l'acier trempé la température voulue pour le recuit.

DÉSIGNATION DES INSTRUMENTS.	ALLIAGES de plomb et d'étain.	POINTS de fusion.	COULEUR du recuit correspondant.
Lancettes.	7 .. 4	216°C.	A peine jaune pâle,
Rasoirs. Instruments de chirurgie.	8 ... 4	228	Entre le jaune pâle et le jaune-paille.
Canifs.	8,5 .. 4	232	Jaune-paille.
Ciseaux à froid. Cisailles à couper le fer. Outils de jardinier.	14 ... 4	254	Brun.
Haches. Fers de rabots, Cisailles. Couteaux de poche.	19 ... 4	255	Tacheté de pourpre.
Couteaux de table. Ciseaux de drapier. Forceps.	30 ... 4	277	Pourpre.
Épées. Ressorts de montre, de bandage, de sonnette.	48 ... 4	288	Bleu clair.
Gros ressorts. Poignards. Forets. Petites scies fines.	50 .. 2	292	Bleu foncé.
Scies à guichet. Scies à main (dans l'huile bouillante à 316°).	... »	316	Bleu-noir,
Instruments qui doivent être un peu plus mous.	1	322	

I. On peut également recuire les objets en acier à l'aide d'une barre de fer rouge assez forte. On y place l'objet à recuire, et l'on examine les teintes successives qu'il contracte sous l'influence de la chaleur qui lui est communiquée.

II. Le recuit à l'huile flambante s'opère en revêtant d'une couche d'huile la pièce à recuire préalablement séchée. On chauffe jusqu'à ce que l'huile prenne feu.

III. Un procédé analogue est souvent employé pour les petits forets; après avoir trempé l'outil, on plonge sa pointe dans du suif et on présente le corps de l'outil à la flamme d'une lampe. Le recuit au jaune correspond au moment où le suif répand des fumées blanches ; si les vapeurs sont très abondantes et colorées, on est arrivé à l'orangé ; on atteint le recuit au bleu au moment où le suif va s'enflammer.

IV. La trempe dans l'eau froide, dite *trempe sèche*, présente le grave inconvénient de produire souvent des fentes et des criques qui altèrent la résistance du métal et que le recuit ne fait pas toujours disparaître. Aussi a-t-on cherché à produire, en une seule opération, la trempe et le recuit en échauffant l'eau dans laquelle le métal rougi est plongé ; ainsi les ressorts des fusils à aiguille, trempés à la température de 55°, prennent l'élasticité et la résistance correspondant à la meilleure trempe, suivie d'un recuit approprié. Pour l'acier qui contient 2 à 4 millièmes de carbone, la trempe à l'eau bouillante augmente la ténacité et l'élasticité, sans altérer la douceur (Caron).

AFFUTAGE ou **ÉMOULAGE**. — Opération qui consiste à faire couper les outils destinés à trancher, à racler ou à scier.

Affûtage des outils tranchants. — On les frotte soit sur des grès plats, soit sur des meules tournant avec rapidité ; l'usure produite sur les faces de l'outil en diminue l'épaisseur et rend, par suite, plus vif l'angle du tranchant.

MEULES — On ne peut obtenir de bons taillants qu'à l'aide de la meule, il importe donc de choisir cet instrument avec soin ; elle sera plutôt tendre que dure, d'un grain fin et uni, et exempte de fentes et de gerçures. Cette dernière condition est essentielle, car il arrive souvent qu'une meule défectueuse, sous l'influence du mouvement de rotation dont elle est animée, cède tout à coup à la force centrifuge, éclate et lance avec violence des éclats de grès pouvant blesser la personne qui la met en mouvement. Cet accident peut d'ailleurs se produire avec des meules sans défauts apparents. Ces accidents de rupture ont fait substituer aux meules naturelles des meules artificielles plus homogènes et plus cohérentes.

Quelle que soit la meule choisie, elle doit être constamment entretenue humide pendant le *repassage*, sinon, la température des instruments que l'on repasse ne tarderait pas à s'élever et leur trempe serait détruite. Règle générale, il faut éviter de repasser la planche d'un outil, si ce n'est dans l'outil appelé *plane* ou *couteau à deux mains*.

Pierres à affûter. — Lorsqu'un outil a subi pendant quelque temps l'action de la meule, l'angle du tranchant devient trop aigu, trop mince, se recourbe, en constituant ce qu'on appelle le *morfil*; cette particularité rend nécessaire un affilage subséquent. Cet affilage se fait, en général, en reployant le morfil, s'il est trop long, puis en passant l'outil sur des pierres dites *à affûter*, qui sont constituées par des matières calcaires ou argileuses, unies à une certaine quantité de silice. On peut citer parmi ces pierres:

La pierre à faux. — Elle est âpre, d'un grain grossier, on s'en sert à l'eau, dans laquelle on la plonge de temps en temps, pendant l'affûtage. Elle convient pour les gros tranchants, tels que faux, coutres, haches. Le commerce la tire de l'Allemagne.

La pierre de Lorraine. — Sa couleur est d'un brun chocolat plus ou moins foncé, son grain est assez fin; mais le plus souvent elle est dure et manque de mordant, ce qui rend l'affûtage long et difficile. On l'emploie à l'huile; elle communique un assez bon tranchant aux outils de tour et de menuiserie.

La pierre d'Amérique. — Elle est d'un jaune grisâtre, d'un grain fin, d'un mordant très vif; on l'emploie à l'eau et surtout à l'huile, quand on désire une grande finesse de tranchant.

La pierre à lancettes. — Elle ne le cède en rien à la précédente; elle est employée pour donner le fil aux lancelles ; sa couleur est verdâtre ; on ne s'en sert qu'à l'huile.

La pierre du Levant (grès de Turquie). — C'est la meilleure de toutes. Les bonnes qualités sont d'un gris tirant sur le blanc, demi-transparentes sur les angles ; leur mordant est vif, et lorsqu'on y passe un outil d'acier trempé, il contracte avec la pierre une adhérence analogue à celle qu'on constate quand on passe un morceau de fer sur un barreau aimanté. Il faut la choisir exempte de points roux. Cette coloration est due à des parties très dures (*clous*, *dragons* ou *nœuds*), qui déterminent de larges brèches dans les outils, quand on veut les affûter. Les bonnes pierres sont très tendres, et elles se couvrent en peu de temps d'une couche bleuâtre, par suite du frottement d'un instrument d'acier.

Pour raviver les pierres et faire disparaître les inégalités et les courbures qu'y forment les outils, on les dresse en les frottant fortement à plat sur un marbre ou une pierre de liais bien dressée, sur laquelle on aura répandu une certaine quantité de grès pilé.

Lorsque les outils ont un tranchant curviligne, on se sert d'*affiloirs* ; ce sont des fragments des pierres, dont il vient d'être question, auxquels on donne, en les usant, avec du grès pilé, sur des moulures en fonte de forme convenable, la concavité ou la convexité nécessaires pour atteindre les courbures des outils.

Meules en bois. — On affûte encore les outils à l'aide de meules en bois de noyer ou de tremble, enduites d'émeri de différentes grosseurs ; elles produisent un excellent affûtage.

Meules en plomb. — Quelquefois les meules sont construites en plomb ; elles prennent alors le nom de *lapidaires*.

ALCOOL. — **Manière de déceler la présence de l'alcool dans un liquide.** — Pasteur a imaginé un moyen très simple de déceler dans un liquide la présence de l'alcool, en si petite quantité qu'il s'y trouve. On introduit le liquide à essayer dans un petit ballon (fig. 1), fermé par un bouchon de caoutchouc, porteur d'un long tube. On chauffe. Dès que commence l'ébullition du liquide, l'alcool se condense en gouttes huileuses le long du tube (fig. 2).

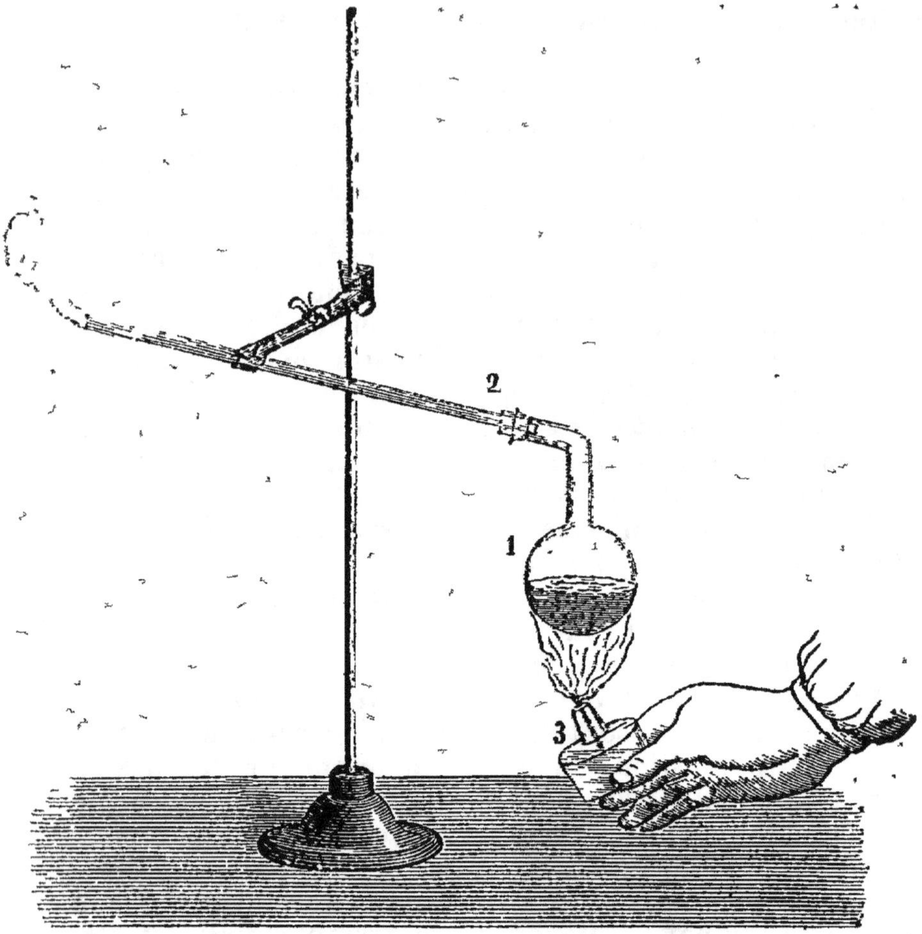

Fig. 1. — Appareil pour déceler la présence de l'alcool. —
1, ballon ; 2, tube ; 3, lampe.

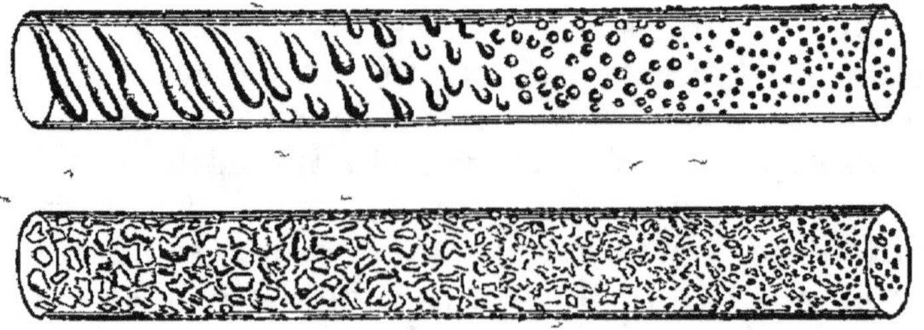

Fig. 2. — Tubes de condensation de l'alcool.

ALLIAGES. — En combinant les métaux les uns avec les autres, on donne naissance à une classe de composés remarquables au point de vue industriel, car ils possèdent des propriétés spéciales, presque toujours différentes de celles qui étaient l'apanage des métaux entrés en combinaison. Ces composés sont connus sous le nom d'*alliages*.

Alliages d'aluminium. — On les désigne sous le nom de *bronzes d'aluminium* à 5 et 10 p. 100.

	N° 1	N° 2
Cuivre..	95	90
Aluminium	5	10

Le premier a presque l'éclat et la couleur de l'or, il est susceptible d'un beau poli, il possède une grande dureté et beaucoup de ténacité ; il est employé pour les instruments de précision, les coussinets des machines.

Le deuxième, dont la couleur présente une certaine ressemblance avec celle de l'alliage d'or et d'argent connu sous le nom d'*or vert*, se moule avec une extrême perfection, ce qui permet de l'employer dans la fabrication des coussinets de tour à grande vitesse, navettes de tisserands, cuirasses, casques, fourreaux de sabre, harnais. Il est inattaquable par le vinaigre, ce qui fait qu'on le préfère à tous les autres alliages pour la confection des ustensiles de table destinés à la dorure.

Alliages d'antimoine. — Ils sont susceptibles d'un grand nombre d'applications.

	Étain	Antimoine	Cuivre	Bismuth	Plomb	zinc	Mercure
Poterie d'étain des ouvriers de Paris.	90.00	9.00	1.00	»	»	»	»
Métal argentin de Paris...........	85.44	14.50	»	»	0.06	»	»
Métal du prince Robert, pour couverts	84.75	15.25	»	»	»	»	»
Métal d'Alger, pour couverts et planches à graver la musique...	60.00	5.40	»	»	34.60	»	»
Pewter des Anglais, pour vases à boire..........................	88.42	7.16	3.54	0.88	»	»	»
Minofor pour ustensiles et couverts.	68.63	17.00	4.37	»	»	10.00	»
Métal de la Reine, pour theieres anglaises	73.36	8.88	»	8.88	8.88	»	»
Alliage pour les planches stéréotypes.............................	»	14.29	»	»	85.71	»	»
Même alliage que ci-dessus.........	»	15.00	»	15.00	70.00	»	»
Alliage pour caractères d'imprimerie et enseignes de boutiques.......	»	20.00	»	»	80.00	»	»
Alliage plus dur, pour le même objet.............................	»	27.77	22.23	»	50.00	»	»
Autre	»	5.32	29.58	»	65.10	»	»
Alliage pour clous de navire.......	3	1	»	»	2	»	»
— pour les clefs d'instruments à vent.........................	»	33.34	»	»	66.66	»	»
— pour crayons noirs..........	»	1	»	»	20	»	3

Alliages de bismuth. — Ils ont une grande fusibilité, qui varie avec la quantité de bismuth entrant dans la composition. Ces alliages servent à faire les plaques ou rondelles fusibles que l'on adapte à la partie supérieure des chaudières à vapeur à haute pression, pour prévenir les explosions.

ALLIAGES FUSIBLES POUR MACHINES A VAPEUR

BISMUTH.	PLOMB.	ZINC.	POINT DE FUSION.	PRESSION EN ATMOSPHÈRES.
8	5	3	100°	1
8	8	4	113,3	1 1/2
8	8	3	123	2
8	10	8	130	2 1/2
8	12	8	132	3
8	16	14	143	3 1/2
8	16	12	146	4
8	22	21	154	5
8	32	36	160	6
8	32	28	166	7
8	30	24	172	8

L'emploi de ces rondelles est de moins en moins fréquent, depuis qu'on s'est aperçu que, sous l'influence d'une température voisine de son point de fusion, l'alliage se partageait en deux alliages, l'un plus fusible qui s'écoulait, l'autre beaucoup moins fusible que l'alliage primitif.

Les alliages ternaires de bismuth servent à obtenir les *clichés des gravures sur bois*. A cet effet on commence par prendre l'empreinte du bois, à l'aide d'un alliage de plomb et d'antimoine fondu, au moment où il se solidifie et où il a encore une mollesse suffisante. Dans ce moule on coule l'alliage de bismuth, qui reproduit les traits les plus délicats de la gravure sur bois. On peut tirer ainsi un nombre considérable d'exemplaires de ces clichés; cette deuxième opération du *clichage* est connue sous le nom de *polytypage*.

AUTRES ALLIAGES DE BISMUTH

	Bismuth.	Plomb.	Étain.	Antimoine.	Cadmium.
Alliage de Newton, fusible à 90°..	5	2	3	»	»
— de Wood, — 72°,.	7	6	»	»	»
— d'Arcet ou de Rose, fusible à 94°,5...........	8	5	3	»	»
— pour clichés de gravures sur bois fusible à 91° 6 (Pelouze)................	5	3	2	»	»
— de Homberg, pour clicher les planches d'impression des tissus, fusible à 122°...............	1 10.5	1 22.5	1 48	» 9	»
— de Stewart, pour prendre des moules pour la galvanoplastie fusible à 66°	7.5	4	2	»	1.5
— de Rouen et Dussard, pour crayons métalliques....	1	1	»	»	»

En amalgamant 9 parties d'alliage de d'Arcet avec une partie de mercure, on obtient un composé fusible à 53° et qui peut servir à faire des injections anatomiques.

Alliages de mercure. — Les alliages qui contiennent du mercure portent le nom d'*amalgames*.

AMALGAMES POUR MACHINES ÉLECTRIQUES

I. — Zinc.......................	2		III. — Zinc.....................	1
Étain.....................	1		Étain	1
Mercure..................	6		Mercure..................	2
				(Kienmayer)	
II. — Zinc.......................	1		IV. — Zinc.....................	2
Étain.....................	2		Mercure..................	1
Mercure	3		(Bœttger.)	
(Cavallo.)					

On fait fondre, dans un creuset, le zinc et l'étain, puis on ajoute le mercure préalablement chauffé (Singer).

Alliages de nickel. — Les alliages de nickel, cuivre et zinc, que l'on désigne sous le nom de *maillechort* (1),

(1) *D'où vient le mot Maillechort ?* Vers 1820 ou 1825, un ouvrier lyonnais, nommé Chorier, voyageant en Allemagne, recueillit la composition de cet alliage, qui était destiné principalement à la fabrication des couverts. Le premier, il l'importa en France à l'aide des capitaux d'un de ses compatriotes, nommé Maillot. L'alliage fabriqué par Maillot et Chorier fut appelé *mail-*

imitent assez bien l'argent, ils sont d'un blanc éclatant, durs, sonores et presque inaltérables à l'air, aussi peuvent-ils servir à confectionner un grand nombre d'ustensiles de ménage, tels que couverts, manches de couteau, théières, garnitures d'armes, objets de sellerie, éperons. Leur composition varie suivant l'usage auquel on les destine. Les principaux sont les suivants :

	Cuivre.	Nickel.	Zinc.	Étain.	Plomb.	Fer.	Tungstène.	Aluminium.
Pakfung chinois ou toutenague	55	23	17	2	»	3	»	»
Autre	43.8	15.6	40.6	»	»	»	»	»
Cuivre blanc des Chinois	49.4	31.6	25.4	»	»	2.6	»	»
Maillechort français le plus pur	50	18.75	31.25	»	»	»	»	»
Maillechort anglais très élastique	57,40	13	25	»	»	3	»	»
Pakfung parisien	62	15	23	»	»	»	»	»
Autre	66	16.8	13	0 2	»	3 4	»	»
Argentan d'Allemagne, pour couverts	50	25	25	»	»	»	»	»
Argentan pour garniture de couteaux	55	22	23	»	»	»	»	»
Argentan pour laminer	60	20	20	»	»	»	»	»
— pour sellerie, éperons	57	20	20	»	»	»	»	»
Alfénide de Paris	50	20	5	»	»	»	»	»
Minargent américain, imitant l'argent	100	70	»	«	»	»	5	1

Les ustensiles en maillechort, à cause de la grande quantité de cuivre qu'ils contiennent, peuvent communiquer des propriétés vénéneuses aux aliments qui subissent leur contact. On remédie à cet inconvénient en les maintenant dans un grand état de propreté.

L'insalubrité de la vaisselle d'argent étant représentée par.. 0.5
Celle du maillechort le sera par 1
Celle du cuivre par.................................... 7
Celle du laiton par.................................... 8

Pour conserver à ces ustensiles leur couleur blanche et leur éclat, il faut les frotter avec de la sanguine.

lechort par la réunion des deux premières syllabes de chacun de leurs noms. Ce nom est surtout usité en France ; les Anglais disent *Germansilver*. Les Allemands, qui l'appelaient *argentan*, *alpaca*, etc., n'ont pas adopté le mot *maillechort*, trop français, et lui ont substitué celui de *melchior*.

Maillechort doit se prononcer *mayechor* et non *maillekor*.

Alliages d'or et d'argent. — On détermine approximativement le titre des alliages d'or et de cuivre par l'épreuve à la *pierre de touche*. A l'aide de ce mode d'essai et avec un peu d'habitude, on peut connaître, à 10 ou 20 millièmes près, le titre des bijoux et des autres objets qu'on ne peut soumettre à l'analyse chimique sans les déformer. Cette analyse nécessite l'emploi : 1° d'une pierre de touche ; 2° de touchaux ; 3° de l'acide pour les touchaux.

La pierre de touche la plus habituellement employée est un basalte noir, très dur, inattaquable par les acides que le commerce tire de l'Allemagne. Sa surface est assez rugueuse ; quand on frotte sur cette surface un alliage, elle agit comme une lime douce et retient des traces pulvérulentes du métal. Pour se servir de cette pierre, on y frotte l'objet à essayer, en appuyant assez pour qu'il y laisse une trace sensible ; on a soin de pratiquer ainsi, à côté les unes des autres, trois traces ou touches de 4 à 6 millimètres de longueur, sur 2 à 3 millimètres de largeur environ C'est la troisième touche seule qui servira, les deux premières ne donnant jamais le titre vrai.

Pour cela, on la mouille avec une eau régale particulière, qui est connue sous le nom d'*eau de touchau* et dont voici la composition, d'après Vauquelin :

Acide nitrique..... à 1,340 de densité ou à 37° Baumé... 98 parties
  — chlorhydrique à 1,173   —   21°   — ... 2 —
Eau.. 25 —

Cette formule réussit bien, mais on ne comprend pas pourquoi l'auteur emploie de l'acide nitrique très concentré, dont il atténue l'énergie par une addition d'eau.

On préfère se servir de la formule suivante, due à Levol :

Acide nitrique..... à 1,255 de densité ou à 31° Baumé... 125 parties.
  — chlorhydrique à 1,161   —   20°   — ... 21 —

Cette liqueur est habituellement renfermée dans un flacon bouché à l'émeri (fig. 3), dont le bouchon, très long, pénètre jusqu'au fond et se termine en pointe : il sert ainsi de baguette pour mouiller convenablement la touche métallique. Le cuivre seul est attaqué, tandis que l'or pur reste sur la pierre. L'action est instantanée, aussi au bout de quelques secondes peut-on essuyer la pierre avec un chiffon et examiner ce qui reste de la trace primitive. Avec un peu d'habitude on reconnaît le titre de l'alliage à la coloration verte, plus ou moins intense, que prend l'acide et à l'épaisseur de la trace d'or qu'a gardée la pierre.

Il est préférable de tracer sur la pierre des touches avec des alliages ou *touchaux* dont la composition est connue et de les comparer après l'action de l'acide aux touches fournies par l'objet qu'on essaye. L'or de l'objet essayé sera au même titre que le touchau dont la trace métallique ressemble le plus à la sienne. Les touchaux des orfèvres

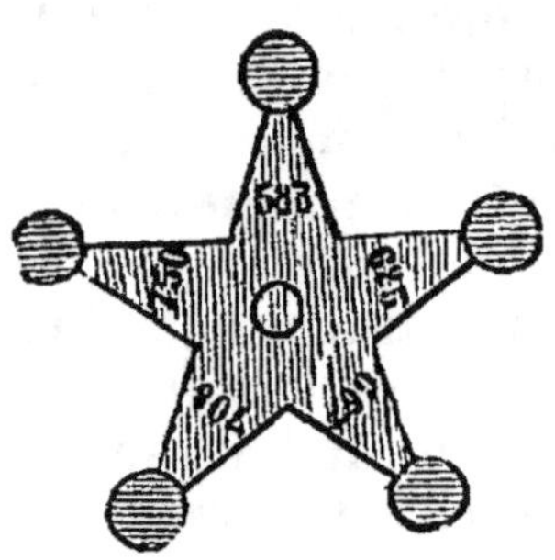

Fig. 3. — Flacon à eau forte. Fig. 4. — Touchaux des orfèvres

sont des étoiles (fig. 4), composées de branches ou aiguilles à cinq titres différents, savoir 583, 625, 667, 708 et 750. Pour les essais d'argent, les touchaux offrent huit aiguilles à différents titres, savoir 700, 720, 740, 760, 780, 800, 950 et 1000.

ALLUMETTES-BOUGIES. — Ces petites bougies, d'un usage si fréquent et si commode, ne sont pas fabriquées, comme on pourrait le supposer, avec de la cire d'abeilles, mais avec de l'*ozokérite*. Cette substance est une cire minérale et fossile que l'on trouve en grande abondance en Galicie. On admet généralement aujourd'hui qu'elle est un produit de décomposition du pétrole, lequel ayant perdu ses éléments les plus volatils, laisse comme résidu une matière cireuse analogue à la paraffine. Elle forme des nids ou des poches, dans lesquels elle est plus ou moins mélangée de terre, de liquides carburés, de résines et d'eau, et on doit la rectifier en la distillant. Le point de fusion de l'ozokérite varie de 60° à 90°.

Les bougies et les allumettes que l'on fait avec l'ozokérite sont bien supérieures à celles qui sont fabriquées avec de la paraffine ou de la cire d'abeilles.

Pour confectionner les allumettes-bougies, on trempe des mèches composées de 25 à 30 fils, de coton très fins dans une chaudière contenant de la cire fondue; celle-ci se refroidit rapidement sur les fils que l'on fait passer ensuite au travers d'une filière en métal pour donner aux bougies une grosseur uniforme; on les coupe alors à la longueur voulue, et on enduit le bout de phosphore, comme pour les allumettes ordinaires.

Les allumettes-bougies sont manufacturées en France, à Marseille; en Angleterre, surtout à Manchester; dans le nord de l'Italie, à Venise et à Turin.

ALUMINIUM. — Galvanisation de l'aluminium. — M. Wegner a indiqué un procédé de galvanisation de l'aluminium, qui permet de déposer à la surface du métal une couche galvanique résistante et adhérente. Voici quel est le principe opératoire du procédé.

La pièce à galvaniser est soumise au mordançage dans un bain composé d'acétate de cuivre dissous dans le vinaigre, d'oxyde de fer, de soufre et de chlorure d'aluminium, et, au sortir de ce bain, est frottée avec une brosse douce en fil de laiton. Il se forme une couche métallique qui débarrasse la pièce d'aluminium de sa pellicule grasse, en bouche les pores et aplanit la surface.

Après un lavage à l'eau pure, la pièce est plongée dans un bain galvanique : on relie l'anode et la cathode avec une pile de faible tension, suivant la méthode habituelle. On maintient le courant fermé jusqu'à la formation, sur l'aluminium ou sur son alliage, d'un plaqué métallique d'or, de nickel, de cuivre, de laiton, etc., de l'épaisseur voulue.

Nettoyage des objets et ustensiles en aluminium. — On fait une foule d'ustensiles en aluminium et il n'est pas inutile de savoir comment il convient de les entretenir :

I. Le contact de la soude, et par conséquent de la plupart des savons, ne cause pas de dommages appréciables à l'aluminium, mais lui fait perdre son brillant.

II. Employer pour le nettoyage de simples lavages à l'eau chaude bien propre, suivis d'un frottage énergique.

III. Les objets, bien nettoyés, sont recouverts d'albumine fraîche, puis chauffés à une température croissante, jusqu'à la teinte noire. La couleur résiste aux acides et ne s'enlève que par un frottement énergique. Mais les objets sont noirs, au lieu d'être bien brillants.

Nickelage de l'aluminium (Bourasset). — On commence par décaper la surface d'aluminium dans une solution de potasse caustique ; on trempe ensuite les objets à teinter dans un bain d'acide nitrique ; on les rince à l'eau pure ; on les plonge dans un bain composé de 3 parties égales d'acide nitrique, d'acide sulfurique et d'eau ; finalement on les rince à l'eau pure.

Dès que ce traitement préalable est achevé, on place rapidement les objets dans une cuve électrolytique, dont l'électrolyte est composé de la manière suivante :

Dans 100 litres d'eau, on fait dissoudre approximativement :

Sulfate de nickel ammoniacal ou sulfate double de nickel et d'ammoniaque	7 kilog.
Sulfate de nickel simple....................................	7 —

On ajoute environ 10 gr. d'acide pyrogallique. Cette dissolution est opérée à la température de 70° à 80° C. et filtrée à chaud.

Ce bain électrolytique doit toujours être maintenu à environ 60° C. et c'est à cette température que l'on obtient les meilleurs résultats.

Soudure pour l'aluminium. — I. Cette soudure est l'invention d'un Norvégien et se compose de :

Cadmium................	50 parties
Zinc....................	20 —
Étain...................	30 —

Le zinc est d'abord fondu dans un vase convenable, puis on ajoute le cadmiun et enfin l'étain en petits morceaux ; la masse fondue est bien remuée, puis coulée en lingots.

Cette soudure est spécialement destinée à l'aluminium, mais elle peut être employée aussi pour d'autres métaux. Les proportions des différents ingrédients qui la composent peuvent varier suivant l'usage auquel elle doit servir.

C'est ainsi que, si l'on veut une soudure forte et tenace, il faut employer une plus grande proportion de cadmium ;

si l'on veut obtenir la plus grande adhérence possible, il faut augmenter la proportion de zinc ; si l'on ne tient au contraire qu'à un beau poli, il faut ajouter un peu plus d'étain.

Indépendamment de son emploi comme soudure pour l'aluminium, l'alliage dont nous parlons, très léger et susceptible d'un beau poli, peut facilement être employé pour lui-même.

II. Un métallurgiste, américain, M. J. Richards, déclare avoir constaté que l'addition d'un peu de phosphore permet de réaliser d'une façon pratique la soudure si difficile à réaliser de l'aluminium. L'alliage employé de préférence à cet effet se compose de zinc, d'étain, d'aluminium et de phosphore, les deux premiers métaux constituant le corps même de l'alliage, dans lequel ils sont réellement unis conformément à leurs équivalents chimiques. Cette soudure peut s'employer, soit avec le chalumeau, soit avec le fer à souder. Dans le premier cas, on peut y ajouter un peu d'argent, sans toutefois le rendre trop dur à la fusion, la couleur y gagne. Avec le fer, cette soudure ne laisse presque rien à désirer. On commence par bien aviver les surfaces à réunir, puis on les étame avec la soudure même, en frottant fortement avec le fer ; on soude alors aisément les bords ainsi préparés au fer chaud et sans aucun fondant.

ALUN. — **Fabrication économique de l'alun.** — Prendre une argile blanche et bien exempte de fer ; la faire sécher, la pulvériser ; à 110 parties de cette argile en poudre, ajouter 60 parties de bonne potasse, un peu d'eau et pétrir pour en former des boules de 5 à 6 centimètres ; faire sécher ces boules, puis les porter au rouge dans un four ; les maintenir à cette température jusqu'à ce que la silice de l'argile ait chassé tout l'acide carbonique de la potasse. Quand le tout est refroidi, pulvériser, exposer la poudre à l'air pendant quelque temps, puis faire bouillir avec de l'acide sulfurique étendu. La silice se précipite ; on obtient une dissolution concentrée de sulfate d'alumine et de potasse ou d'alun.

On reprend ce résidu et on le traite de nouveau par l'acide sulfurique jusqu'à épuisement complet.

AMBRE JAUNE ou SUCCIN. — Soudure de l'ambre. —

I. On soude proprement des morceaux de succin en passant sur leurs bords une couche d'huile de lin et en les pressant fortement l'un contre l'autre, tandis qu'on les tient au-dessus de charbons de bois incandescents.

II. On peut également humecter les surfaces qu'on veut unir avec une solution de potasse caustique ; on les presse alors l'un contre l'autre au-dessus d'un fourneau contenant des charbons allumés, les deux fragments se collent tellement qu'il est impossible d'apercevoir la trace du joint.

ARDOISE. — ENDUIT ARDOISE.

Alcool à 90°	48 litres.
Sandaraque...............	3 kilos.
Gomme laque...............	3 —

Ajouter :

Emeri-diamant en poudre.	6 kilos.
Noir de fumée...............	1 — 1/2
Outremer................	1 — 1/2

Avec un pinceau imbibé de cet enduit, on recouvre du papier, du bois, du zinc. On chauffe un peu et on laisse sécher.

On écrit comme sur une ardoise.

AREOMETRES. — Les différentes substances naturelles ou artificielles, que l'on fait intervenir dans certaines préparations, ne possèdent pas le même poids, si on les considère sous l'unité de volume, ce que l'on exprime en disant qu'elles n'ont pas le même poids spécifique, la même *densité*. Il en résulte que la densité peut servir à caractériser des corps, à constater leur identité. La recherche exacte de la densité est du domaine de la physique, mais cette science enseigne des procédés expéditifs pour déterminer la densité des corps liquides, toutes les fois que les résultats cherchés n'exigent pas une extrême précision.

Ces procédés sont fondés sur l'emploi des *aréomètres* à poids constant et à volume variable. Ce sont des instruments de verre formés par un tube mince, bien cylindrique, présentant un réservoir plein d'air à la base. Au-dessous de ce réservoir, on a soudé une petite boule contenant un corps lourd, tel que du mercure ou de la grenaille de plomb, qui leste l'instrument et l'oblige à s'enfoncer dans le liquide, en conservant une position verticale. Sur le tube, que l'on désigne sous le nom de *tige*, sont inscrites des divisions qui indiquent la quantité dont l'instrument descend dans le liquide. Ces divisions ont été tracées sur une bande de papier que l'on colle dans l'intérieur de la tige. Les aréomètres s'enfoncent d'autant plus dans les liquides, que ceux-ci sont plus légers, en déplaçant un poids de liquide égal à leur propre poids. Les aréomètres que l'on emploie habituellement sont : l'aréomètre de Cartier (fig. 5), celui de Baumé (fig. 6), et l'alcoomètre centésimal de Gay-Lussac (fig. 7).

Fig. 5. — Aréomètre de Cartier.

Fig. 6 — Aréomètre de Baumé.

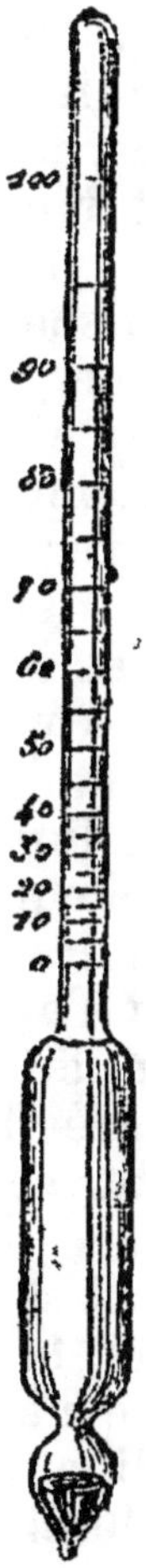

Fig. 7. — Alcoomètre centésimal de Gay-Lussac.

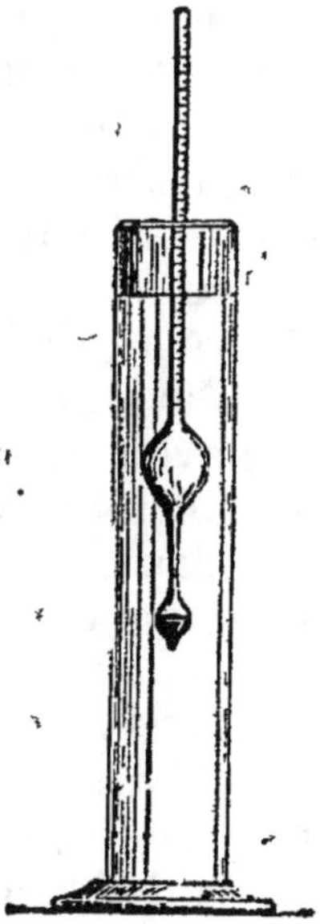

Fig. 8. — Aréomètre plongé dans le liquide à essayer.

L'aréomètre de Cartier (*pèse-alcool, pèse-éther*) est employé pour les liquides plus légers que l'eau (fig. 5).

L'aréomètre de Baumé (*pèse-acides, pèse-sels, pèse-sirops*) (fig. 6) sert pour les liquides plus denses que l'eau.

L'aréomètre légal, pour constater la spirituosité des alcools, est l'alcoomètre centésimal de Gay-Lussac (fig. 7), qui permet de déterminer la quantité d'alcool, en volume, contenue dans un mélange d'eau et d'alcool.

Pour que les indications données par ces instruments soient comparables, il importe :

1° Qu'ils soient bien construits. Malheureusement, la plupart de ceux que l'on trouve dans le commerce sont peu exacts, et il est indispensable, avant d'avoir confiance dans leurs indications, de les comparer à un aréomètre étalon de l'exactitude duquel on est certain ;

2° Qu'ils soient entretenus dans un grand état de propreté ; on doit essuyer les substances grasses qui les recouvrent parfois, et par suite du contact des doigts, et les humecter avant de s'en servir en les passant entre les lèvres.

Lorsqu'on plonge un aréomètre dans un liquide (fig. 8), il faut d'abord l'abandonner à lui-même, puis le pousser légèrement dans le liquide, alors on frappe légèrement le vase, on laisse l'instrument revenir au repos et on observe le degré où il s'arrête. Après cette première observation, on soulève un peu l'aréomètre et on le laisse s'enfoncer, après avoir donné, de nouveau, une légère secousse au vase. On note le degré obtenu dans cette deuxième épreuve. Si les deux résultats sont identiques, on peut les considérer comme exacts.

Néanmoins il peut se faire que l'on ait commis une erreur de lecture. En effet, la surface du liquide dans lequel on a enfoncé l'aréomètre n'est pas plane, mais recourbée et élevée autour de la tige, par suite de l'attraction capillaire, aussi faut-il considérer seulement comme étant le véritable point d'affleurement le prolongement idéal de la surface du liquide et non le sommet de la courbure que la capillarité détermine contre les parois de la tige. De plus, il faut éviter de lire à travers le verre du vase qui contient le liquide, mais remplir ce vase suffisamment pour que le liquide montre nettement sa surface horizontale. Alors, en plaçant l'œil de manière à raser cette surface, on a une lecture se rapprochant autant que possible de l'exactitude.

Il est indispensable de tenir compte de la température

du liquide, au moment où on en prend la densité. En effet l'aréomètre de Baumé a été gradué pour une température de 12°,5. On pourra l'employer sans commettre d'erreur sensible, lorsque la température ne diffère de ce chiffre que de 10° en plus ou en moins de 12°,6, parce qu'alors la dilatation ou la contraction sont négligeables; il n'en est plus ainsi lorsqu'il y a une différence considérable entre la température du liquide et celle où l'instrument a été gradué: ainsi, par exemple, un sirop de sucre qui marque 35° B. à 15° marquerait seulement 30° B. s'il était bouillant, c'est-à-dire s'il avait été porté à la température de 105.

Tableau indiquant les rapports des degrés de l'aréomètre Baumé avec le poids du litre du liquide pesé dans l'air, sous la pression 0ᵐ760 à la température de 12°5 C. (Berthelot, Coulier et d'Almeida).

DEGRÉS de l'aréomètre.	POIDS DU LITRE.	DEGRÉS de l'aréomètre.	POIDS DU LITRE.	DEGRÉS de l'aréomètre.	POIDS DU LITRE.
0	998.404	26	1210	51	1520.5
1	1005	27	1220	52	1536
2	1012	28	1230	53	1552.5
3	1019	29	1240.5	54	1569
4	1026	30	1251	55	1586
5	1033	31	1262	56	1603
6	1040	32	1272.5	57	1620
7	1047.5	33	1283	58	1638
8	1055	34	1295	59	1656.5
9	1063	35	1306	60	1675
10	1070.5	36	1318	61	1694
11	1078	37	1330	62	1714
12	1086	38	1342	63	1734
13	1094	39	1354	64	1754.5
14	1102	40	1366	65	1775.5
15	1110.57	41	1379	66	1797
16	1119	42	1392	67	1819
17	1127.5	43	1405	68	1841.5
18	1136	44	1418.5	69	1865
19	1145	45	1432.5	70	1889
20	1154	46	1446.5	71	1914
21	1163	47	1460.5	72	1938
22	1172	48	1475	73	1964
23	1181.5	49	1490	74	1990
24	1191	50	1505	75	2017
25	1200.5				

Cette table peut servir lorsque la température ne s'éloigne pas du terme de 12°,5 de plus de 10° environ en plus ou en moins.

La table suivante indique la concordance de l'alcoomètre centésimal avec celui de Cartier, la densité et la composition en centièmes (poids) correspondant à chaque degré.

Centésimal.	Cartier.	Densité.	Alcool. (o/o en poids)	Eau. (o/o en poids)
0	10.0	1000.0	0.0	100.0
1	10.2	994.5	2.0	98.0
2	10.4	997.0	3.0	97.0
3	10.6	996.0	3.5	96.5
4	10.8	994.2	5.0	95.0
5	11.0	992.9	5.5	94.5
6	11.2	991.6	6.0	94.0
7	11.3	990.3	8.0	92.0
8	11.5	989.1	9.0	91.0
9	11.7	987.3	10.0	90.0
10	11.8	986.7	11.0	89.0
11	12.0	985.5	12.5	87.5
12	12.2	984.4	13.0	87.0
13	12.3	983.3	13.5	86.5
14	12.4	982.2	14.0	86.0
15	12.6	981.2	15.0	85.0
16	12.7	980.2	15.5	84.5
17	12.8	979.2	16.0	84.0
18	12.9	978.2	17.0	83.0
19	13.1	977.3	18.0	82.0
20	13.3	976.3	18.5	81.5
21	13.4	975.3	19.0	81.0
22	13.5	974.2	20.0	80.0
23	13.7	973.2	21.0	79.0
24	13.8	972.1	22.0	78.0
25	13.9	971.1	22.5	77.5
26	14.1	970.0	23.0	77.0
27	14.3	969.0	23.5	76.5
28	14.4	967.9	24.0	76.0
29	14.6	966.8	25.0	75.0
30	14.7	965.7	25.5	74.5
31	14.9	964.5	26.0	74.0
32	15.1	963.3	26.5	73.5
33	15.2	962.1	27.0	73.0
34	15.5	960.8	28.0	72.0
35	15.6	959.4	29.0	71.0
36	15.8	958.1	29.5	70.5
37	16.0	956.7	31.0	69.0
38	16.2	955.3	31.5	68.5
39	16.4	953.3	32.5	67.5
40	16.7	952.3	33.5	66.5
41	16.9	950.7	34.5	65.5
42	17.1	949.1	35.0	65.0
43	17.4	947.4	35.5	64.5
44	17.6	945.7	36.5	63.5
45	17.9	944.0	38.0	62.0
46	18.1	942.2	38.5	61.5
47	18.3	940.4	39.0	61.0
48	18.7	938.0	39.5	60.5
49	19.0	936.7	40.5	59.5
50	19.2	934.8	41.5	58.5

Centésimal.	Cartier.	Densité.	Alcool. (o/o en poids)	Eau. (o/o en poids)
51	19.5	932.9	42.5	57.5
52	19.9	930.9	43.3	56.7
53	20.1	928.9	44.0	56.0
54	20.5	926.9	45.0	55.0
55	20.8	924.8	46.0	54.0
56	21.0	922.7	47.0	53.0
57	21.4	920.6	48.0	52.0
58	21.8	918.5	49.0	51.3
59	22.0	916.3	49.7	50.3
60	22.5	914.1	51.0	49.0
61	22.8	911.8	51.7	48.3
62	23.2	909.6	52.5	47.5
63	23.6	907.3	53.5	46.5
64	23.8	905.0	55.0	45.0
65	24.3	902.7	56.0	44.0
66	24.7	900.4	57.0	43.0
67	25.0	898.0	58.5	41.5
68	25.5	895.6	60.0	40.0
69	25.6	893.2	61.0	39.0
70	26.3	890.7	62.0	38.0
71	26.5	888.2	63.3	36.7
72	27.1	885.7	64.0	36.0
73	27.4	883.1	64.7	35.3
74	28.0	880.5	66.0	34.0
75	28.4	877.9	67.3	32.7
76	28.9	875.3	68.3	31.7
77	29.3	872.6	69.0	31.0
78	29.8	869.9	70.5	29.5
79	30.3	867.2	71.7	28.3
80	30.8	864.5	73.0	27.0
81	31.1	861.7	74.2	25.8
82	31.8	858.9	75.0	25.0
83	32.0	856.0	76.0	24.0
84	33.0	853.1	77.5	22.5
85	33.3	850.2	79.0	21.0
86	33.9	847.2	80.0	20.0
87	34.4	844.2	81.3	18.7
88	35.0	841.1	82.3	17.7
89	35.7	837.9	84.0	16.6
90	36.2	834.6	85.0	15.0
91	36.6	831.2	86.0	14.0
92	37.6	827.8	87.3	11.7
93	38.5	824.2	88.5	11.5
94	39.4	820.5	90.0	10.0
95	39.7	816.8	91.7	8.3
96	40.3	812.8	93.3	6.7
97	41.2	808.6	94.7	5.3
98	42.1	804.2	96.7	3.3
99	43.1	799.8	98.3	1.7
99	44.0	794.7	100.0	0.0

L'alcoomètre centésimal a été gradué pour une température de 15°; quand le thermomètre indique un degré différent, on corrige les indications à l'aide de tables qui accompagnent l'instrument, ou bien à l'aide de la formule suivante, due à Francœur, qui donne une approximation généralement suffisante :

$$x = c + 0{,}4t,$$

dans laquelle c indique le degré donné par l'instrument tandis que t exprime la différence entre la température du liquide et celle de 15°. Cette différence t est positive au-dessous et négative au-dessus de 15°. Si par exemple, l'alcoomètre marque 80° dans un liquide dont la température est de 20°, on a $x = 80 - 0{,}4 \times 5 = 80 - 2$, c'est-à-dire que la richesse alcoolique réelle est de 78°.

ARGENT. — **Distinction des objets argentés, étamés ou nickelés.** — Voilà un objet métallique qui brille; mais quel est ce métal : argent, étain ou nickel? Le procédé suivant permet de s'en assurer rapidement.

On dépose sur l'objet à examiner une goutte de sulfure d'ammonium dilué. L'argent noircit, l'étain disparaît, le nickel demeure inaltéré.

Essai des matières d'argent. — Voici la recette d'une bonne liqueur pour l'essai des matières d'argent. C'est une solution de :

Acide chromique......................	1 partie
Eau distillée........................	2 —

que l'on peut conserver pendant des années dans un flacon de verre bouché à l'émeri.

Pour reconnaître si un objet est en argent plus ou moins pur, ou simplement argenté, on donne un léger coup de lime à l'endroit convenable et l'on frotte cette petite surface sur la pierre de touche, On mouille cette trace avec la liqueur d'essai, puis on rince à l'eau.

Si l'alliage contient de l'argent, la trace prend la couleur rouge sang et la teinte est d'autant plus vive que le titre est plus élevé, d'autant plus sombre qu'il est plus bas.

Quand l'alliage ne contient pas d'argent, la couleur de la trace n'est pas altérée ou, tout au plus, prend-elle une sorte de reflet jaune terne, qu'il est impossible de confondre avec la couleur rouge si nette qui caractérise l'argent.

ARGENTURE. — C'est l'art d'appliquer de l'argent en couches plus ou moins épaisses sur différentes matières, afin de leur donner l'apparence de ce métal.

Argenture des métaux. — I. ARGENTURE AU POUCE OU AU BOUCHON. — Ce mode d'argenture est employé pour le laiton ; c'est à l'aide de ce procédé que l'on donne leur teinte blanc d'argent aux cadrans d'horlogerie, aux limbes gradués des instruments de physique. Son nom lui vient de ce qu'on l'applique, sur le cuivre, par frottement avec le doigt ou un bouchon. La base des préparations employées pour cette argenture est presque toujours le chlorure d'argent. En frottant le métal, avec ce chlorure récemment précipité et humecté d'eau salée, l'argent revient à l'état métallique et forme une croûte très solide, qu'on obtient encore plus adhérente, en faisant rougir la pièce et en la brunissant. La friction doit être continuée jusqu'à l'apparition de l'argent.

Voici les recettes les plus usitées :

I. — Chlorure d'argent	3		II. — Chlorure d'argent	1
Carbonate de potasse	6		Crème de tartre	3
Chlorure de sodium	3		Sel marin	5
Craie	2			

On triturera toutes les substances que comporte la formule choisie dans un mortier, avec un peu d'eau, de manière à faire une pâte homogène que l'on conserve à l'abri de la lumière, dans des vases opaques ou en verre bleu. Les surfaces à argenter doivent être claires et nettes.

Le chlorure d'argent s'obtient, en versant de l'acide chlorhydrique ou une solution de sel marin dans une solution de nitrate d'argent. Il se forme un précipité blanc, qui se rassemble, par l'agitation, en grumeaux caséeux : on le sépare à l'aide d'un filtre, on le lave et on le fait sécher à l'abri de la lumière.

Quelquefois, au lieu du chlorure d'argent, on se sert de la poudre d'argent précipité chimiquement et combiné avec le sel marin et la crème de tartre dans les proportions suivantes :

```
Argent en poudre.......................  1 partie
Sel marin..............................  2   —
Crème de tartre........................  2   —
```

On obtient l'argent sous forme de poudre, en plaçant une tige de fer, au milieu du chlorure d'argent, que l'on a mouillé avec de l'eau acidulée par l'acide chlorhydrique; le chlorure se décompose de proche en proche, et au bout de quelque temps il ne reste plus qu'une poudre grisâtre, qu'il suffit de laver et de sécher.

Le chlorure d'argent peut être avantageusement remplacé par le cyanure du même métal; pour cela, on broie ensemble une partie d'azotate d'argent et trois parties de cyanure de potassium et l'on ajoute assez d'eau pour obtenir une bouillie épaisse qu'on étend sur l'objet à argenter, avec un fragment d'étoffe de laine.

Les vases de cuivre destinés à la préparation des sirops acides, tels que ceux de groseille, de cerise, peuvent être argentés, en appliquant, par le frottement, à la manière du tripoli, une pâte homogène composée de :

```
Cyanure d'argent....................  2 parties.
Azotate d'argent cristallisé..........  2   —
Craie fine...........................  5   —
```

11. On peut argenter rapidement par le procédé suivant :

```
Nitrate d'argent........  10 parties.   |   Blanc d'Espagne........  100 parties.
Cyanure de potassium..  25   —          |   Mercure métallique....    1   —
Crème de tartre........  10   —         |   Eau distillée..........  100   —
```

On fait dissoudre le nitrate d'argent et le cyanure, chacun dans la moitié de l'eau distillée; on mélange les deux liquides. D'un autre côté, on triture ensemble, dans un mortier, la crème de tartre, le mercure, le blanc d'Espagne en poudre fine, on délaye cette poudre dans une certaine quantité du liquide et on l'étend avec un pinceau sur l'objet à argenter. Au bout de quelques minutes, on nettoie la surface ainsi recouverte, avec une brosse grossière, pour enlever la poudre et l'opération est terminée.

Argenture des substances animales, végétales ou minérales. — On prépare d'abord les deux liqueurs suivantes :

```
No 1. Chaux caustique..........  2 p.  |  Acide gallique...............  2 p.
      Sucre de lait ou de raisin..  6  —  |  Eau distillée.................  650  —
```

Mêlez ; filtrez et conservez dans un flacon bien bouché.

    Nº 2. Nitrate d'argent.................... 20 parties.
          Ammoniaque liquide à 22º......... 20   —
          Eau distillée.................... 650   —

Dissolvez le nitrate d'argent dans l'eau distillée et ajoutez l'ammoniaque. Sous l'influence de ce dernier corps, il
se produit un précipité qui ne tarde pas à se dissoudre par
l'agitation. Si la quantité d'ammoniaque n'était pas suffisante pour dissoudre le précipité, on en ajouterait goutte
à goutte, afin d'obtenir ce résultat.

Pour argenter la *soie*, la *laine*, le *coton*, on commence
par laver la matière, puis on l'immerge pendant un instant dans une solution saturée d'acide gallique, on la retire pour la plonger, pendant une seconde, dans une autre
solution formée de :

          Nitrate d'argent................. 20 parties
          Eau distillée................... 100   —

Ces immersions alternatives sont continuées jusqu'à ce
que la matière, de sombre qu'elle était d'abord, prenne
une teinte brillante, après quoi on la plonge dans un bain
composé d'un mélange des deux liquides Nº 1 et Nº 2, en
parties égales. Lorsqu'elle est complètement argentée, on
la retire pour la faire bouillir dans une dissolution de
carbonate de potasse. Il ne reste plus qu'à opérer un dernier lavage et à faire sécher.

Pour argenter l'*os*, la *corne*, le *bois*, le *papier*, on opère
de la même manière, mais on peut se dispenser des immersions alternatives et se contenter de passer sur les objets
une brosse ou un pinceau qu'on trempe tour à tour dans
les solutions Nº 1 et Nº 2.

Pour le *cuir tanné* au sumac, on remplace avantageusement le nitrate d'argent par le chlorure d'argent mélangé
de quelques gouttes d'huile de romarin.

Le *stuc* et la *poterie* devront, avant de subir l'opération, être recouverts d'une couche de stéarine ou de vernis.

Pour argenter le *verre*, le *cristal*, la *porcelaine*, on
lave d'abord l'objet avec de l'eau distillée et de l'alcool,
puis on opère comme il a été dit, avec le mélange des deux
liqueurs. S'il s'agit d'argenter l'intérieur d'un vase, on le

remplit avec le mélange ; quant aux objets à surface plane, on les place dans une position horizontale et l'on verse les liquides sur eux. Quand, au bout de quelques heures, la précipitation de l'argent est terminée, on fait sécher l'objet à l'air libre ou au contact de la chaleur ; on recouvre en dernier lieu d'une couche de vernis.

Ces liqueurs peuvent servir à donner une grande solidité aux objets métalliques argentés au pouce ; on les plonge alternativement dans les liqueurs N° 1 et N° 2, jusqu'à ce qu'ils se montrent suffisamment argentés.

ARMES. — Bronzage des armes. — Couleur bleue. — On nettoie bien l'arme, en enlevant surtout les matières grasses, on l'enduit de vinaigre, on l'essuie, puis on la passe dans un linge humecté avec un peu d'acide chlorhydrique. On fait de nouveau sécher à l'air pendant un quart d'heure, et l'on plonge ensuite dans un bain de sable qu'on chauffe graduellement. Dès que la couleur bleue a acquis l'intensité voulue, on retire l'objet et on l'essuie avec un linge bien sec. Quand le fer est bien poli, la chaleur seule suffit pour développer la teinte bleue (Voy. *Vernis*).

Couleur brune. — On procède de la même manière, puis on passe sur l'enduit bleu un linge légèrement imprégné d'huile d'olive qui fait virer le bleu au brun.

Quelquefois on bronze les canons en les faisant chauffer jusqu'au rouge obscur ; on frotte ensuite fortement avec de la corne, la teinte est alors d'un brun noirâtre.

Les couleurs suivantes sont surtout employées pour les *canons de fusil.*

Couleur jaune. — I. On l'obtient avec une dissolution de 5 parties de sulfate ferreux dans 95 parties d'eau, à laquelle on ajoute quelques gouttes d'alcool nitrique et d'éther. On frotte les canons avec un linge imbibé de ce liquide : il agit d'ailleurs lentement et il faut plusieurs jours pour mettre le métal en couleur ; le résultat est plus rapide, si l'on ajoute au liquide 4 à 5 grammes d'acide azotique à 35° et si l'on augmente la proportion d'alcool nitrique.

II. On peut remplacer cette solution par la suivante :

Acide nitrique..................	15	Sulfate de cuivre...............	60
Éther nitrique alcoolisé.......	14	Teinture de chlorure de fer.	30
Alcool à 90°...................	30	Eau............................	200

Couleur gris cendré. — On polit le canon, on le frotte avec de l'huile d'olive épurée, on le saupoudre de cendre tamisée et le met dans un feu de charbon de bois ; le canon noircit bientôt, mais il reprend ensuite la couleur blanchâtre de la cendre ; alors on le retire du feu, on le laisse refroidir, on l'essuie et on l'huile légèrement.

Couleur brun rouge. — On prend 4 grammes de protochlorure d'antimoine et 12 grammes d'huile d'olive : on fait chauffer le tout jusqu'à ce que le mélange soit complet : après quoi, on en enduit le canon au moyen d'un linge fin, en frottant légèrement. Au bout de vingt-quatre heures, le canon est rouge de rouille, on l'essuie fortement, après l'avoir huilé, et on l'enduit de nouveau du mordant en répétant l'opération, jusqu'à ce que la couleur soit unie, égale et bien brune. Il faut dix ou douze jours pour donner au canon la couleur brun rouge et plus encore si le temps est froid. On frotte ensuite avec de la cire, puis du vernis. Le bronzage est produit par la couche d'antimoine métallique résultant de l'action décomposante du fer sur le chlorure d'antimoine.

Nuance bariolée. — Pour l'obtenir, on fait un mélange de 1 partie d'acide azotique et de 10 parties d'eau, on y plonge le canon de fusil bien dégraissé et dont on a obstrué tous les orifices, jusqu'à ce que les spires du fer tordu apparaissent nettement ; on le retire alors, on l'essuie et on le place sur un feu de charbon de bois, où il ne tarde pas à prendre une couleur noire ; dès que le noir commence à s'éclaircir pour passer au rouge, on retire le canon et on le laisse refroidir, jusqu'à ce qu'on puisse le tenir à la main ; on le plonge de nouveau dans l'acide étendu d'eau, on le retire presque aussitôt et on l'essuie. Ce bariolage montre que le canon est tordu, car il rend apparentes les spires du fer, mais il ne met pas l'arme à l'abri de la rouille.

On fait reparaître les rubans sur les canons des fusils, en chauffant, puis en les recouvrant d'une couche d'onguent Ægyptiac bouillant ; on laisse agir pendant vingt-quatre heures, on lave et l'on sèche.

Marbrure. — On opère comme pour la couleur bleue, seulement on ne nettoie point complètement l'objet et même on y produit artificiellement de petites taches graisseuses que l'on a soin de ne pas étendre, en essuyant

l'objet, avant de le soumettre à la chaleur. On essuie après
la sortie du bain de sable.

BRONZAGE DES ARMES PAR L'ÉLECTROLYSE. — M. Haswel,
de Vienne, a pris un brevet pour un procédé qui a pour
objet de revêtir, par l'électrolyse les surfaces polies de
fer ou d'acier, notamment les canons de fusil, avec un
enduit de peroxyde de plomb, préservateur de la rouille.
Ce procédé, qui fournit à la surface de fer ou d'acier un
mince enduit parfaitement adhérant, résistant à la chaleur
et indifférent à la corrosion atmosphérique, consiste à
immerger les objets à bronzer, parfaitement décapés et
reliés au pôle positif d'une batterie galvanique, dans un
bain de nitrate d'ammonium, dont voici la composition :

Nitrate de plomb....................	2 parties
Nitrate ammoniacal.................	2 —
Eau...............................	100 —

L'intensité du courant doit être maintenue entre deux
ou trois ampères.

AUTOCOPISTE OU CHROMOGRAPHE. — On écrit sur une
feuille de papier avec une solution un peu concentrée de
violet de méthylaniline ou de fuchsine ; on applique l'é-
criture obtenue sur une plaque gélatineuse formée par
une substance analogue à celle des rouleaux d'imprimerie ;
on passe plusieurs fois la main sur le revers du papier, et
après quelques minutes, on enlève ce dernier, alors l'encre quitte le papier et l'écriture renversée est reportée
sur la plaque de gélatine. Si sur cette préparation on applique une feuille de papier ordinaire, en frottant plusieurs
fois le revers avec la main, l'écriture redressée s'imprime
sur la feuille et on a la reproduction de l'original. Comme
l'encre est épaisse et douée d'un fort pouvoir colorant, on
peut obtenir quarante ou cinquante épreuves.

Tel est le principe mis en usage dans de nombreux appareils connus sous les noms de : *autocopiste, chromographe, hectographe, polycopiste,* etc. Voy. *Polycopie.*

Plaque de gélatine. — I. Elle est formée par un des mélanges suivants :

I. — Gélatine	100 gr.		II. — Gélatine............	100 gr.
Eau................	375		Dextrine	100
Glycérine	375		Glycérine..........	1000
Kaolin.............	50		Sulfate de baryte.	q.s.
(Lebaigue.)			(W. Wartha).	

III. — Gélatine,....... 100 gr,	IV. — Gélatine,......... 1 gr.
Glycérine,...... 1200	Glycérine,....... 4
Bouillie de sul-	Eau,.......... 2
fate de baryte	(Kwyasser et Husak.)
lavé par décan-	
tation,........ 500	
(W. Wartha·)	

Le mélange fondu est agité pendant qu'il refroidit jusqu'au moment où il s'épaissit, puis coulé dans une caisse
de zinc rectangulaire, qui a 3 centimètres de profondeur.
Le kaolin ou le sulfate de baryte rend la masse blanche
et permet de voir plus facilement la préparation.

II. On peut encore se servir du mélange de gélatine et
de mélasse.

Encres. — Voici les formules les plus employées ;

I. — ENCRE VIOLETTE, (Lebàigue.)

| Eau............................. | 30 grammes |
| Violet de Paris.................. | 10 |

II. — ENCRE VIOLETTE

Alcool................	1 gr.
Eau	7
Violet de Paris ,.......	4
(Kwyasser et Kusak.)	

III. — ENCRE ROUGE

Alcool ,...............	1 gr.
Eau...................	40
Acetate de rosanilide....	2
(Kwyasser et Kusak)	

Papier. — On emploiera pour l'écriture du papier glacé
que l'encre abandonne plus facilement, on facilite le re-
port en passant sur le revers une éponge à peine humide.
Pour les épreuves, au contraire, on se servira de papier
moins uni.

Effaçage de l'écriture sur la plaque du chromographe. —
Lorsque le tirage est terminé, on frotte la surface avec
une éponge douce, imbibée d'eau froide ; on enlève ainsi
toute trace d'encre et on rend la plaque propre à recevoir
une nouvelle impression.

Laver et bien essuyer.

On introduit de la dextrine pour faciliter ce nettoyage.

Si l'encre résiste, employer de l'eau acidulée au 1/10 avec
de l'acide chlorhydrique.

B

BALANCE. -- Pour les fortes pesées, on peut employer avec avantage les balances pendules construites d'après le système Roberval ou celui de Béranger de Lyon. La balance Roberval (fig. 9) porte un kilogramme et trébuche au gramme.

Pour les pesées délicates, on se sert d'un trébuchet pouvant porter 250 grammes et trébuchant à 1 centigramme (fig. 10).

Fig. 9. — Balance Roberval.

Avant d'acheter une balance, il faut lui faire subir certaines épreuves :

1° On doit vérifier l'égalité de la longueur des bras du fléau. Pour cela, on commence par s'assurer si les plateaux de la balance sont en équilibre parfait, et, si cette condition n'est pas remplie, on établit l'équilibre en plaçant de petits fragments de plomb, d'étain, de sable sur le plateau le moins lourd. On charge alors chaque plateau avec des poids égaux ; si les bras ne sont pas de même longueur, la balance inclinera du côté où le bras du fléau est le plus long.

2° Il faut vérifier sa sensibilité ; une balance est dite *sensible* quand, après avoir écarté le fléau de sa position d'équilibre, il revient au zéro, après une série d'oscillations. La sensibilité d'une balance est d'autant plus grande qu'il faut un poids plus faible pour faire trébucher le fléau.

Cette épreuve n'est complète qu'autant qu'on aura placé sur chaque plateau la charge maxima de la balance, 1 kilogramme par exemple. Si alors on vient à ajouter 1 gramme sur l'un des plateaux, ce dernier devra s'abaisser. Si cet essai donnait un résultat négatif, la balance ne posséderait pas la sensibilité indiquée par son constructeur.

Manière de peser. — On commence par équilibrer la balance, ce qui se fait avec de la grenaille de plomb, du sable, des fragments de papier ou d'étain laminé. Le corps à peser est placé dans un des plateaux et l'on rétablit l'équilibre à

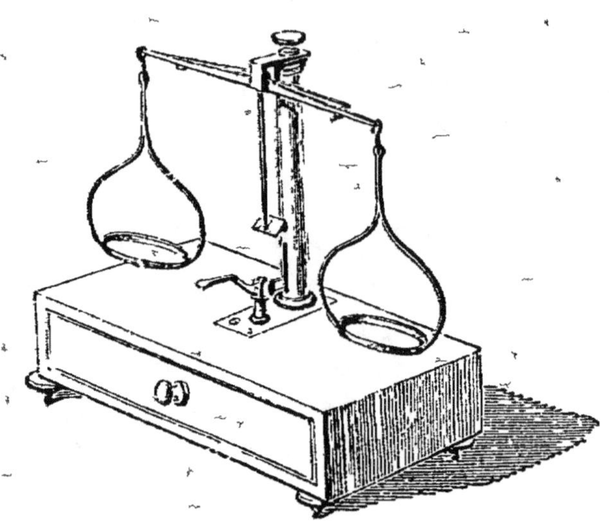

Fig. 10. — Trébuchet.

l'aide de poids que l'on ajoute successivement. Ce mode opératoire suppose l'égalité de longueur des bras du fléau, mais comme cette condition est rarement remplie, il convient, même pour les opérations ordinaires, de faire usage de la *double pesée*. A cet effet, on place le corps que l'on veut peser dans un des plateaux de la balance et l'on équilibre l'autre plateau avec de la grenaille de plomb, du sable, du papier, etc. On enlève alors le corps et on lui substitue des poids dont la somme donnera le poids exact du corps. De même, si l'on désire prendre un poids déterminé d'une substance, on commence par déposer, dans un des plateaux, des poids en nombre voulu pour représenter la quantité de matière que l'on désire peser ; on fait équilibre avec des corps quelconques, on retire alors les poids primitivement placés dans le plateau et on leur substitue une quantité de substance susceptible de rétablir l'équilibre. Cette quantité est le poids cherché.

On ajuste la pesée des corps pulvérulents, soit avec une spatule, soit avec un morceau de papier fort ou de carte, à l'aide desquels on ajoute ou l'on enlève de très petites quantités de substance.

Quand les corps sont liquides, en obtient facilement la pesée en plongeant dans le vase qui les renferme un bout de papier à filtrer, qui, en s'imbibant de la substance, permet d'en retirer de très petites quantités. On peut également faire usage de la pipette.

BARBOTINE. — La barbotine peut se définir : une *gouache vitrifiable* ; elle produit des œuvres charmantes qui sont devenues rapidement populaires en raison de leur valeur décorative et de leur bon marché : elle offre une attrayante distraction, une occupation intelligente pour les artistes et les amateurs. Son application ne rencontre pas de grandes difficultés matérielles.

Les modeleurs travaillant l'argile et la faïence ont à leur disposition une certaine quantité de terre très délayée dans un godet, dont ils se servent soit pour réparer les accidents survenus à la pièce, soit pour produire avec le pinceau des ornements en relief sur un fond uni. Cette terre délayée s'appelle *barbotine*, et c'est elle qui a donné son nom à ce genre de peinture (fig. 11 et 12).

Pour ce procédé de décoration artistique, on emploie des biscuits de faïence (fig. 11.) plus ou moins fine (non émaillée), blanche ou teintée d'ocre : les terres les plus réfractaires sont les meilleures et il est indispensable qu'elles aient été cuites à un feu supérieur à celui qui est exigé pour la couleur et l'émail ou *couverte* ; sinon, elles subiraient un retrait qui ferait craqueler la peinture. On se sert de brosses de soies de porc, neuves, plates et rondes. La palette pour la barbotine peut être plus ou moins complète suivant ce qu'on se propose de faire : tête, fleurs, paysage.

Les couleurs n'exigent aucun broyage, il suffit de les délayer avec de l'eau pure, en employant soit la molette, soit un couteau en corne, ou en ivoire. Quand elles sont suffisamment fluides pour qu'on puisse en prendre à la pointe de la brosse, on les place dans une palette à trous, où elles se conservent indéfiniment fraîches, si l'on a soin de les humecter d'eau pure de temps en temps. Le blanc à empâter demande quelques tours de molette sur la glace dépolie ; on peut y ajouter un peu de gomme adragante ou mieux un peu de colle de pâte ordinaire ; on en prépare une assez grande quantité, qu'on place dans un godet à part.

La palette spéciale pour la barbotine se compose de vingt-quatre godets de terre non émaillée placés dans une boîte de zinc ou de fer-blanc ; cette boîte est tenue pleine d'eau, qui, en filtrant à travers la terre poreuse, maintient les couleurs fraîches et fluides.

On peint au chevalet ou à la banquette : la première méthode doit être préférée toutes les fois qu'elle est possible ; le second système consiste en une planchette fixée à la table et supportée par une pièce de bois ; elle sert à appuyer la main droite et l'avant-bras, tandis que l'on tient sur la paume de la main gauche l'objet à peindre. L'esquisse se fait au crayon ordinaire ; puis avec une brosse assez large on peint le fond par touches franches et de même épaisseur.

La faïence non émaillée étant très poreuse absorbe l'eau et la couleur paraît déposée en poudre ; pour cette raison il est nécessaire qu'elle soit assez fluide pour éviter les empâtements excessifs, causes de gerçure ou de craquelage.

On ébauche ensuite les différents plans du paysage et on laisse sécher ; on peut enlever au grattoir les trop grandes aspérités et finir le travail avec un pinceau assez fin pour les dernières touches d'ombre et de lumière.

Lorsque la pièce est peinte, on la fait cuire à un feu de moufle un peu fort. On peut ensuite retoucher la peinture : mais, dans ce cas, il faut recuire de nouveau, avant d'appliquer l'émail.

Ce dernier travail est généralement confié à des fabricants qui se chargent de cuire l'objet. L'émail ou couverte est une poudre que l'on doit broyer dans l'eau et qu'on étend avec une large brosse sur toute la surface de la pièce. La couche est suffisamment épaisse, lorsque, en séchant, elle devient blanche, opaque, uniforme relativement aux épaisseurs de la peinture : du reste, en se liquéfiant à la cuisson, elle s'étend uniformément sur la surface.

La principale difficulté de la barbotine est que la couleur ne donne jamais au moment de son application l'intensité de ton qu'elle atteindra par la cuisson : il faut donc

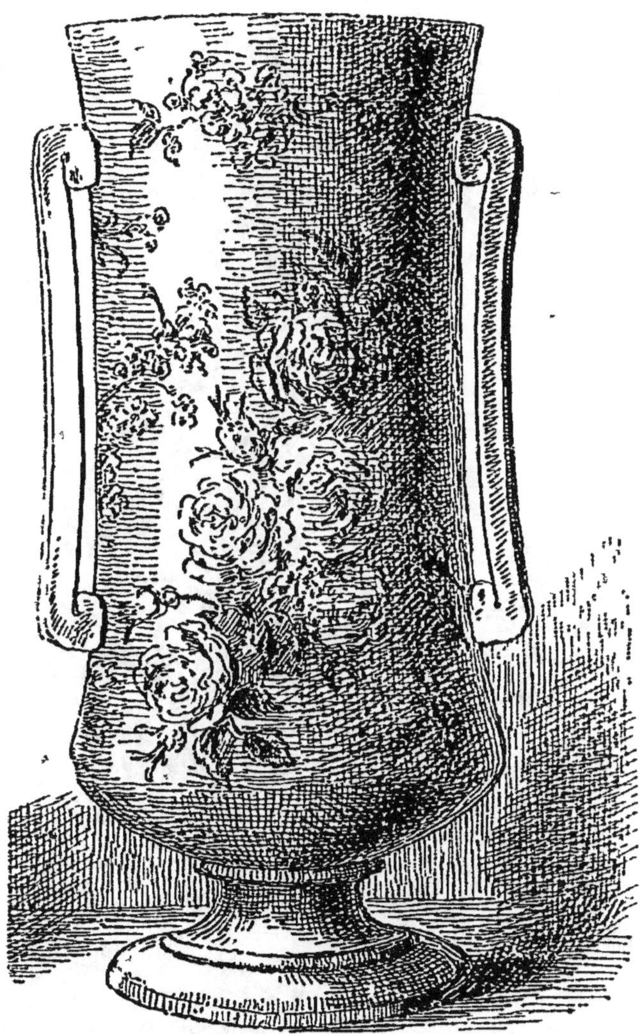

Fig. 11 — La Barbotine à plat.

une certaine habitude pour deviner le résultat du travail qu'on effectue : on peint au jugé. Afin de faciliter cette intuition pour les commençants, on a imaginé des palettes, d'essai cuites, qui donnent pour chaque nuance la tonalité correspondante après le passage au feu.

On a créé une *fausse barbotine* en relief (fig. 12) qui a

Fig. 12. — La Barbotine en relief.

l'avantage de ne pas exiger de cuisson : pour cela il faut se munir de quelques plateaux, panneaux, verres et cornets en biscuit de faïence cuite. Avec la pâte qu'emploient les doreurs pour orner les cadres, on modèle soi-même des motifs (fleurs, guirlandes, rubans) qu'on pose sur le vase. Pour coller et cimenter ces pièces, on se sert de cette même pâte très délayée; on retouche à l'ébauchoir et on laisse sécher.

Les marchands vendent des couleurs et du blanc en poudre impalpable. On délaye le blanc avec le vernis et on en pose une couche où deux, ce qui procure un fond blanc, lisse et brillant. Les autres couleurs sont délayées avec du vernis, elles ont donc un éclat remarquable qui imite celui de la barbotine.

Il est encore facile de décorer ces objets à la gouache et à l'huile; on vernit ensuite à plusieurs couches, jusqu'à ce qu'on ait obtenu une glaçure suffisante.

BARRIÈRE PERFECTIONNÉE. — Cette barrière est une barrière de forme ordinaire, dont le montant d'arrière tourne au moyen d'un pivot dans une crapaudine boulonnée dans le poteau. L'extrémité supérieure du même montant est arrondie et porte une dent en avant; elle est retenue au poteau par un demi-collier muni intérieurement de trois crans, dont l'un se trouve dans l'arc même de la barrière, et les deux autres forment chacun un angle droit avec elle. Ces crans sont destinés à recevoir la dent dont il vient d'être question, et servent à maintenir la barrière immobile, soit qu'on l'ouvre, soit qu'on la ferme. Le demi-collier est également boulonné dans le poteau de la barrière (fig. 13).

Le poteau de l'avant porte du côté intérieur une planchette avec une rainure en forme de triangle, munie d'un bourrelet le long de son bord interne. Ce dernier sert de point d'arrêt et de guide à l'extrémité du verrou quand la barrière se ferme, et force ce dernier à s'engager dans une espèce de gâche creusée dans l'angle formé par la rainure. Le verrou glisse sur un guide porté par les montants de la barrière et quand celle-ci est fermée, une des extrémités du verrou se trouve engagée dans la gâche, où elle est maintenue par un ressort à boudin qui agit sur l'autre. Ce verrou est fixé par son milieu à un levier prenant son point d'appui sur une des barres longitudinales de la barrière où il pivote. A la partie libre du levier

qui fait saillie au-dessus de la barrière sont attachées deux
cordelettes, qui vont s'engager chacune sur une poulie
fixée à l'extrémité d'un bras d'une double potence supportée par le poteau d'arrière de la barrière. De là, elles vont
se croiser derrière ce même poteau, où deux autres poulies
les tiennent écartées l'une de l'autre, et enfin passent chacune sur une troisième poulie fixée à la partie inférieure
du bras d'une potence simple établie à distance convc-
nable de la barrière. Le bout libre de chacune de ces cordelettes est muni d'une poignée.

Fig. 13. — Barrière perfectionnée.

Quand on pèse sur l'une ou l'autre de ces poignées, le
verrou est retiré de la gâche par l'action du levier, la barrière se soulève, faisant sortir la dent du montant du cran
du milieu, et la barrière, sous l'effort de la pression exercée sur la cordelette, s'ouvre devant celui qui exerce cette

pression. La dent s'engage alors dans un des crans latéraux et maintient la barrière ouverte. Lorsqu'elle est franchie, une nouvelle pression sur l'autre poignée fait accomplir à la barrière un mouvement rétrograde, jusqu'à ce qu'elle soit revenue entre les deux poteaux où elle est arrêtée par le bourrelet de la rainure ; la pression cessant alors, le verrou, sous l'action du ressort à boudin, rentre dans la gâche.

BILLETS DE BANQUE. — Comment on reconnaît les faux billets. — Le papier des billets de la Banque de France est relativement fin ; il est blanc, sonore au froissement, et présente en outre un caractère tout spécial : il est absolument privé des défauts de fabrication, boutons ou épaisseurs de pâtes, ordures, clous ou trous résultant de grattages. C'est un caractère qu'il ne perd pas en vieillissant et en se salissant. Un billet qui présente des défauts sensibles au toucher ne sort pas des ateliers de la Banque. Le papier change de couleur suivant les milieux dans lesquels il se trouve placé, il se graisse et perd sa sonorité, il se crible de trous d'épingle, mais il reste exempt d'épaisseurs de pâte. On a donc là une indication précieuse toujours facile à observer.

Le papier porte un filigrane, c'est-à-dire une empreinte obtenue, pendant la fabrication, en même temps que le papier lui-même. Cette empreinte, lettres ou figures, donne toujours trois teintes : la teinte du fond du papier, une teinte plus claire, une teinte plus foncée ; quand le filigrane représente une tête ou un objet naturel, les ombres sont fondues ; c'est-à-dire qu'elles se dégradent en demi-teintes avant de se perdre dans les lumières. Aucun procédé mécanique ne peut donner au filigrane l'aspect qu'il tire de sa formation dans une pâte liquide et qui se coagule lentement. Il suffit d'avoir examiné avec soin quelques filigranes ainsi formés dans la pâte pour ne plus pouvoir les confondre avec aucun autre.

Le poids des billets est rigoureusement fixé dans les marchés et maintenu dans la fabrication par un examen minutieux à l'usine et à la Banque.

Le poids moyen des billets neufs tout imprimés et sans leurs talons est :

Billets de 1,000 francs...................... 1gr,51
    —   de 500 — ...., 1gr,75
    —   de 100 — ....,... 1gr,01

La tolérance accordée n'est que de 16 centigrammes au-dessous et de 15 centigrammes en dessus pour les billets de 1,000 et 500 francs, et de 5 centigrammes en dessous et de 10 centigrammes en dessus pour les billets de 100 francs.

Le poids moyen du billet ayant déjà servi et qui se trouve dans la circulation a une légère tendance à l'augmentation, celle-ci est proportionnelle à la surface et peut atteindre jusqu'à 75 milligrammes pour les billets de 100 francs.

Les planches qui servent à imprimer les billets sont revues, avant d'être employées, avec le même soin que le papier lui-même; la moindre cassure dans les tailles, le moindre défaut dans les traits, les fait rejeter. Les procédés au moyen desquels elles sont obtenues assurent leur identité constante et parfaite.

Après l'impression, les billets sont examinés un à un, avec le plus grand soin, et ceux qui ont le moindre défaut sont rejetés. Un billet authentique ne doit donc présenter aucun défaut, aucune brisure dans les traits de la vignette, dans les tailles qui forment les ombres de celle-ci, dans les lettres du texte, et surtout dans les lettres et les médaillons. Ceux-ci particulièrement doivent être d'une netteté parfaite et c'est un des détails du billet que les faussaires n'ont jamais pu imiter.

De toutes ces précautions prises pour assurer à l'impression des billets une beauté et surtout une régularité exceptionnelles, il résulte que ceux-ci présentent, au premier aspect, un ensemble facilement reconnaissable et que la contrefaçon paraît à peu près impuissante à imiter. Seulement, au fur et à mesure que le billet vieillit et circule, ce caractère perd ce qu'il a de saisissant, et les faussaires le savent si bien que presque toujours ils plient et salissent leurs billets; le plus souvent même, ils les déchirent et les réparent avec des bandes qui en dissimulent les imperfections les plus appréciables.

Plus un billet est usé et fatigué, plus il importe donc de l'examiner avec soin et de se reporter aux caractères que la vieillesse et l'usure ne sauraient lui faire perdre, c'est-à-dire à la netteté de l'impression et des lettres du texte contenues dans les médaillons.

Toutes les fois que les billets sont reçus en grand nombre surtout en liasses, il n'est pas possible de se livrer, pour chaque billet, à l'examen successif de tous les caractères qui viennent d'être indiqués, mais il est un procédé facile et sûr, basé sur la régularité absolue de la fabrication des billets et qui peut toujours être employé. C'est de choisir dans le billet, du côté où on les compte, une figure, un ornement, un ensemble de lettres, de bien se pénétrer de l'apparence de ce détail et de s'y reporter avec attention au fur et à mesure que les billets passent sous les doigts ; au bout de très peu de temps, la moindre défectuosité frappe machinalement le regard et appelle l'attention. On doit alors détacher ce billet de la liasse et se reporter aux autres signes, en se livrant à un examen plus attentif, afin de ne pas s'exposer à rejeter, comme faux un billet authentique qu'un accident quelconque aurait détérioré à cette place. Il n'y en a pas de faux qui puissent résister à cet examen.

Chaque billet porte deux numéros répétés deux fois, l'un est précédé d'une lettre de l'alphabet.

Supposons que l'un de ces numéros soit 1022, que la lettre qui l'accompagne soit M, et que l'autre numéro soit 257. Nous multiplions 1022 par 100, ce qui donne le nombre de 102,200, que nous divisons par 4, soit 25,550. Ensuite nous cherchons quel est le nombre que représente la lettre M dans l'alphabet en commençant par la fin, et, en remontant, nous trouvons que ce nombre est 14. De 25,550 nous déduisons 14, et il reste 25,536, que nous faisons suivre du numéro 257. Nous devons alors trouver le nombre de 25,536,257, entre la signature du caissier principal et du secrétaire général. Sinon, le billet est faux.

Flore des billets de banque. — En examinant les bords, les plis, etc., des billets de banque, on y remarque un dépôt de poussière et de crasse. En grattant un peu la surface d'un billet dans ces endroits, à l'aide d'une aiguille ou d'un scalpel, et en transportant la matière ainsi obtenue sur un verre porte-objet, dans une goutte d'eau distillée, on y aperçoit très bien, en se servant d'un fort grossissement, des schizomycètes, des algues, etc.

M. Jules Schaarschmidt, privat docent de botanique cryptogamique à l'Université hongroise de Kolasvar, a examiné des billets de banque austro-hongrois et des billets de banque russes de un rouble (fig. 14).

Sur tous ces billets, même sur les plus neufs et les plus propres en apparence, il a constaté une végétation cryptogamique abondante, de même que la présence de plusieurs microbes.

Fig. 14. — Billet de banque russe d'un rouble
portant sur ses bords des végétations cryptogamiques.

La bactérie de putréfaction (*bacterium termo* Dujardin) a été trouvée sur tous les billets et sur n'importe quelle partie de leur surface (fig 15, *h*).

Dans les incrustations que l'on voit sur les bords et dans les plis, on peut aisément constater des grains d'amidon (fig. 15, *d*), surtout d'amidon de blé, des fibres de coton et de lin (fig. 15, *j. f*), des fragments de cheveux, etc.

Sur les billets austro-hongrois de un florin (2 fr. 50), on trouve, en outre, beaucoup de saccharomycètes, surtout le *saccharomyces cerevisiæ* (levûre de bière) (fig. 15, *b*). On rencontre aussi habituellement dans ces dépôts différentes espèces d'algues du genre *microccocus* (fig. 15, *a*), des *leptothrix* (fig. 15, *c*) avec un renflement terminal (fig. 15, *e*) et des *bacilles* (fig. 15, *g*).

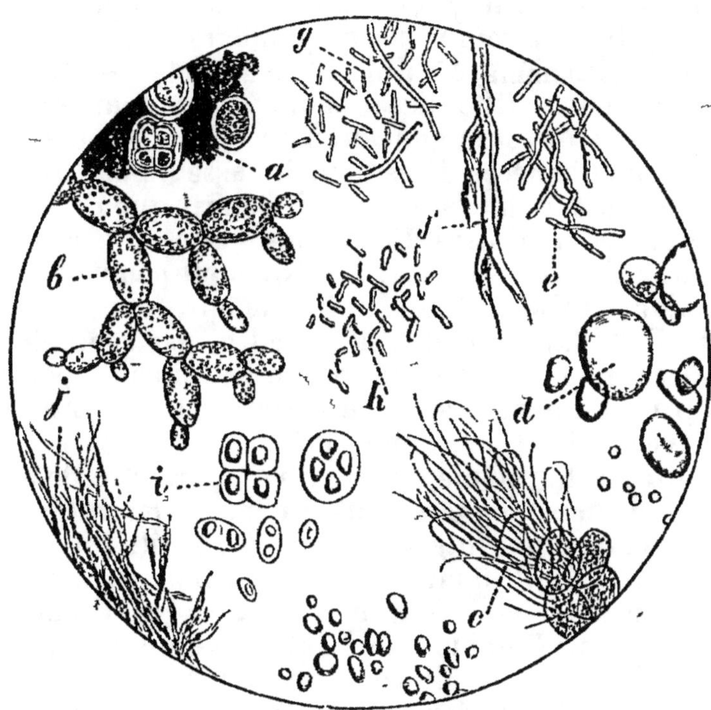

Fig. 15. — Flore des billets de banque : *a*, *Micrococcus* ; *b*, *Saccharomyces cerevisiæ* ; *c*, *Leptothrix* ; *d*, amidon ; *e*, *Leptothrix buccalis* ; *f*, *j*, fibres de coton et de lin ; *g*, *Bacillus* ; *h*, *Bacterium termo* ; *i*, *Chroococcus monetarum* ; *k*, *Pleurococcus monetarum*.

Les billets de un florin abritent de temps en temps de petites colonies de cellules vertes de *Pleurococcus* (fig. 15, *k*). Il en est de même des billets de cinq florins qui présentent parfois à leur surface de petits *Chroococcus* (fig. 15, *i*) d'un beau vert bleuâtre.

Au point de vue hygiénique, l'étude microscopique de

ces différents objets d'un usage journalier présente un grand intérêt (J. Deniker).

BITUME. — **Bitume artificiel.** — En chauffant de la résine avec du soufre à la température de 250° environ, on obtient un dégagement d'hydrogène sulfuré, et il se forme une substance noire qui possède, en grande partie, les propriétés du bitume. Elle est insoluble dans l'alcool, facilement soluble dans le chloroforme et la benzine. Elle est sensible à la lumière comme le bitume de Judée, qu'elle est susceptible de remplacer en photographie.

BOIS. — **Assemblage de planches de bois.** — On a souvent de grandes difficultés à réunir deux planches dont on veut faire un seul panneau, parce qu'on ne possède pas les instruments nécessaires pour les assembler à rainure ; de même c'est toujours un travail délicat que de faire des tenons et des mortaises. Dans tous ces cas, le clou n'est que d'un secours imparfait ; il est quelque peu violent dans son action, et il a le défaut capital de faire souvent éclater le bois Pour la fabrication d'un cadre, par exemple d'un châssis comme ceux où l'on monte les toiles de peinture, on se trouve embarrassé, et la disposition du joint ordinaire avec clef est fort compliquée.

Or, un petit système, susceptible de rendre de grands services, consiste dans ce qu'on nomme les *attaches ou agrafes en acier ondulé.* Supposez une petite lame d'acier haute de 6 à 7 millimètres, d'une longueur assez variable, pouvant osciller de 1 centimètre 1/2 à 4 centimètres, et présentant un véritable tranchant, très aigu et capable de pénétrer dans du bois (du bois assez tendre, bien entendu), même perpendiculairement aux fibres. D'ailleurs cette lame est ondulée, et c'est ce qui en constitue l'originalité. Supposons que nous ayons deux planchettes à réunir pour en former un panneau : nous les dressons d'abord sur le côté, puis nous les approchons l'une de l'autre à se toucher. Nous plaçons une agrafe perpendiculairement à la ligne de contact des deux planchettes, et à cheval à peu près par son milieu sur cette ligne de jonction ; puis nous donnons un coup de marteau énergique sur la tête de l'attache, et elle entre complètement dans les deux planches.

Nous en enfonçons une deuxième, puis au besoin une troisième de la même façon et en différents points, et les deux planchettes sont réunies solidement. Ce sont les ondulations qui permettent d'atteindre ce résultat ; elles opposent à la séparation des deux morceaux de bois la même résistance qu'une vis qui serait enfoncée perpendiculairement à l'une et à l'autre.

Conservation du bois. — Les causes de la décomposition des bois sont nombreuses : en première ligne, il faut placer l'influence alternative de l'humidité et de l'air, qui déterminent lentement, mais sûrement, la fermentation des principes azotés contenus dans le tissu ligneux. L'air et l'eau facilitent également le développement de certains cryptogames qui croissent à la surface du bois et pénètrent souvent dans son intérieur, ils facilitent aussi la production de termites, de tarets et de beaucoup d'autres insectes, vers, mollusques, qui rongent d'abord l'écorce, puis pénètrent jusqu'au centre du bois et le rendent mou et friable.

Tous les procédés proposés pour combattre la fermentation du bois ou pour détruire les organismes animaux et végétaux qui le dévorent ont pour but de faire pénétrer, dans sa trame, des agents divers, tels que 1° suif, graisses, résines ; 2° goudron, créosote, essences ; 3° acides pyroligneux, arsénieux et chlorhydrique, acétate et sulfate de fer, sulfate de cuivre, sulfate et chlorure de zinc, chlorure de calcium. Parmi ces corps, il en est quelques-uns tels que la créosote, dont l'action est encore peu connue. La plupart des dissolutions salines agissent en transformant les principes azotés en produits imputrescibles et en empêchant les insectes d'attaquer les bois. L'action des graisses, des suifs, des résines, consiste à préserver les bois de l'humidité et de l'action de l'air.

Quelle que soit d'ailleurs la substance choisie, les moyens employés pour la faire pénétrer dans le bois peuvent se diviser en trois groupes: 1° *immersion ;* 2° *pression en vase clos ;* 3° *déplacement de la sève.*

A. IMMERSION. — Le premier procédé est le seul qui soit susceptible d'une application en petit.

I. Les pièces d'un faible équarrissage pourront être séchées dans une étuve, au sortir de laquelle on les plonge dans des substances grasses, résineuses, salines ou autres (huiles, suif fondu à la température de 200 degrés

(Champy), résines. goudrons, bichlorure de mercure, sel marin, sulfate de fer, acétate de plomb, chlorure de zinc, etc.) ; le difficile est d'obtenir une pénétration. suffisante du liquide préservateur.

II. Souvent on simplifie ce mode opératoire. Ainsi veut-on préserver de la pourriture les pieux qu'on désire enterrer ? On leur donne plusieurs couches de goudron bouillant de pin ou de houille. C'est un moyen économique et sûr, qui convient pour les tuyaux de conduite en bois placés sous terre, pour les corps de pompe fixés dans les puits, pour les tuteurs, les échalas, les perches à houblon, les palissades, les clôtures, les barrières et en général pour tous les bois exposés à la pourriture.

III. On peut faire acquérir aux bois blancs la dureté et la durée du chêne par le procédé suivant : Donnez à la porte ou autre objet qui doit rester à l'air libre une première couche de peinture grise à l'huile, que vous recouvrez, avant qu'elle soit sèche, d'une couche de sablon ou grès pilé et tamisé ; donnez sur ce sablon une autre couche de la même peinture à l'huile et ayez soin d'appuyer fortement sur les planches la brosse qui applique la peinture. Le tout devient d'une dureté telle que l'air, le soleil et l'eau ne peuvent altérer le bois.

IV. On fait une dissolution très concentrée de potasse et de soude dans l'eau et on applique cette solution bouillante, avec un pinceau sur les parties qui commencent à être atteintes. Douze heures après, on fait dissoudre de l'oxyde, soit de fer, soit de plomb, dans l'acide pyroligneux et on imbibe fortement de cette seconde solution les parties déjà imprégnées de cette lessive caustique.

V. On obtient aussi de très bons résultats en lavant les bois avec une dissolution pyroligneuse de plomb, et en y passant, dix à douze heures plus tard, une solution bouillante de 750 grammes d'alun dans 4 litres d'eau. Ces moyens pourraient être employés tout aussi bien préventivement que lorsque déjà s'est manifesté un commencement de pourriture sèche.

VI. M. Lostal, entrepreneur à Firminy, est l'inventeur d'un procédé de conservation des bois qui paraît simple et économique ; l'auteur est parti d'un fait que chacun connaît par expérience ou au moins par ouï-dire : c'est que la chaux conserve les bois blancs et résineux. Lorsque des bois de cette nature doivent être plantés dans le sol, dans des maçonneries humides, on les entoure de chaux seule ou de mortier de chaux ; or, M. Lostal a remarqué que les planches qui ont servi d'aire à broyer le mortier acquièrent généralement une grande résistance et une durée considérable, et que rien ne peut les faire pourrir.

Partant de ces faits, il a imaginé le procédé suivant :

Dans une grande bâche, ou dans un grand bassin, il empile les bois qu'il désire traiter ; par-dessus le tout, il pose une couche de chaux vive et l'arrose peu à peu de manière à la faire fuser. L'eau chargée de chaux baigne le bois ; on les laisse ainsi séjourner plus ou moins, selon leur grosseur, une semaine pour les bois de mine. Les bois ainsi préparés, acquièrent une grande résistance à la pourriture, une consistance et une dureté particulières.

La chaux, en effet, incruste le bois jusqu'au centre, et tend à lui donner les qualités que nous annonçons.

A part les bois de mine, ainsi préparés et employés dans des mines, M. Lostal a fait construire dans ces conditions des manches de martinet en hêtre (on sait que le hêtre est le plus dur et le plus serré des bois blancs), qui ont jusqu'ici fait un usage bien plus considérable que ceux en hêtre non chaulé.

VII. Prenez de l'huile de lin cuite et délayez-y du poussier de charbon jusqu'à ce qu'elle ait la consistance d'une couleur préparée pour la peinture. Passez sur le bois une couche de la matière préparée.

VIII. Le *carbolineum avenarius*, introduit en France par M. W. Hœlzlin, semble pouvoir rendre de grands services. Cette matière, très fluide, pénètre dans le bois avec une telle facilité qu'il suffit de l'appliquer à l'aide d'un pinceau, pour assurer une préservation efficace. Quand on veut obtenir une imprégnation profonde, on applique le liquide à chaud.

Prix peu élevé, grande facilité d'emploi, action certaine, voilà des qualités qui assurent au *carbolineum avenarius* une place de choix parmi les antiseptiques.

IX. Une simple précaution ne coûtant ni travail, ni argent, augmente de 50 p. 100 la durée du bois mis en terre.

Il suffit de mettre le bois en terre, dans le sens opposé à celui dans lequel il a poussé.

Des expériences ont été faites et des morceaux de chêne placés en terre, dans le sens qu'ils avaient en poussant, ont été pourris en douze années, tandis que d'autres pièces du même arbre, placées à contre-sens, ne donnaient pas signe de moisissure, plusieurs années après. Le principe de ce procédé tient à ce que les tubes capillaires des bois doivent être placés en sens opposé à la marche de la moisissure, qui se ferait dans le même sens.

B. PRESSION EN VASE CLOS. — Ce procédé est employé uniquement pour le bois sec.

C. DÉPLACEMENT DE LA SÈVE. — Ce procédé ne peut s'appliquer qu'au bois vert ou en grume.

I. Lorsqu'il s'agit d'*échalas* destinés à soutenir la vigne, ou de *pieux*, qui servent soit aux fondations en terrain inondé, soit à la confection des digues, soit même à celle des clôtures dans les mêmes conditions, on peut en assurer la conservation à l'aide de cette méthode. On prend des bois blancs (saule, peuplier) fraîchement coupés et encore en sève, on les pointe et on les place serrés les uns contre les autres, le bout pointu en bas, dans des futailles défoncées par le haut et contenant 2 kilogrammes de sulfate de cuivre, dissous dans 100 litres d'eau. Au bout de quatre jours, on les retire, on remplace l'eau absorbée et l'on met d'autres échalas à la place des premiers. La pénétration du sulfate est d'autant plus complète que le tissu du bois est plus spongieux.

II. La *carbonisation* est un puissant moyen de conservation pour tous les bois qui doivent être fixés en terre ; on peut la pratiquer :

1. En enduisant la partie d'une couche d'acide sulfurique concentré, qui non seulement carbonise la surface du bois, mais encore forme avec la fibre ligneuse une combinaison qui la garantit des influences extérieures, et prévient le développement des végétaux cryptogamiques ;

2. En brûlant légèrement, au milieu d'un tas de broussailles ou de copeaux enflammés, le pied des *pieux, poteaux, échalas.* Cette partie, exposée à l'humidité du sol, reste saine, lorsque le reste du bois soumis aux influences atmosphériques offre déjà l'apparence d'une altération

profonde. On comprend cet effet de la chaleur, car elle a desséché, durci la couche qui se trouve immédiatement au-dessous du charbon ; de plus elle a donné naissance à des produits empyreumatiques dont le bois s'est pénétré.

La carbonisation peut être appliquée aux *solives* et aux *charpentes des écuries, des étables, des buanderies* qui se trouvent presque continuellement exposées à une atmosphère chaude et humide et qui, par suite de la respiration et des exhalaisons animales, sont constamment imprégnés de corpuscules organiques, causes premières des fermentations.

On peut rendre la carbonisation plus efficace encore, en recouvrant la partie carbonisée avec une couche de coaltar chaud.

Enlèvement d'un vieux vernis sur bois de chêne. — Pour enlever un vieux vernis pouvant rester sur des objets en bois de chêne, préparez une espèce de pâte ou bouillie un peu claire, avec 3 parties de chaux, que vous éteignez dans un peu d'eau, et auxquelles vous ajoutez une partie de potasse.

Vous étendez cette bouillie sur les parties à dévernir et vous l'y laissez séjourner environ vingt-quatre heures. Vous lavez ensuite à l'eau pure et il ne reste plus rien du vernis.

Teinture du bois. — Couleur noire. —C'est une de celles qu'on recherche le plus dans la teinture du bois, car, lorsqu'elle est bien réussie, elle imite à s'y méprendre le noir intense de l'ébène. Toutes les recettes qui ont été données pour atteindre ce but présentent la plus grande analogie avec celle de l'encre, et cela n'a rien d'étonnant, car l'encre de bonne qualité, faiblement chargée de gomme, peut servir à teindre le bois en noir. Mais il n'est pas nécessaire de préparer l'encre à part, il vaut mieux laisser s'accomplir, dans les pores du bois, la réaction chimique qui produit la teinte noire.

Les bois qui donnent les meilleurs résultats sont le poirier, l'alisier, le houx, le noyer, le merisier, le charme.

I. On prépare une forte décoction de bois de Campêche, à laquelle on ajoute un peu d'alun ; puis à l'aide d'une brosse, d'un pinceau ou d'une éponge, on étend à chaud cette composition sur le bois, qui prend alors une teinte violette très prononcée. — D'un autre côté, on prend un litre de fort vinaigre, on y fait dissoudre de la limaille ou de la tournure de fer, quelques grammes de sulfate de cuivre, on y ajoute ensuite un peu de noix de galle concassée et un peu d'indigo dissous dans l'acide sulfurique, et, à l'aide d'un autre pinceau, on applique une forte couche de ces deux composés. Le bois devient aussitôt du plus beau noir, et l'on rendra la pénétration de la couleur aussi profonde qu'on le désirera, en répétant à plusieurs reprises cette double opération.

Si les objets à teindre sont de petites dimensions, on facilite l'application de la teinture, en les faisant bouillir d'abord dans le bain de fer.

II. On peut teindre aussi tous les bois en noir d'une manière commode avec :

```
Extrait de campêche...................................  30
Chromate de potasse...................................   4
Eau...................................................   2 litres.
```

On dissout l'extrait de campêche, en le faisant bouillir avec l'eau, on ajoute alors le chromate : la couleur des liquides est d'un très beau violet foncé ; elle devient d'un noir pur au contact du bois.

III. On enduit le bois blanc avec du noir de Brunswick délayé dans de l'essence de térébenthine, en mettant de la couleur en quantité suffisante pour fournir une bonne teinte et en y ajoutant environ une vingtième partie de vernis ordinaire. Cette composition sèche rapidement et prend ensuite le vernis.

IV. Voici une bonne formule empruntée aux ébénistes moscovites qui la pratiquent avec succès :

```
Pyrolignite de fer à 12º B.............................  500 parties.
Bisulfite de soude à 35º B.............................   50   —
Acide acétique à 6º B.................................    100   —
Extrait de campêche  mis à 20º B.....................     200   —
```

On mélange le tout, et l'on applique plusieurs couches suivant le degré de noircissement que l'on se propose d'obtenir.

V. *Procédé pour ébéner le bois de chêne.* — Le bois débité est immergé pendant quarante-huit heures dans une solution d'alun saturée à chaud, puis arrosé à plusieurs reprises d'une décoction de bois de campêche ; les petites pièces peuvent être plongées, pendant un temps plus ou moins long, dans cette décoction. Celle-ci se prépare de la manière suivante : on fait bouillir :

Bois de campêche......................... 1 partie
Eau .... 10 —

On filtre sur de la toile, on évapore le liquide à une douce température jusqu'à ce que son volume soit réduit de moitié, et on ajoute à chaque litre de ce bain 10 à 15 gouttes d'une solution saturée d'indigo soluble complètement neutre. Après avoir arrosé plusieurs fois les pièces alunées avec cette solution, on frotte le bois avec une solution saturée et filtrée de vert-de-gris (acétate de cuivre basique) dans l'acide acétique concentré et chaud, et on répète cette opération jusqu'à ce qu'on obtienne une teinte noire ayant l'intensité voulue. Le chêne teint de cette façon ne le cède en rien à l'ébène véritable.

VI. *Procédé pour ébéner le bois de placage.* — Les placages bruts sont cuits pendant une demi-heure dans une solution de soude caustique à 8 ou 10 pour cent, puis on les laisse séjourner pendant 24 heures dans la lessive. On les débarrasse ensuite de la soude par des lavages répétés, d'abord à l'eau chaude, puis à l'eau tiède ; on les place ensuite, pendant 24 heures dans une solution de :

Sulfate de fer.................... 1 partie.
Eau chauffée à 40 ou 45 degrés..... 30 —

Par ce traitement, les placages reçoivent dans toute leur épaisseur une belle teinte noire, semblable à celle de l'ébène. On les lave encore et, comme la soude les a rendus flexibles comme du cuir, on les sèche entre de fortes feuilles de carton, puis on les comprime avec ces dernières dans une presse.

COULEUR BLEUE. — Cette nuance est rarement employée, car elle ne rappelle la couleur naturelle d'aucun bois connu ; on l'obtient en faisant séjourner le bois, pendant un ou deux jours, dans une dissolution du bleu d'indigo employé par les blanchisseuses.

COULEUR JAUNE. — On l'obtient en plongeant le bois dans

une solution de gaude, à laquelle on a ajouté un peu de carbonate de soude.

Couleur rouge. — On donne cette couleur à l'aide de 125 grammes de bois de Brésil que l'on fait bouillir avec 30 grammes d'alun, dans un litre de vinaigre jusqu'à réduction de moitié. Cette dissolution s'applique à chaud.

Couleur d'acajou. — L'acajou étant un des bois les plus employés pour les meubles de luxe, on s'est efforcé de l'imiter de bien des manières. Les recettes suivantes paraissent donner les meilleurs résultats :

I. *Teinture d'acajou à l'alcool.* — On fait bouillir pendant 20 minutes, dans un vase de terre neuf :

| Rocou | 60 gr. | Garance | 60 gr. |
| Bois de Brésil haché.. | 60 — | Eau | 1000 — |

D'un autre côté on fait dissoudre, dans 50 grammes d'eau bouillante, 100 grammes de carbonate de potasse du commerce, on filtre à travers un linge, puis on mélange les deux solutions, on les filtre une deuxième fois, et après entier refroidissement on ajoute 100 grammes d'alcool. On applique cette composition avec une éponge ; elle réussit très bien sur le tilleul, le peuplier, le merisier. Pour le chêne, il faut diminuer la quantité de rocou.

II. *Teinture d'acajou à l'acide.* — On frotte d'abord le bois avec de l'acide nitrique étendu d'eau et on le laisse bien sécher. D'un autre côté, on fait dissoudre, dans un demi-litre d'alcool, 40 grammes de sang-dragon et 10 grammes de carbonate de soude. On filtre la dissolution, on l'étend sur le bois et lorsqu'il est bien imprégné, on laisse sécher. On dissout, de la même manière, 40 grammes de gomme laque, dans un demi-litre d'alcool, et l'on y ajoute 5 grammes de carbonate de soude. Cette nouvelle liqueur est étendue sur le bois, comme la première, et, quand cette deuxième couche est sèche, on la polit avec de la ponce et un morceau de bois de hêtre, qu'on a fait bouillir dans l'huile de lin. Cette couleur réussit particulièrement sur le noyer.

III. *Teinture d'acajou des Allemands.* — On humecte le bois avec de l'acide nitrique étendu d'eau, comme dans le procédé précédent, et quand il est sec, on y applique au moyen d'une éponge ou d'une brosse de peintre douce, une teinture préparée avec :

Sang-dragon	4	Aloès	1
Racine d'orcanette	2	Alcool à 90°	100

Ce procédé convient surtout à l'orme et à l'érable.

IV. *Teinture d'acajou pour le merisier.* — Ce procédé n'est applicable qu'au merisier et encore faut-il que les pièces que l'on veut teindre, par cette méthode, aient été polies sans l'intermédiaire d'aucun corps gras. On commence par les faire tremper, pendant environ une heure et demie, dans un vase contenant de l'eau de chaux ; à l'issue de ce bain, on les plonge dans une chaudière en cuivre étamé, dans laquelle on fait bouillir de l'eau et de la sciure de bois d'acajou. Au bout de 3 à 4 minutes d'immersion, on peut retirer les pièces, les laisser sécher et recommencer une ou deux fois la même opération, jusqu'à ce que l'on ait obtenu la teinte voulue.

Cette couleur a l'inconvénient de pâlir et de disparaître presque entièrement au bout d'un certain temps.

Couleur verte. — On prend :

Vert-de-gris	2
Sel ammoniac	1

On pulvérise le tout, et l'on verse sur le mélange du fort vinaigre, on laisse séjourner le bois, dans cette solution, jusqu'à ce que la couleur l'ait bien pénétré.

Couleur de vieux bois. — Une des nuances que l'on donne le plus souvent aux *meubles* et aux *sculptures* est celle dite *vieux bois* ou *vieux chêne.* On prépare cette teinture de la manière suivante :

I. Recueillir l'enveloppe pulpeuse des noix lorsque le fruit est bien mûr, verser de l'eau dessus et laisser macérer le tout pendant de longs mois. Plus la macération est prolongée, plus la couleur est foncée.

II. On obtient immédiatement une couleur de brou de noix tout aussi bonne et aussi foncée, en laisant sécher les enveloppes de noix très mûres et en en faisant bouillir 200 grammes par litre d'eau pendant deux heures. Dès que le liquide est refroidi, on le passe à travers un linge ; il est bon pour l'usage. On l'applique avec un pinceau.

Cette couleur a l'avantage de ne pas avoir besoin d'être additionnée de mordant pour être très adhérente au bois.

Mise en bouteille, cette couleur se conserve pendant plusieurs années. Si les noix n'étaient pas bien mûres, elle ne se conserverait pas.

Dans le cas où la décoction, soit à froid, soit à chaud, serait trop foncée, on pourrait l'éclaircir en l'allongeant d'eau.

III. On fait bouillir, dans un litre d'eau, 60 grammes de terre de Cassel et 60 grammes de carbonate de potasse, on filtre à travers un linge, au bout de quelques minutes d'infusion.

Ces teintures donnent au chêne récemment travaillé l'apparence du vieux bois ; elles vieillissent le noyer et lui communiquent, avec le temps, une teinte noirâtre ; on peut également les employer sur le tilleul et le poirier.

IV. Il est facile de communiquer aux meubles et aux sculptures en bois récemment confectionnés un cachet de vétusté, en les soumettant au contact des vapeurs ammoniacales humides, la couleur ne tarde pas à se foncer. C'est par l'action de l'ammoniaque provenant des étables situées dans le voisinage des fermes que les bahuts, les armoires de chêne, faisant partie du mobilier de ces maisons, contractent une teinte si foncée qu'elle en paraît noire.

Couleur du palissandre ou du noyer. — Pour donner cet aspect aux meubles ou aux planches en bois de sapin et en bois blanc, on les recouvre, avec un pinceau, d'une couche d'une solution concentrée de permanganate de potasse (*caméléon minéral*) ; on laisse agir cette solution jusqu'à ce que l'on ait obtenu la nuance désirée. Cinq minutes suffisent ordinairement, pour donner une nuance foncée. Lorsque l'action est terminée, on lave les objets avec de l'eau, on les laisse sécher, on les huile et on les polit par les moyens ordinaires. La couleur produite par le caméléon résiste très bien à l'air et à la lumière.

Teinture en bois de rose. — Elle peut s'obtenir avec facilité en faisant usage de deux bains, l'un d'iodure de potassium, renfermant 80 grammes de ce sel par litre ; l'autre de bi-chlorure de mercure (25 grammes par litre).

Les bois à teindre sont d'abord plongés dans le premier bain où on les laisse séjourner pendant quelques heures, puis on les porte dans le second bain, où ils prennent une belle coloration rose. Les bois ainsi teints sont ensuite vernis. L'ivoire végétal surtout prend une teinte magnifique. Ces bains ont le précieux avantage de pouvoir servir un grand nombre de fois sans qu'il soit nécessaire de les renouveler.

Bois fabriqué. — Plusieurs feuilles de bois minces, appelées *feuilles de placage*, sont collées l'une sur l'autre de façon que le fil de chaque feuille croise à angle droit le fil de la feuille qui lui est immédiatement inférieure ou supérieure ; et quand ce tout complexe a perdu sa résistance par une saturation de colle bouillante, on le comprime en une masse homogène, sans aucun clivage dans quelque sens que ce soit, rendant ainsi toute fente ou craquement impossible.

On peut employer toute espèce de bois. Les feuilles intérieures peuvent être de bois commun et bon marché, et les feuilles extérieures de bois de choix. Il importe peu que les différentes feuilles aient un coefficient de dilatation inégal et se gonflent et se rétrécissent plus ou moins les unes que les autres. Elles sont trop minces pour exercer une grande force, et leurs unités respectives sont perdues dans la masse commune.

Les avantages d'économie et de force en tous sens suffisent pour donner à ce procédé un vaste champ d'applications. On l'emploie déjà en ébénisterie pour les grandes surfaces plates, spécialement lorsque l'on a besoin de force et d'invariabilité. Les peintres s'en servent à la place de toiles, et les relieurs pour couvertures de livres.

Bois-Pierre. — Voici une composition de bois-pierre :

Sciure de bois...................................... 2
Magnésie en poudre................................. 1
Chlorure de magnésium.............................. 1

Humecter le mélange et on aura une pâte facile à mouler qui se solidifie à l'air.

Ciment pour crevasses du bois. — Souvent les tables et autres objets de bois se fendent par l'action de la chaleur ou par toute autre cause ; il est donc nécessaire d'avoir un ciment pour remplir ces crevasses. Ce ciment peut se préparer des trois manières suivantes :

I. On fait une pâte composée d'une partie de chaux éteinte, deux parties de farine de seigle et une partie suffisante de farine de lin.

II. On dissout une partie de colle forte dans 16 parties d'eau, et lorsqu'elle est presque froide, on agite dedans de la sciure de bois et de la chaux éteinte en quantité suffisante pour former une pâte (Franck Christin).

III. Epaissir du vernis ordinaire à l'huile avec un mélange en parties égales de céruse, de minium de plomb rouge, de litharge et de chaux éteinte.

Avec l'un ou l'autre de ces ciments, on remplit les crevasses, les trous de clous, les fentes, qui, du jour au lendemain, deviennent aussi dures que le bois même.

Colle pour le bois et les métaux. — I. Pour coller les objets en bois avec d'autres en métal, en verre ou en pierre, on ajoute à une solution de colle forte, de consistance convenable, de la terre tamisée, jusqu'à ce que le mélange devienne épais comme un vernis. On enduit alors de cette masse, encore chaude, les surfaces que l'on veut réunir et on les presse l'une contre l'autre Après le refroidissement et la dessiccation, l'adhérence est aussi complète que possible.

II. Le *mastic d'Ellsner* pour coller les objets en bois avec d'autres en métal, en verre ou en pierre, est de la colle forte bouillie avec de l'eau et épaissie avec une quantité suffisante de sciure de bois tamisée ; on l'emploie à chaud.

Dorure sur bois. — L'or dont on se sert est en feuilles très minces, leur épaisseur n'est que d'un huit centième de millimètre, et elles sont placées au nombre de quinze environ, dans de petits livrets nommés *quarterons* ; les feuillets entre lesquels on les intercale sont frottés de terre bolaire rougeâtre pour empêcher toute adhérence.

Dorure à l'huile. — La dorure sur bois s'exécute à l'huile.

1° On commence par donner une *couche d'impression*, avec une mixture que l'on obtient en broyant séparément et très fin 2 parties de céruse, 1 partie d'ocre jaune et un peu de litharge, on détrempe le tout avec de l'huile grasse additionnée d'essence de térébenthine.

2° La couche d'impression étant sèche, on donne dix à douze couches de *teinte dure*, qui n'est autre chose que de la céruse calcinée, broyée à l'huile grasse et détrempée avec de l'essence. On laisse écouler un jour entre l'application de chaque couche, et l'on répète ces applications jusqu'à ce que tous les pores du bois soient bien cachés.

3° On *adoucit* d'abord avec une pierre ponce et de l'eau, ensuite avec une serge et de la ponce en poudre très fine jusqu'à ce que la teinte dure soit unie comme une glace.

4° On donne de quatre à huit couches de vernis de laque à l'alcool, avec une brosse de blaireau, en séchant chaque couche au réchaud.

5° Le vernis étant sec, on le *polit* d'abord avec de la prêle, ensuite avec de la potée d'étain ou du tripoli fin détrempé dans l'eau.

6° On donne ensuite une couche légère d'*or-couleur*. On appelle *or-couleur* le reste des couleurs broyées et détrempées à l'huile qui se trouvent dans le vase où les peintres nettoient leurs pinceaux. Cette substance grasse et gluante est bien broyée et passée à travers un linge fin.

7° Lorsque l'or-couleur est presque sec, on passe l'*or au livret*, en ouvrant un livret d'or, posant le bord de la feuille sur le mordant et la lâchant quand elle est appliquée.

8° On époussette l'or avec une brosse plate de blaireau et on laisse sécher plusieurs jours.

9° On étend sur la couche d'or un vernis à l'esprit-de-vin, à base de laque ou de copal ; quand il est bien sec, on le recouvre de deux ou trois couches de vernis gras au copal en laissant deux jours d'intervalle entre chaque couche.

10° Enfin on polit avec une serge imbibée de tripoli et d'eau et on lustre avec la paume de la main frottée d'un peu d'huile d'olive.

DORURE EN DÉTREMPE. — On peut aussi exécuter la dorure en détrempe.

Les procédés de dorure sur bois peuvent également s'appliquer à la *pierre*, aux *ornements en pâte* de toute espèce, au *plâtre*, au *stuc*.

Incombustibilité des bois. — I. SILICATE DE POTASSE (*Verre soluble*). — Ce sel doit être employé très pur, sinon, lorsqu'on l'applique sur les boiseries, il se détache au bout d'un temps très court; sa dissolution doit être médiocrement concentrée, sinon elle ne pénètre pas le bois, n'en fait pas sortir l'eau et ne s'y attache pas solidement. Il faut que la couche préservatrice soit assez épaisse, résultat que l'on obtient en appliquant un grand nombre de couches successives et en ayant soin d'opérer dans un local très sec et chaud. On ne doit passer une couche nouvelle qu'après un intervalle de vingt-quatre heures. Le silicate de potasse donne de meilleurs résultats, quand on le mélange à des poudres incombustibles, telles que l'argile, la craie, le feldspath.

D'ailleurs le verre soluble ne peut être appliqué sur les toiles, les décors de théâtre, car il altère les couleurs.

II. Phosphate d'ammoniaque. — On a proposé pour le même but le *phosphate* et le *borate d'ammoniaque*, ou plutôt un mélange à parties égales de *chlorhydrate d'ammoniaque*, et de *phosphate d'ammoniaque* ou bien un mélange de *borax* et de *sel ammoniac*. Le phosphate d'ammoniaque agit, dans ce cas, en se décomposant ; l'ammoniaque se dégage, l'acide phosphorique fond et forme un vernis incombustible à la surface des objets. Le phosphate d'ammoniaque présente certains inconvénients : d'abord il altère les couleurs et les tissus, puis l'acide phosphorique mis en liberté par l'action de la chaleur ne remplit pas toujours son rôle protecteur, si la température du foyer s'élève considérablement, car alors il se décompose en présence du charbon, laissé par les matières brûlées, en produisant du phosphore qui augmente la violence de l'incendie. Le prix de ce sel est d'ailleurs assez élevé et comme un tissu, pour devenir incombustible, doit être imprégné du tiers de son poids de la matière protectrice, il en résulte que ce corps paraît peu susceptible de devenir l'objet d'une application en grand.

III. On a indiqué le mélange des corps suivants comme pouvant être utilisé avantageusement :

Alun	60 gr.		Gélatine	19 gr.
Sulfate d'ammoniaque	60		Empois	6
Acide borique	30		Eau	1000

Cette liqueur assure non seulement l'incombustibilité des tissus, du bois, mais les préserve de l'attaque des insectes. Il faut, dans tous les cas, renouveler, de temps en temps, l'application de cet enduit, surtout lorsque les tissus sont exposés à de nombreux froissements (de Bréza).

IV. Chlorure de calcium. — Le *chlorure de calcium* réunit les avantages suivants : il n'est pas volatil, il ne se décompose pas sous l'influence de la chaleur, il n'altère pas les couleurs, il est sans action sur la trame végétale et la préserve même du ravage des insectes. Son prix est peu élevé. Il semblerait donc que le chlorure de calcium devrait occuper la première place parmi les agents préservateurs ; malheureusement il attire fortement l'humidité de l'air. Une dissolution de chlorure de calcium formant, à la surface des objets qu'il touche, un enduit préservateur d'une efficacité incontestable, pourrait être projetée, à l'aide d'une pompe, sur les foyers d'incendie, l'enduit vitreux que laisserait l'eau, après s'être vaporisée, arrêterait ou diminuerait l'ardeur du feu (Gaudin).

Le *chlorhydrate d'ammoniaque* en dissolution (28 grammes par litre d'eau) arrêterait le feu le plus violent (Clanny).

Le *chlorure de magnésium* serait dans le même cas ; il suffirait d'arroser le foyer d'incendie avec de l'eau contenant 1 kilogramme de ce sel par hectolitre d'eau (Muterse).

Mastics pour le bois. — Mastic a la gomme laque. — On place, entre deux morceaux de bois enduits avec du vernis de gomme laque, un morceau de mousseline imbibé de ce vernis, et l'on serre fortement ; au bout de quelque temps, les morceaux adhérent très solidement.

Métallisation du bois. — Métalliser des arbres de telle façon que les planches que l'on en extrait puissent devenir polies comme des miroirs, c'est un problème que M. Rubennic a résolu d'une façon à la fois ingénieuse et économique. Voici comment il s'y prend : le bois à métalliser est d'abord mis à tremper pendant trois jours dans un bain de potasse ou de soude caustique maintenu à la température de 140° centigrades environ. On l'en retire alors pour le plonger dans un autre bain formé de sulfure de calcium, auquel on ajoute, au bout de trente-six heures, une solution concentrée de soufre dans le sulfure. Après quarante-huit heures, le bois est retiré du second bain et plongé dans un troisième bain d'acétate de plomb bouillant, où on le laisse digérer pendant deux jours. Il n'y a plus qu'à laisser bien sécher.

Le bois, ainsi traité, est susceptible d'un très beau poli. Il suffit, pour cela, d'en frotter la surface avec un morceau de plomb, d'étain ou de zinc, puis de le finir avec un brunissoir en verre. De ce traitement, résulte également, pour le bois, une inaltérabilité complète.

Séchage des bois. — BOIS DE CONSTRUCTION. — Le bois des arbres contient moyennement en hiver environ 50 p. 100 d'humidité; en mars et en avril à peu près 46,9 p. 100; en mai et en juin, 48; cette quantité augmente graduellement, mais faiblement jusqu'à la fin de novembre. Le bois de charpente, séché à l'air, contient 20 ou 25 p. 100 d'eau ; cette proportion ne tombe jamais au-dessous de 10 p. 100. Le bois qui, par une dessiccation artificielle, est complètement privé d'humidité, subit une profonde altération, il perd par là une partie de sa force de cohésion, devient cassant, moins élastique et moins flexible.

Pour sécher artificiellement toutes les espèces de bois de construction, sans en altérer la structure et sans leur enlever une partie de leurs propriétés utiles, il faut conduire cette opération lentement, modérer surtout au commencement la température à laquelle on les soumet, et prendre garde d'en éliminer toute l'humidité. D'après M. Hartig, les petites pièces de bois destinées à la menuiserie ou à l'ébénisterie peuvent être séchées promptement et efficacement par l'exposition dans du sable sec, à une température de 100 degrés. Le sable agit en absorbant l'humidité et en transmettant uniformément la chaleur.

SÉCHAGE RAPIDE DES MOYEUX EN VIEUX CHÊNE. — Pour sécher des moyeux de chêne, les empiler dans une étuve de manière à laisser passage pour l'air et la vapeur entre les blocs. Faire entrer la vapeur dans l'étuve de façon à mouiller la surface des blocs. Introduire en même temps la vapeur dans le tuyau de chauffage pour commencer à chauffer. Fermer hermétiquement l'étuve et la tenir close jusqu'à ce que les blocs soient entièrement chauffés, afin d'évacuer l'eau contenue à l'intérieur, ce qui prendra 4 à 6 heures. Continuer à donner la vapeur dans le tuyau de chauffage et empêcher la vapeur de rentrer dans le bois pendant quelques heures au moyen d'une petite ventilation.

Le bois sera alors entièrement sec et sans fente ni craquelure.

BOISERIES. — Réparation des vieilles boiseries. — On a quelquefois de vieux bois, de vieux morceaux de sculpture qu'on voudrait, sinon restaurer, du moins arracher à une consomption complète, et on a cherché longtemps un moyen préservatif, tandis qu'on en avait un sous la main qu'on n'utilisait pas assez. Ce moyen consiste à plonger les vieilles boiseries vermoulues dans un bain chaud, composé de gélatine et de colle forte. Ce bain doit être assez limpide pour que le liquide pénètre bien dans les pores du bois ; il doit être enfin additionné d'une essence quelconque, pour empêcher la vermine de se loger de nouveau dans les sculptures en question.

On comprend tout de suite les effets de cette solution. Elle agglutine toutes les parties qui tombent de vétusté ; elle amalgame la poussière, remplit de nouveau les pores du bois ou les piqûres d'insecte, elle donne enfin assez de cohésion aux fibres pour qu'on puisse conserver de nombreuses années encore les bois vermoulus.

Quand c'est un morceau de sculpture d'une certaine valeur, on redouble de précautions ; on introduit tout d'abord le bois dans un bain léger, on l'y laisse séjourner quelque temps, puis on augmente insensiblement la force du bain en y ajoutant de la gélatine et de la colle forte. L'opération se fait à chaud. On essuie soigneusement l'objet au sortir du bain, afin de le débarrasser des excédents gélatineux, et quand il est sec on y passe une couche de vernis. Cette méthode donne d'excellents résultats.

C'est par un procédé analogue que l'on a reconstitué nos gigantesques animaux antédiluviens, dont les débris tombaient en poussière aussitôt qu'ils arrivaient à l'air.

BOITES. — Clouage des boîtes à l'aimant. — On fabrique aujourd'hui une grande quantité de boîtes légères en bois pour l'emballage des fruits. Cette fabrication se fait par des apprentis de douze à quatorze ans et avec une telle rapidité, que le cent ne coûte que 2 francs 50 centimes.

Pour arriver à un prix aussi modique, les fabricants ont dû avoir recours à des procédés ingénieux; le plus remarquable est celui du clouage.

Les clous sont placés sur une planchette en bois inclinée, à laquelle on imprime de faibles vibrations; ils glissent alors et viennent se présenter en bas de la planchette, la tête la première. Les gamins, armés d'un marteau fortement aimanté, l'approchent de la planchette et un clou vient s'y fixer. Il suffit alors d'enfoncer ce clou dans le bois de la boîte à clouer.

BOUCHON HERMÉTIQUE. — Il est important dans bien des cas de fermer hermétiquement un vase ou un flacon afin d'empêcher les substances qu'il renferme de communiquer avec l'air extérieur. Sans cette précaution, les corps volatils disparaîtraient et des altérations se produiraient par le contact de l'oxygène de l'air avec les matières déposées dans un vase mal bouché.

I. Un système prompt et peu coûteux consiste à disposer au-dessous de la tête du bouchon une circonférence de verre entourée d'une rondelle circulaire de caoutchouc. Au-dessous de cette circonférence, le cylindre de verre qui termine le bouchon porte trois saillies dont la surface supérieure est oblique; le goulot porte aussi inférieurement trois saillies pareilles dont la surface intérieure est oblique, et sous lesquelles on place les saillies du bouchon en imprimant à celui-ci un petit mouvement de droite à gauche. L'obliquité des surfaces des saillies fait que plus on tourne, plus le bouchon descend dans le goulot ; et comme celui-ci est légèrement conique, la circonférence de verre garnie de la rondelle en caoutchouc se serre de plus en plus, en descendant, contre la paroi intérieure dudit goulot. L'occlusion est complète.

Pour appliquer ce système, il ne faut pas que les matières de l'intérieur du flacon puissent avoir une action chimique sur le caoutchouc.

II. M. F. Hoffmann emploie le procédé suivant :

Les bouchons sont d'abord passés dans un bain d'eau bouillante, ce qui a pour effet de les laver et de les débarrasser des matières étrangères qui pourraient ensuite altérer les liquides enfermés dans les flacons. Les bouchons, séchés au soleil ou à l'étuve, sont introduits dans un bain de paraffine chauffée au bain-marie, où ils séjournent pendant quelque temps, afin que les pores du liège soient pénétrés. Si l'on passe le bouchon, dans l'eau tiède, il mord en quelque sorte dans le goulot, il ferme parfaitement les récipients, et les liquides se conservent indéfiniment.

BOUTEILLES. — **Pour marquer les bouteilles.** — Délayer un peu de céruse dans de l'essence de térébonthine. On obtient ainsi une espèce de peinture blanche, très siccative, avec laquelle on peut écrire sur le verre des bouteilles que l'on a l'intention de conserver longtemps en cave.

BRIQUE. — **Bonne ou mauvaise brique ?** — Une bonne brique se reconnaît aux caractères suivants :

1° Elle doit être parfaitement moulée, unie, à vives arêtes, régulière, non déjetée, sans cavité, ni gerçures, sans boursouflures, ni ébréchures, ni bavures, non friable ; la couleur de la bonne brique est ordinairement d'un rouge brun foncé ; elle doit paraître sèche et l'être effectivement.

2° A la percussion, quand on la frappe avec un corps dur, elle doit rendre un son clair, plein, pur.

3° La cassure doit être brillante, sans cavités intérieures, ne doit pas être rubanée, ni pierreuse : elle doit présenter un grain fin, serré et homogène.

Elle ne doit renfermer aucun élément décomposable à l'air ou à l'eau, et susceptible de la dégrader après sa mise en œuvre, comme des fragments de chaux ou de marne, des résidus de pyrites ; ces parties se gonfleraient, se boursoufleraient et briseraient la brique, lorsqu'elle aurait été retirée de l'eau après y avoir séjourné quelque temps.

Elle doit être *happante*, afin de faire corps avec les mortiers ; il faut se méfier de la présence des *pigeons* susceptibles de fuser, qui entraînent des fentes scabreuses, s'ils sont gros, et qui engendrent le salpêtre, s'ils sont minuscules.

4° Elle ne doit pas se désagréger dans l'eau, ni en absorber une trop grande quantité, au plus 1/15e environ de son propre poids, après douze heures d'immersion. Celle qui n'absorbe pas d'eau est trop cuite, le mortier n'y adhère qu'imparfaitement, mais elle est bonne conductrice de la chaleur ; elle peut être employée dans les terrains humides et servir aussi de pavés.

5° Elle doit résister à l'action de la gelée : ce qu'on peut vérifier en la saturant d'eau et en la plongeant ensuite dans un mélange réfrigérant descendant à environ 5° à 20° au-dessous de zéro, selon l'usage qu'on en fera. Elle est ainsi placée dans les conditions où elle se trouvera dans le pratique.

6° Enfin elle doit supporter, sans s'écraser, une pression déterminée, suivant l'usage auquel elle est destinée.

Conservation des briques. — En immergeant dans le brai fondu, à la température d'environ 200 degrés, des briques plus ou moins tendres, on a pu les employer avec succès dans la construction des chambres à chlore ; on les cimente avec du mastic de bitume. Des grès tendres de Fontainebleau ont acquis par là une grande cohésion (Kuhlmann).

BRONZAGE. — On nomme ainsi l'art de donner à certains objets, métalliques ou non, un aspect qui rappelle celui du bronze. On sait qu'on est dans l'usage de produire sur la surface de ce métal une pellicule mince d'oxyde qui lui communique une teinte agréable à l'œil ; par extension, on a donné cette appellation de *bronzage* aux pratiques usitées pour mettre en couleur les substances métalliques.

Bronzage des armes. — Voy. *Armes.*

Bronzage des bouilloires, cafetières, veilleuses et autres objets allant au feu. — On produit sur ces objets un bronze solide par le mélange de :

Sanguine en poudre................	30 parties
Plombagine.....................	4 —

dont on fait une bouillie en délayant ces matières à l'esprit-de-vin. On couvre l'objet d'une couche égale avec un pinceau, on le laisse sécher une heure, puis on le tient au-dessus d'un brasier de charbon de bois et on fait chauffer fortement en tournant dans tous les sens ; ensuite on laisse refroidir, on brosse avec une brosse de soie et on brunit au polissoir ou à la pierre à brunir, en se servant de plombagine pour faire glisser l'outil.

Bronzage du fer. — On plonge l'objet en fer dans du soufre fondu, mêlé à du noir de fumée. La surface étant égouttée et sèche, peut prendre un beau poli et présente l'apparence du bronze oxydé.

Bronzage des statues, objets d'art. — I. Les objets non métalliques que l'on veut bronzer sont d'abord recouverts d'une couche uniforme de colle ou de vernis, et lorsque cette couche est sur le point de sécher, on la saupoudre à l'aide d'un petit sachet, soit avec de la poudre à bronzer obtenue avec des feuilles d'étain, d'or ou de l'or massif, soit avec du cuivre métallique préparé en précipitant une dissolution de sulfate de cuivre avec une lame de fer; on frotte ensuite la surface avec un linge humide.

II. On peut aussi broyer la poudre à bronzer avec de l'huile siccative, puis appliquer cette peinture avec une brosse ; quelquefois la poudre à bronzer est mélangée avec une certaine quantité de cendres d'os pulvérisés ; on applique le tout en se servant d'un des procédés qui viennent d'être décrits (Laboulaye).

Bronzage du zinc. — On fait une solution de 30 grammes de sel ammoniac et 8 grammes d'oxalate de potasse dans un litre de fort vinaigre. On applique cette liqueur avec un pinceau ou un tampon de chiffon.

BRONZE. — **Bronze Dronier.** — C'est le nom du fabricant de bronze qui a obtenu, au moyen d'une addition de mercure, dans le creuset, un bronze très malléable, qui, d'après les essais auxquels il a été soumis, dépasserait le fer le meilleur comme résistance à la traction.

La composition de ce bronze est 90 de cuivre pour 10 d'étain ; à cet alliage on ajoute pendant la fusion 1 pour 100 de mercure. Cet alliage-amalgame est coulé en plaques de $0^m,50 \times 0^m,20 \times 0^m,016$. Puis ces plaques sont laminées à froid et recuites autant de fois qu'il est nécessaire pour arriver à une épaisseur de 1 millimètre. Pour obtenir un demi-millimètre, il faut recuire sept ou huit fois.

Cet alliage se taille, s'emboutit, se soude et s'étire avec la plus grande facilité.

Le prix de revient n'est pas considérable : 3 francs le kilogramme en lingot ; mais il augmente au fur et à mesure que les feuilles diminuent d'épaisseur.

Patine des bronzes d'art. — Pour toutes les patines, qu'il s'agisse de la patine brune courante du commerce, de la patine verte des bronzes de Barye ou de la coloration noir orangé des bronzes florentins, on emploie un pinceau et des mordants variant suivant la nuance à obtenir, et s'appliquant sur le métal préalablement chauffé.

TEINTE NOIRE. — I. Enduire de sulfhydrate d'ammoniaque l'objet décapé, puis le frotter, après séchage, avec une brosse enduite de sanguine et de plombagine.

II. On peut aussi mouiller le cuivre avec une solution étendue de chlorure de platine et chauffer légèrement, ou encore plonger le métal dans une solution chaude de chlorhydrate de chlorure d'antimoine.

BRONZE VERT ANTIQUE. — On recommande une dissolution composée de :

Acide acétique à 8°...............................	200 grammes
Vinaigre ordinaire	200 —
Carbonate d'ammoniaque	30 —
Sel marin..	10 —
Crème de tartre et acétate de cuivre............	10 —
Eau..	Q. S.

BRONZE DES MÉDAILLES. — I. On peut plonger la pièce dans un bain composé de perchlorure et de sesquiazotate de fer par parties égales ; on chauffe jusqu'à évaporation du liquide et l'on frotte la pièce à la brosse cirée.

II. A la Monnaie de Paris, on bronze les médailles en les faisant bouillir pendant un quart d'heure dans la dissolution suivante :

Vert-de-gris pulvérisé.............................	500 gr.
Sel ammoniac pulvérisé...........................	175 —
Vinaigre fort..	260 —
Eau..	2 litres

L'opération s'exécute dans une casserole en cuivre non étamée. On sépare les médailles les unes des autres avec des baguettes de bois ou de verre.

Bronze or liquide. — On fond 0,5 kg. d'étain anglais pur, avec 0,5 kg. de mercure, lequel a été préalablement chauffé dans une cuiller en fer, jusqu'au moment où des vapeurs commencent à s'en échapper ; remuer fortement le mélange. Après refroidissement, réduire en poudre impalpable et ajouter 0,5 kg. de sel ammoniac pur et 0,5 kg. de fleur de soufre.

Chauffer ensuite au bain de sable dans un matras, jusqu'à ce que le sable soit rouge et maintenir dans cet état, jusqu'à ce qu'il ne se forme plus de vapeurs. Après refroidissement, on trouve au fond du matras ou du creuset la masse d'or artificiel dans les proportions d'environ 0,75 kg., lequel se dissout dans les alcalis chauffés.

Avec cette *dorure liquide*, on peut dorer n'importe quel objet à l'aide d'un pinceau.

C

CALQUE. — On donne ce nom à la copie d'un dessin fixé sur un transparent.

I. Le procédé le plus habituellement suivi, pour calquer un dessin, consiste à placer ce dessin sur une vitre opposée au jour et à le couvrir d'une feuille de papier transparent. Alors, à l'aide d'un crayon finement taillé, on passe sur tous les traits que la transparence du papier permet d'apercevoir aisément.

II. On obtient un bon papier à calquer par le procédé suivant: Dissolvez de la cire bien blanche, gros comme une noix, dans un demi-litre d'essence de térébenthine, passez cette mixture avec une brosse douce sur le verso et le recto d'un papier assez mince; suspendez la feuille dans un endroit chaud, pour la faire sécher à la chaleur douce et vous aurez, quelques jours après, un papier qui n'aura rien à envier comme qualités au papier dit *pelure d'oignon.*

III. La benzine possédant la propriété de donner au papier une transparence qui disparaît quand ce liquide s'est évaporé, on peut utiliser cette substance pour éviter l'emploi du papier à calque. Il suffit d'étendre, sur l'objet à copier, une feuille de papier ordinaire, d'humecter de benzine, au moyen d'une éponge ou d'un tampon de coton, la place que l'on veut calquer, pour rendre cette place transparente. La benzine ne tarde pas à se vaporiser, en ne laissant aucune trace, et le papier redevient opaque. Le dessin original n'est d'ailleurs nullement endommagé pourvu que la benzine soit pure et récemment distillée; quant à l'odeur propre à ce liquide, elle disparaît au bout de quelques heures. Comme la benzine peut s'évaporer avant qu'on ait eu le temps de terminer le calque, il est bon, si le dessin a une certaine étendue, de n'humecter le papier que peu à peu et à mesure qu'on avance dans l'opération. On peut même, si la partie qu'on a imbibée vient à perdre sa transparence, l'humecter de nouveau.

IV. Lorsque les dessins à calquer présentent quelques difficultés, on les produit en photo-calques après les avoir imbibés d'essence de pétrole, avant de les mettre dans le châssis-presse. L'essence s'évapore ensuite et ne laisse aucune trace sur le papier.

Voy. *Papier transparent*.

CAOUTCHOUC. — **Pour assouplir les tuyaux de caoutchouc.** — Tremper les tuyaux de caoutchouc dans le mélange suivant pendant une heure :

Eau.................................... 2 parties.
Ammoniaque................................ 1 —

CARBONIQUE (acide). — **Dosage dans l'air.** — La constatation des proportions d'acide carbonique dans l'air libre est de grand intérêt ; mais elle a une bien autre importance lorsqu'il s'agit de l'air des lieux habités, puisque c'est le meilleur moyen de se rendre compte de la souillure de l'atmosphère limitée dans laquelle nous respirons et de reconnaître si la ventilation est ou n'est pas suffisante.

Il existe un grand nombre de procédés et d'appareils pour doser l'acide carbonique de l'air. Les uns sont des instruments d'analyse exacte, assez délicats et d'un maniement peu abordable. D'autres, moins compliqués et aussi moins rigoureux, nécessitent encore un outillage encombrant.

On s'est évertué à obtenir des appareils très simples, plutôt des indicateurs que des instruments d'analyse, permettant d'apprécier rapidement si le degré d'impureté d'un milieu, incompatible avec la santé, est atteint et dans quelles proportions il l'est.

L'expérience a démontré, en effet, que l'acide carbonique croît dans l'air des locaux habités de la même manière que les matières organiques, qu'il est difficile d'évaluer directement. Si donc quelques dix-millièmes d'acide carbonique de plus dans notre air ne peuvent nous compromettre par eux-mêmes, ils ont d'autre part une redoutable signification, au point que la plupart des hygiénistes ne tolèrent pas plus de six dix-millièmes de cet élément dans l'air de nos demeures, quelques-uns même pas plus de cinq dix-millièmes.

I. L'acide carbonique se trahit aisément à l'aide des solutions de bases alcalino-terreuses, telles que la baryte et la chaux, dans lesquelles son passage produit un carbonate insoluble, par conséquent un trouble dans la liqueur. Si donc on a préparé une solution de baryte ou de chaux

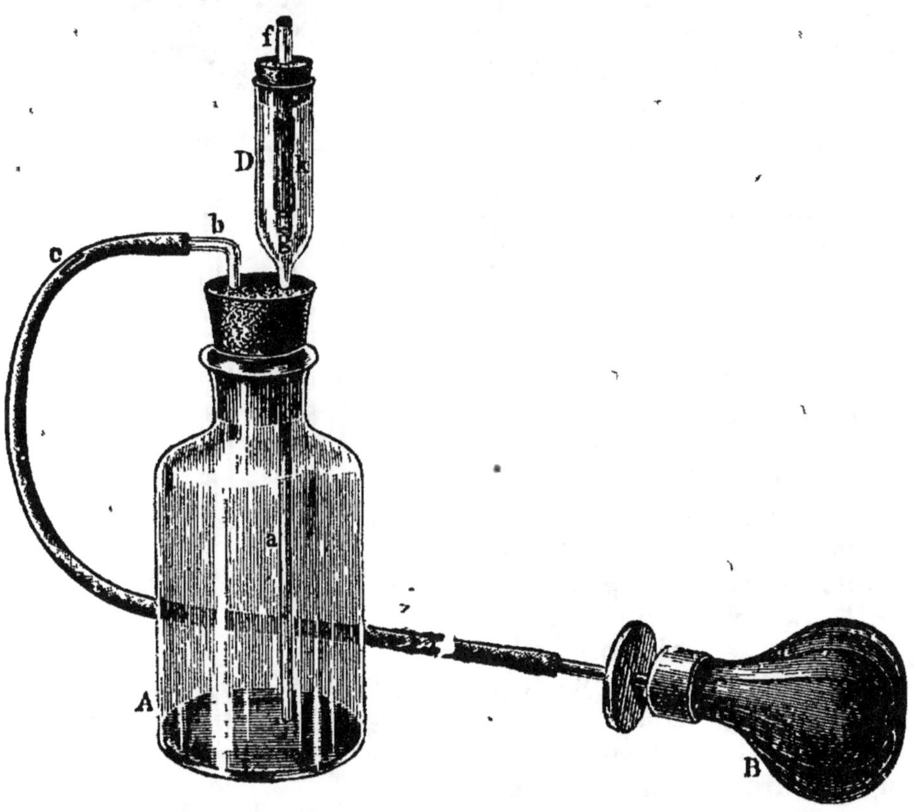

Fig. 16. — Appareil minimétrique de Angus Smith.

dont un volume, fixé une fois pour toutes, trouble par le passage d'un volume également connu de CO_2, il sera facile d'apprécier la richesse d'un air en CO_2 par le volume de cet air auquel il faudra faire traverser la solution basique pour obtenir le degré de trouble pris pour type. Le problème consiste à déterminer le *minimum* d'air qu'il faut pour troubler la solution connue de baryte ou de chaux. De là le titre de *dosage minimétrique* donné à ce procédé, sur lequel repose l'appareil de Angus Smith (fig. 16).

Mais il a plus d'un défaut et quelques-uns des reproches qu'il a encourus sont sérieux. Le plus grave est la difficulté de saisir le moment exact où le trouble de la liqueur basique est au point convenable pour arrêter l'opération. A côté de ce défaut capital, on regrette qu'il soit nécessaire de secouer le flacon qui contient la solution de baryte, après chaque insufflation d'air, et encore que le jeu des soupapes devienne assez rapidement incomplet ou nul. Enfin, il y a un inconvénient sérieux à l'emploi de la baryte dans un appareil qui doit surtout être utilisé dans les écoles, au milieu des enfants; la baryte, est un poison d'une certaine énergie.

II. Le professeur Wolpert remplace la solution de baryte par l'eau de chaux saturée, qui ne coûte presque rien et dont la préparation est d'une rare simplicité. C'est, du reste, un agent inoffensif.

L'appareil d'expertise se compose de deux parties. La première (fig. 17) consiste en un tube de verre fermé à l'une de ses extrémités, de 12 centimètres de longueur et de 12 millimètres de diamètre ; le fond en est en porcelaine

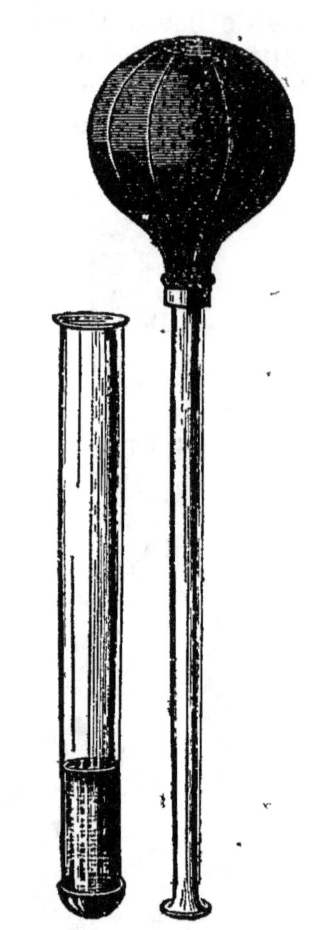

Fig. 17 et 18. — Appareil du professeur Wolpert.

opaque et porte à l'intérieur le millésime 1882 en caractères noirs ; au-dessus et à une hauteur qui correspond au volume de 3 centimètres cubes, un trait noir sert de point de repère invariable. D'autre part, une poire à air en caoutchouc, de 28 centimètres cubes de capacité (fig. 18), est fixée à un tube assez mince et assez long pour pouvoir entrer jusqu'au fond du précédent. On remarquera les bords renversés de l'extrémité libre de ce tube.

Voici comment on opère : De l'eau de chaux saturée, mais limpide, est versée dans le premier tube jusqu'au trait noir ; on introduit le tube de la poire à air dans l'eau de chaux jusqu'à mettre le pourtour de son orifice bien au contact du fond du premier ; puis, en tenant la poire entre l'index et le médius de la main droite en supination, on presse lentement et doucement avec le pouce sur son fond, de façon à en chasser tout l'air qu'elle contient ; Cet air sort bulle à bulle en barbotant dans l'eau de chaux. On retire le tube de la poire jusqu'à 3 ou 4 centimètres au dessus du niveau de l'eau de chaux, on abandonne la poire à elle-même, une aspiration se fait dans son intérieur. La petite manœuvre de tout à l'heure est recommencée. On la répète autant de fois qu'il est nécessaire pour qu'en regardant de haut en bas, les chiffres 1882 cessent d'être nettement visibles et disparaissent tout à fait après avoir secoué assez énergiquement le contenu du tube.

Les mesures sont telles que ce trouble survient d'emblée si l'air contenu dans la poire à air est au titre de 20 millièmes de CO^2. S'il a fallu faire une aspiration, c'est-à-dire injecter dans l'eau de chaux deux fois le contenu de la poire, il est clair que l'air n'était qu'au titre de 10 millièmes ; s'il a fallu dix injections, l'air était dix fois moins riche que celui du titre de 20 millièmes de CO^2 et ne renfermait que 2 p. 1000 de ce gaz. Il suffit donc, pour connaître la richesse en CO^2 de l'air essayé, de diviser 20 millièmes par le nombre des injections pratiquées. Une table qui accompagne l'appareil a été construite sur ces bases et dispense de faire les calculs.

Un air qui renfermerait 10 millièmes de CO^2, ou même 5 millièmes, 2 millièmes, serait presque aussi condamnable qu'une atmosphère à 20 p. 1000. Il ne nous est donc pas utile de connaître les proportions intermédiaires à ces chiffres ronds, énormes. Cependant il est possible d'obtenir, le cas échéant, une indication entre deux chiffres consécutifs de l'échelle au moyen d'une autre poire à air, dont la capacité n'est que la moitié de celle de la précédente. Ainsi, deux injections de la grande poire suivies d'une de la petite, ou deux injections et une demie correspondent à une richesse de 8 millièmes de CO_2; cinq et demie à 3,6 millièmes, etc.

Cette demi-poire sert encore à autre chose. Du moment que la grande poire trouble l'eau de chaux avec un air à 20 p. 1000 de CO_2, il est clair que la petite, qui n'est que moitié de la première, ne pourra opérer le même trouble qu'avec un air deux fois plus riche en CO_2, c'est-à-dire à 40 p. 1000. Mais elle devra la déterminer, si cette condition est remplie et si l'eau de chaux employée est bonne. Or nous avons à notre disposition un air à 40 p. 1000 de CO_2, c'est l'air expiré des poumons. Il suffit donc de remplir de cet air la petite poire, ce qui est facile en faisant cinq ou six aspirations par son tube introduit dans la bouche, et d'injecter cet air dans l'eau de chaux du tube d'essai pour vérifier la qualité du réactif employé; si l'eau de chaux est saturée, elle trouble du premier coup.

En ne demandant pas à cet appareil une exactitude dont il n'a pas eu l'intention, il est capable de donner des renseignements précieux et d'être mis entre toutes les mains. La table qui l'accompagne a été dressée pour une température de 17 degrés, qui est à peu près celle des pièces habitées, et sous une pression de 740 millimètres, qui est la moyenne de Kaiserslautern, où réside le professeur Wolpert. Mais des conditions météorologiques différentes n'altèrent pas considérablement les résultats; ainsi, avec 10 degrés en moins, il faudrait trente et une injections au lieu de trente et CO_2 serait à 0,64 p. 1000 au lieu de 0,66; avec 10 degrés en plus, trente injections au lieu de trente et une.

Le fait qu'on doit viser de haut en bas pour constater le trouble permet de ne pas se préoccuper outre mesure de remplir très exactement jusqu'au trait horizontal la partie inférieure de l'éprouvette; il y a toujours entre l'œil et les chiffres 1882 la même quantité de molécules de carbonate de chaux; elles sont seulement un peu plus ou un peu moins dispersées. D'ailleurs, qu'il y ait un peu plus ou un peu moins de lumière dans la salle où l'on fait l'expertise, que l'opérateur ait la vue courte ou longue, cela n'a pas une importance extrême ; M. Wolpert s'est assuré par l'expérience que des observateurs très diversement doues sous le rapport de la vue n'ont pas varié sur le résultat de l'essai d'un air à 2 p. 1000 ; quant à la lumière de la salle, elle est suffisante dès que l'on peut y lire aisément les petits caractères d'imprimerie.

On peut mettre dans sa poche la boîte, longue de 20 centimètres, qui renferme, en même temps que l'appareil, de l'eau de chaux pour une dizaine d'analyses, la table des proportions de CO_2 et tout ce qu'il faut pour nettoyer les tubes. Il n'est pas douteux que, si l'usage d'un petit instrument de ce genre se répandait chez nous, il ne fournisse de précieuses et, parfois, de singulières révélations sur les qualités de l'atmosphère dans laquelle vivent nos enfants, nos ouvriers et peut-être nos malades à domicile ou dans les hôpitaux (J. Arnould).

III. M. Henriet a imaginé un mode de dosage rapide de l'acide carbonique dans l'air, fondé sur le principe suivant. Lorsqu'on ajoute de l'acide sulfurique à une solution de carbonate de potasse neutre, colorée en rouge par une goutte de phénolphtaléine, la coloration disparaît quand la moitié de l'acide carbonique du carbonate s'est fixée sur le carbonate non décomposé pour le transformer en bicarbonate.

Absorbons par la potasse caustique l'acide carbonique d'un volume connu d'air et titrons un égal volume de liqueur de potasse employée, la différence de lectures multipliée par 2 correspond à l'acide carbonique retenu. Le résultat est indépendant du carbonate que peut contenir la liqueur de potasse, puisque, de part et d'autre, le carbonate préexistant est décomposé par le même volume d'acide ; on ne tient d'aill urs compte que de la différence des lectures.

L'opération se fait dans un ballon de verre résistant d'environ 6 litres, fermé par un bouchon en caoutchouc, traversé par un tube à brome et par un tube coudé muni d'un robinet.

Pour prélever l'échantillon d'air, on fait le vide dans le

ballon ; on peut également le remplir d'eau pour le vider au moment de la prise d'essai ; il convient alors de laver le ballon à l'eau distillée. Le ballon étant bouché, on laisse s'établir l'équilibre de température et l'on note celle-ci. Introduire dans le tube à brome 2 centimètres cubes d'éther et 15 centimètres cubes d'une solution de potasse à 8 grammes pour 1,000, colorée en rouge par une goutte de phénolphtaléine ; l'éther protège la potasse contre l'acide carbonique de l'air extérieur.

Tandis que le ballon est refroidi sous un courant d'eau, on introduit la potasse ; on lave le tube à brome avec de l'eau bouillie privée d'acide carbonique jusqu'à ce que les eaux de lavage soient incolores. On agite le ballon et on laisse en contact pendant une heure pour que l'absorption soit complète.

On ouvre le robinet du tube coudé, l'air légèrement comprimé s'échappe ; c'est alors qu'on verse l'acide titré, dont 1 centimètre cube équivaut à 0 centimètre cube 5 d'acide carbonique, jusqu'à décoloration complète ; on n'a pas à craindre l'acide carbonique de l'air extérieur, puisque le ballon est plein d'air décarbonaté.

CARTON. — **Fabrication du carton par le fumier.** — M. W. Nast a découvert un procédé économique pour la fabrication du carton. Au lieu d'employer la paille, il se sert du fumier.

Pour fabriquer une tonne de carton, on prend habituellement 1.750 kilogrammes de paille qui, à 50 francs la tonne, coûteront 87 fr. 50 de matière première. Cette paille, finement hachée, est portée à l'ébullition pendant plusieurs heures avec une lessive de chaux.

En employant du fumier au lieu de paille, on a une main-d'œuvre beaucoup moindre et fort économique, en raison de la trituration de la paille qui fournit du fumier (soit par la mastication, soit par le piétinement) et de l'action exercée sur cette matière par les principes ammoniacaux des urines.

La fabrication d'une tonne de carton exige trois tonnes de fumier, et le prix de revient de cette tonne est de 77 francs :

Carton armé. — Le carton armé est un carton renforcé au moyen d'une armature intérieure en métal.

L'armature se compose d'une espèce de toile métallique à fils relativement fins et très distancés, dont les dispositions et les dimensions varient suivant celles des feuilles de carton et surtout suivant les résistances à obtenir ; ainsi le carton destiné à la fabrication d'une boîte exige une armature moins résistante que celui affecté à la confection des caisses. Cette armature intérieure est incorporée à la feuille de carton au moment de la fabrication, laquelle ne diffère pas, du reste, des procédés ordinaires.

Les applications du carton armé sont celles du carton actuellement en usage dans le commerce et dans l'industrie pour les reliures, cartonnages, etc.

Carton-pierre. — Carton-pierre dur :

Pâte de papier (vieux papiers)	1 p. 1/2,
Colle...	2
Terre bolaire blanche..........................	2
Craie...	2

Carton-pierre élastique :

Pâte de papier.....................................	1 partie,
Colle..	1/2
Terre bolaire blanche............................	3
Huile de lin...	1 1/2
Craie	1

CELLULOID. — Le celluloïd est un produit complexe formé par le mélange de cellulose nitrique (pyroxyline) et de camphre. Additionné d'alcool, ce mélange est laminé, comprimé et étuvé lentement. Il donne aussi une matière dure, élastique, transparente, susceptible de prendre un beau poli. Sa densité est de 1,35. On peut, par addition de matières pulvérulentes diversement colorées, le rendre opaque et lui donner l'aspect de l'ivoire, de l'ébène, du corail, etc.

Le celluloïd a été obtenu, en 1869, par Isaïah Smith Hyatt et John W. Hyatt, de New-Arck (New-Jersey). Il a été d'abord fabriqué à New-Arck exclusivement, puis à Stains, près de Paris.

Soumis à l'action de la chaleur, le celluloïd devient mou vers 80 degrés, et peut alors prendre toutes les formes par moulage. Il reprend sa dureté primitive en se refroidissant.

Le celluloïd est communément de couleur uniforme,
soit transparent, soit opaque, imitant l'écaille blonde, le
corail, l'ébène, la turquoise, etc. Lorsqu'on veut obtenir
la cellulose imitant l'ambre, le jade, l'écaille jaspée,
etc., on prépare séparément chacun des produits de couleur uniforme qui doivent composer la matière, et on les
mélange pour les réunir ensuite par compression.

Le celluloïd sortant de l'étuve peut servir à fabriquer
un grand nombre d'objets différents.

Il peut se travailler comme le bois, l'ivoire et l'écaille.
On peut le tourner, le trancher, le scier, le mouler et le
polir.

On le moule par pression, dans des matrices métalliques chauffées soit à l'eau chaude, soit à la vapeur ; on
refroidit par immersion dans l'eau froide ayant démoulage.

On peut obtenir le celluloïd en baguettes ou en tubes
de tous diamètres par refoulement à chaud à la presse
hydraulique On peut également, à l'aide de la presse hydraulique, recouvrir le bois et les métaux d'une couche
mince de ce produit et obtenir ainsi des objets de chirurgie et d'orthopédie, des manches de couteau, etc.

Par addition d'une certaine quantité d'huile grasse, le
celluloïd peut être obtenu à l'état souple et servir alors à
faire des objets de lingerie. Le celluloïd souple, coloré,
peut servir à imiter le cuir pour les objets de sellerie.

On utilise aussi le celluloïd pour faire le clichage des
planches d'imprimerie, planes ou cylindriques, en remplacement de l'alliage fusible. Les feuilles qui servent à
cet usage ont 3 millimètres d'épaisseur ; elles donnent
des clichés plus résistants que l'alliage et d'une grande
finesse. On a également substitué le celluloïd aux
pierres lithographiques, en faisant usage d'une encre spéciale.

On l'emploie dans l'ébénisterie pour faire des panneaux
décoratifs d'un joli effet. On applique à cet usage un produit renfermant des bronzes en poudre diversement colorés et produisant des sortes de marbrures imitant les
veines du noyer et de l'érable.

La plus grande application du celluloïd est jusqu'ici la
fabrication des objets de tabletterie et de ce qu'on désigne
sous le nom d'*articles de Paris* : boîtes, porte-monnaie,

porte-cigares, encriers, etc. On est parvenu à faire avec ce produit des objets soufflés et moulés, tels que des poupées, etc.

On voit que le celluloïd est un produit curieux, auquel on peut faire prendre les aspects les plus différents, et qui se prête aux applications les plus diverses ; mais on ne peut jamais l'employer qu'à une température relativement peu élevée sous peine de le voir se déformer.

CHARBONS AGGLOMÉRÉS. — On appelle *charbons agglomérés* les petits blocs de charbon aggloméré destinés à brûler dans un espace confiné pour le chauffage des plateaux de presse ou des bouillottes par exemple.

Le docteur Hoffmann, parmi les comburants que l'on peut employer, recommande les chromates qui présentent de sérieux avantages.

Ils brûlent le charbon ainsi que l'agglomérant organique qu'on peut avoir ajouté pour façonner les briquettes, sans dégager la moindre fumée ni odeur, ce que ne font pas d'autres oxydants comme les permanganates, par exemple, ou les nitrates. Si les chromates entretiennent la combustion mieux que les autres comburants, cela tient à ce qu'en présence d'un alcali l'oxyde de chrome est très avide d'oxygène, même à température assez basse, au rouge sombre. En allumant le mélange de charbon et de chromate de potasse, il se produit de l'acide carbonique, de la potasse et de l'oxyde de chrome ; ce dernier absorbe aussitôt de l'oxygène, qu'il reporte sur l'excès de charbon.

CHAUDIÈRES A VAPEUR. — Alimentation des chaudières. — On attribue une grande partie des explosions de chaudières à la manière défectueuse dont est placé le tuyau d'alimentation.

Dans beaucoup de cas, quand il s'agit d'une chaudière cylindrique à foyer extérieur, l'alimentation se fait par le fond et à l'extrémité de la chaudière opposée au foyer. Cette eau, arrivant froide ou, en tout cas, à une température inférieure à celle de la chaudière, ne peut pas remonter et se répandre dans la masse liquide. Elle se répand sur le fond de la chaudière jusqu'à l'extrémité antérieure placée au-dessus du foyer. Il en résulte de brusques variations de température, et par suite, des effets de dilatation et de contraction qui fatiguent la tôle.

On doit toujours alimenter par la partie supérieure. Le tuyau d'alimentation pénétrera dans la chaudière par le devant et se raccordera, à l'intérieur, avec un tuyau horizontal d'au moins 3 mètres de long, dirigé vers le fond de la chaudière et placé à 8 ou 10 centimètres seulement au-dessous du niveau de l'eau.

Conservation du calorique dans les appareils à vapeur. — Jusqu'à ce jour on a cherché à éviter la perte du calorique dans les chaudières, les tuyaux et les différents tubes qui conduisent la vapeur, en les enveloppant de différentes substances non conductrices ; ainsi, on a essayé successivement la paille tordue, la lisière, les vieilles couvertures de laine, la bourre, sans obtenir aucun résultat satisfaisant. M. Ruquois eut l'idée d'utiliser les poils et les crins grossiers d'un certain nombre d'animaux et avec ces produits de peu de valeur il trouva le moyen de faire des tarons, des tresses, des tissus même, pour recouvrir les surfaces métalliques chauffées, pour lesquelles il faut éviter les pertes de calorique. Quant à leur durée, elle peut être regardée comme indéfinie. Une longue suite d'expériences a fourni d'heureux résultats.

Incrustation des chaudières à vapeur. Moyens d'y remédier. — Certaines eaux avec lesquelles on alimente les chaudières à vapeur ne tardent pas à y former un dépôt de carbonate et de sulfate de chaux, qui, s'attachant aux parois, y forme des incrustations plus ou moins épaisses, qu'on nomme *calcin* dans les ateliers. Non seulement ces croûtes terreuses empêchent le contact immédiat du liquide avec le métal, et retardent, par suite, la transmission de la chaleur, mais encore elles permettent aux parties métalliques les plus rapprochées du foyer, de contracter une température élevée capable de déterminer la dislocation des joints de la tôle et quelquefois la combustion du métal. Ce n'est pas tout : si ces croûtes viennent à se détacher, par suite de la grande dilatation du métal auquel elles étaient adhérentes, le liquide se trouve subitement mis en contact avec la paroi métallique, dont la température est très élevée, et il se transforme brusquement en vapeur. De là un développement énorme et instantané de pression qui peut déterminer l'explosion, malgré les appareils de sûreté dont la chaudière est pourvue.

On évite ces accidents en enlevant, tous les quinze ou vingt jours, le calcin à l'aide de battages exécutés avec des instruments d'acier ; mais, outre que cette pratique n'est pas sans danger pour le métal, elle entraîne un chômage dans le travail, une perte de temps et d'argent. On peut faire le même reproche à l'emploi de certains acides, l'acide chlorhydrique, par exemple ; sans doute il désagrège ou dissout le calcin, mais il occasionne une perte de temps et compromet à la longue la solidité de la chaudière.

Il est donc plus rationnel d'essayer de s'opposer à la formation des incrustations que de tenter de les détacher une fois qu'elles se sont produites. On résout plus ou moins complètement ce problème, à l'aide d'un des procédés suivants :

I. On place, dans la chaudière, un litre de pommes de terre par force de cheval. Par suite de l'ébullition prolongée, la fécule contenue dans les pommes de terre se transforme en dextrine qui lubrifie les surfaces de la chaudière et des particules de sels calcaires devenus insolubles, empêche leur adhérence et la formation des incrustations. Toutes les substances végétales amylacées peuvent donner le même résultat que la pomme de terre ; la chaudière doit être nettoyée tous les mois. Malheureusement ce moyen présente un inconvénient ; en effet, la dextrine, qui résulte de la transformation de l'amidon, donne à l'eau de la chaudière une certaine viscosité qui la dispose à monter dans les tuyaux de sortie de vapeur et jusque dans les cylindres.

II. On effectue la désincrustation au moyen de gaz qui se dégagent d'une substance dont on a enduit le calcaire et qui est un composé d'amidon, de paraffine et de cire ; on en enduit le calcaire sec, de sorte que l'enduit ait une épaisseur d'environ 1 centimètre ; ensuite on remplit la chaudière avec de l'eau, et l'on continue pendant quelques jours le chauffage comme à l'ordinaire. Pendant ce temps le calcaire est désagrégé et s'écaille. La paraffine ou la cire remplit les pores du calcaire, lorsqu'on chauffe l'eau de la chaudière, et ensuite elle est transformée en gaz dont l'action a pour conséquence de broyer le calcaire comme le ferait un explosif. L'amidon, que l'on ajoute à la paraffine ou à la cire, a uniquement pour but d'empêcher les gaz qui se dégagent de ces deux substances de monter à la surface de l'eau. Après qu'on a vidé la chaudière, le calcaire peut être enlevé par des moyens mécaniques plus facilement que d'habitude.

III. Lorsque les chaudières sont alimentées à l'eau de mer, on a proposé d'empêcher leur incrustation en se servant de l'argile ; la quantité d'argile à employer doit être de 1 kilogramme environ par force de cheval, et il faut la renouveler, au bout de quinze jours de service actif. On la délaye dans l'eau et on l'introduit dans la chaudière, mais seulement au moment où l'ébullition va commencer, car, sans cette précaution, elle s'attacherait au fond et formerait une croûte qui quelquefois peut faire brûler la tôle. L'argile agit d'une manière essentiellement mécanique, elle a l'inconvénient d'être entraînée par la vapeur, d'encrasser la machine, d'user les pistons et les tiroirs.

IV. Le verre pilé empêche également l'adhérence des dépôts, mais il présente le grave inconvénient d'être entraîné jusque dans les boîtes et les cylindres, qu'il use comme le ferait l'émeri.

V. Les rognures de cuir placées dans les chaudières à vapeur donnent d'assez bons résultats, en tant que corps s'opposant aux incrustations ; 4 kilogrammes de rognures suffisent pour une chaudière de 8 à 10 mètres de capacité.

VI. Les rognures anguleuses de tôle, ou de fer blanc ou les morceaux de verre sont assez avantageux ; mais ils peuvent blesser les hommes qui descendent dans les chaudières.

VII. Le bois de campêche en poudre, en copeaux, ou en effilures fournit des résultats assez satisfaisants. On place dans la chaudière 1 kilogramme de bois, par force de cheval-vapeur ; cette quantité suffit pour préserver les parois, pendant six semaines ou deux mois, de tout dépôt incrustant.

On peut substituer au bois de Campêche sa décoction marquant de 5° à 18° à l'aréomètre ; on l'introduit dans la proportion de 1/2 litre p. 100 litres d'eau.

Il est probable qu'ici les parties calcaires, en passant de l'état de dissolution à l'état solide, forment avec la matière colorante une espèce de laque, dont les molécules ne peuvent plus se joindre, se souder entre elles, ainsi qu'au fer de la chaudière. Ce procédé a l'inconvénient de fournir parfois de la vapeur colorée (Néron et Kurtz).

VIII. On a proposé de substituer au campêche plusieurs autres substances végétales, telles que la sciure d'acajou ; (Rohard), ou bien la décoction de cachou dans une eau chargée de carbonate de potasse ou de soude. On emploie 250 grammes de cette décoction fortement colorée, par force de cheval et pour six semaines de travail.

IX. Les bûches de chêne vert ou récemment coupées ont été indiquées, dans la proportion de 2 à 3 kilogrammes par force de cheval ; on suspend ces bûches de manière qu'elles ne touchent pas aux parois métalliques chauffées directement. On les remplace à peu près tous les mois (Cavé.

X. On introduit dans les chaudières de 100 à 150 grammes de sel de soude, par force de cheval et par mois de travail. Sous l'influence du sel de soude, tous les sels calcaires en dissolution dans l'eau se précipitent sans cristalliser. Ces doses ne sont pas suffisantes, lorsque les eaux contiennent, comme à Paris, par exemple, des quantités notables de sulfate de chaux. Dans ce cas, le mieux est de recevoir l'eau dans de vastes bassins et de la purifier, à l'aide du chlorure de baryum ou de l'hydrate de baryte que le commerce livre, aujourd'hui, à bas prix ; il se produit un dépôt que l'on sépare et l'eau est alors utilisable.

On peut substituer la soude caustique au sel de soude ; on se sert, avec avantage, de 1 kilogramme de lessive caustique à 25°, par force de cheval et par mois, pour des eaux qui ne contiennent que peu de sulfate ; le prix du kilogramme de lessive à 25° est de 50 centimes.

XI. Le talc en poudre est employé par la compagnie de Paris-Lyon-Méditerranée ; il donne de bons résultats : la quantité de talc à introduire dans une chaudière est environ le dixième du poids du dépôt qui se produit, entre deux lavages consécutifs ; non seulement les incrustations sont supprimées, mais celles qui auraient été formées antérieurement se détachent peu à peu et sont entraînées dans les lavages successifs (Vigier et Arragon).

XII. On a encore indiqué :

La *cassonade* ou la *mélasse* ; 5 kilogrammes suffisent pour deux mois, pour une chaudière qui vaporise 15 à 18 hectolitres par jour (Guignon) ;

Le *sirop de fécule* ; avec 3 kilogrammes de ce sirop on peut préserver, pendant un mois, une machine de 8 chevaux marchant 14 heures par jour (Guinet) ;

Le *sel ammoniac* ; on maintient une chaudière locomotive exempte de toute incrustation en y introduisant, une ou deux fois par semaine, 60 grammes de sel ammoniac.

Le *chlorure de plomb* possède la même propriété (Saillard).

XIII. Le *zinc métallique* est un agent précieux, qui permet, non seulement d'empêcher les incrustations, mais qui s'oppose aussi à la corrosion des chaudières. Pour l'employer, on introduit pour un corps de chaudière ordinaire, de deux à trois bandes de zinc, ayant environ $1^m,20$ à $1^m,30$ de longueur, $0^m,25$ de largeur et une épaisseur qui peut être fixée à 7 ou 8 millimètres, afin d'éviter des changements trop fréquents provenant de l'usure. Une des lames doit être suspendue en face de l'orifice d'arrivée de l'eau d'alimentation ; les autres, placées au milieu de la masse du liquide, peuvent être posées ou fixées en travers sur les foyers.

Voici comment on peut expliquer l'action du zinc. La chaudière en tôle de fer et le zinc forment pile, d'où décomposition continue de l'eau en ses deux éléments, oxygène et hydrogène L'oxygène se combine au zinc, l'oxyde formé s'unit aux matières grasses provenant de l'eau d'alimentation, d'où formation d'un savon de zinc, qui, enveloppant les tubes des chaudières, s'oppose à l'adhérence des sels provenant de la vaporisation. L'hydrogène produit joue un rôle important, il empêche la surchauffe de se manifester. En effet, de nombreuses expériences démontrent que l'ébullition est impossible dans l'eau privée d'air ou d'un autre gaz. Dans ces conditions, le liquide se surchauffe ; mais si l'on vient à y introduire une bulle gazeuse, cette bulle se gonfle d'une quantité de vapeur capable de produire une explosion. C'est ce qui peut arriver, dans une chaudière à vapeur, lorsque l'eau d'abord bouillante a été entretenue longtemps sans dépense extérieure de vapeur à une température un peu inférieure à celle où l'ébullition avait lieu et qu'elle est de nouveau chauffée. Tout l'air ayant été expulsé, l'eau pourra éprouver une surchauffe considérable et l'explosion est possible, au moment où l'eau destinée à alimenter la chaudière et qui est toujours aérée, y sera introduite. Ce danger disparaît par l'emploi d'une plaque de zinc; l'hydrogène qui se dégage sous l'influence de ce métal amorce l'ébullition et l'entretient.

XIV. Lorsque les générateurs de vapeur sont alimentés par l'eau distillée des condenseurs à surface, il s'y produit un savon ferrugineux dont la formation est des plus fâcheuses. En effet, les acides gras entraînés par l'eau de condensation attaquent la tôle, forment des dépôts lourds, adhérents, difficiles à enlever et déterminant des coups de feu. On arrive à prévenir ces accidents en saturant, par l'eau de chaux, les acides gras engendrés par l'action de la vapeur sur les huiles de graissage. Les chaudières ne sont plus attaquées et les dépôts, qui ne se forment qu'au moment où l'on cesse le feu, sont faciles à enlever (Hétet).

Ciments et mastics pour chaudières à vapeur.

I. — Argile sèche pulvérisée 1 partie.
    Limaille de fer non
      oxydée et tamisée,.. 2 —
    Acide acétique........ q. s.
          (Junemann.)
II. — Argile sèche pulvérisée. 8 à 10 p.
    Limaille de fer non
      oxydée............ 4

Peroxyde de manga-
    nèse............. 2 parties.
Sel marin........., 1
Borax............. 1
Eau.............. q. s.
        (Schwartze.)
III. — Sulfate de baryte.. 1
Argile 2

On délaye le ciment dans une solution de silicate de potasse et de borax. Il résiste à une très haute température (Friedrich).

IV. — Plombagine en pou-
    dre fine......... 6 parties.
    Craie ou chaux éteinte 2 —

Sulfate de baryte... 8 parties.
Huile de lin cuite... 7 —

Mêlez toutes les substances solides, puis broyez et faites une pâte avec l'huile.

    V. — Limaillle de fer ou de fonte non oxydée... 50 parties.
        Fleur de soufre .... 2 —
        Chlorhydrate ammonique pulvérisé........ 1 —

On mélange toutes ces poudres avec de l'eau ou de l'urine, de manière à avoir une pâte solide et homogène, qu'on introduit, en la tassant, entre les joints des machines à vapeur. Le mastic ainsi maintenu augmente de volume, devient très solide et obstrue les jointures.

    VI. — Limaille de fer...................... 4 parties.
        Terre glaise.......................... 2 —
        Poudre de tessons de grès............. 1 —

On fait avec de l'eau salée une pâte, qui devient très solide quand on la place entre des pièces de fer assujetties par des boulons.

VII. On peut se servir d'une bouillie épaisse de silicate de soude et de limaille de fer; ce dernier corps peut être remplacé par un mélange, à parties égales, d'oxyde de zinc et de peroxyde de manganèse pulvérisés.

VIII. — Sable........ 84 parties. | Verre pulvérisé.............. 0,90
        Pierre de Port- | Minium...................... 0,45
            land....... 166 — | Sous-oxyde de plomb......... 0,90
        Litharge..... 18 — |

On broie le tout avec de l'huile (Hamelin).

IX. MASTIC COMMUN.

Sable de rivière....... 20 parties. | Chaux vive............ 1 partie.
Litharge.............. 2 — | Huile de lin........... q. s.

On forme une pâte, avec laquelle on peut mastiquer les interstices des chaudières à vapeur et des pierres.

En remplaçant la chaux vive par 10 parties de carbonate de chaux, on a le *ciment-mastic*, qui peut être employé, comme le ciment romain, dans certaines constructions hydrauliques.

X. MASTIC DE MINIUM.

    Céruse broyée à l'huile..................... 2 parties.
    Minium..................................... 1 —

On l'emploie pour les joints des machines à vapeur, des conduites de gaz, des pompes. Son usage n'est pas sans danger, il peut prod re des indispositions, la colique saturnine.

XI. MASTIC SERVAT.

Sulfate de plomb calciné et broyé............ 72 parties.
Peroxyde de manganèse................... 24 —
Huile de lin .... 13 —

On fait un mélange intime. Ce mastic est mou et se conserve pour ainsi dire indéfiniment dans cet état ; au moment de s'en servir, il suffit de le malaxer entre les mains. Il est avantageusement employé pour les chaudières et les machines à vapeur, il se moule parfaitement, ne coule pas par l'action de la chaleur, il devient au contraire très dur, surtout si l'on a soin de passer un fer rouge sur le joint. Lorsqu'une fuite se déclare dans la partie qu'il a servi à obturer, on peut l'étancher de suite en l'emplissant de mastic que l'on fait durcir à l'aide d'un fer chaud. Il est préférable au mastic au minium ; son prix est de 0 fr. 60 à 0 fr. 70 le kilogramme.

CIMENTS. — Ciment algérien.

Cendre de bois................................... 2 parties.
Chaux.. 3 —
Sable.. 1 —

On mêle ces substances, on les passe au tamis, on humecte le tout avec de l'eau et de l'huile et l'on bat, à l'aide d'un maillet de bois, jusqu'à ce que le mélange ait acquis une grande consistance.

Ciments inaltérables à l'eau. — I. CIMENT POUR LIER LA PIERRE, LES MÉTAUX, LE BOIS OU POUR REMPLIR LES JOINTS.

Chaux vive............................... 5 parties.
Fromage frais........................... 6 —
Eau.................................... 1 —

On éteint la chaux en l'arrosant avec l'eau ; lorsqu'elle est délitée, on la passe au tamis et on la mélange au fromage frais. Ce ciment est très solide, mais il demande à être employé le plus promptement possible, parce qu'il se solidifie rapidement. Le fromage frais ou caséine, dont il est ici question, se prépare en faisant cailler le lait par un filet de vinaigre et en séparant la partie caillée du petit lait. On peut associer cette caséine au ciment romain et à la chaux dans les proportions suivantes :

Caséine fraîche... 1 partie.
Chaux vive... 1 —
Ciment... 1 —

II. Liebig a indiqué comme pouvant servir de ciment pour la pierre une bouillie de chaux hydraulique et de verre soluble.

III. CIMENT POUR CONDUITE D'EAU.

Goudron .... 1 partie.
Suif.. 1 —
Brique en poudre très fine............................. 1 —

On fait fondre le goudron sur un feu très doux, on ajoute le suif, puis la poudre de brique, on mêle exactement. Le mélange doit être employé à chaud.

Ciment parolie ou universel. — I. On chauffe du lait caillé, on recueille le caillot, on l'exprime, on le fait sécher, on le réduit en poudre A 100 parties de cette poudre on ajoute 10 parties de chaux vive en poudre et 1 partie de camphre, on mêle bien et l'on conserve dans un flacon bouché. Quant on veut se servir de ce ciment, on forme une pâte avec une certaine quantité de cette poudre et un peu d'eau, puis on procède immédiatement à l'application.

II. On obtient un ciment analogue en mélangeant de la chaux vive et du blanc d'œuf.

Ciment de plâtre. — Le plâtre cuit et concassé acquiert une grande dureté et beaucoup de solidité, quand on le laisse, pendant vingt-quatre heures, en contact avec une dissolution d'alun, et quand, après l'avoir fait sécher à l'air, on le soumet à une nouvelle cuisson (plâtre aluné de Savoie et Greenwood). On obtient des résultats encore plus satisfaisants en employant une solution aqueuse contenant 1/20 de borate et 1/20 de crème de tartre; le plâtre cuit et en fragments est plongé dans cette solution jusqu'à complète imbibition, convenablement calciné, puis pulvérisé (Keating). On peut aussi se servir d'une solution formée de silicate de potasse 100 p., carbonate de potasse 27, eau 500 (Dewylde).

Ciment résistant aux acides. — On le prépare en fondant ensemble soigneusement :

Caoutchouc ... . 1 partie.
Huile de lin... 2 —

On incorpore peu à peu trois parties de bol blanc (espèce de terre de pipe) pour former une masse plastique. Ce ciment n'est pas attaqué du tout par l'acide chlorhydrique et presque pas par l'acide nitrique. Quand il est chauffé, il ne se ramollit que très légèrement.

Ce ciment reste souvent mou à la surface; en lui ajoutant un cinquième de son poids de litharge ou de minium, il sèche peu à peu et devient très dur. Avec cette adjonction, on le connaît sous le nom de *Ciment de Benicke*.

Ciment résistant au pétrole, à la benzine, à l'essence de térébenthine. — En mélangeant à la glycérine de la gélatine ou de la colle forte, on obtient un produit qui est très fluide à chaud, et qui, en se refroidissant, donne une matière assez semblable au caoutchouc par son aspect extérieur et par ses propriétés élastiques.

Si l'on applique à chaud ce produit sur les parois intérieures d'un vase en bois, on obtient un récipient qui peut renfermer du pétrole, de l'essence de térébenthine, de la benzine et d'autres liquides semblables.

Ciment zincique. — Lorsqu'on mêle à une dissolution de chlorure de zinc à 50 ou 60° Baumé, du chlorure de zinc en poudre, les deux substances se combinent et forment de l'oxy-chlorure de zinc insoluble, qui provoque la solidification du mélange et le transforme en une masse d'un très beau blanc et d'une grande dureté (Sorel).

Voy. *Colles, Luts, Mastics.*

CIRAGE. — On appelle ainsi certaines compositions dans lesquelles il entrait autrefois de la cire et qui sont employées pour noircir la chaussure, les harnais et leur communiquer une sorte de vernis par l'action de la brosse.

Les cirages sont le plus ordinairement formés par du noir animal (*noir d'ivoire, noir d'os, charbon animal*) associé à des acides minéraux et divisé par l'adjonction d'une certaine quantité de sucre, de miel, de mélasse et de gomme arabique.

Le charbon doit être choisi d'un noir intense et en poudre fine ; comme il contient toujours du carbonate et du phosphate de chaux, on le traite par un acide minéral qui décompose ces sels ; le plus souvent, on se sert d'un mélange d'acide sulfurique et d'acide chlorhydrique, qui produisent du phosphate acide de chaux et du chlorure de calcium. Le sulfate de chaux donne de la consistance à la pâte, les deux autres sels sont déliquescents et entretiennent la souplesse du cuir.

Il importe de ne pas employer une quantité d'acide supérieure à celle qui est nécessaire pour obtenir la décomposition des sels de chaux du noir animal, sinon le cuir serait brûlé. C'est probablement pour obtenir ce résultat que quelques fabricants ajoutent au cirage une petite quantité d'alcali. Néanmoins, l'emploi des acides minéraux paraît indispensable pour l'obtention d'un bon cirage.

La réaction des acides sur le noir animal est très vive, la masse bouillonne et laisse dégager beaucoup d'acide carbonique. Quand le bouillonnement cesse, l'opération est terminée.

Quelquefois et afin d'obtenir un cirage d'une belle nuance, on incorpore à la masse de la noix de galle et du sulfate ferreux, ou bien du bleu de Prusse en poudre fine, ou bien encore de l'indigo dissous dans l'acide sulfurique ou finement pulvérisé.

D'autres fois, on aromatise la masse avec des essences telles que celles de citron, de lavande, de romarin.

Souvent on ajoute à la pâte des matières grasses destinées à conserver la souplesse du cuir et à le préserver de l'action des acides.

La consistance des cirages permet de les diviser en deux catégories, les *cirages liquides*, les *cirages solides*.

Cirages liquides.

I. CIRAGE NOIR DU JAPON

Noir d'ivoire en poudre très fine........................	90 gr.	Acide chlorhydrique........	30 gr.
Sucre en poudre.............	60	Citron.....................	N° 1.
Acide sulfurique...........	30	Huile de lin ou d'olive.....	15 gr.
		Vinaigre...................	1 litre.

On mélange le noir d'ivoire et l'huile dans un vase de faïence ou de grès, on ajoute, en agitant, le quart du vinaigre et le suc de citron, puis les deux acides et enfin le restant du vinaigre.

On agite le vase toutes les fois qu'on veut employer ce cirage.

II. CIRAGE ÉCONOMIQUE

Noir d'ivoire...............	60 gr.	Huil de lin ou d'olive	1/2 cuillerée.
Sucre en poudre...........	65	Petite bière..........	1/2 litre.

On mélange le noir d'ivoire, le sucre en poudre et l'huile, puis on ajoute peu à peu la bière.

III. CIRAGE ÉCONOMIQUE (Dupasquier)

Noir d'ivoire...............	350 gr.	Vinaigre................	170 gr.
Mélasse..................	350	Gomme....................	20
Acide sulfurique..........	45	Huile de lin ou d'olive.....	20
— chlorhydrique........	45		

On étend peu à peu l'acide sulfurique dans 6 fois son poids d'eau, on y ajoute l'acide chlorhydrique par petites portions, puis on met la mélasse dans une terrine en faïence ou en grès et on y délaye les deux acides. Le noir animal en poudre très fine est placé dans une autre terrine de grès, délayé avec de l'eau, puis additionné du premier mélange que l'on incorpore en agitant sans cesse; on verse peu à peu le vinaigre, puis la gomme dissoute dans cinq ou six fois son poids d'eau, et enfin l'huile, en ayant soin de battre constamment la masse, on porte le volume à 1 litre 3/4 par l'adjonction d'une quantité d'eau suffisante. Au bout de trois ou quatre jours, le cirage peut être mis en bouteille.

IV. CIRAGE ÉCONOMIQUE

Noir d'ivoire...............	121 gr.	Huile d'olive.......	2 cuillerées.
Mélasse..................	125	Vinaigre..........	3/4 de litre.
Acide sulfurique..........	32		

On mélange, dans un vase de faïence, le noir d'ivoire et la mélasse, on verse ensuite l'acide sulfurique, puis l'huile, enfin le vinaigre, le tout par petites portions et en agitant constamment.

V. On fait encore un bon cirage en mettant une cuillerée de miel dans une petite tasse de lait bouilli et en y ajoutant une cuillerée de noir d'ivoire; mêlez bien le tout.

VI. CIRAGE SANS ACIDE (Lenormand).

Ce n'est à proprement parler qu'une encre avec une forte proportion de gomme et de sucre.

Noix de galle concassée..	15 gr.	Sucre en poudre............	250 gr.
Copeaux de campêche...	15	Sulfate ferreux.............	20
Vin rouge...............	1500	Eau-de-vie................	1500
Gomme arabique en poudre	250		

On fait bouillir la noix et le campêche dans le vin jusqu'à ce que la liqueur soit réduite à moitié et l'on passe à travers une étamine. On fait dissoudre la gomme arabique dans cette solution froide, puis le sucre, le sulfate de fer et l'on y verse l'eau-de-vie en remuant, afin d'obtenir un mélange exact.

Cirages solides ou en pâte.

I. CIRAGE ANGLAIS

Noir d'olive.............	2 parties.	Acide chlorhydrique.....	1 partie.
Sucre en poudre........	1 —	Essence de lavande......	1 —
Gomme arabique.......	1 —	Vinaigre................	3 —
Acide sulfurique........	1 —		

On mêle le noir avec le sucre, la gomme et le vinaigre, puis on ajoute les acides et on agite. À la fin de l'opération, on incorpore l'essence de lavande dans la pâte.

II. CIRAGE ANGLAIS

Noir d'ivoire..........	60 parties.	Noix de galle pulvérisée.	15 parties.
Mélasse...............	50 —	Vinaigre...............	80 —
Sulfate ferreux pulvérisé	12 —	Acide chlorhydrique...	30 —
Huile.................	25 —	— sulfurique......	30 —

On mélange le noir d'ivoire avec le sulfate de fer et la noix de galle, on ajoute alors la mélasse et l'huile, puis la moitié du vinaigre et l'acide chlorhydrique. On verse enfin alternativement l'acide sulfurique et le reste du vinaigre, par petites portions, en ayant soin d'agiter le tout. Ce cirage est très luisant.

III. CIRAGE DE HENRI HUNT

Noir d'ivoire............	600 gr.	Bière...................	1 litre.
— de fumée..........	7	Acide sulfurique........	200 gr.
— de Francfort.......	1	Mélasse................	400
Bleu de Prusse..........	50	Huile de pied de bœuf..	60
Carbonate de potasse....	5	Eau-de-vie.............	10
Vinaigre...............	1 litre.	Cire...................	20

On forme avec les matières colorantes et le vinaigre une pâte qu'on étend avec la bière, dans laquelle on a préalablement fait dissoudre la mélasse et la potasse, on ajoute l'acide sulfurique partie par partie, et l'on finit par incorporer le mélange d'huile, de cire et d'eau-de-vie qu'on aura effectué à part sur un feu doux. On laisse reposer pendant deux semaines, en remuant de temps en temps.

IV. CIRAGE JACQUAND DE LYON

Noir animal............	750 gr.	Gomme arabique.........	125 gr.
Huile d'olive.........	1000	Bleu de Prusse...........	32
Mélasse..............	1000	Laque de bois d'Inde.....	32
Acide chlorhydrique..	250		

On broie le noir, sur un porphyre, avec la moitié de l'huile comme une couleur ordinaire, puis à part et avec un peu d'huile, le bleu de Prusse et la laque de bois d'Inde. Les deux mélanges sont portés dans un mortier et on y incorpore le reste de l'huile et la mélasse. On verse alors peu à peu l'acide chlorhydrique, et enfin, quand la masse est froide, on y ajoute la gomme arabique dissoute dans un peu d'eau.

V. CIRAGE SANS ACIDE (Braconnot).

Plâtre passé au tamis.	20 parties.	Orge germée ou malt des	
Noir de fumée.......	5 —	brasseurs............	10 parties.
Huile d'olive........	1 —		

On fait avec l'orge germée et de l'eau bouillante une infusion qu'on passe à travers un linge et dans laquelle on délaye le plâtre et le noir de fumée, puis on fait évaporer dans une bassine jusqu'à consistance pâteuse. Alors on introduit peu à peu l'huile d'olive à l'aide d'une trituration prolongée et l'on aromatise avec une petite quantité d'une essence (lavande, citron) si on le juge convenable. On peut remplacer le plâtre par de l'argile commune très fine. Ce cirage est très brillant, s'étend avec beaucoup d'uniformité et sèche aisément par l'action de la brosse.

CIRES. — **Cire à cacheter.** — La cire à cacheter ou *cire d'Espagne* est un mélange de substances résineuses, colorées le plus souvent avec des matières minérales et dont on se sert pour sceller les lettres et les paquets.

I. — Gomme laque.............................. 4 parties.
     Térébenthine de Venise.................. 1 —
     Vermillon............................... 8 —

On fait fondre d'abord la gomme laque sur un feu doux, on ajoute ensuite la térébenthine, puis le vermillon, en remuant avec une spatule de bois. Lorsque ce mélange est complet, on le laisse un peu refroidir, puis on le roule en forme de petits bâtons sur une plaque de tôle ou sur un marbre bien poli et légèrement chauffé (Thibault).

Dans la cire à cacheter noire, on substitue le noir de fumée au vermillon, on emploie de la laque commune et on remplace la térébenthine de Venise par celle de Bordeaux ;

On obtient :

La cire jaune, avec l'ocre ou le chromate de plomb ;

La cire bleue, avec l'indigo ou bleu de Prusse ;

La cire verte, avec le vert de Chine ou un mélange d'indigo et de couleur jaune ;

La cire rose, avec un mélange de blanc de bismuth et de carmin ; la cire violette, avec du bleu et du carmin.

II. — Gomme laque..... 25 parties. | III. — Gomme laque.... 140 parties.
      Térébenthine...... 10   — | Térébenthine de Venise. 80 —
      Vermillon......... 18   — | Cinabre sec.......... 100 —
      Colophane........ 10   — | Carbonate de magnésie. 2   —

On fait fondre à une douce chaleur, dans un vase de poterie, la térébenthine et la gomme laque et l'on y ajoute la moitié du cinabre, puis une pâte assez épaisse faite avec l'autre moitié du cinabre, le carbonate de magnésie et une quantité suffisante d'essence de térébenthine. On agite le tout jusqu'à ce que des bulles gazeuses apparaissent. Alors, on retire du feu, on agite jusqu'à disparition des bulles, puis on coule la masse dans des moules en fer-blanc dont l'intérieur est enduit d'huile. Après le refroidissement des bâtons, on les polit en les passant rapidement à travers la flamme d'un fourneau ou d'une lampe à alcool (Pottinger).

IV. — CIRE A CACHETER COMMUNE

	N° 1	N° 2	N° 3	N° 4.
Gomme laque	4	4	»	,
Térébenthine	1	2	16	6
Encens	,	»	5	,
Colophane	1	,	,	16
Poix résine	»	7	16	16
Mastic	»	,	40	»
Cinabre	0,5	0,5	,	»
Minium	0,5	0,5	12	4

Ces cires sont rangées d'après leur valeur vénale qui est d'autant plus faible que leur numéro est plus élevé. Elles sont souvent employées, dans les administrations, pour cacheter les gros paquets.

V. — CIRE A CACHETER FINE

Térébenthine de Venise	20 gr.	Vermillon	25 gr.
Gomme laque	50	Alcool à 80°	12
Colophane	100		

On liquéfie, sur un feu doux, la térébenthine, la résine, la colophane, on ajoute le vermillon en agitant sans cesse et, au moment de retirer du feu, on verse l'alcool. On peut remplacer le vermillon, soit par les matières colorantes qui ont été précédemment indiquées, soit par du mica jaune doré en poudre, de l'or mussif, du talc.

VI. — CIRE A CACHETER BLEU FONCÉ

Résine dammar	2 gr.	Térébenthine	1 gr.
Gomme laque	2	Outremer	3
Poix de Bourgogne	4		

VII. — CIRE PARFUMÉE

Gomme laque	500 gr.	Vermillon	4 gr.
Benjoin pulvérisé	25	Colophane	45

On peut remplacer le benjoin par le storax ou le baume du Pérou. Quelquefois on emploie des teintures de musc, de bergamote, d'ambre gris, de vanille que l'on verse dans la cire, au moment où elle commence à se figer et en agitant fortement ; l'alcool se volatilise et la substance aromatique se répand dans la masse.

VIII. — AUTRE CIRE PARFUMÉE

Gomme laque............	48 gr.	Baume du Pérou..........	1 gr.
Térébenthine de Venise.....	12	Vermillon...............	36

Cire à cacheter les bouteilles ou goudron à bouteilles. — C'est un mastic dont on se sert pour fermer les bouteilles de verre bouchées au liège ; on garantit ainsi les bouchons de l'humidité et de l'atteinte des insectes et surtout des cloportes, qui, dans certaines caves, rongent le liège, au point de pénétrer jusqu'au vin. Le goudron s'oppose aussi au coulage qui peut se produire, quand les bouchons employés sont de qualité inférieure :

I. — Résine......................................	10 parties.
Cire jaune................................	4 —
Suif......................................	2 —

On ajoute cinq parties d'ocre jaune ou de chromate de plomb, de minium, de bleu de Prusse, de noir de fumée, d'un mélange de bleu de Prusse et d'ocre jaune, suivant que l'on désire un goudron jaune, rouge, bleu, noir ou vert.

On fait fondre le tout dans un vase de terre, ou mieux de fonte, en remuant avec une spatule, et en ayant soin de retirer du feu lorsque la matière monte. On peut remplacer, par économie, la cire jaune par la térébenthine de Bordeaux, qu'on laisse un peu cuire (Pottinger).

La coloration qu'on donne au goudron est un moyen facile de reconnaître à première vue les différentes sortes de vins que contient une cave.

II.— Térébenthine commune...........	100 parties.	Cire jaune...............	25 parties.
		Colophane..............	25 —
Poix résiné..........	125 —	Minium...............	12 —

On fait fondre le tout sur un feu doux, en ayant soin de bien remuer le mélange.

III. — Poix de Bourgogne...................	20 parties.
Poix-résine........................	10 —
Suif...............................	3 —

On ajoute la matière colorante voulue pour obtenir la teinte qu'on désire,

IV. — CIRE ROUGE

Huile de lin	1 partie.	Cire jaune	1 partie.
Poix de Bourgogne	2 —	Ocre rouge	1 —

Opérez comme ci-dessus. Cette préparation est très économique.

CIRE NOIRE

V. — Térébenthine	25 parties.	VI. — Bitume mou	2 parties.
Poix noire	50 —	Colophane	2 —
Poix résine	50 —	Cire jaune	1 —
Cire	18 —		

On fait fondre le tout ensemble.

Pour goudronner une bouteille, on trempe la partie saillante du bouchon et environ 13 millimètres du col, dans la cire qu'on tient en fusion dans un vase placé sur un réchaud.; on remet la bouteille debout. Lorsque le goudron se refroidit, et devient épais, il faut le réchauffer pour que la bouteille qu'on y plonge n'en prenne pas trop. La couche doit être transparente et peu épaisse, un demi-millimètre environ.

Cire à modeler. — I. Baryé, le grand animalier, avait une recette que voici :

Cire végétale	1000 gr.	Poix de Bourgogne	160 gr.
Saindoux	250 —	Térébenthine de Venise.	60 —
Fécule	250 —	Blanc de céruse	200 —

On fond, au bain-marie, le saindoux, la térébenthine, la poix de Bourgogne, le blanc de céruse, la cire et la fécule ; on remue bien et on coule le tout en plaques minces sur un marbre mouillé et bien froid.

Cette cire est un peu dure, il faut être bien sûr de soi pour l'employer, car elle se prête moins que d'autres à des réfections importantes.

II. Quelquefois, surtout pour les esquisses, on remplace avec avantage la cire végétale par la cire jaune, comme le fait M. Dubucand dans la formule suivante :

Cire jaune pure	1 kilogr.	Saindoux	200 gr.
Térébenthine de Venise	200 gr.	Rouge de Prusse	200 gr.
		Fécule	1 kilogr.

Faites fondre la cire jaune ; ajoutez le saindoux et la térébenthine ; quand tout est fondu, ajoutez la fécule, que l'on introduit par petites parties, en remuant toujours ; nous devons faire remarquer que la fécule rend la cire cassante ; versez sur une plaque de marbre dans un cadre de bois. et laissez refroidir.

III. Goupil donne une recette un peu différente.

Cire jaune............	1 livre.	Saindoux...................	2 onces.
Poix de Bretagne......	4 onces.	Essence de térébenthine...	1 —

Mettez le tout dans un vase avec un peu d'eau et faites bouillir en écumant toujours.

IV. On obtient une bonne composition avec la formule suivante :

Cire d'abeille..............................	1 partie.
Savon de plomb	1 —
Huile d'olive	9 grammes.
Carbonate de chaux	9 —

Fondre ensemble les trois premiers ingrédients, puis ajouter assez de chaux, broyée au préalable avec un peu d'huile d'olive, pour obtenir une bonne pâte.

V. Si l'on veut avoir de la cire à modeler colorée, il est préférable de remplacer la cire jaune par de la cire vierge blanche : on se servira de couleurs en poudre : mais il est important de ne se servir que de couleurs inoffensives, parce que le sculpteur a l'habitude de porter ses doigts ou son ébauchoir à sa bouche; on évitera en particulier le blanc de céruse ; mais on se servira sans inconvénient du blanc de zinc, de l'ocre jaune en poudre, du carmin, de la terre d'ombre. Barye se servait de brun rouge et noir broyé à l'huile pour la teinte. Goupil dit qu'on peut obtenir la couleur grise par un mélange de fécule de pomme de terre et de noir animal.

Une cire, bonne en juillet, devient dure en janvier; pour l'amollir et la rendre plus malléable, il faut augmenter légèrement la dose de saindoux.

Si la cire est trop molle, il faut ajouter un peu de cire.

Cire à sceller. — Elle est employée par les juges de paix et les officiers publics pour apposer les scellés :

I. — Cire blanche............................	4 grammes.
Térébenthine de Venise	1 —
Cinabre en poudre fine..................	quantité suffisante.

On la prépare de la même manière que les cires à cacheter, c'est-à-dire par voie de fusion ; le cinabre doit être en quantité suffisante pour colorer la masse ; le mélange une fois obtenu est roulé en bâtons, mais cette cire est si molle qu'on n'a pas besoin de l'exposer à la flamme pour en faire usage, il suffit de la pétrir dans les doigts pour la ramollir. On l'applique sur le papier, les tissus, le bois qu'on veut revêtir d'un cachet.

II. On fait encore une cire molle pour cacheter sans lumière, et qui est très convenable pour les scellés, par le procédé suivant :

Colophane...............	96 gr.	Carbonate de chaux pulvérisé................	128 gr.
Resine..................	96	Minium pulvérisé.........	128
Suif....................	96		
Térébenthine	128		

Faites fondre les trois premières parties, ajoutez les trois dernières successivement, remuez jusqu'au refroidissement.

CLOCHES EN VERRE. — Raccommodage des cloches de jardin en verre. — Faites gonfler 8 grammes de colle de poisson dans de l'eau de pluie ; décantez, puis arrosez d'alcool la colle gonflée et chauffez au bain marie pour faciliter la dissolution. Ajoutez 4 grammes de mastic en larmes dissous dans 12 grammes d'alcool, puis 4 grammes de gomme ammoniaque pulvérisée. On agite vivement et on fait évaporer jusqu'à consistance de gélatine.

Le résidu se prend par le refroidissement en une gelée solide qu'on doit ramollir par la chaleur pour en faire usage.

Ce mastic s'applique, à l'aide d'un pinceau, sur la cassure des objets qu'on veut réparer : les fragments sont rapprochés, ligaturés et maintenus dans un endroit chaud jusqu'à solidification, ce qui exige vingt-quatre heures.

**COLLES. — Ce sont des matières gluantes, qui, à l'état liquide ou convenablement ramollies par la chaleur, servent à joindre deux surfaces, de manière à ce qu'on ne puisse séparer qu'avec peine les objets ainsi réunis, lorsqu'elles ont séché ou se sont refroidies.

Colle d'amidon. — La meilleure manière de la préparer consiste à triturer de l'amidon dans un mortier avec de l'eau froide, de façon à obtenir une bouillie un peu épaisse et sans grumeaux ; on verse ensuite dans cette bouillie un mince filet d'eau bouillante jusqu'à ce que l'empois commence à se former, ce que l'on reconnaît à ce que le mélange devient transparent, on ajoute alors rapidement le reste de l'eau ; 1 partie d'amidon exige 12 à 15 fois son poids d'eau. Il est inutile de chauffer la masse ainsi obtenue ; pour assurer sa conservation, on peut ajouter un peu d'alun à l'eau qui sert à la préparation.

Colle à bouche. — La colle à bouche est une matière glutineuse solide, qu'on emploie à froid, pour coller le papier sur les planches à dessiner ou pour attacher plusieurs feuilles de papier les unes à la suite des autres. Pour la préparer, on fait macérer, dans une petite quantité d'eau, la variété de gélatine appelée *colle de Flandre*, jusqu'à parfait ramollissement. On fait alors chauffer le tout, de façon à amener la dissolution de la gélatine dans l'eau, on ajoute au liquide environ 1 p. 100 de son poids de sucre blanc et l'on continue l'action de la chaleur jusqu'à ce que la masse soit transparente et homogène. On la retire alors du feu et, lorsque la masse est sur le point de se figer, on l'aromatise avec quelques gouttes d'essence de citron, puis on la coule dans un moule peu profond où elle se prend en gelée transparente. Cette gelée est alors découpée en morceaux rectangulaires que l'on dispose sur des plaques de fer-blanc amalgamées avec du mercure, pour éviter l'adhérence. On porte ces lames dans un courant d'air, à l'ombre, ou dans une étuve peu chauffée pour en déterminer la dessiccation.

On emploie la colle à bouche en la ramollissant dans la bouche et en l'imprégnant d'une petite quantité de salive. On la place alors entre les parties qu'on veut faire adhérer et on l'y comprime en lui donnant un mouvement de va-et-vient. Il suffit de frotter ces parties avec un corps dur et lisse pour déterminer leur adhérence ; on a soin de placer une bande de papier commun entre le frottoir et le papier qu'on veut coller, pour que ce dernier ne porte pas les traces du frottement qu'on lui a fait subir.

Colle chinoise. — On mélange du sang de bœuf avec 1/5 de son poids de chaux vive. Cette colle ne peut guère se conserver que pendant sept à huit jours lorsque la température est élevée. Au moment de s'en servir, on l'étend d'un peu d'eau. Elle peut être employée par les relieurs, les coffretiers, etc.

Colle de farine.— I, On l'obtient avec de la farine de blé ou de seigle. Pour cela, on fait bouillir de l'eau dans une bassine et l'on y ajoute peu à peu de la farine, en ayant soin de remuer constamment. Pour éviter la formation des grumeaux, on projette la farine dans le liquide à l'aide d'un tamis qui la divise d'une façon plus égale. On remue jusqu'à ce que, par l'action de la chaleur, la matière ait acquis une consistance convenable, on continue à chauffer pendant quelque temps encore.

II. Pour assurer la conservation de cette colle, on ajoute à l'eau une petite quantité de sel marin; malgré cette précaution, elle se détériore rapidement.

Elle est très employée pour le collage du papier.

III. Les relieurs y ajoutent 1/6 et même 1/4 d'alun en poudre, pour empêcher la colle de farine de se putréfier.

IV. L'alun n'a pas donné d'aussi bons résultats que la recette suivante, due à M. Bourgeois. La colle étant faite, on la laisse refroidir jusqu'à ce qu'elle soit encore un peu tiède pour éviter son durcissement. Puis, on y ajoute une certaine quantité de térébenthine, environ un petit verre à bière pour la capacité d'un saladier de colle, en délayant le tout. Dans une expérience qui a été faite, le vase a pu être exposé pendant quinze jours à une chaleur de 25°, sans que la colle ait changé d'aspect, et l'on a pu s'en servir indéfiniment. Le seul inconvénient de ce procédé, c'est l'odeur désagréable de la térébenthine; mais ce désagrément est peu de chose en regard de l'avantage qui en résulte, d'autant plus que la colle putréfiée répand une odeur autrement infecte.

Le même procédé est applicable aux dissolutions de gomme arabique, pour les empêcher d'aigrir.

Colle forte. — Pour la préparer, on choisit la variété de gélatine connue sous le nom de *colle de Givet*, qui se présente en morceaux transparents, rougeâtres, fragiles, à cassure nette. On la concasse en petits morceaux et on la fait tremper pendant douze heures dans une quantité d'eau suffisante pour la recouvrir, puis on la fait fondre au bain-

marie dans un vase en métal. Pour s'assurer si la colle
fondue présente la consistance voulue, on y plonge un pinceau qu'on retire ensuite, en examinant si le liquide s'en
échappe en un long filet bien limpide et non interrompu.
On y ajoute un peu d'eau chaude, si elle est trop épaisse;
un peu de gélatine, si on la trouve trop claire. La colle
une fois préparée doit être mise à l'abri des poussières
qui pourraient y tomber; il faut la placer dans un endroit
sec pour l'empêcher de moisir, car alors elle serait impropre à tout service.

Colle forte liquide. — I. On prend 1 kilogramme de
colle forte de *Givet* ou mieux de *Cologne*, on la fait dissoudre dans un litre d'eau placé dans un vase vernissé
que l'on chauffe au bain-marie, en ayant soin de remuer
de temps en temps. Quand toute la colle est fondue, on y
verse, peu à peu, et par fraction, 200 grammes d'acide
azotique du commerce. Cette addition produit une effervescence et un dégagement de vapeurs nitreuses rouges.
Quand tout l'acide est versé, on retire le vase du feu et on
laisse refroidir. Cette colle peut être conservée, pendant
longtemps, même dans des vases non bouchés. Pour
l'employer, on l'étend à froid, avec un pinceau. On peut
s'en servir comme lut, dans les laboratoires de chimie; il
suffit pour cela de l'étendre sur des bandelettes de linge
(Sc. Dumoulin).

II. On fait fondre, au bain-marie, 100 grammes de
belle colle forte, avec 250 grammes de vinaigre; quand
le tout est liquide, on ajoute 150 grammes d'alcool ordinaire et 10 grammes d'alun, on maintient le tout sur
le feu, pendant un quart d'heure. Cette colle est très
tenace, imputrescible. Lorsqu'elle est trop épaisse, on
ajoute un peu d'eau et l'on fait chauffer le mélange.
Elle est très commode pour coller à froid une foule
de petits objets; elle est surtout utile aux fabricants
de perles fausses (Bœttger).

III. On fait dissoudre à froid, ou mieux à une douce
chaleur, 40 grammes de gélatine ou de colle ordinaire
dans 100 grammes d'acide acétique du commerce (Balland).

IV. On fait macérer, pendant quelques heures, 6 parties
de colle forte cassée en petits morceaux, dans 16 parties

d'eau, on y ajoute 1 partie d'acide chlorhydrique et 1 partie et demie de sulfate de zinc, puis on expose le tout pendant dix à douze heures, à une température de 80° à 90°; on obtient ainsi un mélange qui ne se prend plus en gelée et qu'il suffit de laisser déposer; il se conserve pendant très longtemps sans altération (Knafft).

V. On dissout de la colle forte ordinaire dans de l'éther nitrique. Cet éther n'absorbant qu'une certaine quantité de colle, on n'a pas à craindre que la solution soit trop concentrée. On peut donner à la préparation la consistance de la mélasse, et sa ténacité est, dit-on, le double de celle de la colle forte dissoute dans l'eau chaude. Cette qualité s'accroît encore en ajoutant au produit quelques fragments de caoutchouc, du volume d'une balle de fusil, que l'agitation fera dissoudre en quelques jours, et qui préserveront encore la colle contre l'action de l'humidité.

Colle gommeuse. — La solution, dans l'eau, de la gomme arabique et de la gomme adragante donne une bonne colle qui se conserve longtemps.

Colle de gomme arabique perfectionnée. — La solution de gomme arabique, employée comme colle, présente le désavantage, lorsqu'on l'étend sur du papier non collé, de l'imprégner au point de le rendre transparent, et, malgré cela, de ne pas produire l'adhérence désirable. Elle ne peut pas servir non plus à coller le papier sur du carton ordinaire, ni le bois sur le bois. Quand on s'en sert pour coller du papier sur une surface métallique, il ne tarde pas à se décoller; enfin, elle ne peut servir pour le verre, la porcelaine, les poteries, etc. On remédie à ces ininconvénients en ajoutant à l'eau gommée une solution de sulfate d'alumine. Pour 250 grammes de solution de gomme concentrée (2 parties de gomme par 5 d'eau), il suffit de 2 grammes de sulfate d'alumine concentré, on dissout ce sel dans 20 grammes d'eau, et on mélange directement cette solution avec celle de la gomme; cette solution a reçu le nom de *colle végétale*.

Colle dite de Griffard. — On dissout séparément dans de l'eau 4 kilos de gélatine et 4 kilos d'amidon. On fait chauffer la gélatine à ébullition et on ajoute l'amidon en remuant.

Cette colle peut être employée à froid.

Colle liquide. — Ramollir 100 parties de colle de Russie dans 100 parties d'eau chaude; ajouter lentement 5 1/2 à 6 parties d'acide nitrique et finalement 6 parties de sulfate de plomb en poudre. Ce dernier sel est employé pour donner à la colle une couleur blanche.

Colle marine ou glu marine (Jeffery). — On fait dissoudre dans 40 parties de naphte de houille ou de naphte brut une partie de caoutchouc divisé en petits fragments. Cette dissolution n'est complète qu'au bout de dix à douze jours et il faut, pour la faciliter, agiter de temps en temps le mélange. On y ajoute alors de la gomme-laque, dans la proportion de deux parties en poids de laque pour 1 partie de liquide. On verse ensuite la matière dans un vase en fer, on place sur le feu et l'on remue constamment jusqu'à ce que le tout soit bien homogène. Le composé est alors versé sur une surface froide, telle qu'une plaque de marbre, une dalle; dès qu'il est refroidi, on le brise et on le conserve pour l'usage. Quelquefois, on supprime le caoutchouc, alors on opère comme il vient d'être dit, en employant 1 partie de naphte et 2 parties de laque.

Pour se servir de cette colle, on la fait chauffer, dans un vase de cuivre ou de fonte un peu épais, à une température de 100 à 110°, qu'il importe de ne pas dépasser; à l'aide d'un pinceau, on l'étend, en couches minces et uniformes, sur les surfaces qu'on se propose de réunir; on rapproche alors les parties prenantes et on les serre fortement, mais si ces surfaces sont un peu vastes, comme la température de la glu s'est abaissée pendant qu'on déposait la couche, il convient de ramener cette température à 60° environ, en passant dessus des fers chauds.

Elle peut servir, non seulement à réunir les pièces de mâture et autres, mais aussi à réparer les bois fendus, à coller les modèles dont on se sert dans les fonderies, les planches à imprimer les étoffes et le papier peint, à calfater les navires, à réunir les blocs de marbre, de granit, à souder le bois et le fer. On peut la rendre aussi dure qu'on le désire, en augmentant la quantité de gomme laque.

La force d'adhésion de cette glu marine est très grande; elle résiste à une traction de 20 à 25 kilogrammes par centimètre carré, tandis que la résistance pratique du sapin en travers des fibres ne dépasse pas 12 ou 15 kilogrammes, d'où il suit que les chances sont moindres de voir rompre une pièce de bois par le joint collé avec la glu marine qu'à travers le bois lui-même, tout en supposant quelque exagération dans les chiffres ci-dessus.

Cette colle est insoluble dans l'eau ; comme elle est employée à une assez haute température, elle ne coule pas par l'effet de la chaleur produite par l'action du soleil.

Elle ne peut s'appliquer que sur des bois très secs, puisqu'elle n'est liquide qu'à une température assez élevée qui ferait dégager de nombreuses vapeurs au contact du bois humide.

La glu marine additionnée de bichlorure de mercure, dissous dans l'esprit de bois, peut remplacer, avec économie le doublage en cuivre des navires. Le bois, le fer, le plâtre, la brique sur lesquels on l'applique, prennent l'aspect vernissé, le bois se trouve ainsi mis à l'abri de la pourriture et de l'atteinte des insectes, le fer de l'oxydation. Les toiles deviennent imperméables ; dans ce cas, il faut rendre la glu marine liquide, en augmentant la quantité d'huile de naphte.

Colle des menuisiers. — Réunir des peaux ou portions de peaux non tannées de toutes sortes d'animaux ; faire tremper ces peaux dans l'eau de chaux pour dissoudre leurs parties graisseuses ou charnues ; les laver et les nettoyer dans un courant d'eau ; les mettre en tas arrondis, pour pouvoir les priver de l'eau qui les imprègne : les faire bouillir dans une chaudière et écumer les matières qui remontent à la surface ; après un certain temps, jeter une petite quantité d'alun dissous ou de la fine poudre de chaux pour épurer la dissolution.

Lorsque la dissolution ne donne plus d'écume, la verser dans des paniers fins et serrés au travers desquels les impuretés ou les corps solides qui y demeuraient encore ne peuvent passer ; ensuite remettre le liquide peu à peu dans la chaudière ; continuer à le remuer, à l'écumer et à le faire bouillir jusqu'à ce que, en perdant ses parties aqueuses, il prenne une couleur brunâtre, mais claire.

Quand on estime que la colle est cuite et qu'elle a acquis une consistance suffisante, la retirer du feu et la verser dans des moules, pour la couper en plaques épaisses que l'on fait sécher complètement.

Colle de parchemin. — On fait bouillir 100 grammes de parchemin coupé en petits morceaux, dans 1.280 grammes d'eau, jusqu'à ce que la liqueur soit réduite à 80 grammes. On passe la décoction à travers un linge, et on l'évapore sur un feu doux, jusqu'à ce qu'elle présente la consistance convenable.

Colle-tout. — C'est une dissolution de silicate de potasse. Il permet de souder ensemble les blocs de pierre, de marbre, de bois les plus volumineux, comme les fragments les plus délicats des statues, des vases, des marqueteries. Sans le secours d'aucun appareil contentif, des débris de marbre, de poterie, de verre peuvent être assemblés et acquérir, en peu de temps, une grande solidité. Il suffit de passer, sur les surfaces prenantes, un pinceau chargé d'une suffisante quantité de la dissolution de silicate de potasse et de bien les affronter. Les ouvrages de menuiserie peuvent également être assemblés à l'aide du silicate de potasse (Bru).

Colle transparente. — On obtient une colle transparente, très agglutinative, qui peut être employée sur le bois, la porcelaine, le verre, le marbre, etc., en mélant intimement ensemble dans un mortier :

Nitrate de chaux..................................	2 parties.
Eau...	25 —
Gomme arabique en poudre.........................	20 —

On en badigeonne les parties à ressouder et on les maintient en contact par un lien très serré jusqu'à complète dessiccation.

Colle très résistante. — Prenez une cuillerée à café de farine, ajoutez-y graduellement un demi-litre d'eau froide, faites bouillir doucement en remuant constamment pour empêcher le mélange de brûler. Maintenez le liquide bouillant jusqu'à ce qu'il devienne fluide, ajoutez alors une cuillerée d'eau régale et faites bouillir de nouveau jusqu'à ce qu'il s'épaississe. Le mélange est alors prêt pour l'usage. Cette colle, excellente et bon marché, ne tourne ni ne moisit jamais.

COMPTEUR A GAZ. — Le compteur à gaz a été inventé

par Clegg en 1816. Les modifications apportées depuis
cette époque à sa construction ne portent sur rien d'essen-
tiel. La figure 19 en fait comprendre le principe: $mnpq$
est un tambour mobile autour de son axe horizontal; il est
divisé par des cloisons de forme particulière, en quatre
cellules d'égales capacités et plonge jusqu'en ee' dans l'eau
d'un réservoir clos R R'. Un tube t, voisin de l'axe et
dont l'orifice est au-dessus du niveau de l'eau amène le gaz
à mesurer. Ce dernier pénètre sous la cloison $l'm$ de
l'une des cellules et exerce sur elle une poussée de bas en
haut, qui communique au tambour un mouvement de
rotation. La cellule $l'mi$, fermée hydrauliquement, se

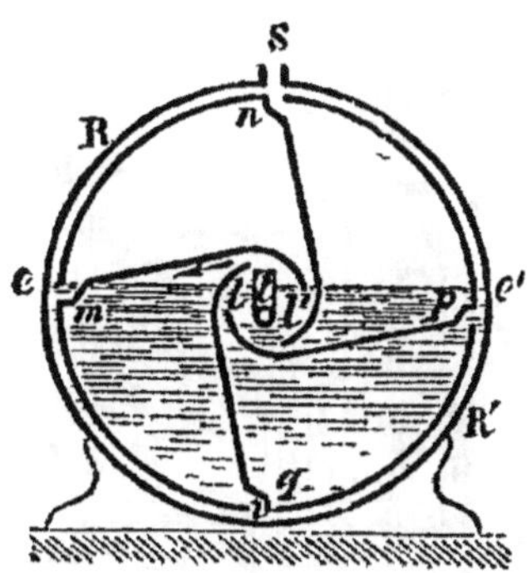

Fig. 19. — Compteur
à gaz.

soulève et se remplit de gaz jusqu'à ce que la cellule suivante
vienne occuper sa place au-dessus
du tube d'arrivée et se garnisse
de gaz à son tour, en continuant
le mouvement de rotation. Simultanément, dès que le bord de
chaque cellule émerge en e, le
gaz s'écoule par l'ouverture que
l'eau cesse de fermer et s'échappe
du réservoir par un orifice de
sortie S; il est chassé par l'eau
qui prend sa place. Le gaz, continuant à traverser le système,
remplit ainsi une cellule pendant
que la précédente perd son contenu gazeux, de telle sorte
que, si on connaît le volume de chaque cellule pleine, le
volume du gaz débité sera connu également quand on
aura déterminé le nombre des tours effectués par l'axe.
L'adjonction au tambour d'un *compteur des tours* résout
donc le problème.

L'instrument, tel qu'on le construit d'habitude, est représenté figures 20 et 21.

Le réservoir R R' contient le tambour mesureur mmm
m mobile autour de l'axe horizontal aa'. Le gaz pénètre
par E, passe en S dans une ouverture que peut fermer
une soupape et se répand dans la boîte BB' qui communique avec le réservoir par un orifice pratiqué dans la
cloison hh', orifice que l'axe aa' traverse librement;

cette boîte, comme le réservoir, contient de l'eau jusqu'à un certain niveau *r*. Par un tube *l n l'*, en forme d'U, le gaz passe de la boîte B B' dans le tambour mobile, met celui-ci en mouvement, comme il a été dit plus haut et sort en S. Pour compter le volume débité, c'est-à-dire le nombre des révolutions du tambour, l'axe se termine en *a* par une vis sans fin, qui, au moyen d'une roue dentée, fait mouvoir une tige verticale, laquelle sort de la boîte BB' en traversant le tube *g g'*. Ce dernier, plongeant dans l'eau en *g'*, ne laisse pas échapper le gaz, ce qui permet de placer dans une caisse extérieure C C le compteur de tours proprement dit que la tige fait fonctionner.

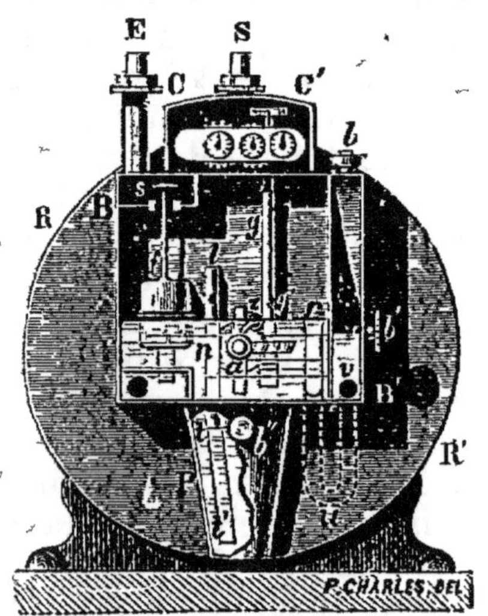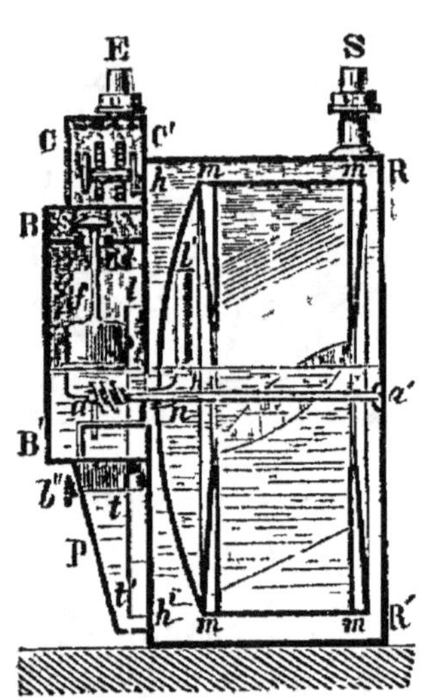

Fig. 20 et 21. — Compteur à gaz.

Cet appareil mécanique se compose, comme d'ordinaire, de roues dentées et de pignons tellement disposés, que si la première roue fait une révolution complète correspondant à un débit de 1000 litres, la roue suivante qui indique les mètres cubes avance d'une division, que si cette seconde roue fait une révolution complète marquée 10 mètres cubes, la troisième qui indique les dizaines de mètres cubes avance d'une division et ainsi de suite. Des aiguilles fixées à l'axe des roues et mobiles sur des cadrans permettent de lire le volume du gaz qui a traversé le compteur.

Les autres parties de l'instrument ont pour but d'assurer la régularité de son fonctionnement, en maintenant constant le niveau du liquide intérieur. Il est évident, en effet, que si le niveau de l'eau est plus bas que r, le volume des cellules se trouve augmenté et le compteur indique un débit plus faible que le débit réel ; une surélévation du niveau entraîne une erreur en sens contraire ; enfin, si le liquide s'abaisse jusqu'à l'orifice de communication pratiqué dans la paroi hh', le gaz s'écoule sans faire mouvoir l'appareil. L'eau est introduite dans le compteur par l'ajutage b, que ferme d'ordinaire un bouchon à vis ; elle passe par l'ouverture ponctuée sur la figure dans le réservoir R R' d'où elle garnit la boîte BB'. Quand elle a atteint le niveau voulu, elle gagne l'orifice r d'un tube formant trop plein, s'échappe par le siphon r uv qui constitue une fermeture hydraulique et sort par l'ouverture b', lorsque le bouchon à vis qui ferme celle-ci d'ordinaire est enlevé. Si, par accident, le niveau de l'eau tombait au-dessous d'une certaine limite, un flotteur f qui le suit dans ses mouvements fermerait la soupape S et arrêterait l'écoulement du gaz. Enfin, un tube tt', soudé à la partie inférieure du tube lnl' et plongé dans l'eau d'un godet P, sert encore à laisser en b'' le trop plein de l'eau. Pour éviter qu'en tournant le tambour en sens contraire on fasse décompter l'appareil, on dispose sur l'axe aa' une came qui soulève un cliquet z lorsque la rotation est régulière, mais qui est arrêtée par lui dans le cas contraire (Jungfleisch).

Pour garantir les compteurs à gaz contre la gelée. —

I. Les remplir de glycérine ou d'alcool dénaturé. Le premier de ces produits est toujours un peu acide ; l'alcool s'évapore rapidement ; aussi ces deux moyens reviennent très cher ;

II. Les entourer de foin ;

III. Un produit d'un emploi plus pratique, c'est une dissolution de chlorure de calcium à 18°, ce produit ne coûte presque rien et résiste aux plus grands froids.

CONDUITES D'AIR CHAUD. — **Vernis incombustible pour conduite d'air chaud.** — On délaye du talc jaune dans de l'huile minérale lourde en assez grande quantité pour que le mélange puisse s'étendre au pinceau ; les tuyaux, revêtus d'une couche épaisse de cette mixture, sont passés au four, et l'on répète la peinture et la cuisson autant de fois qu'il est nécessaire. On donne à ce vernis un brillant durable en le polissant avec un chiffon de laine gras. Ce vernis est alors très adhérent, et ne donne pas d'odeur à la mise en service des appareils.

CONDUITES D'EAU ET DE GAZ. — **Moyen de dégeler les conduites d'eau gelées.** — On enlève la neige qui recouvre les tuyaux, s'il y en a ; on gratte légèrement la terre sur le passage de la canalisation, et l'on y étend une couche de $0^m,25$ de chaux vive en poudre que l'on éteint en l'arrosant. La chaleur progressivement dégagée par l'extinction de la chaux, triomphe de la glace formée dans les tuyaux.

Moyen de préserver de l'oxydation les conduites d'eau et de gaz. — I. Partout où les conduites d'eau et de gaz traversent des terrains calcaires, elles s'oxydent promptement, tandis que les tuyaux qui serpentent à travers les terrains argileux ne s'oxydent pas ou du moins très peu. Il suffit donc, pour préserver de l'oxydation les tubes métalliques, de les entourer de terre glaise.

II. Lorsque les tuyaux de plomb destinés à conduire les eaux sont enfouis dans le sol, il arrive parfois qu'ils s'altèrent, se percent et deviennent impropres à leur destination. Un moyen bien simple d'obvier à cette altération consiste à les recouvrir, à chaud, d'une couche de goudron fondu et à saupoudrer cette couche encore chaude de sable fin. Il se forme ainsi une enveloppe protectrice qui s'oppose à l'oxydation du métal.

CORDES. — **Conservation des cordes.** — Ce résultat est obtenu au moyen d'une double opération.

Les cordes sont d'abord sulfatées, comme les poteaux télégraphiques et les traverses qui supportent les rails des chemins de fer. Il suffit, pour cela, de les plonger, sèches, dans un bain de sulfate de cuivre, préparé à raison de 20 grammes de cette substance par litre d'eau et de les y laisser tremper durant quatre jours ; après quoi, on les fait sécher.

Il faut ensuite ou bien les goudronner ou bien les immerger dans l'eau de savon.

Voici en quoi chacune de ces opérations consiste :

1° On fait chauffer du goudron dans un poêlon, on y plonge la corde et on la tire aussitôt à la filière, de façon à la débarrasser de l'excédent de goudron tandis qu'il est encore chaud. La filière n'est autre chose qu'une branche fendue et munie d'une double entaille formant dans la jointure un trou rond. On complète le nettoyage en passant la corde sur une poignée d'étoupes.

2° La seconde méthode consiste à faire tremper la corde dans une solution de savon à 100 grammes par litre. Il se forme un savon cuivrique, qui, mieux encore que le goudron, préserve le chanvre de la putréfaction.

Il importe que l'eau sulfatée ou l'eau de savon ne soit pas entièrement absorbée par la corde, sans quoi l'on ne serait pas sûr qu'elle a pénétré jusqu'au centre. Il sera dès lors économique de réserver quelques paquets qui serviront à épuiser l'excédent de préparation que les premières cordes auront laissé.

Le goudron, en enveloppant la corde, y retient mécaniquement le sel de cuivre ; le savon y fixe ce sel par une réaction chimique aussi efficace.

Dans l'un et l'autre cas, les cordes sont à l'abri de la dent des rats pour qui le sulfate de cuivre est un poison : mais le goudronnage, qui constitue une préparation économique, a de plus l'avantage d'écarter ces animaux et de sauver ainsi de leurs dégâts les objets que la corde attache. Cependant, l'odeur forte à laquelle est dû cet avantage devient quelquefois elle-même un inconvénient ; on devra, dans ce cas, donner la préférence aux cordes préparées au savon qui restent inodores et ne sont pas poisseuses.

CORNE. — Soudure de la corne. — La corne des animaux ruminants, ramollie par l'action de la chaleur, est capable de se souder directement avec elle-même. Pour cela, il suffit de la plonger dans l'eau chaude et, quand elle devient suffisamment molle, de lui donner la forme qu'on désire, puis de rapprocher les parties qui doivent se souder l'une à l'autre. On maintient le contact à l'aide d'un serrage convenable. Il faut amincir, avec une lime, les bords qui doivent être réunis.

Moyen de rendre la corne souple et élastique. — On plonge la corne dans un bain ainsi composé (Damé) :

Eau	1 litre.	Acide tannique	5 kilogr.
Acide azotique ordinaire	3 —	Bitartrate de potasse	2 —
— pyroligneux	2 —	Sulfate de zinc	5,5 —

Après dix jours d'immersion, on débite la corne, on la façonne et, avant de la polir, on l'immerge une deuxième fois dans le bain ; elle a alors acquis toute la souplesse et toute l'élasticité désirables.

Teinture de la corne. — La corne, quand elle est tachée, est souvent mise en couleur.

Teinture en noir. — C'est surtout la teinte noire que l'on recherche : les *peignes* auxquels on aura communiqué cette coloration prendront l'apparence du buffle.

I. Pour cela, on se sert d'une bouillie formée de chaux délitée, de minium et d'eau ; on plonge les objets dans cette bouillie pendant douze ou vingt-quatre heures, après quoi, on les retire, on les lave avec de l'eau additionnée d'acide acétique, on les fait sécher et on les polit.

Cette teinte est due à ce que la corne contient du soufre ; or le soufre, en réagissant sur le plomb que renferme le minium, et cela par l'intermédiaire de la chaux, produit du sulfure de plomb, qui est noir. Cet effet ne se manifeste pourtant qu'à une faible profondeur. Ce procédé, quelque avantageux qu'il soit, ne peut guère s'appliquer aux peignes fins, car la chaux qui se loge entre les dents en détruit le parallélisme ; de plus, sous l'influence d'un air humide, à bord des navires surtout, le sulfure de plomb s'oxyde, passe à l'état de sulfate de plomb qui est blanc, et l'apparence de l'objet se trouve singulièrement changée.

II. Le procédé suivant est plus avantageux. On prépare une dissolution étendue d'azotate de mercure avec :

Mercure	125 parties.	
Acide azotique ordinaire	125	—
Eau	500	—

On place le mercure dans une capsule de porcelaine, on verse dessus l'acide azotique et l'on chauffe légèrement ; quand les vapeurs rouges qui se manifestent ont cessé de se produire et que le mercure est dissous, on ajoute l'eau. On plonge la corne dans ce liquide et on l'y maintient pendant douze heures, on lave ensuite à grande eau, enfin on laisse tremper, pendant deux heures au plus, dans une dissolution faible de sulfure de potassium. On lave alors à l'eau pure, puis avec de l'eau acidulée, avec un peu d'acide chlorhydrique et de nouveau à l'eau pure; on sèche et l'on polit. Cette dernière opération doit s'exécuter avec soin, car le sulfure de mercure formé ne pénètre pas bien avant.

Teinture en blanc. — On colore la corne d'abord en noir avec le minium et la chaux, puis on la plonge dans de l'acide chlorhydrique concentré qui transforme le sulfure de plomb en chlorure de plomb dont la couleur est blanche. La matière présente alors une apparence laiteuse (Mann).

Si, au lieu d'acide concentré, on se sert d'acide très étendu, la corne prend des reflets argentés semblables à ceux de l'écaille.

Teinture en jaune. — On peut obtenir des nuances très variées en décomposant le sulfure de plomb qui imprègne la corne, par certaines substances chimiques : ainsi au contact d'une solution de bichromate de potasse, la corne, préalablement teintée en blanc, se colore en jaune et imite parfaitement le buis.

Corne imitant l'écaille. — I. Pour donner à la corne l'apparence de l'écaille, dont le prix est plus élevé, on choisit de la corne blanche ou rousse, puis on forme avec 2 parties de chaux vive, 1 partie de litharge et de l'eau de savon une pâte qu'on applique sur tous les points qu'on désire teindre; quand l'enduit est sec, on l'enlève avec une brosse. La corne ainsi préparée est en partie opaque et en partie transparente, elle imite bien l'écaille, surtout si l'on place dessous une feuille de laiton.

II. On produit des taches rougeâtres assez analogues à celles de l'écaille, en introduisant dans la pâte une substance inerte, la craie ou le sable par exemple.

III. On peut également donner à la corne l'apparence de l'écaille en préparant une bouillie d'orpiment et de lait de chaux, qu'on applique, par places, à l'aide d'un pinceau.

IV. On réalise encore mieux cette imitation en se servant : 1° de chlorure d'or acide ; 2° de nitrate d'argent acide ; 3° de nitrate acide de mercure. Le premier de ces sels donne une couleur rouge ; le deuxième, une couleur noire ; le troisième, une couleur brune ; en combinant ces trois teintes, on arrive à une imitation assez parfaite.

CUIR. — **Colle pour le cuir.** — La meilleure est sans contredit la *colle de cordonnier*, que l'on peut préparer de la manière suivante :

On brasse de l'orge égrugée avec de l'eau chaude, de manière à en faire une bouillie très épaisse, puis on ajoute peu à peu l'eau chaude jusqu'à ce que la température du tout soit d'environ 38°. On laisse alors reposer. Après quelques jours, la fermentation commence et la masse, d'abord pâteuse, devient fluide. Lorsqu'elle est homogène et un peu liquide, on arrête la décomposition en versant de l'acide phénique. Pour éviter l'action délétère des gaz produits par la fermentation, on met le mélange dans un vase clos dont le couvercle est muni d'un tuyau de dégagement.

Colle pour le cuir et le carton. — On la prépare en dissolvant 50 grammes de colle forte et autant de térébenthine dans l'eau, sur un feu doux ; on incorpore au mélange une bouillie épaisse faite avec 100 grammes d'amidon. On s'en sert à froid, elle sèche avec rapidité (Kühne).

Coloration du cuir. — On peut donner au cuir une belle couleur marron par le procédé suivant :

On prend de l'écorce de sapin et d'aune, que l'on traite par l'eau de pluie, en prenant dix volumes d'eau pour un d'écorce. On continue ce lessivage jusqu'à extraction totale de la matière colorante.

On plonge le cuir dans l'eau ainsi obtenue et on le laisse jusqu'à ce qu'il soit bien imprégné, après quoi on le suspend pour le faire sécher. En répétant trois ou quatre fois cette opération, on obtient la coloration voulue.

Cuir artificiel. — Le principe de cette fabrication consiste dans l'emploi de la nitro-cellulose, qui est cousine germaine de la nitro-glycérine, ce qui donne à réfléchir.

Les inventeurs du procédé prennent 600 parties d'un dissolvant de nitro-cellulose, spécialement d'acétate d'amyle, et 200 parties de nitro-cellulose, avec une partie d'huile essentielle de bouleau ou de toute autre huile aromatique.

A ce mélange ils ajoutent une partie d'acide tannique. Le tout forme une sorte de mastic, que l'on malaxe avec soin et qu'on étend ensuite des deux côtés d'une toile fine. Suivant l'épaisseur et le gaufrage, que l'on donne à volonté, on a du cuir ou du drap.

Mastics pour le cuir et le cuir. — I. Pour souder du cuir sur du cuir, on se sert d'un mastic composé de dix parties de bisulfure de carbone, une partie d'huile de térébenthine et assez de gutta-percha pour rendre la solution visqueuse. On dégraisse d'abord les cuirs, ce qui se fait en les plaçant dans des linges sur lesquels on passe un fer chaud ; puis on enduit de cette colle les parties à souder et on les comprime l'une contre l'autre jusqu'à parfaite siccité.

II. On peut encore se servir, dans le même but, d'une mixture ainsi composée : une partie de glu ordinaire ; une de colle de poisson et un peu d'eau. On laisse tremper pendant dix heures, puis on fait bouillir dans un chaudron, en ajoutant du tannin pur, jusqu'à ce que le mélange prenne l'aspect du blanc d'œuf. On enduit les surfaces à souder de cette colle bien chaude, on les frotte fortement, puis on remet un peu de liquide et on les rapproche. Au bout de quelques heures, les pièces sont sèches et l'adhérence parfaite.

Mastic pour le cuir et le fer ou le verre. — On colle le cuir avec un mélange obtenu en dissolvant 100 grammes de glu dans du bon vin ou du vinaigre de cidre, additionné de 30 grammes de térébenthine, le tout maintenu en ébullition pendant douze heu es. Cette colle s'emploie à chaud.

Rognures de cuir. — Recueillir toutes les rognures de cuir ; les mettre dans une machine qui les broie ; les réduire en poudre ; puis en former une espèce de pâte en faisant couler continuellement sur elle une chute d'eau ; mettre cette pâte en couche mince sur des tables, et faire sécher.

On obtient un cuir épais qui sert à confectionner les *semelles de souliers.*

CUIVRE. — Coloration du cuivre et de tous objets nickelés. — On obtient facilement sur le cuivre, bien décapé, *onze colorations* diverses et *huit* sur le nickelage de tous les métaux, par le bain au trempé suivant:

```
Acétate de plomb.......................  20 grammes.
Hyposulfite de soude....................  60  —
```

On fait dissoudre ces deux produits dans un litre d'eau ; on chauffe jusqu'à l'ébullition et on y trempe ensuite les pièces de cuivre décapées ou tous métaux nickelés. On obtient d'abord une couleur *grise*, qui passe en continuant l'immersion, au violet, et successivement aux teintes marron, rouge, etc., pour arriver au *bleu*, qui est le dernier ton.

Il faut une certaine habitude pour obtenir, à point nommé, une teinte intermédiaire déterminée; une fois obtenue, on passe dessus une couche de vernis mixtion blanc, qui a pour but de conserver la coloration.

Ce procédé est surtout appliqué pour la fabrication des *boutons*.

Bronzage du cuivre et des médailles de cuivre. — On met les objets en cuivre, les médailles obtenues par la galvanoplastie, à l'abri de toute oxydation ultérieure, à l'aide des procédés suivants.

I. On chauffe l'objet sur un bain de sable, jusqu'à ce qu'il ait acquis la teinte qu'on désire; ce procédé donne des résultats assez incertains.

II. Il en est de même de celui qui consiste à chauffer le cuivre à l'aide d'une lampe à alcool et à le frotter avec une brosse un peu humide saupoudrée de plombagine. Il vaut mieux se servir de rouge d'Angleterre légèrement humecté, qu'on étend avec une brosse fine sur le métal chauffé, à l'aide d'un feu clair, jusqu'à ce qu'on ne puisse plus le tenir entre les doigts.

III. On peut encore faire un mélange de :

```
Sanguine............................  5 parties.
Plombagine..........................  8  —
```

broyer le tout avec de l'alcool et appliquer un peu de cette pâte, en bouillie épaisse, sur la surface de l'objet. Au bout de vingt-quatre heures de contact, on frotte, avec une brosse demi-rude, jusqu'à ce que le métal prenne un aspect poli et brillant.

IV. A la Monnaie de Paris, on bronze les médailles en les faisant bouillir, pendant un quart d'heure, dans la dissolution suivante :

Vert-de-gris pulvérisé.....	500 gr.	Vinaigre fort............	460 gr.
Sel ammoniac pulvérisé....	475	Eau.................	2 litres.

L'opération s'exécute dans une casserole en cuivre non étamé; on sépare les médailles, les unes des autres, avec des baguettes de bois ou de verre.

V. BRONZAGE VERT ANTIQUE

Vinaigre blanc...........	500 gr.	Sel marin..............	8 gr.
Sel ammoniac...........	8	Ammoniac liquide........	15

On applique cette composition, au pinceau et à diverses reprises, sur l'objet à bronzer, qu'on a bien nettoyé.

VI. AUTRE BRONZAGE

Vinaigre fort...........	1000 gr.	Alun..................	15 gr.
Sel ammoniac...........	30	Acide arsénieux...........	8

Opérez comme ci-dessus.

VII. AUTRE BRONZAGE

Vinaigre.................................	1000 grammes.
Sel ammoniac	1 —
Acide oxalique....................	1 —

Même manière d'opérer que ci-dessus.

Étamage du cuivre. — A. VOIE SÈCHE. — Il est rare qu'on se serve d'étain pur, le plus souvent on emploie un alliage de 90 parties d'étain et de 10 de plomb; la pièce étant décapée et chauffée, on promène l'étain en fusion sur toute la surface et on l'étale, sur tous les points, avec de l'étoupe, en ayant soin de rassembler l'excédent de l'étain de manière à le détacher de l'objet. Il est bon, pour prévenir l'oxydation de l'étain, de jeter sur le bain une petite quantité de résine, qui, en s'étalant sur la surface, la préserve du contact de l'air. — Quand les pièces métalliques doivent être étamées à l'extérieur, on applique l'étain à l'aide d'un fer à souder, en régularisant la couche avec un tampon d'étoupe; si quelques points se montrent rebelles à l'étamage, on les saupoudre de résine, qui, en se décomposant par l'action de la chaleur, réduit l'oxyde et facilite l'alliage des deux métaux.

Malheureusement, la couche d'étain ainsi déposée est peu épaisse, à peu près 3/100 de millimètre, ce qui fait qu'elle ne tarde pas à être emportée par les manœuvres, auxquelles on soumet les vases culinaires pour les récurer, par le frottement des cuillers, par le contact des mets acides; aussi faut-il renouveler souvent l'étamage.

On peut rendre l'usure moins rapide, en employant un alliage qui résiste mieux au frottement et qui se compose de 1 partie de fer pour 6 d'étain (Biberel). On le prépare, en projetant des rognures de fer-blanc dans l'étain fondu et en chauffant au rouge.

B. Voie humide. — I. On dissout 1 partie de protochlorure d'étain cristallisé, dans 10 p. d'eau, on y ajoute ensuite une solution de 2 p. de potasse ou de soude caustique dans 20 p. d'eau. La liqueur se trouble, mais elle redevient claire au bout de quelque temps ; quand on s'en sert, elle se trouble de nouveau, mais néanmoins elle reste propre à l'étamage. On fait l'opération avec une capsule de porcelaine, dans laquelle on place une lame d'étain mince, percée d'un grand nombre de petits trous; on y dépose les objets en laiton ou en cuivre à étamer, et l'on y verse la solution alcaline. On chauffe et l'on remue en même temps avec une baguette de zinc. L'étamage se fait rapidement; au bout de quelques minutes les objets sont recouverts d'une couche blanche très brillante (Hiller).

II. On peut également employer le procédé suivant (Roseleur et E. Boucher) :

```
Première formule : Eau distillée.......................   3 litres.
                   Crème de tartre..................   30 grammes.
                   Protochlorure d'étain...........   3     —
Deuxième formule : Eau distillée....................   3 litres.
                   Pyrophosphate de potasse.......   60 grammes.
                   Perchlorure d'étain acide ......   8     —
                   —          —      fondu........   4     —
```

On dissout le tout ; le bain ainsi obtenu est incolore.

On dispose soit l'une, soit l'autre de ces dissolutions, dans une capsule de porcelaine. Les objets à étamer sont décapés, rincés et jetés dans le bain avec quelques fragments de zinc ou quelques spirales de ce métal. Lorsqu'on a affaire à de petits objets, on les dépose sur des plaques de zinc percées de trous.

Noircissement du cuivre. — Pour noircir les diaphragmes des *instruments d'optique*, par exemple, enlevez avec du papier émeri n° 0 toute l'ancienne couche noire, chauffez le diaphragme à une flamme d'esprit de vin, juste assez pour pouvoir le supporter sur le revers de la main ; plongez-le pendant dix secondes dans une solution faite en dissolvant des rognures de cuivre dans de l'acide nitrique allongé d'eau. Faites chauffer de nouveau, et il en résultera une belle nuance noire.

CUVES. — **Cuves étanches et inattaquables par les produits chimiques.** — I. On fond sur un feu doux le mélange suivant :

Gutta percha...................... 1 partie en poids.
Paraffine........................ 1 — —

On l'applique à l'intérieur des cuves en bois ; ce revêtement résiste aux alcalis et aux acides concentrés. En se servant d'un fer chaud pour égaliser la couche, on obtient le poli nécessaire.

II. Le sulfate de baryte naturel (spath pesant) présente la propriété de résister à l'action d'un grand nombre de substances chimiques, parmi lesquelles on peut citer les lessives alcalines bouillantes, les acides chlorhydrique et phosphorique chauds, l'acide sulfurique étendu et froid, les sulfates de cuivre, de fer, de zinc, le nitrate de potasse, les silicates alcalins solubles. Cette propriété peut être mise à profit, dans l'industrie, pour construire des bassins économiques destinés à contenir des solutions plus ou moins corrosives. A cet effet, on construit des récipients en bois ou en maçonnerie dont on revêt le fond et les parois avec des lames bien dressées de spath pesant. Les joints sont remplis avec un mastic composé de spath en poudre et d'une dissolution épaisse de caoutchouc dans l'essence de térébenthine.

D

DÉCALQUE AU PIQUÉ. — I. En perçant une feuille de papier d'une série de trous rapprochés, en suivant les lignes d'un dessin, on peut reproduire ce dessin un certain nombre de fois, en plaçant chaque fois cette feuille perforée sur une feuille blanche et en frottant sa surface avec une poudre colorée : noir de fumée, plombagine, sanguine, etc. C'est ce procédé qu'emploient les peintres décorateurs et sur faïences.

11. On peut s'y prendre autrement en couvrant la feuille perforée d'une autre feuille fraîchement enduite au rouleau d'une encre d'imprimerie, et en faisant passer le tout en pression sous une presse lithographique. Le nombre des reproductions qu'on peut obtenir dépend de la résistance de la feuille perforée. On emploie de préférence le parchemin végétal mince, qui ne s'étend pour ainsi dire pas sous la pression et permet d'obtenir des décalques identiques.

DÉCAPAGE. — C'est une opération qui est commune à l'argenture, au bronzage, au cuivrage, à la dorure, à l'étamage, etc., et qui consiste à nettoyer la surface qu'on veut recouvrir et à enlever l'oxyde qui s'y est formé, sinon l'objet ne prendrait pas la couche métallique.

Pour l'*argenture* et la *dorure*, on plonge l'objet dans une lessive de soude bouillante, qui enlève la graisse et la crasse des parties creuses, puis il est *déroché*, c'est-à-dire plongé dans un bain chaud formé de 1 litre d'eau et de 100 grammes d'acide sulfurique à 66°, et enfin soigneusement rincé.

Pour l'*étamage*, on chauffe la pièce, on la saupoudre de chlorhydrate d'ammoniaque et, à l'aide d'une étoupe, on promène ce sel sur toute la surface. L'oxyde dont le métal était revêtu est réduit en partie par l'hydrogène de l'ammoniaque, tandis que le chlore transforme l'autre partie en protochlorure de cuivre qui se volatilise. Pour la tôle et le fer, on se sert d'une dissolution étendue d'acide chlorhydrique (acide 1 p , eau 6 p.). Golfier-Besseyre a préconisé l'emploi du chlorure double de zinc et d'ammoniaque, qui, par l'action de la chaleur, se décompose en chlorure ammoniaque volatil et en chlorure de zinc qui fond. Ce sel facilite l'étamage à un point tel que l'on peut très bien étamer du cuivre et du fer, avec de l'étain, du plomb, du zinc.

DESSIN. — Reproduction des dessins par la réduction

des sels d'argent (Renault). — On sait que les oxysels d'argent imprégnant du papier, ou une étoffe sont réduits par le cuivre, l'hydrogène et ses combinaisons, les vapeurs de phosphore, tandis que les sels haoïdes d'argent ne le sont pas à froid.

Si donc on place un dessin sur une feuille de carton préalablement préparée aux vapeurs d'acide chlorhydrique, et si, par-dessus le dessin, on applique une feuille de papier sensibilisé, les vapeurs d'acide tamisant à travers le dessin transformeront le sel d'argent du papier en chlorure, sauf les parties correspondant aux traits du dessin et qui forment écran. La feuille sensibilisée, appliquée ensuite sur une feuille de cuivre, laissera apparaître la reproduction du dessin. Au lieu d'une plaque de cuivre, on peut se servir d'hydrogène ou de vapeur de phosphore entraînées par l'acide carbonique. La sensibilisation du papier a lieu avec une solution d'azotate double de fer et d'argent qui n'est pas impressionné par la lumière. Pour fixer l'image, on lave le papier à l'eau salée renfermant un peu de bioxalate de potasse, puis avec une solution d'hyposulfite de soude et de sel marin.

On peut reproduire par ce procédé les dessins, les gravures et l'écriture faits au moyen de l'encre d'imprimerie ou aux crayons gras.

Dessin sur papier en traits blancs sur fond noir (Félix Plateau). — Beaucoup d'ouvrages scientifiques contiennent des figures au trait exécutées en blanc sur fond noir ; tel est le cas, dans les travaux d'histoire naturelle, pour la représentation des animaux invertébrés, mous et transparents, comme les acalèphes, certains échinodermes, etc.

Le dessinateur peut difficilement se rendre compte de l'effet final de son dessin. M. Plateau indique le procédé suivant :

On découpe un rectangle de papier d'une surface plus grande que celle du dessin à exécuter et on l'enduit d'une mince couche de cire blanche. Puis ayant recouvert un morceau de verre de noir de fumée en le promenant au-dessus de la flamme d'une bougie, on applique le papier du côté ciré sur le verre noirci ; on frotte et on transporte ainsi le noir de fumée sur la cire. Pour fixer la couche de noir, on n'a plus qu'à reporter le papier sur une surface chaude, la couche de noir en haut. La cire fond et la poussière est fixée.

Le papier est alors préparé et l'on dessine à sa surface à l'aide d'une aiguille à coudre pour les traits fins et du dos d'une plume de fer pour les traits plus gros.

DIAMANT. — **Le vrai diamant.** — Il est toujours difficile pour les gens qui sont du métier, et encore plus pour ceux qui ne sont que de simples amateurs, de distinguer le vrai diamant du faux.

I. Voici un procédé très simple et très facile à expérimenter. Un crayon d'aluminium laisse une trace sur le diamant faux et ne raye aucunement le vrai diamant.

II. Dans un autre moyen bien plus simple, un verre d'eau claire suffit. Le vrai diamant, plongé dans l'eau, conserve ses feux ; le faux diamant est éteint. Cependant, il ne faudrait pas tenter l'essai avec ce que l'on désigne dans le commerce sous le nom de *simili.*

Le simili, abréviation de *simili-diamant,* n'est autre chose qu'un verre très blanc, bien taillé et le cristal obtenu est enduit sur une de ses facettes d'une solution d'un sel d'aniline. Ce dernier, une fois sec, devient miroitant, irisé, comme tous les sels de cette série, et, l'irisation répercutée par les facettes du cristal taillé, donne des feux comparables à ceux du diamant, à la condition qu'il y ait une bonne lumière et un peu de bonne volonté. Or, ce simili plongé dans l'eau sera dévoilé, paraît-il, car le sel d'aniline se dissoudra rapidement et l'expérimentateur n'aura plus en main qu'un morceau de verre.

III. Dans ce cas, point n'est besoin du verre d'eau ; il suffit d'examiner à l'œil nu les facettes du cristal, pour trouver celle qui a été enduite du vernis prestigieux.

DIVISEUR LINÉAIRE. — Ce petit appareil est appelé à rendre des services aux architectes, aux dessinateurs, aux arpenteurs et à tous ceux qui ont à résoudre des problèmes de géométrie pratique. C'est un nouveau *diviseur linéaire,* qui l'emporte sur les instruments similaires par la simplicité de sa construction et la précision des résultats auxquels il conduit. Il est dû à miss Sarah Marks.

Cet appareil (fig. 22) se compose d'une double règle articulée AB, et d'une règle à glissière C, mobile le long de A. La règle A est divisée en 80 parties égales ; quand on la fait glisser le long de C, chacune des divisions passe successivement devant un trait de repère marqué sur cette dernière règle. Ajoutons que C porte à sa face inférieure quatre pointes longues d'un millimètre, susceptibles de mordre dans le papier de manière à immobiliser la partie correspondante de l'appareil, et à ne plus permettre que le glissement du compas AB.

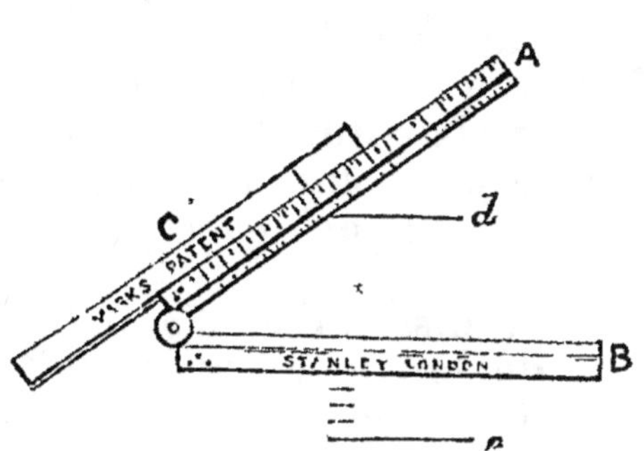

Fig. 22. — Diviseur linéaire.

Avec cet instrument, on peut résoudre rapidement divers problèmes graphiques. Nous indiquerons les deux principaux.

1° *Mener, entre deux droites parallèles, un nombre donné de parallèles équidistantes.* — Proposons-nous de mener, entre les parallèles *c* et *d*, huit parallèles équidistantes.

On fera coïncider B avec la ligne *e*; on placera la division 9 en face du point de repère de C ; puis on ouvrira le compas jusqu'à ce que cette division 9 arrive en un point de la parallèle *d*. Ceci fait, on n'aura qu'à appuyer sur la règle C de manière à la fixer au papier, et à faire glisser le compas en traçant un trait le long de B chaque fois qu'on aura avancé d'une division.

Il est clair qu'on mènerait aussi facilement des parallèles dont les distances les unes aux autres seraient proportionnelles à des nombres donnés.

2° *Diviser une droite en un nombre donné de parties égales (par exemple en huit parties égales).* — On placera la division 8 de la règle A en face du trait de repère de C ; on fera coïncider cette division 8 avec une des extrémités de la ligne à diviser, et on ouvrira le compas jusqu'à ce que l'autre extrémité de la ligne soit sur A. Après avoir appuyé la règle C, de manière à la fixer sur le papier, on fera glisser le compas en marquant un trait chaque fois qu'on aura avancé d'une division.

On diviserait d'un manière analogue la droite donnée en parties proportionnelles à des nombres donnés.

DORURE. — **Dorure des métaux.** — I. DORURE AU MERCURE. — On l'obtient avec un amalgame de 1 partie d'or pour 8 à 9 parties de mercure ; l'alliage que l'on dore le plus ordinairement, de cette façon, est un laiton, renfermant un peu d'étain et de plomb. Après avoir chauffé l'objet en laiton, au rouge, afin de détruire les corps gras dont il pourrait être recouvert, on le décape, en le plongeant dans de l'acide sulfurique faible. Après quoi, on le lave et on le sèche, en le frottant avec du son ou de la sciure de bois. Cette opération constitue le *dérochage*, souvent même on plonge un instant l'objet dans de l'acide azotique concentré, pour obtenir un décapage plus parfait, qu'on appelle *ravivage*.

On le frotte alors avec une dissolution d'azotate de mercure, à l'aide d'une petite brosse en fil de laiton (*gratte-brosse*) ; puis à l'aide du gratte-brosse, on le recouvre avec une certaine quantité d'amalgame. On chauffe la pièce, le mercure se volatilise et l'or reste seul, à la surface de l'objet, sous forme d'un enduit brun foncé. Au sortir du feu, on fait bouillir la pièce, soit dans de l'eau, soit dans une décoction de réglisse ou de farine de marron d'Inde, en ayant soin de frotter de temps en temps la surface, afin de la nettoyer. Dans cet état, cette surface est d'un jaune salé, on lui donne l'aspect de l'or en la couvrant d'une bouillie composée de nitre et d'alun, l'exposant au feu, la traitant par l'eau chaude et l'essuyant. On la brunit ensuite avec une dent de loup. Il faut avoir soin de se mettre à l'abri des vapeurs mercurielles qui se dégagent, pendant l'opération.

L'argent est doré comme le laiton ; on le désigne alors sous le nom de *vermeil*.

II. DORURE GALVANIQUE. — La dorure galvanique peut s'exécuter en petit, en plongeant les pièces à dorer dans un bain composé de cyanure d'or et de potassium dissous dans un excès de cyanure de potassium. Ce bain et l'objet à dorer sont portés à une température de 70° et soumis à l'action d'un courant électrique fourni par un élément de Bunsen. Le bain se prépare avec un litre d'eau, 1 gramme de chlorure d'or à l'état sirupeux et 20 grammes de cyanure de potassium. On entretient ce bain d'or au même état de concentration, pendant toute l'opération, en suspendant au pôle positif de la pile (*pôle charbon*) une lame d'or, qui se dissout au fur et à mesure que la dissolution laisse déposer son or sur les pièces mises en communication avec le pôle négatif (*pôle zinc*). Le bain est placé dans une capsule de porcelaine reposant directement sur le feu (fig. 23); on suspend l'objet à dorer, ainsi

Fig. 23. — Bain chauffé pour la dorure

que la lame d'or, à deux tringles métalliques qui sont isolées par deux baguettes de verre, auxquelles elles sont fortement attachées. L'ensemble des tringles et des ba-

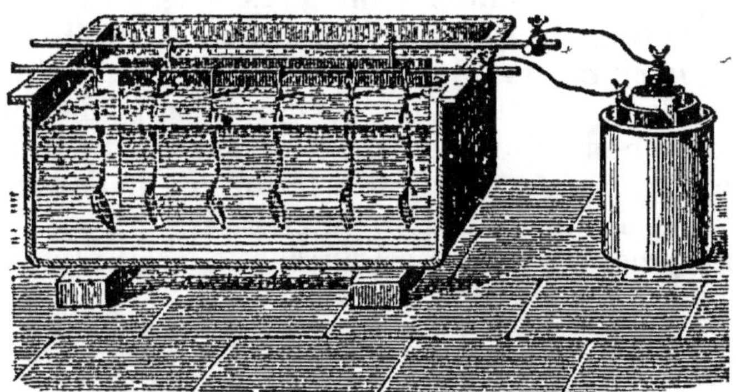

Fig. 24. — Dorure des couverts

guettes de verre constitue un rectangle. Chaque tringle métallique est mise en communication avec un des pôles de la pile (fig. 24).

On peut dorer par ce procédé l'argent, le maillechort, le bronze, le laiton, le cuivre qui auront été préalablement décapés. Quant aux métaux tels que le fer, l'acier, le zinc, l'étain, le plomb, il faut d'abord les recouvrir d'une légère couche de cuivre au moyen de la pile et d'un bain de sulfate de cuivre. Les métaux ainsi cuivrés sont alors dorés.

On pratique *l'argenture des métaux* par le même procédé, seulement on opère à la température ordinaire et l'on se sert d'un bain formé de :

Eau..	1 litre.
Cyanure d'argent............................	8 grammes.
Cyanure de potassium....................	40 —

On remplace, au pôle positif, la lame d'or par une lame d'argent.

Moyen de reconnaître si un objet a été doré au mercure ou à la pile. — On en plonge un fragment dans l'acide nitrique étendu. Après dissolution, il reste une pellicule d'or ; si cette pellicule est brillante sur ses deux faces, la dorure a été faite par les procédés électro-chimiques ; si elle est noire sur la surface interne, c'est qu'il y a alliage de l'or déposé avec le cuivre et, par conséquent, la dorure a été obtenue par le procédé au mercure.

III. Dorure au bouchon. — I. On dissout de l'or fin dans l'eau régale ; on trempe dans cette dissolution d'or un chiffon de linge, on dessèche celui-ci et on le brûle. La cendre (*or en chiffons*) contient de l'or finement divisé et du charbon ; à l'aide d'un bouchon trempé dans de l'eau salée, on étend cette cendre sur la surface préalablement polie et décapée du cuivre, du laiton ou de l'argent à dorer. On polit au rouge d'Angleterre.

II. Le procédé suivant est analogue à celui qui a été décrit pour l'argenture :

Chlorure d'or sec (or, 10 gr.) 11 à 12 gr	Blanc d'Espagne pulvérisé. 100 gr.
Cyanure potassique......... 80	Crème de tartre pulvérisée.. 5

On dissout le chlorure d'or dans 20 grammes d'eau distillée, le cyanure dans 80 grammes du même liquide ; on mélange les deux solutions, et l'on se sert de la liqueur ainsi produite pour humecter la crème de tartre et le blanc d'Espagne, et en former une bouillie épaisse avec laquelle on recouvre, au pinceau, l'objet à dorer ; au bout d'un instant, on nettoie avec une brosse grossière, et l'opération est terminée.

IV. **Dorure par immersion ou au trempé.** — Elle ne s'applique qu'au cuivre et non au bronze ; pour la pratiquer, on emploie :

Chlorure d'or	1 partie.
Bicarbonate de potasse	7 —
Eau	130 —

On plonge dans ce mélange bouillant les métaux qu'on veut dorer, après les avoir dérochés, ravivés, plongés dans un bain d'azotate de mercure et enfin lavés à l'eau. La dorure cesse de se produire dès que le bain ne renferme plus de bicarbonate de potasse. L'immersion dure une demi-minute environ. La couche d'or ainsi fixée est fort mince ; on la met en couleur, en plongeant l'objet dans une dissolution aqueuse bouillante de :

Sulfate de zinc	1 partie
Sulfate ferreux	2 —
Nitre	6 —

On le dessèche à un feu assez vif jusqu'à ce qu'il brunisse ; enfin on lave à l'eau pure.

On peut ainsi, avec 2 grammes d'or, dorer un kilogramme de bijoux.

V. **Dorure par l'or potable.** — Le sesquichlorure d'or, en dissolution dans l'éther, constitue ce que les anciens chimistes appelaient de l'*or potable*. On s'est servi de cette solution pour dorer le fer et l'acier. Pour cela on chauffe légèrement la pièce métallique à dorer, puis on étend avec un pinceau, à sa surface, la solution éthérée. L'éther s'évapore et laisse une mince couche d'or qu'on fixe en la polissant avec le brunissoir. Cette dorure n'est pas très solide. (Voy. *Vernis*).

VI. **Dorure au vernis.** — On peut aussi appliquer l'or en feuilles sur les métaux en enduisant leur surface d'un vernis appelé dans le commerce *vernis mixtion*, qui happe et retient la feuille d'or sur tous les points où il a passé ; on termine en vernissant au vernis copal.

Dorure de l'écriture. — Beaucoup de personnes décorent elles-mêmes des livres de luxe et des éventails pour lesquels les enluminures et les ornements moyen âge sont généralement adoptés. Il y a trois manières d'écrire ou de dessiner avec de l'or sur papier ou sur vélin.

I. On mélange avec de l'encre un peu de miel vierge ou un peu de gomme. Cette encre s'emploie de la manière ordinaire ; puis, lorsqu'elle est sèche, on produit avec l'haleine un certain degré d'humidité et on applique les feuilles d'or préalablement coupées en petits morceaux de la grandeur voulue : avec une pression légère, l'or adhère suffisamment ; puis on frotte le tout avec un pinceau de blaireau pour enlever l'excédent.

II. On prend du blanc d'argent ou de céruse ou même de la craie qu'on broie avec de la colle employée par les doreurs. Les lettres ou les ornements doivent être faits au pinceau. Lorsque cette colle est presque sèche, les feuilles d'or sont appliquées, puis brunies.

III. On mélange de la poudre d'or avec de la colle ; on forme les lettres ou les dessins au moyen d'un pinceau.

DYNAMITE. — En 1847, Sobrero, élève de Pelouze, en faisant réagir sur la glycérine un mélange d'acide sulfurique et d'acide nitrique, obtint un liquide huileux, légèrement jaunâtre, inodore, d'une saveur douce d'abord, brûlante ensuite, plus dense que l'eau, et qui constitue un poison redoutable. C'est la *nitroglycérine*. Ce corps présente de singulières propriétés, qui attirèrent immédiatement l'attention des ingénieurs et des militaires et qui lui valurent une sinistre renommée. Une seule goutte, frappée sur une enclume, avec un marteau, détone aussi fortement qu'un coup de fusil. Chauffée brusquement à 217 degrés, elle fait explosion avec une violence inouïe, et si, d'un autre côté, on la met en contact avec un corps incandescent ou enflammé, *elle brûle tranquillement et sans fumée*, en donnant de l'azote, de l'acide carbonique et de la vapeur d'eau. Sous l'influence de son explosion, les roches les plus dures se fracturent et se disloquent, les pièces de fer forgé se déchirent et se brisent, la fonte et le bronze des canons se séparent en fragments. Tous les effets destructeurs de la poudre à canon apparaissent considérablement amplifiés. L'histoire du nouvel agent explosif ne serait pourtant point complète si nous nous arrêtions ici. Un jour, on apprend que, lorsqu'elle est mal préparée, elle peut se décomposer spontanément en semant au loin la ruine et la mort; le lendemain, c'est un choc imprudent qui détermine une explosion et cause d'horribles malheurs: une autre fois, toutes les précautions possibles avaient été prises pendant sa préparation, une cause quelconque, restée mystérieuse, intervient et l'accident se produit avec d'épouvantables conséquences.

Chose singulière, ce ne sont point les terribles accidents déterminés par la nitroglycérine qui, au début, empêchèrent de l'employer comme poudre brisante, mais au contraire la difficulté qu'on éprouvait à déterminer intentionnellement son explosion.

En 1864, l'ingénieur suédois Nobel trouva, pour la faire détoner, un procédé à la fois simple et sûr, consistant dans l'emploi du fulminate de mercure. Les vibrations violentes que ce fulminate, en explosant, communique à la masse du liquide, en déterminent la brusque décomposition. Néanmoins, les graves accidents qui, à plusieurs reprises, se produisirent pendant le transport de ce redoutable liquide, allaient le faire frapper, sinon d'oubli, du moins d'un ostracisme rigoureux, lorsque le hasard se chargea d'indiquer un mode d'emploi qui, tout en régularisant la détonation de la substance, lui enlevait une partie des dangers qu'entraîne sa manipulation. Des bouteilles en tôle, contenant de la nitroglycérine, avaient été emballées dans de la terre très poreuse; une fissure s'étant produite, la terre absorba tout le liquide extravasé et l'on put constater que l'action brisante de la nitroglycérine n'était point diminuée par son absorption dans une matière inerte. La *dynamite* était découverte.

La dynamite est donc un mélange de nitroglycérine et d'une matière inerte. La matière inerte a pour effet de gêner la propagation des chocs même d'une certaine intensité. Pour que l'explosion se produise ou se propage, il faut que la force vive développée par le choc soit telle, qu'après avoir produit le dérangement ou l'écrasement d'une partie des molécules du corps inerte, elle reste égale à la force nécessaire pour déterminer l'explosion de la nitroglycérine, et que de plus cette explosion soit

d'une intensité suffisante pour se transmettre aux molécules voisines. La dynamite est donc moins dangereuse à
manier que la nitroglycérine, mais à cette condition
pourtant que le mélange sera intime et qu'aucune exsudation, aucune séparation ne seront possibles. Il faut, de
plus, que la substance inerte soit douée d'un pouvoir absorbant considérable, sous un volume relativement peu
élevé, car la violence de l'explosion est toujours proportionnelle à la quantité de substance active que renferme
la dynamite.

De nombreux essais ont été tentés en France pour trouver une manière inerte réalisant ces conditions.

La *dynamite ordinaire* est un mélange de nitro-glycérine et de tripoli. Le tripoli est une silice terreuse, qui doit
son nom à la ville de Tripoli dans les environs de laquelle
on l'a d'abord exploitée. Ce tripoli contient une quantité
considérable de diatomées (fig. 25) ; on pensait autrefois
que ces diatomées étaient des éléments animaux, on
croit aujourd'hui que ce sont des algues.

L'absorbant le plus usité aujourd'hui est la *randanite*
ou silice terreuse de Randan (Puy-de-Dôme). C'est une
substance terreuse, légèrement jaunâtre, friable, traçant
en blanc comme la craie, se réduisant en poudre impalpable sous la pression des doigts et contenant 87 p. 100
de silice gélatineuse pure. On lui substitue parfois la silice
de Vierzon et la silice de Launois. A la poudrerie natio-
nale de Vonges (Côte-d'Or), on fabrique trois espèces de
dynamite : le n° 1, à 75 p. 100 de nitroglycérine ; le n° 2,
à 50 p. 100 ; le n° 3, à 30 p. 100. Le taux maximum de la
nitroglycérine est en général de 75 p. 100 ; à Vonges
pourtant, on confectionne une dynamite à 90 p. 100 sur
commande spéciale. Le mélange des deux substances se
fait sur une plaque de plomb à bords relevés, à l'aide
d'une spatule en bois ou en verre. Le n° 1 est destiné aux
effets de rupture sans bourrage, le n° 2 est affecté aux
roches dures, le n° 3 convient pour les roches tendres exigeant un bourrage.

Les cartouches sont de 100, 50, 25 grammes, distribuées
par boîte de 2500 grammes. La cartouche se compose d'une
feuille de papier parchemin. Ce papier est enroulé et
rabattu sans collage, de façon à permettre aux cartouches

HÉRAUD. — Secrets de la Science.   8

de s'ouvrir aisément et à la dynamite de se loger dans le trou de mine. On substitue avantageusement au papier parchemin une feuille de papier et une feuille d'étain soudées par un laminage énergique. La dynamite destinée au service de la guerre est enfermée dans une enveloppe

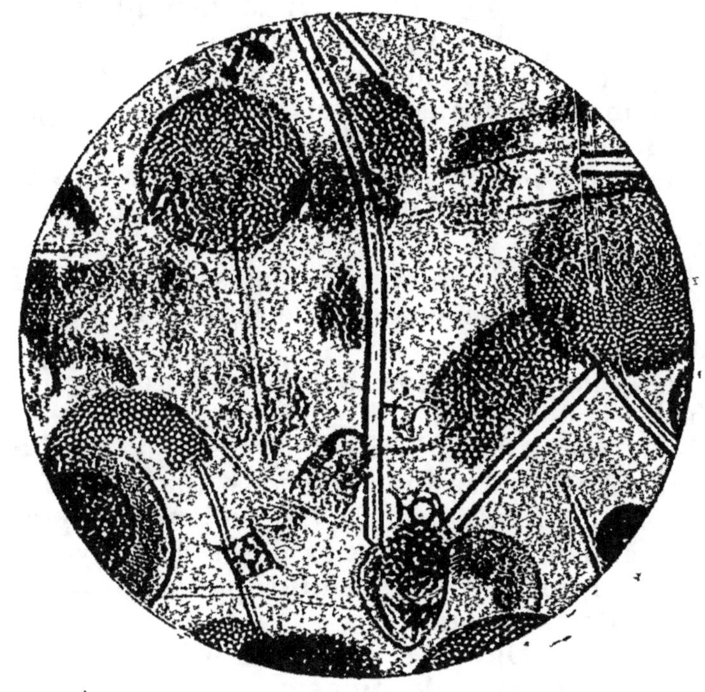

Fig. 25. — Diatomées de la dynamite.

métallique non soudée, avec logement pour l'amorce. Les amorces du commerce ne contiennent que $0^{gr},15$ de fulminate de mercure ; pour les applications militaires, on se sert d'amorces à $1^{gr},50$ de fulminate qui amènent l'explosion, même avec la dynamite gelée.

Cette amorce ou *détonateur* consiste en un petit tube de cuivre embouti, incomplètement plein de fulminate. Lorsque le fulminate est employé en quantité un peu forte, 1 gramme et au delà, on le maintient au fond de la capsule par un petit chapeau en laiton, percé au centre ; on renforce ainsi l'explosion. Une goutte de vernis déposée sur le fulminate le garantit de l'humidité. L'espace vide qui existe au-dessus sert à introduire la mèche ou l'amorce électrique destinée à enflammer le fulminate et par suite la dynamite.

Il y a aussi la *dynamite-gomme*, qui est un mélange de nitroglycérine et de collodion. Sa puissance d'explosion est supérieure à celle de la dynamite ordinaire dans les proportions de 19 à 14. 100 grammes de dynamite-gomme produisent 8,950 litres de gaz exprimé en eau gazeuse ; la force d'expansion est de 20,000 kilogrammes par centimètre carré.

A côté des dynamites, nous devons ranger les *poudres chloratées* constituant différents mélanges, tous très dangereux :

1° Le mélange de chlorate de potasse et de tannin ;

2° Le mélange de chlorate de potasse et de sucre en poudre ;

3° Le mélange de chlorate de potasse, de soufre et de charbon ;

4° Le mélange de chlorate de potasse, de soufre et de ferrocyanure de potassium, qui constitue la *poudre verte*.

Comment on fait détoner les mélanges explosifs. — On fait détoner les mélanges explosifs au moyen de mèches, au moyen de l'acide sulfurique ou au moyen de mouvements d'horlogerie.

1° *Mèches.* — On se sert de mèches ordinaires, d'amorces électriques, d'amadou des fumeurs, de mèches soufrées ou de mèches Bickford.

La mèche ordinaire employée pour la mise du feu est la *mèche de sûreté* ou *mèche à mine*. On en avive l'extrémité et on l'introduit dans le tube de cuivre ; on établit un contact intime entre la poudre et la mèche et le fulminate, et l'on fixe solidement les deux parties l'une à l'autre, en serrant les bords du tube avec une pince. La vitesse de combustion de cette mèche est d'environ 1 mètre en quatre-vingt-dix secondes.

L'amorce électrique consiste essentiellement en une petite hélice en fil de platine, excessivement fin, en contact avec un flacon de fulmicoton, le tout est placé dans l'intérieur du détonateur. Lorsque les deux extrémités de l'hélice se trouvent, au moyen de conducteurs, en communication avec les deux pôles d'une pile, le fil de platine s'échauffe, enflamme le fulmicoton et fait ainsi détoner la capsule. Le fil de platine est soudé à son extrémité à deux fils de cuivre maintenus dans une position invariable, par un noyau en bois; le fulmicoton est placé dans un petit tube de carton, enfin le tout, ainsi que le joint avec le détonateur, est recouvert d'un enduit imperméable à l'humidité. La pile employée est la pile *plongeante* au bichromate de potasse et à l'acide sulfurique.

C'est sous l'influence du choc violent provenant de l'inflammation de l'amorce, que la dynamite va faire explosion; elle détonerait aussi sous l'influence de la poudre noire qu'on enflammerait, mais à condition d'être placée dans des vases clos et résistants. En dehors de ces circonstances, elle ne révèle en rien ses terribles propriétés. C'est ainsi qu'on a pu jeter, dans un feu vif, 4 ou 5 kilogrammes de dynamite contenus dans une boîte de carton ouverte, sans amener sa détonation. Elle brûla

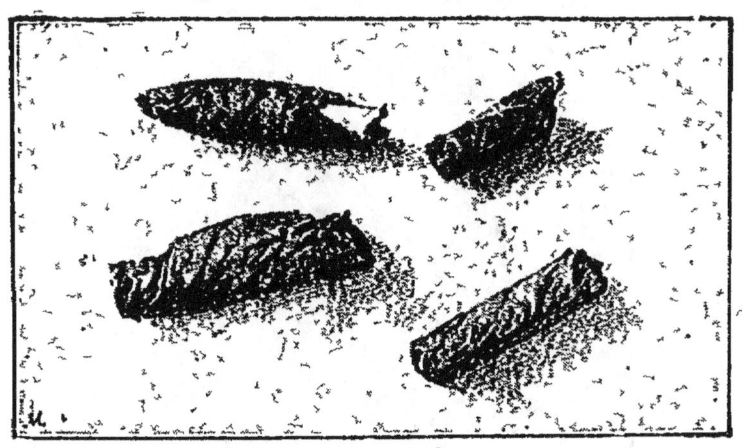

Fig. 26. — Cigares explosifs.

simplement, en laissant un résidu pulvérulent qui n'était autre chose que sa matière absorbante.

L'amadou des fumeurs et la mèche soufrée sont bien connus.

La mèche Bickford est faite avec de la mèche à canon ou

bien avec de la corde ordinaire, dans le milieu de laquelle on a mis du pulvérin. Entourée de gutta-percha ou goudronnée, cette mèche brûle sous l'eau. Un mètre brûle en 82 secondes. Le pulvérin est de la poudre réduite en poussière.

Au musée de New-Scotland Yard (1), à Londres, on voit plusieurs échantillons de cigares ne se distinguant en rien d'un cigare ordinaire. Ces cigares contiennent, placé vers la partie moyenne, un explosif enveloppé de papier bleu, et ils font explosion presque aussitôt qu'ils ont été allumés (fig. 26).

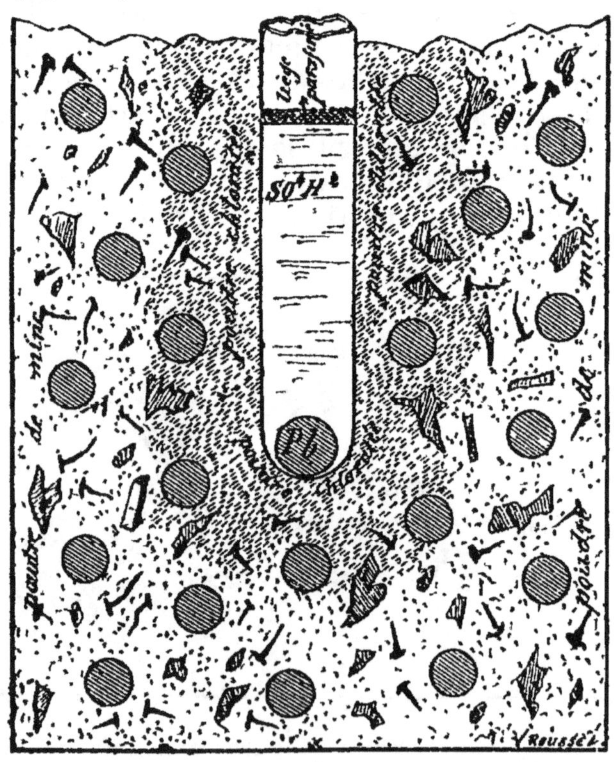

Fig. 27. — Bombe à poudre chloratée.

2° *Acide sulfurique, sodium.* — Les appareils employés dans ce cas et appelés *appareils à renversement*

(1) *Dynamite et dynamiteurs (Annales d'hyg.,* 1894, t. XXXI, p. 321).

HÉRAUD. — Secrets de la Science. 8.

sont plus perfectionnés, il y en a de plusieurs espèces. Les appareils sont à peu près semblables, mais les substances destinées à produire l'explosion sont différentes.

Les bombes à renversement peuvent être actionnées par l'acide sulfurique ; en voici le type :

Une éprouvette en verre, est remplie jusqu'à son tiers moyen d'acide sulfurique ; au fond de l'éprouvette est une balle de plomb ; l'éprouvette est bouchée par une simple rondelle de liège paraffinée et placée dans un récipient quelconque (boîte de conserves, etc.) rempli de poudre de mine, de balles, de clous, de débris de fer, etc. (fig. 27).

Une bombe qui contient cet appareil doit être lancée ; au moment du choc, le plomb contenu dans le tube brise l'éprouvette, l'acide sulfurique se répand sur la poudre chloratée et l'explosion se produit.

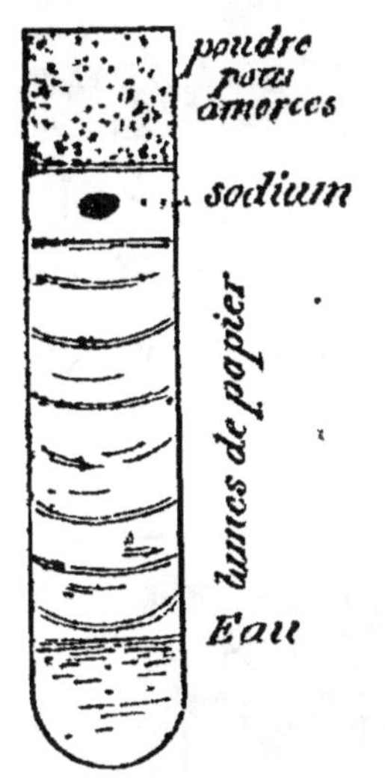

Fig. 28. — Bombe
à sodium.

Dans un autre procédé, on a utilisé l'action de l'eau sur le sodium (fig. 28). En examinant un appareil de ce genre, on voit qu'il est composé de haut en bas, de la façon suivante : La partie supérieure de l'éprouvette est occupée, par de la poudre à amorces, celle-ci est séparée du sodium par un diaphragme en papier ; le sodium lui-même repose sur un nouveau diaphragme de papier ; dans la partie inférieure de l'éprouvette se trouve une certaine quantité d'eau, séparée du sodium par un espace vide, dans lequel ont été placées une ou plusieurs lames de papier.

Lorsque l'on retourne l'engin, l'eau imbibe les diaphragmes de papier, les perce et, arrivée au contact du sodium, elle se décompose ; de l'hydrogène est mis en liberté, s'enflamme et détermine l'explosion.

L'explosion peut être plus ou moins retardée, suivant le nombre plus ou moins grand des diaphragmes de papier interposés entre l'eau et le sodium.

Fig. 29. — Tube en cuivre à fusée, contenant de la nitroglycérine et trouvé à Liverpool.

Fig. 30. — Bombe de Daly.

Le tube en cuivre à fusée, trouvé à Liverpool (fig. 29), contenait de la nitroglycérine : l'écoulement de l'acide sulfurique dans le tube était réglé par des feuilles de papier dont le nombre était proportionnel au temps que la machine devait mettre pour éclater.

La bombe de Daly (fig. 30), trouvée à Birkenhead le 11 avril 1884, contenait un petit flacon rempli d'acide sulfurique ; une boule en plomb occupait le fond du flacon.

En tombant, la bombe doit déterminer une secousse dont le résultat immédiat est de faire casser le flacon par le plomb violemment déplacé; l'acide sulfurique se répand et son contact met le feu à une substance très inflammable dont l'éclatement fait partir un détonateur et finalement la charge même de dynamite.

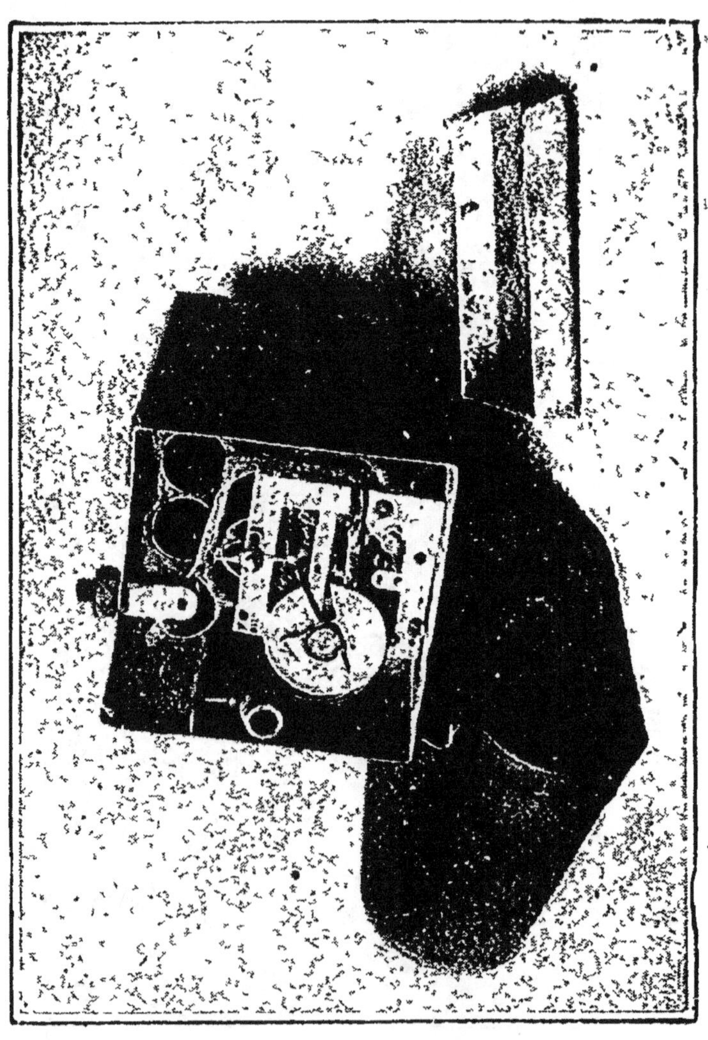

Fig. 32. — Machine infernale trouvée sur la *Bavaria*.

.Nous citerons enfin les bombes trouvées le 24 mars 1892, à Walsall, qui figurent au musée de New-Scotland Yard (fig. 31).

3° *Mouvement d'horlogerie.* — Enfin les engins explosifs peuvent contenir un appareil d'horlogerie, qui est destiné à limiter le temps dans lequel elles doivent faire explosion. Un marteau frappe le produit détonant, comme celui d'une pendule fait sonner l'heure (fig. 32, 33, 34), il soumet l'amorce à un choc violent qui résulte de la détente d'un ressort fortement bandé : l'amorce explose en déterminant l'inflammation de la cartouche.

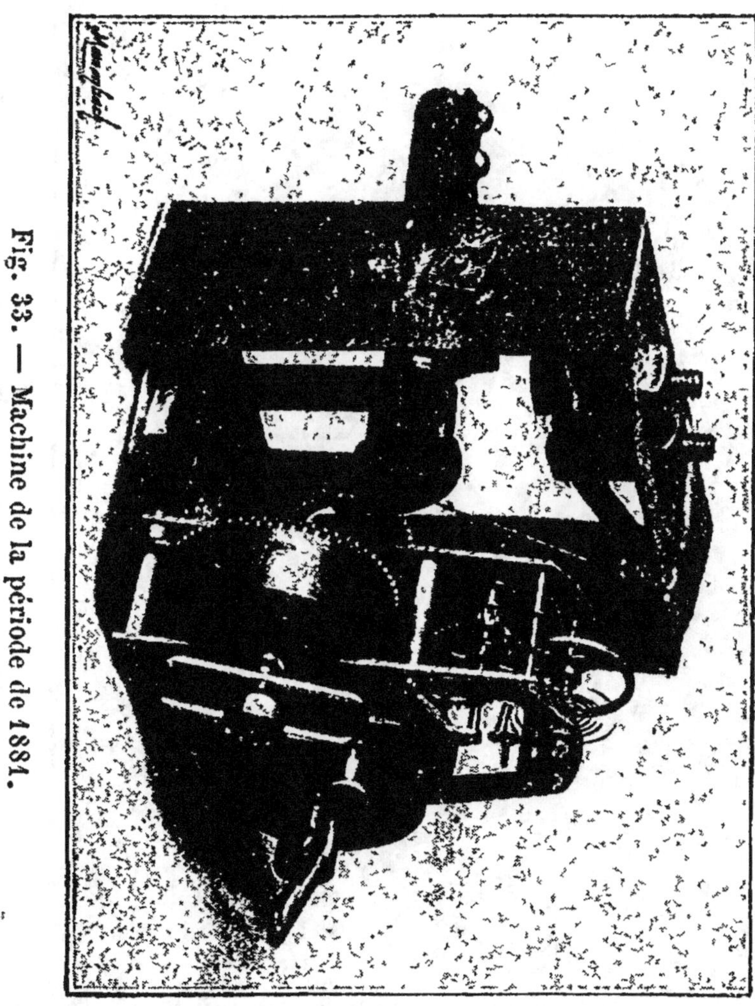

Fig. 33. — Machine de la période de 1881.

La machine trouvée à Liverpool sur la *Bavaria* était placée dans des barriques de ciment : elle avait pour gaîne

une boîte de plomb; elle contenait de la liguine dynamite ;
l'explosion était provoquée par un mécanisme ordinaire
d'horlogerie (fig. 32),

La machine infernale trouvée en 1881 (fig. 33) est essentiellement constituée par un mouvement d'horlogerie
destiné à faire tomber au moment précis un petit couteau

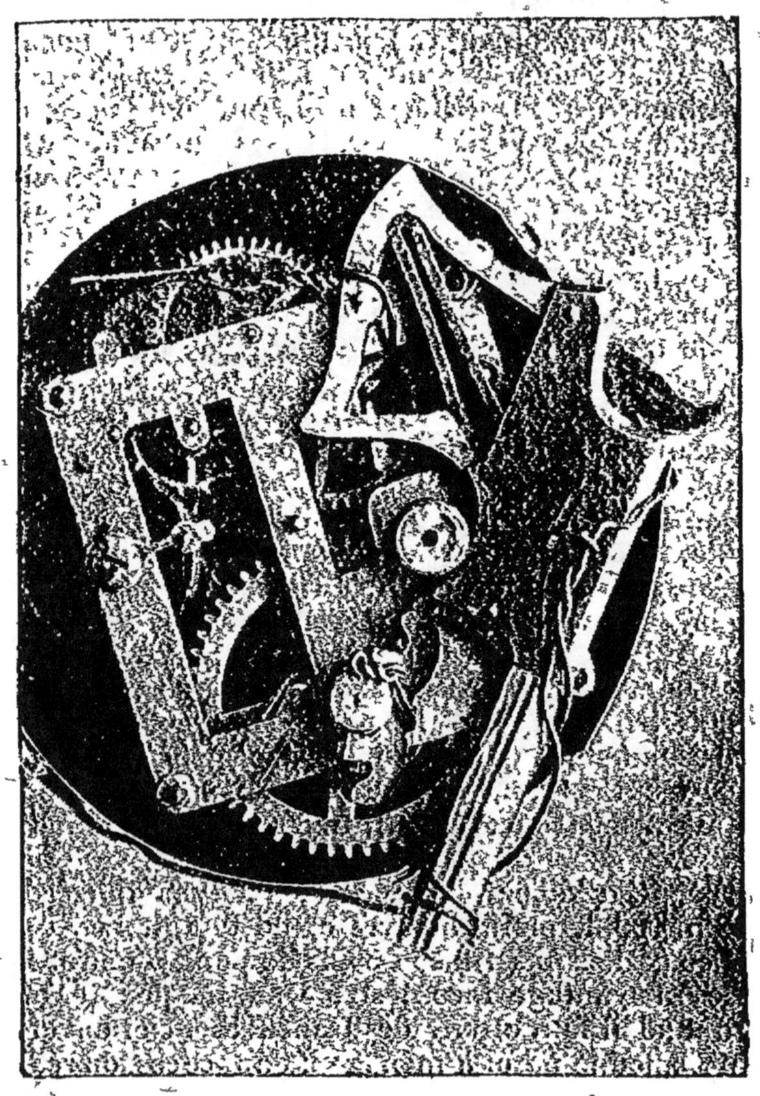

Fig. 34. — Machine à mouvement d'horlogerie trouvée à Paddington.

sur une ficelle tendue retenant un ressort, celui-ci, rendu
libre par la section du fil, va percuter une capsule

dont l'éclatement enflamme les matières explosives.

Dans la machine trouvée à Paddington (fig. 34), la détente venait frapper sur des cartouches remplies de fulminate.

Effets brisants de la dynamite. — Ils sont toujours supérieurs à ceux de la poudre noire, avons-nous dit en commençant. La supériorité se manifeste surtout quand les charges sont employées à l'air libre, ou quand le bourrage est faible ; elle est moins évidente quand les charges sont bourrées. Pour charger un trou de mine avec la dynamite, on y introduit les cartouches une à une et on les presse chacun avec un bourroir de bois, sans frapper pourtant, de façon à ouvrir le papier de la cartouche et à mouler la dynamite contre les parois du trou. On place par-dessus la charge une cartouche contenant l'amorce. Lorsqu'on opère à l'air libre, il est bon de recouvrir la charge de quelques pelletées de terre, ou d'une claie, d'une fascine, d'un bout de planche, etc. ; on augmente ainsi beaucoup les effets.

Les cartouches peuvent être employées soit isolément, soit en charge. Les charges seront *concentrées* ou *allongées*. Dans le premier cas, on réunit les cartouches dans une boîte, une caisse, etc., ou bien on les ficelle en paquet. L'ensemble est placé contre l'obstacle à démolir ou dans le logement qui a été disposé pour le recevoir. Il est indispensable de mettre simultanément le feu à chaque charge. Quand on opère par charge allongée, on fixe le long d'une tringle de bois le nombre de cartouches correspondant au poids par mètre courant qu'exige l'opération à exécuter, sans qu'il soit indispensable de les placer exactement bout à bout, une seule mise de feu est nécessaire.

Pour le pétardement des roches, la dynamite économise 30 p. 100 de main-d'œuvre et de temps. Les effets égalent ceux de 2 fois 1/2 son poids de poudre noire. Elle présente un avantage incontestable sur la poudre ordinaire, quand il faut ouvrir des tranchées à ciel ouvert et qu'on n'a aucune paroi à ménager ; dans ce cas, on réalise une économie de 40 p. 100, et l'on travaille deux fois plus vite. L'action de la dynamite est surtout remarquable quand il s'agit de roches dures, crevassées, aquifères, sur lesquelles la poudre noire serait impuissante: On l'utilise également pour exploiter les carrières, les minières ; pour rompre les minerais dans les forges. On s'en est même servi en agriculture pour le défoncement des terres.

Lorsque cette substance intervient dans des travaux sous-marins, tels que la démolition des roches, des épaves, des navires, ses effets sont encore plus énergiques et on peut le considérer comme représentant 3,6 fois ceux de la poudre ordinaire. Appliquée à l'art de la guerre, elle est surtout avantageuse lorsqu'il s'agit d'interrompre momentanément ou de démolir les voies ferrées et leurs accessoires, de détruire les poteaux télégraphiques, les ponts métalliques, les culées des ponts en bois, le matériel d'artillerie, les ouvrages de défense de la fortification en campagne.

Lorsque la dynamite est gelée, ce qui arrive à des températures inférieures à 8 degrés au-dessus de zéro, on doit la faire dégeler, si les amorces employées ne contiennent pas 1^{gr},50 de fulminate. Pour cela, on place les cartouches dans un vase métallique chauffé au bain-marie, à 30 ou 40 degrés. Par la gelée la dynamite se dilate, mais une simple cartouche de papier suffit pour empêcher cet accroissement de volume. Lors du dégel, la nitroglycérine ne rentre pas en entier dans ses logements et exsude ; elle reprend alors toutes ses propriétés explosibles sous l'action du choc et doit être considérée comme dangereuse.

Précautions à prendre quand on emploie la dynamite. — Toutes les fois qu'on la transporte, on doit la soustraire autant que possible aux chocs inévitables dans ces circonstances, et surtout aux ballottements. Il faut avoir soin de remplir tous les vides existant dans les boîtes ou caisses, avec des rognures de papier, de l'étoupe ou de la sciure de bois. Lorsqu'on dispose d'un certain approvisionnement de dynamite, on doit le vérifier de temps en temps et rechercher s'il ne s'est pas produit, à travers les enveloppes, une exsudation de nitroglycérine se manifestant par des gouttelettes ou de simples taches. Cette exsudation pourrait amener l'explosion de la dynamite sous l'influence d'un choc relativement faible. Il convient de séparer ces cartouches des autres, et de les faire exploser en prenant toutes les précautions que comporte le maniement d'un agent si dangereux. On procédera de même, lorsqu'on constatera avec le papier de tournesol, une réaction acide sur la surface des enveloppes, ou une odeur nitreuse. Cette altération, en s'accentuant davantage, pourrait déterminer, dans un temps plus ou moins long, l'explosion spontanée de la matière.

On traite les maux de tête occasionnés par la manipulation de la dynamite, en lavant à l'eau alcaline les parties du corps qui ont été en contact avec la nitroglycérine, et en administrant l'infusion de café noir.

E

ÉBÉNISTERIE FAITE AU MOULE. — M. Asnier est l'inventeur d'un ingénieux procédé d'ébénisterie par lequel on arrive à imiter la sculpture avec toutes ses figures en relief, sans l'emploi du ciseau et au moyen du simple placage. Voici comment on procède :

On a des moules ou matrices en métal de toutes les figures qu'on veut représenter. Chacun de ces moules est double : une de ces moitiés porte la forme en bosse, l'autre la porte en creux, et elles peuvent ainsi s'appliquer l'une sur l'autre.

On prend la feuille de bois à plaquer, ébène, acajou, chataignier, etc., on l'enduit de colle de farine sur l'envers, et on applique dessus une feuille de papier ; puis, quand le bois a absorbé en partie l'humidité de la colle, on place cette feuille à plaquer entre deux parties du moule, en ayant soin de leur donner une chaleur douce, et on soumet le tout à une forte presse.

Le bois imbibé de colle cède à la pression et prend peu à peu toutes les formes de la matrice. Quand il est sec, on le retire portant sur son endroit la figure du modèle : alors on remplit le côté creux d'un mastic ou d'une pâte quelconque, qui en se durcissant, donne la solidité. On polit, et il n'y a plus qu'à clouer ou coller la sculpture ainsi obtenue sur le meuble auquel on la destine.

La colle et le papier, en faisant corps avec le bois, le

rendent plus rigide, moins susceptible de s'affaisser ou de
se gercer et, par conséquent. plus propre à conserver la
forme qu'il a reçue. Comme on peut faire beaucoup de
figures semblables avec les mêmes matrices, on conçoit
que les meubles chargés des plus belles sculptures par ce
procédé puissent être donnés à un prix beaucoup moins
élevé. Le travail ne saurait valoir, en beauté réelle, celui
du ciseau, mais il peut en avoir toutes les apparences à première vue.

ECAILLE. — Travail de l'écaille de tortue. — L'écaille
est l'armure d'une espèce de tortue de mer qu'on
appelle *caret* (*Testudo imbricata*, Schweig.). Cette substance est aussi fournie par la tortue franche et la tortue
caouane, mais celle du caret jouit d'une grande supériorité. La dépouille de cette tortue se compose : 1º de la
carapace ou partie dorsale ; 2º du *plastron* ou partie du
dessous ; 3º des *ergots* ou *onglons*. Ce que l'on appelle plus
particulièrement *écaille* est le produit des treize plaques
dont se compose la carapace. On les en détache en
mettant du feu par dessous, elles se soulèvent d'elles-
mêmes.

L'écaille est tantôt blonde, tantôt brune, tantôt noire ;
le plus souvent ces trois couleurs se trouvent réunies sur
le même morceau, qui se trouve ainsi nuancé d'une
manière fort agréable. Les feuilles qui composent l'armure étant toujours plus ou moins courbées, il faut détruire cette courbure pour rendre l'écaille propre aux usages de la tabletterie.

Pour cela, on commence par la ramollir, en la plongeant, pendant cinq ou six minutes, dans l'eau bouillante. Lorsqu'elle est assez amollie pour qu'on n'ait pas à
craindre qu'elle se casse par suite de la pression, on la
place sur une table, on la recouvre d'un bout de planche
d'un bois dur, qu'on a préalablement trempé, pendant
une minute, dans l'eau chaude, et l'on charge avec des
corps pesants, ou bien encore on met à la presse. On la
laisse refroidir et sécher dans cet état, pour qu'elle conserve la forme plane qu'on vient de lui donner. On peut
ensuite la travailler comme l'ivoire, mais quand on la
presse d'une manière quelconque, au cours du travail, il
faut éviter le contact du fer ; ainsi, par exemple, on inter-

posera toujours une planchette entre l'écaille et chaque mâchoire de l'étau.

Quand on veut souder l'écaille, on forme à chacune des extrémités que l'on veut réunir un double biseau, à l'aide d'une lime. On plonge alors l'objet dans de l'eau bouillante bien propre et on y laisse jusqu'à ce que les parties prenantes soient bien amollies. On le retire alors, on réunit les deux biseaux l'un au-dessus, l'autre au-dessous, en les pressant entre les doigts, puis on refroidit la soudure dans l'eau froide. Alors, à l'aide d'une pince à souder, dont la forme est à peu près la même que celle d'un fer à papillote et qu'on fait chauffer assez pour qu'il communique au papier une teinte jaune, on pince les biseaux, en ayant soin d'interposer, entre l'écaille et le fer, soit un linge de toile à demi usé, soit deux petites planchettes en bois de hêtre. Généralement la soudure est complète après cette première opération ; si elle est imparfaite, on fait chauffer le fer de nouveau et on serre jusqu'à ce que la réunion ne laisse rien à désirer. (Voy. *Corne imitant l'écaille*, p. 116).

Fleurs en écailles de poissons. — Une des conséquences inattendues de la guerre hispano-américaine a été l'apparition à New-York d'une industrie : celle des fleurs artificielles en écailles de poissons. Cette industrie ne date pas d'hier, car depuis des siècles elle existe sur les côtes du Brésil, dont les habitants fabriquent de cette façon quantité d'ornements. Il faut dire que les écailles des poissons qu'on trouve sur cette côte sont remarquables par leur éclat et par la richesse de leurs couleurs rouge, bleue, vert pomme, émeraude, orange, lilas, etc. Tout l'art consiste donc à assembler les écailles séchées, à les coller ensemble ou sur des tiges en fil de fer, avec de la colle de poisson. Cette industrie pénétra il y a quelques années aux Antilles, puis, pendant la guerre de Cuba, passa sur le continent, en Floride, et de là à New-York.

Peu coûteux et peu encombré est l'atelier ; les outils sont des ciseaux, aiguilles, fil, toile en fil de fer et pot de colle. Comme les écailles sont livrées tout à fait plates, l'ouvrière les rend convexes ou concaves, au moyen d'une petite pince, suivant qu'elle veut faire des pétales ou des sépales, des étamines ou des feuilles.

La fleur, quand elle est finie, est très belle. On y retrouve la forme et la couleur de la fleur naturelle, mais la transparence des tissus, la netteté des lignes et des contours sont telles que la fleur artificielle paraît plus. brillante, plus lumineuse que la fleur naturelle et donne l'impression d'un véritable bijou.

ÉCLAIRAGE. — **Éclairage par le gaz liquide.** — On emploie sous le nom de *gaz liquide* ou de *liquide gazogène* le composé suivant :

Alcool à 90°.. 1 volume.
Essence de térébenthine............................... 1 —

On mélange ces deux liquides en les agitant avec force, on laisse ensuite reposer. Par le repos, la liqueur se sépare en deux couches, on décante la couche supérieure. C'est ce liquide qu'on introduit dans la lampe. La mèche est à peine norcie par la combustion.

LIQUIDE ÉTHÉRÉ POUR L'ÉCLAIRAGE

Alcool rectifié........	8000 grammes	Essence de lavande..	15 grammes.
Essence de térébenthine rectifiée.....	3000 —	Éther sulfurique.....	1000 —

Ce liquide brûle à l'air libre, sans verre.

ÉLECTRICITÉ (1). — **Bijoux électriques.** — La lumière électrique a reçu une utilisation singulière ; elle a été, en quelque sorte, concentrée sous le plus petit volume, possible et appliquée à la parure des danseuses, sous formes d'épingles à cheveux, de médaillons, de bijoux en pierreries artificielles. C'est G. Trouvé qui a réalisé cette curiosité scientifique, en améliorant la source de l'électricité elle-même. Car le problème électrique réside tout entier dans la pile : le jour où l'on aura imaginé la source intarissable, puissante et économique de l'électricité, les applications seront infinies.

(1) On trouvera des renseignements complets sur l'électricité dans : Busquet, *Traité d'Électricité industrielle*, 1900. — Barni et Montpellier, *le Monteur électricien*, 1900. — Montpellier, *l'Électricité à la Maison*, 1902.

La théorie de cette invention est fort simple : elle est basée sur l'incandescence dans le vide.

La pile de G. Trouvé se compose de trois couples, charbon et zinc, plongeant dans une solution sursaturée au bichromate de potasse Cette pile est contenue dans une auge en ébonite à trois compartiments, qui est remplie aux deux tiers de la solution (fig. 35). Les éléments sont fixés sur le couvercle, également en ébonite, qui constitue,

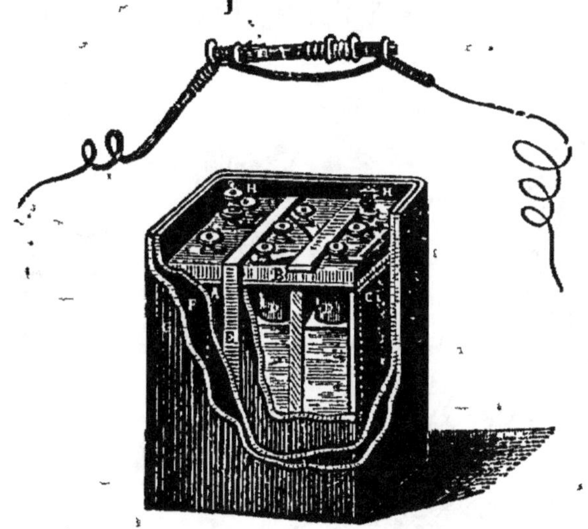

Fig. 35. — Pile et commutateur.

avec une feuille de caoutchouc, une fermeture parfaitement étanche. De plus, tout cet appareil est renfermé dans une enveloppe double en caoutchouc durci, disposée de telle façon qu'une enveloppe rentre dans l'autre, à la manière d'un porte-cigares.

Deux boutons reçoivent les fils qui sont dissimulés dans le vêtement et vont rejoindre les fleurs placées dans les cheveux ou sur le corsage. Le corps de la lampe qui fournit la lumière est formé d'un globule de verre garni de divers prismes colorés ; le vide a été fait soigneusement à l'intérieur, afin d'éviter toute combustion. L'incandescence se produit sur un petit fer à cheval formé d'un fil de charbon qui a été moulé par un procédé spécial (fig. 35 et 36).

Un petit commutateur placé sur le trajet des fils permet d'illuminer à volonté chaque guirlande de fleurs (fig. 36).

Ce commutateur se compose d'un bâtonnet en métal terminé par deux arrêts : ce bâtonnet est coupé en deux parties inégales par une section en ivoire ; un petit manchon en forme de ressort à boudin circule sur ce bâtonnet de telle manière que, poussé à une des extrémités, il laisse découverte la rondelle d'ivoire qui interrompt le courant ; au contraire, ramené à l'autre bout, il recouvre la même

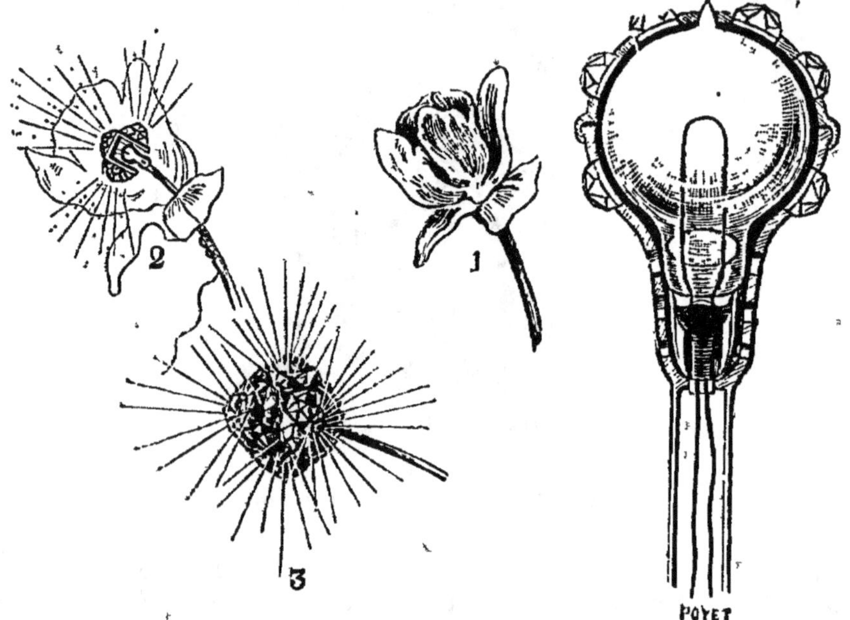

Fig. 36. — Fleurs lumineuses : 1, la fleur complète ; 2, coupe ; 3, l'épingle lumineuse.

Fig. 37. — Coupe verticale de l'épingle à cheveux (grandeur d'exécution).

rondelle et établit la communication entre les deux sections du bâtonnet. Ce commutateur, long de quelques centimètres, n'est pas plus gros qu'un doigt de fourchette.

La durée de l'éclairage varie avec la grandeur de la pile : le petit modèle (fig. 37) peut fonctionner vingt à vingt-cinq minutes consécutives ; un autre modèle, plus volumineux, peut donner de la lumière pendant une heure environ. La pile est placée dans un petit sac qui est dissimulé dans les jupons des danseuses ; mais on peut aussi bien la porter dans la poche d'un paletot ou même d'un gilet.

G. Trouvé a réalisé son invention sous les formes les plus diverses : épingles à cheveux (fig. 37), épingles de cravates, diadèmes, breloques, même pommes de canne !

Vous rentrez chez vous le soir sans lumière : heureusement vous avez votre canne. Il suffit de pousser un bouton et vous dissipez les ténèbres.

Voilà donc l'électricité domestiquée, domptée et réduite à l'état de jouet familier.

EMAIL.

EMAIL POUR LA POTERIE.

Litharge..	5 parties.
Argile pure.....................................	2 —
Soufre..	1 —

Pulvériser ces substances, les mettre avec une quantité suffisante de lessive d'alcali caustique (la liqueur des fabricants de savon) ; en former une bouillie assez épaisse et faire le mélange assez soigneusement pour qu'on n'aperçoive aucune partie de litharge. L'appliquer comme une couverte sur la poterie.

EMERI. — Débouchage des flacons bouchés à l'émeri. — Il n'est personne qui ne se soit trouvé dans l'impossibilité de déboucher un flacon, dont le bouchon, rodé à l'émeri, paraissait fixé d'une manière inébranlable. Les difficultés que l'on éprouve, dans ce cas, peuvent dépendre de plusieurs causes.

I. Il peut se faire, par exemple, qu'elles proviennent d'un abaissement de température qui contracte le goulot, en diminue le diamètre et l'applique étroitement contre le bouchon.

Dans ce cas, il suffit de passer un ruban de laine autour du goulot et de tirer, à deux, en frictionnant ce goulot, qui s'échauffe, se dilate et laisse sortir le bouchon.

II. On peut également dilater le goulot, en le chauffant à la flamme d'une lampe à alcool, ou bien saisir un charbon incandescent, avec une pince et le promener, autour du col, pendant qu'on imprime au flacon un mouvement de rotation et qu'on souffle sur le charbon pour en entretenir la combustion. Toutes les fois qu'on emploie la chaleur, il faut le faire avec précaution, avec ménagement, ne pas dépasser la limite d'élasticité du verre, sinon on s'expose à briser le goulot.

III. Il arrive aussi, lorsque le flacon renferme des principes salins, sucrés, résineux, que la soudure des deux parties est due à la cristallisation des matières salines ou sucrées, au dessèchement des substances gommeuses, résineuses ou grasses, qui se comportent à la façon d'un véritable ciment.

Dans ce cas, il convient de dissoudre le plus possible la substance qui a produit la soudure, en immergeant le flacon, pendant un certain temps, dans l'eau, l'alcool, etc., suivant la nature de la liqueur qu'il contient. Lorsque l'on juge que ce travail de dissolution est accompli, on redresse le flacon, on essaye de le déboucher, en tordant et en soulevant, tout à la fois, le bouchon ; en frappant le bouchon, de bas en haut, au moyen d'un morceau de bois ou d'une clé.

IV. Si l'on ne réussit pas, on a recours à la chaleur, après avoir bien essuyé le vase.

V. Si cet essai était infructueux, on userait de nouveau de l'immersion dans un liquide approprié, puis on saisirait le bouchon dans une clé en bois et on tournerait doucement l'instrument. Dans tous les cas, l'effort que l'on exécute pour enlever le bouchon doit toujours être proportionné à la résistance du verre.

EMPREINTES DE PIERRES GRAVÉES, DE CACHETS. — Pour que les empreintes soient belles et nettes, deux précautions sont essentielles.

1° Faire fondre à une très douce chaleur de la cire à cacheter de première qualité. Cette fusion s'opère très bien dans une cuillère de fer ou d'argent, qu'on nettoie ensuite avec de l'esprit-de-vin, de la benzine ou de l'essence.

2° La cire fondue doit être versée sur une carte ou sur un morceau de papier. On y applique ensuite le cachet ou la pierre gravée. Mais avant tout le cachet de la pierre doit être parfaitement séché, puis enduit d'une légère couche d'huile et bien essuyé avec une peau de gant et enfin saupoudré de vermillon en poudre impalpable. On souffle légèrement pour enlever l'excès de vermillon. Le vermillon reste adhérent d'abord à la surface du cachet, puis à la cire fondue et produit ainsi un effet mat; la cire excédente forme un encadrement brillant.

Ce procédé s'applique à la cire rouge. Pour les autres nuances, on remplacerait le vermillon par une couleur aussi semblable que possible à la couleur de la cire.

Empreinte en relief. — Si l'on veut obtenir une empreinte à relief mat sur un fond brillant, il suffit d'essuyer fortement sur un tampon de peau le cachet préparé comme on vient de l'indiquer. Le vermillon ne reste que dans les creux du cachet, par conséquent il adhère seulement aux reliefs de l'empreinte.

Empreinte bronzée, dorée, argentée. — On saupoudre le cachet de bronze, d'or ou d'argent et on l'essuie sur le tampon avec soin, avant de l'appliquer sur la cire.

ENCRE. — **Encre à écrire.** — C'est un mélange de tannate et de gallate ferriques, tenus en suspension dans l'eau à l'aide d'une substance épaississante. Nous signalerons les formules qui ont été reconnues les meilleures et nous indiquerons les substances qui sont réellement utiles dans la composition de ces liquides pour permettre aux intéressés de faire les choix les plus convenables.

Liquides. — De tous les liquides usités pour la confection de l'encre à écrire, l'eau est sans contredit le meilleur; on peut employer l'eau d'une provenance quelconque (puits, rivière), mais l'eau de pluie paraît préférable. Les proportions les plus convenables sont de 4 à 12 parties d'eau pour 1 partie de noix de galle. On emploie pourtant aussi de 4 à 16 parties d'eau.

On substitue quelquefois la bière à l'eau, mais la bière a l'inconvénient de donner des encres trop épaisses, se séchant lentement, moisissant aisément et d'une teinte peu foncée, car le tannin est moins soluble dans la bière que dans l'eau.

Le vinaigre bien limpide a l'avantage de s'opposer à la moisissure, mais il donne des encres peu colorées et jaunissant vite.

Le vin blanc ne présente aucune utilité; l'eau-de-vie est dans le même cas, elle permet pourtant l'introduction d'une certaine quantité de principes résineux, elle arrête la coagulation du liquide, mais elle a aussi l'inconvénient d'affaiblir l'encre, en précipitant des matières colorantes.

Corps contenant de l'acide gallique. — Le plus avantageux de ces corps est la noix de galle en poudre grossière. La racine du nénuphar (*Nymphæa alba* L.) fournit une encre très noire ; l'encre est d'un noir verdâtre avec la racine de tormentille ; noir bleuâtre, avec les fruits de l'aune, l'écorce de chêne, la sciure de bois d'ébène ; noir brunâtre, avec l'écorce de grenade ; noir verdâtre, avec le sumac et les écorces d'orange.

Les substances tannantes autres que la noix de galle donnent toujours des encres de qualité inférieure, qui n'ont d'autre mérite que d'être d'un prix moins élevé.

Sels de fer. — On emploie ordinairement le sulfate de protoxyde de fer (*vitriol vert, couperose verte*). Comme ce sulfate n'est point au maximum d'oxydation, l'encre ne devient d'un beau noir qu'en absorbant l'oxygène au contact de l'air. On obtient le même résultat, soit en calcinant le sulfate jusqu'à ce qu'il prenne une couleur jaune de rouille, soit en se servant du nitrate de fer, soit enfin en employant une décoction de noix de galle qui est restée exposée à l'air. L'acide sulfurique du sulfate n'est point nécessaire, il n'agit que comme dissolvant du fer ; il est mis en liberté au moment où l'encre se forme ; il y a par conséquent avantage à diminuer la quantité de cet acide libre, par l'addition d'une certaine dose de potasse. Cette pratique aura, de plus, l'effet de saturer l'acide acétique que l'on rencontre dans les encres vieillies.

Bois d'Inde ou de Campêche. — Il intervient dans un grand nombre de recettes, à cause de l'union que sa matière colorante contracte avec l'oxyde de fer ; il rend la couleur plus foncée et moins altérable.

Sulfate de cuivre (*couperose bleue, vitriol de Chypre*). — Il rend l'encre plus foncée et plus consistante. Il est surtout avantageux, quand ce liquide contient du bois de Campêche. Il faut pourtant éviter d'en ajouter plus de 1 partie pour 8 parties de noix de galle, sinon la couleur passe au gris sale. Le *vert-de-gris* paraît avoir une action analogue à celle du sulfate de cuivre, mais, avec le temps, il fait passer l'encre au jaune. L'*alun* est peu utile, il donne une teinte rougeâtre et facilite le développement de la moisissure. Le *sel de cuisine*, que l'on a proposé pour empêcher la moisissure, paraît peu efficace. Le *carbonate de manganèse*, en petite quantité, permet d'obtenir une encre d'un noir tirant sur le violet. Le *sulfate d'indigo* et la *garance* donnent à l'encre une belle couleur noire.

MATIÈRES ÉPAISSISSANTES. — Ce sont la gomme arabique ou la gomme de pays, la bière épaisse, le sucre. La *gomme* produit plusieurs effets : elle augmente la viscosité de la liqueur, maintient les matières colorantes en suspension, empêche le papier de boire ; enfin, quand l'écriture est sèche, la gomme forme une espèce de vernis qui garantit les caractères de l'action de l'air. Il importe de ne pas l'employer en excès, sinon l'encre devient épaisse et sèche difficilement. Le *sucre* rend l'encre plus collante, retarde la dessiccation. La *cassonade* et la *mélasse* peuvent remplacer le sucre.

On empêche l'encre de moisir par l'adjonction de quelques *clous de girofle*. Le *sublimé corrosif*, l'*acétate de cuivre*, le *deutoxyde de mercure*, détruisent bien la moisissure, mais ils sont vénéneux. L'*acétate de nickel* donne de bons résultats ; il en est de même du *camphre* et des *essences*, qui ont l'inconvénient de se volatiliser avec le temps. On a également indiqué la *nitro-benzine*, la *créosote*, le *phénol* pour empêcher la production de la moisissure.

D'une manière générale, on peut dire que jamais le sulfate de fer ne doit l'emporter en quantité sur la noix de galle ; 1 partie de sulfate de fer pour 3 parties de noix de galle au maximum, 1 partie et demie au minimum, constituent les meilleures proportions.

A. *Encres par décoction.*

I. — ENCRE DE CHAPTAL

Noix de galle pulvérisée........................	2 parties.
Bois de Campêche............................	1 —
Eau......................................	25 —

On fait bouillir le tout, pendant deux heures, en remplaçant l'eau au fur et à mesure qu'elle s'évapore. D'autre part, on sature de l'eau tiède avec la gomme arabique concassée, puis on prépare une dissolution de sulfate de fer légèrement calciné, marquant 14° à 15° Baumé. Cela fait, on mélange 6 parties en volume de la décoction de noix de galle et de campêche à 4 parties d'eau gommée et l'on y verse ensuite 3 à 4 parties de la solution de sulfate de fer, en ayant soin d'agiter la liqueur, qui devient aussitôt d'un noir bleu.

II. — ENCRE DE RIBEAUCOURT.

Galle d'Alep en poudre grossière	250 gr.	Sulfate de fer	120 gr.
Bois de Campêche en menus morceaux	120	— de cuivre	30
		Sucre cristallisé	30
		Eau	5 à 6 l.

On fait bouillir la galle d'Alep et le bois de Campêche ensemble dans l'eau, pendant une heure, jusqu'à ce que la moitié du liquide soit évaporée ; on passe alors dans un tamis de crin et l'on ajoute les autres substances. On agite le liquide, jusqu'à ce que tout soit dissous, puis on laisse reposer, pendant vingt-quatre heures. On décante alors l'encre, que l'on conserve dans des bouteilles de verre ou de grès bien bouchées. Ce procédé peut être considéré comme étant un des meilleurs ; il convient pourtant de bannir de la formule le sulfate de cuivre, aujourd'hui que l'emploi des plumes métalliques est devenu général, car ce sel les attaque fortement.

III. — ENCRE DE PAYEN.

Noix de galle concassée	150 gr.	Gomme du Sénégal	200 gr.
Sulfate de fer	100	Eau de rivière	2 l.

On fait bouillir la noix de galle, pendant trois heures, dans un vase de cuivre, avec un litre et demi d'eau, en remplaçant, par de l'eau bouillante, celle qui se réduit en vapeur. On soutire alors la liqueur, on la laisse déposer, on tire au clair et on laisse égoutter le marc sur un filtre. D'un autre côté, on fait dissoudre la gomme dans un peu d'eau tiède et l'on verse ce mucilage dans la décoction de noix de galle ; on ajoute alors à ce liquide le sulfate de fer dissous dans le reste de l'eau. La liqueur prend aussitôt une teinte brune ; pour lui donner la teinte noire voulue, il suffit de la laisser exposée à l'air, pendant quelques jours, dans un vase à large surface, et de l'agiter, de temps en temps, avec une baguette de bois. Dès que l'encre a acquis la couleur convenable, on la soutire et on la met en bouteille. Avec ces proportions, on a ce que l'on appelle l'*encre double* ; en mettant une quantité d'eau double, on a l'*encre simple*. On peut ajouter un peu de carbonate de manganèse, si l'on désire avoir une belle couleur noire, avec une nuance violette. L'encre de Payen est excellente.

IV. — ENCRE DE PERRY.

Galles concassées	360 grammes.
Sulfate de fer	160 —
Campêche	40 —

On fait bouillir avec de l'eau en quantité suffisante ; quand cette teinture est préparée, on sépare la noix de galle et le campêche et l'on ajoute au liquide :

Sucre	160 grammes.
Gomme arabique	160 —

On évapore en consistance d'extrait, et l'on incorpore au liquide épais :

Indigo en poudre	10 gr.	Essence de lavande	3,60 gr.
Sel ammoniac	6	Acide acétique	10
Essence de citron	1,20	Cyanure de potassium	5

On ajoute alors de l'eau, de façon à avoir 9 litres de liquide.

B. *Encres par infusion.*

I. — ENCRE DE CHEVALLIER.

Noix de galle concassée	160 gr.	Sulfate de fer calciné	40 gr.
Mucilage de gomme arabique	40 gr.	Eau	11,55

On fait infuser la noix de galle, pendant douze heures, dans 125 centilitres d'eau bouillante. Au bout de ce temps, on coule, on laisse infuser le marc, pendant vingt-quatre

heures, dans 30 centilitres d'eau bouillante, on passe avec
expression, on réunit les deux liqueurs et, lorsqu'elles
sont claires, on ajoute le sulfate de fer et le mucilage, on
agite la liqueur et, au bout de vingt-quatre heures, on la
met en bouteille.

II. — ENCRE DE JULIA DE FONTENELLE.

Noix de galle vertes bien concassées..............	200 gr.	Noir de fumée.............	70 gr.
Bois de Brésil en copeaux ..	80	Sucre en poudre ou mélasse.	20
Sulfate de fer calciné......	100	Bichlorure de mercure dissous dans l'alcool.......	0,80
Gomme arabique en poudre.	90	Eau de rivière.............	3 l.

On fait infuser la noix de galle et le bois de Brésil dans
l'eau, pendant vingt-quatre heures, et l'on fait bouillir
ensuite, pendant une heure ; on coule à travers un linge
avec expression, et on laisse reposer la liqueur ; quand
elle est claire, on la décante et l'on en prend 10 centilitres qui servent à dissoudre la gomme. D'autre part, on
broie le noir de fumée bien fin avec ce mucilage et on
délaye le mucilage dans le reste de l'infusion, dont on
s'est préalablement servi pour dissoudre le sulfate de fer,
le sucre et le bichlorure.

Cette encre revient à environ 53 centimes le litre ; on
atténue sa couleur, en y ajoutant des quantités d'eau
variables. C'est dans ces divers états d'atténuation, qu'elle
constitue les encres dites de *grande et de petite vertu,
double ou simple.*

III. — ENCRE DE J. STARK

Noix de galle	75 gr.	Gomme arabique......	25 à 36 gr.
Sulfate de fer.............	50	Clous de girofle	N° 2
— d'indigo.............	50	Eau bouillante.........	1 l. environ.

On jette l'eau bouillante sur les galles concassées, on
passe la liqueur au bout de vingt-quatre heures, on ajoute
les sulfates, la gomme et les clous de girofle. Cette encre
coule librement de la plume, ne l'obstrue pas, ne moisit
jamais, prend une couleur noire intense au contact du
papier et ne change pas de couleur, quelque temps qu'on
la conserve. Elle convient surtout pour les plumes d'oie.

C. *Encre sans fer.*

ENCRE POUR LES PLUMES EN ACIER (Runge.)

Bois de Campêche...........................	500 grammes.
Chromate jaune de potasse.................	50 —
Eau..	5 litres environ.

On prépare une décoction de Campêche, en faisant bouillir le bois avec une quantité d'eau suffisante pour 5 litres de décoction. A celle-ci on ajoute, après le refroidissement, le sel de chrome et l'on agite vivement. L'encre peut être immédiatement employée ; toute addition de gomme est nuisible, la couleur est d'un bleu indigo foncé. Comme la plupart des plumes d'acier neuves sont enduites d'une matière grasse qui empêche cette encre de happer, il faut les en débarrasser, en les mouillant avec un peu de salive et en les lavant à grande eau. L'encre de Runge s'épaissit parfois beaucoup, quelque temps après sa préparation ; on remédie à cet inconvénient, en y ajoutant quelques gouttes de dissolution de sublimé corrosif ; l'encre, par cette addition, conserve sa fluidité et sa couleur passe au noir pur.

Encre de voyage. — On imprègne des bandes de papier sans colle avec du noir d'aniline dont nous indiquons (p. 161) la préparation et on les laisse sécher. En humectant quelques centimètres carrés de ce papier, avec quelques gouttes d'eau, on obtient une encre d'un noir intense, avec laquelle on écrit aisément.

Encre de Chine. — Les bons bâtons d'encre de Chine ont une couleur brunâtre, quand on les frotte. Une teinte noire grise ou bleue indique une encre de qualité inférieure. La teinte brune persiste dans les bâtons, pendant bien des années, après la fabrication ; elle est encore très apparente dans les échantillons très anciens, lorsqu'ils proviennent de la Chine. Si l'on frappe un bâton de bonne qualité sur un corps dur, le son est vif ; s'il est sourd, c'est un indice qu'il n'est pas homogène et qu'il est de deuxième qualité. L'encre la plus lourde est la meilleure.

D'après Rouget de Lisle, la bonne encre de Chine délayée, dans un godet, avec un peu d'eau, donne une solution claire, unie, brillante, dont la surface se couvre, par la dessiccation, d'un pellicule d'aspect métallique ; une encre inférieure donne une solution trouble, graveleuse et terne. L'encre de qualité supérieure glisse et marque aisément sur le papier, sans laisser de traces apparentes de matière solide. Le trait fourni par une encre de bonne qualité, quand il est sec, supporte le lavis, sans aucune espèce d'altération ; dans le cas contraire, il se délaye, s'élargit et devient inégal.

Encres indélébiles.

I. — ENCRE INDÉLÉBILE DE L'ACADÉMIE DES SCIENCES

1º *Pour les plumes d'oie.* — On délaye l'encre de Chine dans de l'eau acidulée par l'acide chlorhydrique du commerce et marquant 1 degré et demi à l'aréomètre de Baumé.

2º *Pour les plumes métalliques.* — On délaye de l'encre de Chine dans de l'eau rendue alcaline par la soude caustique et marquant 1º à l'aréomètre de Baumé.

L'encre de Chine acide peut pourtant être détruite à l'aide de certains agents chimiques.

II. — ENCRE INALTÉRABLE AU NOIR D'ANILINE

On la prépare en broyant 4 grammes de noir d'aniline, avec un mélange de 60 gouttes d'acide chlorhydrique concentré et 24 grammes d'alcool. On obtient une liqueur bleue intense que l'on étend avec 100 grammes d'eau, dans laquelle on a fait dissoudre 5 grammes de gomme arabique. Cette encre n'attaque pas les plumes métalliques et résiste à l'action des acides minéraux concentrés et des lessives les plus fortes.

III. — ENCRE INDÉLÉBILE INSTANTANÉE (Payen).

On frotte un bâton de bonne encre de Chine sur le fond d'un godet contenant de l'eau, et on mêle ensuite ce liquide avec un volume égal d'encre ordinaire. On obtient ainsi un produit assez coulant, inattaquable par le chlore et l'acide oxalique, donnant des caractères que le frottement d'un pinceau ne fait pas disparaître, mais qui laissent pourtant un peu à désirer au point de vue du brillant et de l'intensité de la couleur.

Encre lumineuse. — Voici le procédé indiqué par M. Dutemple, conducteur-typographe.

Les compositions phosphorescentes s'obtiennent par la calcination du carbonate de chaux en présence du soufre. Suivant Péligot et Becquerel la phosphorescence jaune est fournie par le mélange de 0,01 à 0,02 de peroxyde de manganèse aux matières précédentes ; la phosphorescence verte, avec une petite quantité de carbonate de soude ; la phosphorescence bleue, par l'addition de 0,01 à 0,02 d'un composé de bismuth. Si l'on porphyrise ces matières phosphorescentes et qu'on les incorpore ensuite à du vernis d'huile de lin, on peut se servir du mélange suffisamment broyé comme d'encre typographique et imprimer des planches dont les épreuves, influencées le jour par la lumière, paraissent lumineuses dans l'obscurité.

Encre à marquer le linge et les étoffes.

I. — ENCRE ANGLAISE DE CLARK

    Liqueur nᵒ 1. — Carbonate de soude..............   16 grammes.
                   Eau de rivière....................   128   —
                   Gomme arabique....................   12   —

On fait dissoudre la gomme dans l'eau, puis on ajoute le sous-carbonate de soude.

    Liqueur nᵒ 2. — Nitrate d'argent.................   10 grammes.
                   Gomme arabique....................   12   —
                   Eau distillée.....................   24   —

On dissout la gomme dans l'eau, puis le nitrate d'argent. Les liqueurs, ainsi obtenues, sont conservées dans des flacons séparés. Lorsqu'on veut s'en servir, on imbibe une petite éponge avec la liqueur nᵒ 1, et l'on mouille l'endroit où l'on veut écrire à l'aide d'un fer à repasser, on unit et l'on sèche la partie humectée. Cela fait, on écrit sur la place ainsi préparée, avec une plume d'oie trempée dans la solution nᵒ 2. On peut, au lieu d'une plume, employer une plaque d'argent découpée à jour et portant les initiales ou les chiffres qu'on désire fixer sur le linge. Il faut, dans ce cas, se servir d'une petite brosse trempée dans la liqueur n° 2, et avoir soin de presser la plaque découpée contre le linge, afin que les caractères soient bien nets. Il suffit, pour faire apparaître les caractères, d'exposer le linge aux rayons solaires. On doit éviter de faire usage, dans cette opération, d'une plume métallique.

II. — ENCRE A MARQUER LE LINGE

Nitrate d'argent cristallisé.	6 gr.		Gomme arabique...............	6 gr.
Carbonate sodique cristallisé	10		Noir de fumée................	2
Ammoniaque liquide à 22°.	9		Eau distillée................	50

On fait dissoudre séparément, dans l'eau, le nitrate d'argent, le carbonate de soude et la gomme. On mêle la solution de nitrate avec la solution de carbonate de soude, on ajoute l'ammoniaque pour dissoudre le précipité de carbonate d'argent, puis la solution de gomme, on délaye avec soin le noir de fumée et l'on verse dans un flacon bouché à l'émeri. Pour employer cette encre, on agite vivement le flacon, on humecte avec le liquide quelques doubles de flanelle ou de drap, sur lesquels on appuie modérément un timbre en bois, on reporte immédiatement le timbre sur le linge à marquer, en pressant pendant une ou deux secondes. Le timbre doit être lavé toutes les fois qu'on s'en sera servi ; il faudra de plus, avant de marquer le linge, faire tremper pendant vingt-quatre heures les rondelles de flanelle ou de drap dans l'eau chaude, afin de les dépouiller, autant que possible, des parties d'encre qui s'y seraient desséchées.

III — ENCRE D'ANILINE POUR LE LINGE.

N° 1. Solution cuivrique.	gr.		N° 2. Solution anilique.	gr.
Chlorure de cuivre cristallisé.	8,52		Chlorhydrate d'aniline.........	20
Chlorate de soude	10,63		Eau	30
Chlorhydrate d'ammoniaque.	51,35		Gomme arabique dissoute dans	
Eau.........................	60,00		40 grammes d'eau...........	20
			Glycérine	10

On mélange à froid 4 parties de solution anilique avec 1 partie de solution cuivrique ; on obtient ainsi une liqueur verdâtre, qu'on peut employer directement à marquer le linge, mais qu'on ne peut conserver que quelques jours. Il est donc nécessaire de garder à part les deux solutions et de ne les mélanger que peu de temps avant de s'en servir. Les traits apparaissent d'abord en vert pâle sur le linge, ils passent au noir avec le temps et l'exposition à l'air, mais on peut hâter ce moment en tenant le tissu au-dessus d'un vase contenant de l'eau en ébullition. Quand les traits sont secs, on rince les parties où l'on a écrit avec de l'eau de savon chaude, qui leur communique une nuance d'un beau noir bleu. Cette couleur résiste aux acides et aux lessives.

IV. — ENCRE POURPRE POUR MARQUER LE LINGE.

La partie du linge où l'on veut écrire est d'abord imprégnée de la dissolution suivante :

Carbonate de soude	6 grammes.
Gomme	6 —
Eau	45 —

On écrit avec une dissolution de platine formée de :

Bichlorure de platine	4 grammes.
Eau distillée	64 —

Lorsque l'écriture est sèche, on passe sur chaque ligne une plume trempée dans une dissolution faite avec :

Protochlorure d'étain	4 grammes.
Eau distillée	64 —

Aussitôt les caractères prennent une belle couleur pourpre inaltérable et résistant au savon.

V. — ENCRE ROUGE A MARQUER LE LINGE.

Battre un blanc d'œuf avec son volume d'eau ; le passer à travers un linge fin et y mélanger du vermillon ou du cinabre finement pulvérisé ; se servir de cette encre pour écrire avec une plume ordinaire sur le linge. Quand les caractères sont secs, passer sur eux un fer chaud qui coagule l'albumine et fixe le vermillon dans le tissu.

Le savon, les acides et les alcalis ne peuvent pas la détacher.

VI. — ENCRE NOIRE POUR MARQUER LES BÂCHES ET LES SACS.

Délayer du noir de fumée dans de l'huile de lin cuite : l'application se fait au pinceau.

Encre à timbrer.

Violet d'aniline............................	1 partie.
Alcool à 90°...............................	30 —
Glycérine	30 —

On dissout le violet d'aniline dans l'alcool et l'on ajoute la glycérine à la solution. Cette couleur sèche promptement.

On peut également employer le *rouge*, le *bleu* et les autres couleurs d'aniline.

Encre communicative ou à copier.

I. — Noix de galle	15 parties;	Gomme arabique......	18 parties.
Sulfate de fer	15 —	Eau	200 —
Sucre commun	10 —		

A 18 parties de cette encre, on ajoute 6 parties un quart de sucre candi et 2 parties et demie de sel marin ou mieux de chlorure de calcium.

II. — ENCRE COMMUNICATIVE DE BOVY DE PRÉGNY.

Noix de galle...........	500 grammes	dans 3 litres d'eau.
Bois de Campêche....	125 —	1 —
Racine de guimauve.	75 —	1 —
Sulfate de fer calciné.	500 —	1 —
— de cuivre....	225 —	
Gomme arabique	250 —	1 —
Sucre brut...........	250 —	
	Total.............	7 litres.

On fait infuser à chaud, pendant une heure, la noix de galle, le bois de Campêche, la racine de guimauve, les sulfates de fer et de cuivre, la gomme arabique et le sucre dans les quantités d'eau désignées. On mélange le tout, à l'exception de la gomme ou du sucre que l'on n'ajoute que six heures après ; on remue le mélange, on laisse reposer pendant douze heures, alors on décante et l'on met en bouteilles.

III. ENCRE A COPIER A SEC SANS PRESSE. — On n'a pas

toujours sous la main, en voyage, une presse à copier, et cependant il est utile de conserver une copie de ce que l'on écrit. Il suffit, dans ce but, d'écrire avec une encre composée de:

Encre noire ordinaire	3 parties.
Glycérine	1 —

La simple pression de la main décalque cette écriture sur du papier joseph.

IV. — ENCRE A COPIER SANS PRESSE (R. Bottger).

Extrait de campêche du commerce en poudre fine	30 gr.	Glycérine	30 gr.
		Chromate neutre de potasse	1
Carbonate de soude cristallisé	8	Gomme arabique	8
		Eau distillée	250

On place l'extrait de campêche et le carbonate de soude dans une capsule de porcelaine, on ajoute l'eau distillée et l'on chauffe jusqu'à ce que l'extrait soit entièrement dissous. On retire du feu et l'on verse dans le liquide le chromate dissous dans un peu d'eau, ainsi que la gomme amenée, à l'état de mucilage, avec un peu d'eau froide. Cette encre se conserve indéfiniment, si on l'enferme dans des vases bien bouchés; elle n'attaque pas les plumes métalliques. Lorsque l'écriture qu'elle a servi à tracer n'est pas trop ancienne, il suffit de la couvrir d'une feuille de papier fin à copier bien humecté, de poser dessus une feuille de papier blanc à écrire et de promener sur le tout, en appuyant, un couteau à papier ou l'ongle du pouce. Non seulement, la presse à copier ordinaire est inutile, mais elle est impuissante à reproduire les caractères tracés avec cette encre.

V. Dans 50 grammes d'eau chaude, on dissout 30 grammes de négrosine, puis l'on ajoute à cette solution:

Glycérine	40 grammes.
Glucose	40 —

On passe alors le mélange à travers un morceau de toile fine.

Si, lorsqu'elle est froide, l'encre ainsi obtenue paraît trop épaisse, on ajoute un peu d'eau tiède, en remuant constamment le liquide.

Pour copier une lettre, on applique sur la feuille de papier recouverte d'écriture, une feuille de copie de lettres, légèrement humectée d'eau.

Ce seul contact suffit pour obtenir une copie aussi nette que si l'on avait fait usage d'une presse.

VI. ENCRE COMMUNICATIVE COPIANT SANS PRESSE ET SANS MOUILLER LE PAPIER (Anquetil). — Cette encre est faite avec une couleur d'aniline convenable, dissoute dans de l'eau mélangée de glycérine et additionnée d'alun ; on prend généralement les proportions suivantes, qui peuvent cependant varier dans de larges limites :

    Couleur d'aniline..................... 30 grammes.
    Eau...............................   2 litres.
    Glycérine..........................   1 —
    Alun............................. 15 grammes.

Pour tirer une copie d'une feuille sur laquelle des caractères ont été tracés avec cette encre, il suffit de disposer la feuille écrite entre deux feuillets d'un livre dit : « Copie de lettres », de refermer ce dernier et d'attendre quelques instants. La copie s'effectue sans qu'il soit nécessaire d'opérer une forte pression ; il suffit que le feuillet, sur lequel doit se faire la copie soit bien en contact avec la feuille sur laquelle sont tracés les caractères.

Encres colorées. — A. *Encres aux couleurs d'aniline.* — La préparation des encres de couleur est devenue singulièrement facile, depuis la découverte des couleurs d'aniline. On prend 15 grammes d'une de ces couleurs (*cramoisi, violet, lilas, vert, bleu, jaune d'or*), qu'on trouve dans le commerce ; on place ces matières colorantes dans une capsule de porcelaine avec 150 grammes d'alcool à 90°, on laisse ce vase couvert pendant trois heure, puis on ajoute 1 litre environ d'eau de pluie, ou mieux d'eau distillée et l'on chauffe doucement le tout pendant quelques heures, jusqu'à ce qu'on n'observe plus d'odeur d'alcool. On ajoute alors à la solution environ 60 grammes de gomme arabique dans 250 grammes d'eau. Comme les couleurs d'aniline varient dans leur qualité suivant le mode de préparation, on ne peut pas indiquer d'une manière exacte la proportion d'eau à employer, pour produire la nuance que l'on désire ; il faut déterminer cette quantité par un essai préalable en petit.

A défaut des couleurs d'aniline, on peut obtenir des encres colorées à l'aide des procédés suivants.

B. *Encres rouges.*

I. — ENCRE ROUGE AU CARMIN.

Carmin de bonne qualité........................... 0gr,22
Ammoniaque liqui te .... 65 grammes.
Gomme arabique blanche .... 1· —

On dissout le carmin dans l'ammoniaque, on ajoute la gomme arabique, on laisse reposer le mélange jusqu'à ce que la gomme soit entièrement dissoute.

Cette encre est très solide, elle permet d'obtenir une écriture pouvant se conserver, pendant quarante ans, sans altération.

II. — ENCRE ROUGE.

On peut aussi faire dissoudre 2 grammes de laque en larmes pulvérisée, dans 95 grammes d'ammoniaque hydraté.

III. — ENCRE ROUGE AU BOIS DE BRÉSIL.

Bois de Brésil rogné.......... 3 gr. | Gomme arabique.......... 1 gr.
Alcool à 60° .... 8 — | Sucre .... 1 —
Alun............................ 2 — |

On fait macérer, pendant vingt-quatre heures, le bois de Brésil dans l'alcool, on passe, on évapore pour obtenir trois parties de liquide, on ajoute alors l'alun, la gomme et le sucre. Cette formule est préférable à toutes celles où le bois de Brésil est traité par l'eau ou le vinaigre.

IV. — ENCRE ROUGE RÉSISTANT AUX AGENTS CHIMIQUES.

On triture du carmin dans un mortier de porcelaine, avec un peu de silicate de potasse en solution, jusqu'à ce que le mélange soit arrivé à la consistance d'une encre bien coulante. Les traits tracés avec cette encre sèchent vite et deviennent très brillants. Il faut conserver cette encre à l'abri de l'air, et la tenir dans un flacon de verre bien fermé au moyen d'un bouchon huilé.

C. *Encres bleues.*

I. — ENCRE BLEUE A L'INDIGO.

Indigo pulvérisé............	10 gr.	Ammoniaque.............	Q. s.
Acide sulfurique de Nordhau-		Poudre de gomme arabique.	25 gr.
sen	40	Eau..................	1000

On introduit l'indigo et l'acide sulfurique dans un ballon de verre qu'on chauffe à une douce chaleur, afin de favoriser la dissolution de l'indigo. Quand elle est complète, on ajoute l'eau, puis peu à peu de l'ammoniaque jusqu'à ce qu'un papier de tournesol bleu, plongé dans le liquide, cesse de rougir, on fait alors dissoudre la gomme.

II. — ENCRE AU BLEU DE PRUSSE.

1° On prend du bleu de Prusse lavé à l'acide sulfurique, que l'on trouve dans le commerce, et on le dissout dans l'acide oxalique ; pour épaissir, on ajoute un peu de gomme et de sucre. — L'encre bleue ainsi préparée ne peut être employée avec les plumes de métal ; souvent même le bleu de Prusse refuse de se dissoudre dans l'acide oxalique. Voici comment on remédie à cet inconvénient.

2 On prépare deux solutions : l'une faible de perchlorure de fer, l'autre concentrée de prussiate jaune de potasse et l'on verse la première dans la seconde, en remuant constamment. L'opération doit être faite de telle sorte que la quantité de perchlorure de fer ne soit que le dixième du prussiate jaune. Le tout est jeté dans une chausse à filtrer : le liquide bleu qui s'écoule est rejeté sur la chausse, jusqu'à ce que le liquide filtré ne soit plus bleu. On met alors de l'eau sur le filtre et l'on en ajoute à mesure que la filtration se poursuit jusqu'à ce que le liquide passe bleu ; on laisse égoutter complètement ; le contenu pâteux de la chausse, versé sur du papier à filtrer et soumis à la presse, donne un bleu de Prusse parfaitement soluble dans l'eau (Brücke).

D. *Encres vertes.*

1.—Acétate de cuivre cristallisé....	1 gramme.	
Crème de tartre	5	—
Eau.....................................	40	—

On fait bouillir, pour réduire le liquide à moitié et l'on filtre.

II. — ENCRE VERTE (Stein).

On mélange du carmin d'indigo (sulfo-indigotate de potasse) avec du picrate de soude et l'on ajoute la quantité de gomme arabique nécessaire pour donner la consistance voulue. Cette encre est d'une belle couleur.

III. — ENCRE VERTE (Ohme).

On broie finement 4 grammes de gomme-gutte dans un mortier et on les délaye, peu à peu, dans 500 grammes d'encre au bleu de Prusse soluble. Il n'est pas nécessaire d'ajouter de gomme arabique.

E. *Encres violettes.*

I. — Extrait de campêche.	8 gr.	Vinaigre de vin	1/2 litre.
Acétate de protoxyde de manganèse	0,15	Eau distillée............	1/2 —

On dissout l'extrait dans le vinaigre, on ajoute l'eau, puis l'acétate de manganèse. Cette encre est d'un violet intense et se conserve très bien.

II. On prend les fruits du prunier mahaleb ou bois de Sainte-Lucie (*Prunus mahaleb* L.) ; on les écrase, on les fait bouillir avec une légère addition d'eau et de gomme arabique, on passe à travers un linge. L'encre est d'un beau violet ; en y ajoutant quelques gouttes d'un acide tel que les acides chlorhydrique, oxalique ou citrique, le violet passera au rouge.

F. *Encres jaunes.*

I. — Graine d'Avignon...	30 gr.	Alun	1 gr.
Eau.................	120 —	Gomme arabique	1 —

On prépare avec l'eau et la graine d'Avignon une forte décoction, on passe et l'on ajoute l'alun et la gomme arabique.

II. On obtient une encre jaune fort belle en délayant de la gomme-gutte dans l'eau, ou en broyant parties égales de safran sec et d'orpiment dans suffisante quantité d'eau gommée.

Encre à calquer sur toile. — Il est toujours préférable de travailler sur toile-calque que sur papier-calque. Le seul inconvénient que l'on puisse trouver dans la percaline, c'est la difficulté de faire prendre l'encre sur sa surface glacée.

I. Pour calquer facilement sur toile, il faut que la température de la salle soit assez élevée. Il suffirait donc le matin, lorsqu'il ne fait pas encore chaud dans la pièce, de faire chauffer le calque. Seulement, ce procédé n'est pas pratique.

II. Frotter le calque avec une peau de chamois et un peu de craie râpée.

III. Quelques dessinateurs tournent un peu de savon dans leur godet d'encre de Chine. L'inconvénient qui en résulte est que l'encre s'épaissit.

IV. D'autres mettent du bleu de Prusse dans l'encre, prétendant qu'elle prend mieux par ce procédé.

V. On met quelquefois une goutte de fiel de bœuf dans l'encre, ainsi que dans les teintes. Ce système est encore meilleur que ceux cités plus haut, mais il n'est pas parfait. En effet, le fiel a d'abord le grand inconvénient de répandre une odeur infecte et de changer le ton des teintes, parce qu'il est jaune. C'est ainsi que le bleu devient vert, le rouge orange, etc. Le fiel naturel fait aussi couler l'encre ; c'est l'excès.

Voici le moyen de préparer, avec le fiel de bœuf, une liqueur, dont on versera une goutte ou deux dans le godet d'encre de Chine, avant de calquer sur percaline :

On commence par filtrer le fiel à travers un papier-filtre gris disposé dans un entonnoir. Cette opération achevée, on met le liquide sur le feu ; lorsqu'il a bouilli, on le verse à travers un linge fin ; une écume épaisse et d'autres impuretés restent sur le linge ; on remet de nouveau sur le feu et on projette dans le fiel chaud de la craie en poudre ; il se forme une effervescence très chaude, et lorsque, par cette addition, elle cesse de se produire, on filtre de nouveau.

VI. Lorsque les calques sur toile doivent être héliographiées, on met dans l'encre de la terre de Sienne naturelle. C'est la couleur qui se mélange le mieux avec l'encre, tout en interceptant la lumière. La gomme-gutte ne

vaut rien dans ce cas; elle ressort des traits un jour après.
La terre de Sienne calcinée épaissit l'encre.

Encres pour écrire sur le zinc et le fer blanc.

ENCRE NOIRE POUR ÉCRIRE SUR LE ZINC (Braconnot).

Vert-de-gris............	1 partie.	Noir de fumée........	0,5
Sel ammoniac en poudre..	2 —	Eau	10 parties.

On mélange les substances pulvérisées, dans une capsule en verre ou en porcelaine, en y ajoutant l'eau nécessaire pour faire une pâte homogène. On verse dessus le
reste de l'eau et on agite bien le tout. On doit secouer la
bouteille dans laquelle on conserve cette composition,
avant d'écrire sur le zinc. Au bout de quelques jours, l'é-
criture est très solide.

Cette encre peut être employée, non seulement dans
les jardins botaniques, mais encore pour étiqueter les
objets que l'on conserve dans les lieux bas et humides.

ENCRE NOIRE POUR ÉCRIRE SUR LE ZINC. (Grassi).

On fait une solution de sulfate de cuivre, légèrement
épaissie avec de la gomme, dans laquelle on met, en suspension un peu de noir de fumée. Les étiquettes sur
lesquelles on a écrit avec cette encre résistent longtemps
à l'air.

On peut substituer au sulfate de cuivre le chlorure de
platine, mais il n'y a pas grand avantage à le faire, vu le
prix de ce dernier sel.

ENCRE POUR ÉCRIRE SUR LE FER-BLANC (Bossin).

Acide nitrique...............................	10 parties.
Eau	10 —
Cuivre.....................................	1 —

On dissout le cuivre dans l'acide nitrique et, quand la
solution est opérée, on y ajoute de l'eau. On écrit, avec
ce liquide, sur les rognures de fer-blanc, en se servant
d'une plume ordinaire un peu ferme. Si le fer-blanc était
imprégné d'une matière grasse et ne prenait pas l'encre,
on le frotterait d'abord avec un linge enduit de blanc
d'Espagne, qui enlève la matière grasse.

Encres pour écrire sur le verre.

ENCRE INCORRODIBLE POUR ÉCRIRE SUR LES FLACONS A ACIDE

On fait fondre, à une douce chaleur, 5 parties de copal
en poudre, dans 32 parties d'essence de lavande, et l'on
colore, soit avec du noir de fumée, soit avec de l'indigo,
ou bien encore avec du vermillon.

ENCRE INDÉLÉBILE POUR ÉCRIRE SUR LE VERRE (Scheldrake.)

Asphalte dissous dans l'essence de térébenthine.
Vernis d'ambre.
Noir de fumée.

Cette encre s'emploie pour écrire sur les vases qui contiennent des substances corrosives.

ENCRE POUR ÉCRIRE SUR LE VERRE

Mélanger ensemble :

Laque brune	20 gr.
Alcool à brûler	150 cc.
Borax	35 gr.
Eau distillée	250 cc.
Violet de méthyle	1 gr.

Faire dissoudre la laque à froid dans l'alcool, puis
chauffer graduellement ; d'autre part, faire dissoudre le
borax dans l'eau et ajouter petit à petit la solution alcoolique à la solution aqueuse ; pour terminer, ajouter la
couleur.

Encres pour la cave.

ENCRE BLANCHE POUR LA CAVE

On la prépare en délayant un peu de céruse dans l'essence de térébenthine. Ce n'est à proprement dire,
qu'une espèce de peinture très siccative, avec laquelle on
écrit sur le verre des bouteilles que l'on a l'intention de
conserver longtemps à la cave.

ENCRE NOIRE POUR LA CAVE

Pour tracer des caractères noirs sur les vases de terre,
de grès ou de verre blanc, qui sont destinés à faire un
long séjour à la cave, on se sert soit de noir de fumée

délayé dans de l'essence de térébenthine et de l'huile de lin, soit d'encre d'imprimerie rendue coulante par l'adjonction d'un peu d'essence de térébenthine, soit de goudron de houille liquide.

Encres pour écrire sur l'os, l'ivoire et le plomb.

    I. Nitrate d'argent cristallisé.................. 5 parties.
       Solution de gomme arabique................. 40 —

On colore avec un peu de curcuma.

   II. Décoction concentrée de bois de Brésil.... 200 grammes.
       Chromate jaune de potasse................. 4 —

On fait dissoudre le sel dans la décoction.

Cette encre peut également servir à écrire sur le plomb.

Encres sympathiques ou encres de sympathie. — On donne ce nom à des substances qui, employées à la manière de l'encre ordinaire, ne laissent point de traces visibles sur le papier et qui apparaissent seulement par l'intervention de certains procédés. Lorsqu'on se sert de ces encres, il faut toujours employer des plumes neuves que l'on conserve spécialement pour cet usage. Il est rare d'ailleurs que l'on ait recours à ce moyen pour tracer des caractères sur une feuille de papier, entièrement blanc ; en le faisant, on ne manquerait certainement pas de donner naissance à des soupçons qui provoqueraient des recherches le plus souvent suivies de succès. C'est généralement sur les marges, entre les lignes ou sur le côté du feuillet demeuré blanc que l'on trace les caractères secrets. Le choix de l'encre doit être tel que le papier conserve sa couleur et son éclat habituels ; de plus, les procédés employés pour faire apparaître les caractères doivent être simples, faciles et sûrs. Le nombre des encres sympathiques aujourd'hui connues est considérable, il s'élève à plus de cent ; elles peuvent toutes se ranger dans une des catégories suivantes :

I. Encres invisibles qui deviennent visibles sous l'influence de la chaleur et qui disparaissent par le froid ;

II. Encres invisibles, qui apparaissent sous l'influence de l'air ou de la lumière ;

III. Encres invisibles qui se révèlent par l'action de certains réactifs;

IV. Encres qui ont pour base des substances glutineuses, visqueuses ou hygroscopiques.

I. ENCRES QUI DEVIENNENT VISIBLES SOUS L'INFLUENCE DE LA CHALEUR ET QUI DISPARAISSENT PAR LE FROID. — 1° *Acide sulfurique étendu*. — Un volume d'acide sulfurique du commerce, étendu de 47 fois son volume d'eau, donné une écriture qui, quand on la chauffe, apparaît en noir intense sans que le papier roussisse sensiblement, avec le degré de chaleur qu'on est obligé d'employer, Il convient de faire remarquer que, même avec ce degré de dilution, le papier devient aigre et cassant dans tous les points touchés par l'acide.

2° *Solution concentrée de potasse caustique*. — Ce liquide a l'avantage de ne pas rendre le papier cassant, mais on ne développe les caractères qu'en employant une température assez élevée.

3° *Chlorhydrate d'ammoniaque*. — On dissout 12 parties de chlorhydrate d'ammoniaque dans 100 grammes d'eau. Les caractères tracés avec cette solution ne sont visibles qu'en chauffant légèrement le papier sur un réchaud ou en passant par dessus un fer assez chaud.

4° *Nitrate cuivrique*. — Une solution faible de ce sel donne une écriture invisible, qui devient rouge quand on la chauffe.

5° *Perchlorure de cuivre*. — Les caractères tracés avec une solution très étendue de perchlorure de cuivre ne sont visibles que lorsqu'on chauffe le papier. On obtient cette solution en dissolvant dans l'eau, parties égales de sulfate de cuivre et de chlorhydrate d'ammoniaque. Les caractères se révèlent en jaune, ils sont, par conséquent, difficiles à lire et peu visibles à la lumière des lampes.

6° *Bromure de cuivre*. — On obtient cette encre en dissolvant, dans 8 parties d'eau et 1 partie d'alcool, 1 partie de sulfate de cuivre et 1 partie de bromure de potassium. L'écriture, complètement invisible à la température ordinaire, apparaît très promptement en chauffant légèrement le papier et disparaît après refroidissement complet.

7° *Protochlorure de cobalt*. — Le chlorure de cobalt,

de couleur rose à froid, devient d'un beau bleu quand on le chauffe ; il redevient rose de nouveau quand on le laisse refroidir. Par suite, si l'on trace sur du papier des caractères avec une plume trempée dans une solution faible de chlorure de cobalt, ces caractères ne seront pas apparents après l'évaporation de l'eau, à cause du faible pouvoir colorant du sel. Mais vient-on à approcher le papier du feu, le chlorure prend la teinte bleue qui a une puissance colorante beaucoup plus grande, de sorte que les caractères deviennent distincts. Le papier vient-il à se refroidir, les caractères s'affaiblissent et disparaissent même entièrement. Si l'application de la chaleur n'a pas été trop forte, on peut ainsi faire disparaître et reparaître plusieurs fois de suite l'écriture.

Les caractères ne présentent la couleur bleue que lorsque le chlorure de cobalt est très pur ; s'il contient un peu de chlorure de nickel, ils deviennent verts. L'encre est également verte lorsque le cobalt contient du fer. On obtient cette encre en dissolvant 1 partie de cobalt gris (*arsénio-sulfure de cobalt*) dans 3 parties d'acide azotique ; on étend la liqueur de 24 parties d'eau et l'on y ajoute 1 partie de sel marin ou de chlorhydrate d'ammoniaque.

8° *Sucs et acides végétaux.* — Un grand nombre de substances de nature végétale peuvent servir à tracer des caractères occultes qui se manifestent par l'application de la chaleur. Tels sont les sucs de navet, d'oignon, de cerise, de citron, l'acide citrique, le vinaigre. C'est par suite de la destruction de la matière organique contenue dans ces sucs que l'écriture se révèle, mais cette matière se détruira, soit avant, soit après le papier. Si elle se décompose d'abord, les caractères sont noirs ou jaune-brun. Si le papier se décompose le premier, les caractères sont blancs sur un fond noir. Avec l'acide citrique, on obtiendra une couleur brune, avec le jus de cerise une couleur verdâtre ; avec le jus d'oignon, une couleur noirâtre; avec le vinaigre, une teinte rouge pâle.

II. Encres qui apparaissent sous l'influence de l'air ou de la lumière. — Ces encres sont d'un maniement peu commode, puisqu'il est très difficile de les soustraire totalement aux influences atmosphériques. Les substances suivantes peuvent servir à les préparer.

1° *Chlorure d'or.* — On étend suffisamment une solution de chlorure d'or pour qu'elle ne laisse plus de taches jaunes sur le papier. Les caractères tracés avec cette liqueur n'apparaissent qu'autant que le papier aura été exposé au grand air pendant une heure environ. Ils seront d'abord d'un violet foncé, puis deviendront noirs ; si le papier, au lieu d'être exposé à l'air, est conservé dans une boîte fermée ou dans une enveloppe bien opaque, il faut de deux à trois mois pour que l'encre apparaisse avec une couleur violette obscure.

2° *Nitrate d'argent.* — Les caractères tracés avec une solution faible de nitrate d'argent dans l'eau distillée ou l'eau de pluie n'apparaissent qu'au bout de trois ou quatre mois et avec une teinte ardoisée si le papier est maintenu à l'abri de la lumière ; ils deviennent, au contraire, visibles au bout d'une heure environ d'exposition au soleil.

III. Encres invisibles qui se révèlent par l'action de certains réactifs. — Le nombre de ces encres paraît de prime abord devoir être considérable, puisque tous les liquides incolores ou faiblement colorés qui, par l'action d'un autre liquide, donnent naissance à des précipités colorés, semblent pouvoir être utilisés ; néanmoins leur nombre est assez faible. En effet, parmi les corps que l'on peut mettre en réaction, plusieurs produisent des précipités instables ou peu adhérents au papier ; d'autres, fois, le papier, par suite de la cristallisation du sel, acquiert un éclat particulier dans tous les points qui ont été touchés ; d'autres fois enfin, les substances mises en jeu acquièrent une coloration noire, soit avec le temps, soit sous l'influence d'une chaleur plus ou moins forte.

1° *Acétate de plomb.* — On emploie comme encre une dissolution étendue d'acétate de plomb ; l'écriture reste invisible si l'on a pris la précaution de la faire sécher à l'air, mais les caractères se manifestent en jaune d'abord, puis en noir, si l'on vient à passer légèrement sur le papier un pinceau trempé dans une dissolution de sulfure de calcium. On obtient ce dernier liquide en faisant bouillir de la chaux avec du soufre et de l'eau. L'écriture est très égale, bien définie, de couleur brun-rougeâtre.

Tous les sels métalliques, le nitrate de bismuth par

exemple, capables de modifier leur couleur au contact de l'acide sulfhydrique ou des sulfures alcalins, fournissent des encres entrant dans cette catégorie.

2° *Chlorure d'or.* — On écrit sur du papier avec du protochlorure d'or étendu de cinq à six fois son poids d'eau et on laisse sécher à l'ombre ; l'écriture ne paraît pas, du moins pendant les sept ou huit premières heures ; on trempe alors un pinceau dans une solution de protochlorure d'étain et on le passe sur l'écriture, qui se révèle avec une couleur brune.

3° *Amidon et iode* (Vogel). — On prépare, avec la fécule de pomme de terre, un empois que l'on étend d'une quantité d'eau suffisante pour que le liquide qui en résulte puisse être employé en guise d'encre, et l'on fait apparaître l'écriture en bleu avec de l'eau d'iode préparée à froid. Ce procédé est avantageux, en ce sens que les caractères tracés ne deviennent pas visibles par l'action de la chaleur. Par contre, il nécessite l'emploi d'un papier bien exempt de colle pâte, condition assez difficile à réaliser, car beaucoup de papiers, celui dit à lettre par exemple, se colorent en bleu foncé sous l'influence de l'iode.

4° *Cyanoferrure de potassium, sels de cuivre ou de fer* (Vogel). — On dissout 1 partie de cyanoferrure de potassium (*prussiate jaune de potasse*) dans 4 parties d'eau et l'on étend ce liquide de onze fois son volume d'eau. Cette liqueur peut servir d'encre. Pour faire apparaître cette écriture, on emploie une solution modérément étendue d'azotate de fer ; l'écriture est colorée en bleu suffisamment intense, elle adhère fortement et très uniformément au papier. Si l'on se sert d'un sel de cuivre, le sulfate de cuivre par exemple, dissous dans 4 parties d'eau, les caractères apparaissent en brun-marron. Les caractères tracés avec la solution de cyanoferrure, soumis à l'action de la couleur, deviennent d'abord gris, puis brun foncé, à mesure que le papier commence lui-même à brunir.

5° *Sels de fer et sulfocyanure de potassium.* — Avec les sels de fer, l'écriture est par elle-même assez visible, même quand la solution est très étendue : on peut la faire apparaître en rouge par le sulfocyanure de potassium. Il faut employer ce corps en solution alcoolique, car les ca-

ractères disparaîtraient aisément si le sulfocyanure était
en solution aqueuse.

6° *Sels de fer et matières tannantes.* — L'acide gallique pur et bien exempt de matières colorantes, en solution concentrée, mélangée avec cinq fois son volume
d'eau, permet de tracer des caractères peu apparents qui
prennent une couleur noire suffisante par l'emploi des
sels de fer ; on peut remplacer l'acide gallique par une solution modérément étendue d'acide tannique (*tannin*).
Quand on chauffe l'encre à l'acide gallique, elle devient
facilement apparente, ce qui est dû à quelques traces
d'impuretés. Quant à l'écriture avec l'infusion de galle,
elle est visible sur le papier sans le secours d'aucun réactif, même quand l'infusion est à un haut degré de dilution.

7° *Azotate de protoxyde de mercure et alcalis.* — On
peut employer ce sel à divers degrés de concentration,
variant depuis la solution saturée, qu'on prépare en dissolvant 1 partie de sel dans une petite quantité d'eau,
jusqu'à la solution saturée étendue de vingt-trois fois son
volume d'eau.

On fait apparaître l'écriture, en beau noir, en mouillant le papier avec de l'ammoniaque liquide ; en rouge
orangé avec une solution de borate de soude ou de chromate de potasse. L'écriture à l'azotate de protoxyde
de mercure est rendue visible, par l'action de la chaleur,
même avec une dilution de 1 partie de sel dans 23 parties
d'eau.

8° *Sulfate de cuivre et alcalis* (Wurzer). — On dissout
1 partie de sulfate de cuivre dans 4 parties d'eau, et l'on
étend cette solution saturée, de huit fois son volume
d'eau ; on ne peut lire les caractères tracés, avec une solution préparée dans ces conditions, mais on les met en
relief en les exposant aux vapeurs du gaz ammoniac.

9° *Sulfate de protoxyde de manganèse et hypochlorite
de chaux.* — Une solution concentrée de sulfate de manganèse étendue d'eau, dans le rapport de 1 à 7, donne des
caractères qui deviennent brun foncé, avec une solution
de chlorure de chaux. On peut faire paraître ces caractères, en chauffant le papier, jusqu'à ce qu'il commence
à roussir, même quand la dilution est de 1 à 15.

10° *Encre sympathique au mercure (Merget).* — Les sels de platine et surtout d'iridium peuvent servir à la façon de l'encre, pour tracer sur le papier, le linge ou tout autre corps incapable de les réduire, des caractères ou des figures qui, soumises à l'action des vapeurs mercurielles, deviennent noires par suite de la réduction du métal.

IV. ENCRES QUI ONT POUR BASE DES SUBSTANCES GLUTINEUSES, VISQUEUSES OU HYGROSCOPIQUES. — Telles sont le lait, la bière, l'urine, les matières grasses, certains sucs végétaux incolores ; en un mot, tous les corps possédant des propriétés physiques adhésives, remplissent parfaitement ce but. Or, si l'on vient à répandre une poudre colorée sur du papier qui aura été impressionné à l'aide d'une de ces encres, les parties solides adhéreront sur les caractères tracés à l'aide de la substance visqueuse et glisseront, sans se fixer, sur les autres parties. On aura, par suite, une reproduction fidèle de l'écriture. Le noir animal fin, la poudre de charbon végétal, le graphite, l'ocre rouge, le cinabre, le bleu de Prusse. sont les matières pulvérulentes colorées qu'on emploie le plus habituellement.

ENVELOPPE INVIOLABLE. — Un fabricant américain a inventé une enveloppe qui conserve la trace indélébile de toute tentative d'ouverture frauduleuse. Pour cela l'inventeur a fixé à l'intérieur de l'enveloppe une feuille de papier pelure. Si on veut détacher le cachet, on déchire le papier pelure ; si, au contraire, on veut ouvrir l'enveloppe en l'exposant à la vapeur d'eau bouillante, une solution de gomme colorée, qui colle le papier pelure à l'enveloppe, se liquéfie sous l'influence de la vapeur et laisse sur la surface de l'enveloppe des taches ineffaçables.

ESSENCES. — **Fabrication de l'essence de violettes.** — Effeuillez des violettes ; mettez les pétales dans un bocal en verre en alternant un rang de fleurs avec une couche de sucre en poudre. Laissez macérer pendant trois jours au soleil. Passez ensuite les pétales dans un linge, en ayant soin de bien presser pour extraire toute l'essence.

On met alors en flacon et l'on bouche très hermétiquement.

Cette recette est applicable à toutes les fleurs dont on veut faire de l'essence.

Moyen de reconnaître les falsifications. — Un procédé tout à la fois simple et sûr de découvrir, dans les essences, la présence des huiles grasses, consiste à verser, sur un papier blanc, quelques gouttes de l'essence à essayer et à chauffer fortement le papier ; sous l'influence de la chaleur, l'essence s'évapore et l'huile laisse une tache grasse transparente.

I. Pour découvrir la présence de l'alcool dans une essence, on verse, dans un tube de verre gradué et fermé à l'une de ses extrémités, une quantité donnée de l'essence à essayer, puis on y ajoute de l'eau distillée ou de l'eau de pluie, en quantité au moins double, et l'on agite à plusieurs reprises ; on laisse alors déposer et l'on examine le volume d'essence qui reste dans le tube, la quantité qui se trouve en moins indique le total d'alcool qui avait été ajouté.

II. On peut aussi introduire, dans un tube de verre fermé à l'une de ses extrémités, 50 centigrammes d'acétate de potasse et le remplir aux 2/3 avec l'essence à essayer ; on laisse reposer ; s'il existe de l'alcool, on aperçoit bientôt une couche inférieure d'acétate qui s'est dissous dans le liquide. Si l'essence était simplement humide, elle ne ferait qu'humecter le sel.

Falsification de l'essence d'amandes amères. — Cette essence est quelquefois falsifiée avec de l'essence d'amandes amères artificielle (*essence de mirbane, nitro-benzine*) ; pour reconnaître cette falsification. on introduit dans un tube de verre fermé à une extrémité, 1 partie de l'essence suspecte et 9 de bisulfite de soude ; on bouche avec un bouchon de liège ; on agite pendant cinq minutes, puis on ajoute 12 grammes d'eau distillée ; enfin on porte graduellement la température, à l'aide de la chaleur du bain-marie, jusqu'à 75°. Si l'essence est falsifiée, la nitro-benzine viendra se réunir à la partie supérieure du liquide. Si l'essence est pure, il y aura, au contraire, dissolution complète.

ÉTAIN. — **Alliages d'étain et de plomb.** — Ils servent à confectionner un grand nombre d'ustensiles, il est donc important de connaître les proportions respectives de chacun des métaux qui font partie du mélange, car, suivant leur composition, ces alliages peuvent être nuisibles à la santé. L'analyse chimique seule permet de reconnaître, avec exactitude, la composition de ces corps (Voy. *Etamage*), mais il est possible d'obtenir des indications, sinon rigoureuses, du moins très approximatives, en se servant du procédé suivant, employé par les potiers d'étain et connu sous le nom d'essai *à la balle* ou *à la médaille.*

I. Cet essai consiste à couler l'étain dont on veut apprécier la qualité dans un moule, qui lui donne la forme d'une balle ou d'une pièce aplatie semblable à une médaille. On compare ensuite le poids de cet échantillon moulé à celui d'un pareil volume d'étain pur, coulé dans le même moule; plus le poids de l'étain qu'on examine est supérieur à celui de l'étalon, plus il est allié de plomb.

II. Il est préférable pourtant de prendre la densité de l'alliage. Pour cela, on se servira du procédé que les physiciens désignent sous le nom de *méthode du flacon.* Il consiste à peser un flacon bouché à l'émeri, exactement plein d'eau distillée. Soit P son poids. On pèse à côté du flacon la balle d'alliage dont on veut prendre la densité : soit p ce nouveau poids. Alors on introduit la balle dans le flacon, on le referme exactement, on l'essuie et on le pèse de nouveau. Le poids P′, que l'on obtient ainsi, diffère du pois P $+ p$ d'une quantité égale au poids de l'eau que l'immersion de la balle a fait sortir, c'est-à-dire d'un volume d'eau égal à celui de la balle. Par suite la densité cherchée sera exprimée par le rapport $\dfrac{p}{P + p - p'}$. Mathématiquement, la densité de cet alliage serait fournie par la formule $x = \dfrac{(P + p)\,Dd}{Pd + pD}$ dans laquelle x représente la densité de l'alliage, P le poids de l'étain, p celui du plomb, D la densité de l'étain et d celle du plomb ; or, si l'on fait l'expérience avec un alliage dont la composition est connue on trouve toujours que la densité de l'alliage est moins grande que la densité moyenne des métaux qui la constituent, car le mélange augmente de volume, pendant la fusion. Par suite, on ne peut se servir de ce moyen pour une analyse exacte, mais il donne une approximation suffisante; si l'on a recours à la table ci-dessous, on voit, par exemple, qu'un alliage formé de 90 parties d'étain et de 10 de plomb, a une densité représentée non pas par 7,6782, mais bien par 7,6149.

Correspondance des densités des alliages d'étain et de plomb avec les proportions respectives de ces métaux

Densité du plomb = 11,1603, — Densité de l'étain = 7,2914.

| COMPOSITION | | PESANTEUR | | COMPOSITION | | PESANTEUR | | COMPOSITION | | PESANTEUR | |
| centésimale. | | spécifique | | centésimale. | | spécifique | | centésimale. | | spécifique | |
Étain.	Plomb.	mathématique.	réelle.	Étain.	Plomb.	mathématique.	réelle.	Étain.	Plomb.	mathématique.	réelle.
99	1	7,3300	7,3252	66	34		8,3828	33	67		9,6565
98	2		7,3552	65	35	8,6155	8,4170	32	68		9,7021
97	3		7,3871	64	36		8,4511	31	69		9,7454
96	4		7,4189	63	37		8,4853	30	70	10,0010	9,7887
95	5	7,4848	7,4308	62	38		8,5193	9	71		9,8297
94	6		7,4828	61	39		8,5537	28	72		9,8730
93	7		7,5146	60	40	8,8397	8,5879	27	73		0,9163
92	8		7,5511	59	41		8,6228	26	74		9,9573
91	9		7,5835	58	42		8,6569	25	75	10,1945	9,9983
90	10	7,6782	7,6149	57	43		8,6904	24	76		10,0416
89	11		7,6468	56	44		8,7246	23	77		10,0871
88	12		7,6787	55	45	9,0333	8,7588	22	78		10,1350
87	13		7,7106	54	46		8,7929	21	79		10,1806
86	14		7,7125	53	47		8,8271	20	80	10,3881	10,2261
85	15	7,8717	7,7744	52	48		8,8613	19	81		10,2717
84	16		7,8063	51	49		8,8955	18	82		10,3173
83	17		7,8382	50	50	9,2258	8,9319	17	83		10,3629
82	18		7,8701	49	51		8,9729	6	84		10,4084
81	19		7,9020	48	52		9,0139	15	85	10,5799	10,1586
80	20	8,0652	7,9339	47	53		0,0550	14	86		10,5062
79	21		7,9658	46	54		9,0960	13	87		10,5543
78	22		7,9977	45	55	9,4203	9,1373	12	88		10,6021
77	23		8,0296	44	56		9,1552	11	89		10,6500
76	24		8,0615	43	57		9,2190	10	90	10,7734	10,7001
75	25	8,2536	8,0934	42	58		9,2600	9	91		10,7479
74	26		8,1253	41	59		9,3033	8	92		10,7958
73	27		8,1572	40	60	9,6139	9,3466	7	93		10,8414
72	28		8,1891	39	61		9,3727	6	94		10,8869
71	29		8,2210	38	62		9,4358	5	95	10,9668	10,9354
70	30	8,4520	8,2529	37	63		9,4788	4	96		10,9781
69	31		8,2848	36	64		9,5221	3	97		11,0236
68	32		8,3167	35	65	9,8074	9,5676	2	98		11,0692
67	33		8,3486	34	66		9,6132	1	99	11,1216	11,1148

ÉTAMAGE. — Il a pour but de déposer une couche d'étain, métal peu oxydable, sur un autre métal (plomb, zinc, fer galvanisé, zingué) qui est facilement altérable par l'air et les différents liquides mis en contact avec lui, et qui par suite ne peut être employé pour la confection des vases destinés à préparer ou à contenir les substances alimentaires et les boissons. Dans l'un et l'autre cas, il se forme des sels de plomb ou de zinc, qui sont tous de véritables poisons.

L'étain de bonne qualité peut toujours être employé sans danger pour les vases affectés aux usages culinaires ; aussi est-il d'usage d'étamer les ustensiles ou vases de cuivre ou d'alliage de ce métal, dont l'emploi pourrait être dangereux.

Les étamages doivent toujours être faits à l'*étain fin*, c'est-à-dire privé de métaux étrangers et surtout de plomb.

L'étamage à l'étain fin est blanc, brillant et a un aspect gras ; l'étamage à l'étain allié avec le plomb est moins blanc ; celui à 50 p. 100 est bleuâtre (Voy. *Etain*).

Avant de couvrir d'étain les objets métalliques, il faut les *décaper* (Voy. *Décapage*).

Un moyen aussi simple que facile de découvrir le plomb dans l'étamage consiste à déposer sur les objets que l'on veut éprouver quelques gouttes d'acide acétique (vinaigre fort), puis, quelques minutes après, à toucher la partie acidifiée avec une solution d'iodure de potassium. Si l'étamage contient du plomb, il se formera des tâches d'un *beau jaune*, constituées par l'iodure de plomb.

ÉTIQUETTES. — Colle pour étiquettes.

I. — Gélatine..............	25 gr.	Gomme arabique...........	12 gr.
Sucre candi.............	50	Eau.....................	100

Après avoir fait macérer, depuis la veille, la gélatine dans l'eau, on la mélange avec le sucre et la gomme arabique dans une capsule de porcelaine et l'on chauffe sur une lampe à alcool, en agitant continuellement. L'ébullition doit être continuée jusqu'à ce que la masse soit bien fluide. On enduit les étiquettes avec cette colle et on laisse sécher ; la surface recouverte de cette préparation, mouillée avec de la salive, adhère fortement sur le verre ou sur le bois.

II. — Sublimé corrosif.., 125 gr. | Tanaisie................. 500 gr.
Farine de froment 1000 | Eau................. . 15.000
Absinthe.......... 500

On se sert de cette colle pour les vases que l'on conserve dans les caves humides, l'addition de sublimé empêche la destruction rapide des étiquettes.

III. — Amidon............................ 100 parties.
Colle forte.......................... 50 —
Térébenthine........................ 50 —

On fait bouillir le tout avec de l'eau. — Cette colle sèche rapidement.

Vernissage des étiquettes. — Il ne suffit pas de mettre de belles étiquettes sur les bouteilles d'eaux minérales, de vins, de liqueurs. — Mais il faut un bon vernis pour rendre ces étiquettes inaltérables.

Voici la formule :

Si le liquide est plus riche en eau qu'en alcool, vernir au copal.

Si le liquide est plus riche en alcool qu'en eau, prendre de la dextrine, la délayer dans l'eau tiède, et badigeonner l etiquette avec le mélange. La gomme arabique, un peu plus chère, mais, pas beaucoup, conduit au même résultat.

ÉTOFFES. — Éléments constitutifs des étoffes. — Les étoffes sont formées de substances *animales* ou *végétales* : parmi les plus usuelles de ces substances, nous distinguerons le *lin*, le *chanvre* et le *coton*, qui ont une origine végétale, la *laine* et la *soie*, qui ont une origine animale.

Nous indiquerons les caractères microscopiques essentiels de ces matières examinées sur le porte-objet du microscope, soit mouillées à l'eau, soit imbibées de glycérine qui les rend transparentes.

FIBRE DE LIN (fig. 51). — Elle est cylindrique, lisse, plate, quand elle n'a pas été trop fortement comprimée ou tordue, plus raide, plus droite que les fibres de coton ; son diamètre est assez uniforme, avec un canal très fin au centre ; de distance en distance, on voit des nœuds ou cloisons.

Fig. 51. — Lin.

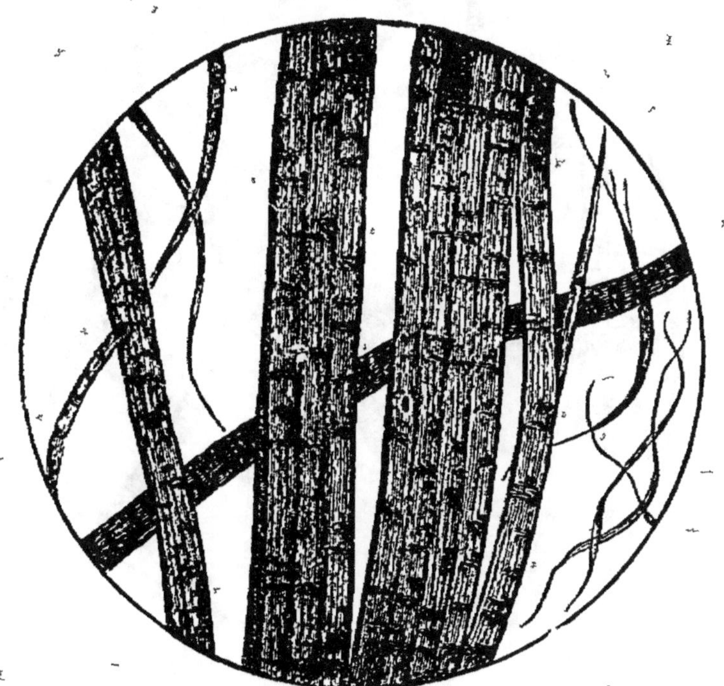

Fig. 52. — Chanvre.

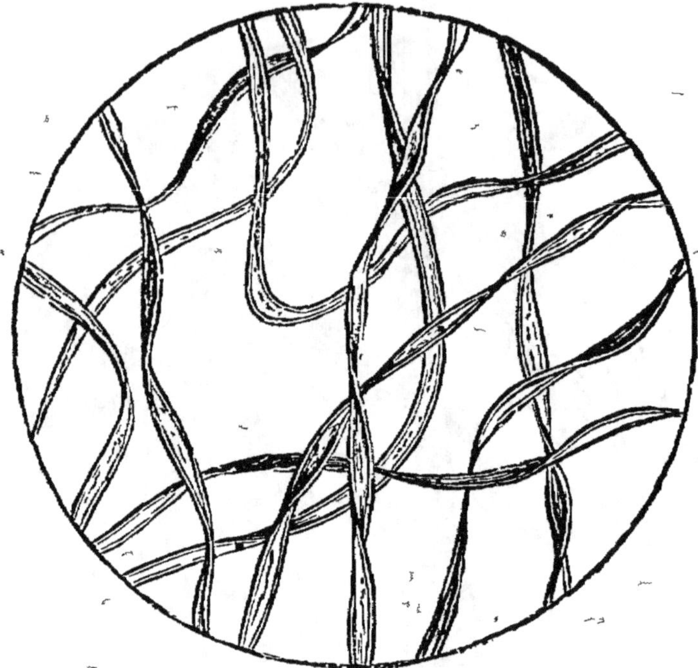

Fig. 53. — Coton.

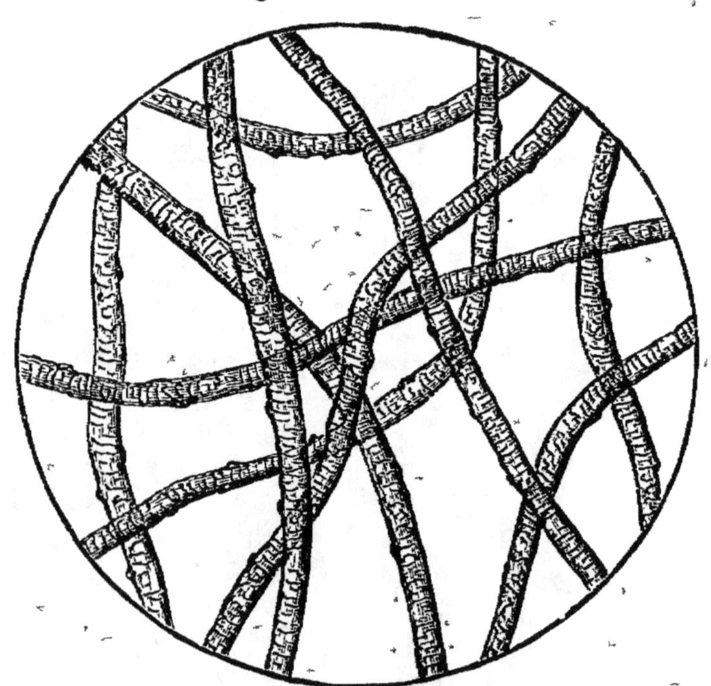

Fig. 54. — Laine.

FIBRE DE CHANVRE (fig. 52). — Elle est aussi sensiblement cylindrique et lisse, mais plus rigide et plus grosse. On y voit des nœuds comme dans le lin, mais ces nœuds sont munis de petits filaments ressemblant aux racines adventives de certaines plantes ; le diamètre est à peu près double de celui de la fibre du lin. La cavité intérieure est beaucoup plus large.

FIBRE DE COTON (fig. 53). — C'est un tube membraneux de petite épaisseur, creux, sans cloisons transversales,

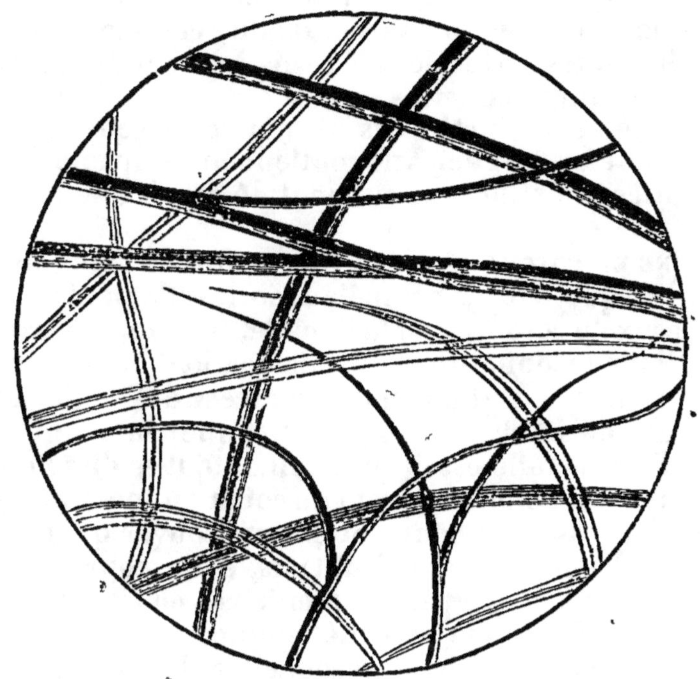

Fig. 55. — Soie.

fermé à ses deux extrémités quand il est complet. Ce tube est généralement aplati, ondulé et présente aussi une apparence rubanée.

FIBRE DE LAINE (fig. 54). — Elle est constituée par un tube cylindrique à surface rugueuse, recouverte d'écailles disposées comme les tuiles d'un toit, avec une pointe recourbée en dehors ; on y remarque en outre des stries extrêmement fines, toutes parallèles à l'axe. Ces tubes vont s'amincissant de la racine à la pointe où ils prennent une forme conique; à l'intérieur, est un canal médullaire d'un diamètre inégal.

FIBRE DE SOIE (fig. 55). — La fibre de soie, provenant d'une sécrétion d'abord liquide, n'a pas une apparence cellulaire. C'est un tube amorphe, lisse, cylindrique avec un diamètre très égal, brillant, sans cavité intérieure, il est souvent sensiblement aplati. Au microscope, on distingue facilement si le fil de soie est formé de fils de coton juxtaposés parallèlement, comme celui qu'on emploie pour la trame des tissus, ou s'il est tendu, comme la filoselle. Les différentes sortes de soie se distinguent par la comparaison de leurs diamètres.

Caractères distinctifs des fils qui composent les étoffes. —Quelquefois les étoffes ne contiennent pas exclusivement les matières textiles qui auraient dû servir à leur fabrication.

LAINE ET COTON. — Un genre de fraude assez commun est celui qui consiste à mélanger les filaments de laine avec ceux de coton, dans la flanelle, le drap, par exemple.

I. Pour reconnaître cette falsification, on fait bouillir pendant une heure ou deux un morceau de l'étoffe suspecte dans une dissolution de soude caustique contenant 5 p. 100 d'alcali : si l'étoffe est de pure laine, tout se dissoudra; si, au contraire, l'étoffe contient du coton ou toute autre fibre végétale, ces fibres pourront bien éprouver quelque altération, mais ne se dissoudront pas, et on pourra les séparer sous forme d'une pâte filamenteuse, en jetant le liquide sur un tamis en fine toile métallique.

II. On peut également reconnaître le mélange à l'aide de l'acide azotique. Pour cela, on mouille l'étoffe suspecte avec de l'acide azotique ordinaire, on la place sur une soucoupe qu'on laisse exposée, pendant sept ou huit minutes, à l'ardeur du soleil, pendant l'été, ou à la chaleur d'un poêle modérément chauffé, si l'on opère pendant l'hiver. Au bout de ce temps, tous les filaments de laine sont colorés en jaune et ceux de coton sont restés blancs. On lave l'échantillon, on le sèche et l'on peut alors séparer et compter les filaments de nature animale et ceux de nature végétale (Rouvier, Lassaigne).

III. On peut substituer l'acide picrique à l'acide azotique. Au bout de six à huit minutes de contact de l'étoffe avec cet acide, tout ce qui est laine s'est coloré en beau jaune, tandis que le coton ou le lin est resté blanc.

IV. On peut aussi imprégner le tissu d'une solution concentrée d'azotate mercurique, en le maintenant à une température de 40° à 50° : tout ce qui est laine se colore en rouge ou en amarante, en moins d'un quart d'heure; Les fils de coton n'éprouvent pas de coloration (Lassaigne).

V. On a également proposé de se servir de bichlorure d'étain, lorsque les tissus sont blancs ou peu colorés. Sous l'influence de la chaleur et de ce sel, les fils de coton ou de lin restent blancs; ceux de laine deviennent entièrement noirs (Maumené).

VI. L'acide sulfurique concentré détruit le coton et le lin à la température ordinaire et les transforme en dextrine ; la laine, au contraire n'est pas sensiblement altérée et prend une couleur rouge : si on soumet à l'action de ce réactif un tissu formé par un mélange de filaments végétaux et animaux, ceux de coton sont détruits plus ou moins rapidement, par suite de leur conversion en dextrine ; ceux de laine résistent.

VII. On découpe dans le tissu à essayer un morceau carré de 3 à 4 centimètres environ, on en tire tous les fils en travers (ceux de la trame) et tous les fils en long (ceux de la chaîne), et on brûle l'extrémité à la flamme d'une bougie. Les fils d'origine végétale brûlent rapidement avec une flamme, en exhalant l'odeur du papier enflammé, ceux en laine étant des matières animales, semblables aux cheveux, brûlent difficilement, car il se forme à leur extrémité un globule noir qui arrête la combustion, dès qu'on les retire de la flamme ; il se dégage, en même temps, l'odeur forte et caractéristique de la corne brûlée. Il est, par suite, possible de compter les fils de l'une et de l'autre origine ; mais ces caractères ne sont pas toujours aussi tranchés que nous venons de le dire, et l'on a quelquefois de la peine à se prononcer.

VIII. On peut reconnaître, dans un tissu de laine, la présence du coton, en le trempant dans une dissolution aqueuse de fuchsine, la laine se colore en rouge, le coton reste blanc ; il est possible par suite de cette coloration, de compter à l'œil nu les fibres qui entrent dans la composition du tissu. La soie se comporte comme la laine, dans un tissu de soie et de coton (Liebermann).

IX. On place de la tournure de cuivre dans un entonnoir en verre et on l'arrose avec de l'ammoniaque liquide seule ou additionnée d'un peu de chlorhydrate d'ammoniaque; la liqueur bleue qui s'écoule (*liqueur de Schweitzer*) permet de distinguer, dans un tissu, le coton, la soie et la laine, d'après la rapidité de leur dissolution. Le coton se dissout au bout d'une demi-heure; la soie au bout de vingt-quatre heures; la laine, si elle existe dans un tissu, pourra rester quinze jours au contact du liquide cuproammonical, sans éprouver la moindre modification dans sa texture.

Soie et laine. — I. On distinguera la soie de la laine par le plombite de soude qu'on prépare, en faisant bouillir une partie de litharge avec 15 parties de soude caustique et 100 parties d'eau. La laine seule colore le liquide en brun noirâtre, à cause du sulfure de plomb formé par le soufre qu'elle contient (Lassaigne).

II. On peut aussi distinguer la soie de la laine avec une dissolution aqueuse de chlorure de zinc neutre. La soie s'y dissout complètement; la laine reste intacte (Persoz).

Lin et coton. — La distinction entre le lin et le coton est facile.

I. Il suffit de prendre deux fils, de les tordre et de rompre. Le coton se cassera plus facilement et il présentera à ses deux bouts des filaments recourbés et tordus. Le fil de lin véritable se brisera et les bouts resteront droits après la brisure.

II. Pour reconnaître la présence du coton dans les toiles de lin écrues, on lave avec soin un morceau de toile suspecte, on fait sécher, puis on introduit l'échantillon dans un mélange de 2 parties de nitre desséché et 3 d'acide sulfurique du commerce. On laisse en contact, pendant huit à dix minutes, suivant la nature du tissu. On lave alors à l'eau pure, et l'on fait sécher. On a ainsi transformé le coton en *coton-poudre* ou *pyroxyle*, qui possède la propriété de se dissoudre dans l'éther alcoolisé (éther 11 p., alcool 32 p.), tandis que le lin n'a éprouvé aucune modification. Dès lors, si on traite la toile qui a subi cette préparation, par l'éther alcoolisé, le coton seul se dissoudra, et l'on pourra évaluer la quantité de cette fibre textile qui entre dans la confection du tissu.

III. On a également proposé de plonger le tissu, parfaitement desséché, dans de l'huile, et d'exprimer ensuite fortement pour chasser l'excès du corps. Les fils de lin, sous l'influence de l'huile qui les imbibe, sont devenus translucides, tandis que ceux de coton restent blancs. Il est facile, en débitant le tissu, de compter les fils de lin et de coton.

Avivage des étoffes. — Pour aviver la couleur des étoffes noires rougies et ternies, on emploie le procédé suivant, à l'aide duquel on réalise une véritable teinture.

I. On prend environ 60 grammes de bois de Campêche, coupé en petits fragments, on les enferme dans un petit sac en toile claire, et on les fait bouillir, dans une chaudière de cuivre, avec une quantité d'eau suffisante pour immerger complètement l'étoffe, dont on veut raviver la couleur. Cette étoffe est d'abord lavée avec de l'eau chaude, puis plongée tout humide dans la chaudière où on la fait bouillir pendant une demi-heure. Au bout de ce temps, on sort le tissu du bain, auquel on ajoute de 5 à 10 grammes de sulfate ferreux; on facilite la dissolution de ce sel, en agitant avec une baguette. Le liquide contracte aussitôt une coloration noire. Dans le bain ainsi préparé, on plonge une deuxième fois l'étoffe ; au bout d'un demi-heure d'ébullition, on la retire, on la laisse refroidir, puis on la rince à l'eau pure. La teinte noire a repris toute sa vigueur.

II. On peut modifier le bain d'avivage, en se servant des substances suivantes :

NOIR DE SEDAN		NOIR D'ELBEUF	
Sumac	20 parties.	Sumac	15 parties.
Campêche	20 —	Campêche	30 —
Couperose verte	20 —	Bois jaune	5 —
		Couperose verte	12 —
		— bleue	12 —

On opère comme précédemment.

III. Un autre procédé consiste à tremper la pièce d'étoffe dans de l'alcool ; on la laisse sécher, puis on la rince.

Blanchiment des étoffes. — J.-B. Thompson, de Londres, a inventé un nouveau blanchiment des toiles, des fils, etc., consistant à appliquer le gaz acide carbonique comme acidulateur.

L'emploi de ce gaz se fait dans un récipient fermé hermétiquement.

Le tissu à blanchir est bouilli avec de la cendre de soude, passé dans la machine à laver et mis dans le récipient avec du chlorure de chaux.

Le gaz acide carbonique agit sur le chlorure de chaux, forme du carbonate de chaux ou craie et met en liberté le chlore. Le chlorure naissant attaque l'eau, lui enlève l'hydrogène, et met en liberté l'oxygène, qui blanchit le tissu. L'hydrogène combiné au chlore forme de l'acide chlorhydrique, qui attaque la craie, et en chasse l'acide carbonique, lequel est employé de nouveau. Le chlorure de calcium produit est lui-même parfaitement soluble, il ne se forme donc aucun dépôt

Collage des étoffes sur métal ou sur pierre. — On peut employer une des formules suivantes :

1) Mélanger 100 parties de colle-forte bouillante avec 1 partie de térébenthine, faire bouillir le mélange un quart d'heure, en remuant, laisser un peu refroidir avant d'employer.

2) Mélanger 2 parties de laque en écailles avec 3 parties d'alcool camphré et 4 parties de fort alcool.

3) Mélanger 100 grammes de poudre de caséine avec 600 grammes d'eau, ajouter 40 grammes d'esprit de sel ammoniac ; faire dissoudre à chaud sans laisser bouillir. On obtient ainsi une colle tenace convenant parfaitement au but ci-dessus.

La face de l'étoffe devant s'appliquer sur la pierre doit être enduite de cette colle et séchée. On chauffe légèrement la pierre, puis on enduit celle-ci de colle de caséine, et enfin on y applique la surface préparée de l'étoffe. Le séchage doit se faire à température modérée.

Couleurs des étoffes. — Les couleurs obtenues par la teinture peuvent se diviser en trois classes, suivant le procédé employé :

1° Couleurs grand teint. — On donne ce nom aux couleurs fixes, solides, qui résistent à l'action du savonnage, du lessivage, des hypochlorites affaiblis, des acides et des alcalis faibles, de l'alcool et à l'influence puissante de l'eau, de la lumière et de la pluie. Néanmoins cette résistance n'est pas illimitée, cette fixité n'est pas absolue, car toute couleur peut disparaître sur une étoffe, en employant des réactifs convenables ; tels sont le chlore en applications répétées, les acides minéraux concentrés, surtout ceux de l'azote et du chrome ; mais il est des couleurs qui, comparées à d'autres, résistent mieux et plus longtemps à la destruction ; ce sont celles qui portent le nom de *couleurs grand teint*.

2° COULEURS BON TEINT. — Les couleurs de cette catégorie résistent aussi aux influences qui ont été signalées plus haut, mais elles s'altèrent plus rapidement que les couleurs de la première.

Les couleurs grand et bon teint sont celles de garance, d'indigo, de quercitron, de gaude, de bois jaune, de cochenille, de cachou, de noix de galle et de sels de fer.

3° COULEURS PETIT TEINT OU FAUX TEINT. — Ce sont des couleurs très altérables ; un simple lavage les détruit ; quelquefois l'air, le savon les fanent et les font virer ; les lessives alcalines, les acides faibles, les hypochlorites les enlèvent ou les altèrent.

Tels sont les principes colorants des bois rouges, du campêche, des graines de Perse et d'Avignon, du curcuma, du rocou et du carthame.

Essai de la couleur du drap. — DRAP BLEU. — Les draps teints au bleu de Prusse résistent à l'action de l'acide nitrique (à moins qu'on ne les brûle) et non à celle de la potasse, qui les rouille. Ceux qui ont été teints à l'indigo résistent à l'acide sulfurique et à l'acide chlorhydrique, mais non à l'acide nitrique.

I. L'acide sulfurique fournit un moyen rapide d'éprouver le bleu foncé, le bleu céleste, le gris de fer mélangé pour capotes militaires, le gris argentin. Pour cela, dans une capsule de porcelaine, contenant de l'eau à la température de 40° à 50°, on verse 30 à 35 gouttes d'acide sulfurique à 66° ; si l'on trempe dans ce bain un bleu bon teint, sa nuance ne change pas, elle rougit, au contraire, si elle a été faite au bois de Campêche, de Brésil, etc., et, suivant le plus ou moins d'abus de ces matières tinctoriales, elle dégorge du rouge en devenant violet foncé ou poupre-garance.

II. L'acide chlorhydrique à 20° ou 22° permet aussi d'éprouver sûrement la teinture bleue. On introduit rapidement l'échantillon dans un flacon à large ouverture contenant cet acide et on la presse, au sortir, dans une feuille de papier complètement blanc. Si le drap est bon teint, la mouillure communiquée au papier est très faiblement verdâtre et la couleur n'éprouve aucune dégradation ; si, au contraire, la teinture contenait des matières étrangères à la composition normale de la cuve, le papier deviendrait rouge ou violet.

Drap vert. — On l'essaye comme le drap bleu ; il ne doit laisser dégorger aucune coloration rougeâtre ; sa nuance peut se réduire à l'état de bleu plus ou moins clair, puisque l'indigo entre dans la composition du vert et lui sert de base, mais c'est la seule altération qui soit tolérable ; les draps bleus ne doivent en éprouver aucune.

Drap et étoffe écarlate. — On fait bouillir 15 à 16 grammes d'alun dans 500 grammes d'eau environ (*débouilli d'alun*) ; dans cette solution, on plonge, pendant six minutes, un échantillon du poids de 4 à 5 grammes ; on lave à l'eau froide et, quand le morceau est sec, on le compare au tissu qui n'a pas subi cette épreuve ; le fond des nuances bon teint n'est point emporté par ce débouilli, son action se borne à rendre l'écarlate pourpre ou tout au moins cramoisi foncé. Ce débouilli fait descendre aussi les autres couleurs à des nuances cramoisi plus ou moins clair, suivant leur caractère particulier ; en un mot, il ternit leur éclat, mais lorsqu'il décompose totalement la couleur, le drap n'est pas teint convenablement.

Drap et étoffe rouge, garance, jaune, jaune-vert, brun-marron. — I. On fait bouillir, dans 1 kilogramme d'eau, 10 à 15 grammes de savon (*débouilli au savon blanc*) et, pendant que l'eau bout, on y trempe l'échantillon. Cette épreuve, qui ne demande que cinq minutes, détruit ou affaiblit les nuances fausses et respecte celles qui ont été obtenues par de bons procédés. Après chaque essai, il faut laver avec soin les échantillons à l'eau pure et fraîche pour juger de leur état. L'eau du débouilli se colore toujours plus ou moins de la teinte des échantillons qu'on y éprouve, mais ce résultat n'a rien de suspect toutes les fois que l'étoffe conserve sensiblement sa teinte, et il faut se préoccuper non pas de la couleur qu'a contractée le débouilli, mais de celle qui reste aux étoffes qu'on en retire ; la couleur est grand teint si la nuance ne change pas trop.

II. On reconnaît si un tissu est teint à la garance à l'aide du procédé suivant : on mouille le tissu avec de l'acide chlorhydrique, il se produit une coloration jaune ou jaune orangé ; si alors on le trempe dans l'eau de chaux, il se manifeste une belle couleur violette qui passe au rose, en lavant à l'eau de savon.

Drap et étoffe fauve. — Pour cette couleur, que l'on désigne sous le nom de *couleur de bois foncé ou clair*, on fait dissoudre 30 grammes de carbonate de potasse dans 1 litre d'eau ; on soumet à l'ébullition, pendant cinq minutes, dans ce liquide, 8 grammes de l'étoffe à essayer. Si l'échantillon n'a pas changé, après avoir subi l'épreuve indiquée, on peut être sûr que la teinte est solide.

Drap noir. — I. Un soluté d'acide oxalique produit sur ce drap une tache vert olivâtre, s'il est teint en indigo, et orange foncé, s'il l'est avec le bois de teinture et la couperose.

II. On peut essayer aussi ce drap avec un débouilli formé avec 500 grammes d'eau, 30 grammes d'alun, 30 grammes de tartre rouge ; on porte le liquide à l'ébullition et on y maintient l'échantillon pendant quinze minutes, on lave alors à l'eau fraîche ; si le drap a reçu le *pied* d'indigo, il reste bleu presque noir ; dans le cas contraire, le fond ne conserve qu'une couleur grise.

Dorure des étoffes. — I. Pour fabriquer les étoffes d'or, on emploie ordinairement des fils métalliques qui rendent les tissus raides et pesants.

II. On arrive pourtant à couvrir les étoffes avec l'or métallique, tout en leur conservant une partie de leur souplesse. Le procédé consiste à plonger les fils ou les tissus de soie, d'abord dans une dissolution ammoniacale de nitrate d'argent. Après une ou deux heures d'immersion, on fait sécher les tissus et on les soumet à l'action d'un courant d'hydrogène pur, qui réduit le sel d'argent à l'état métallique. La soie ainsi recouverte d'une couche d'argent est devenue conductrice et peut être recouverte d'or par les méthodes que l'on met ordinairement en usage pour la dorure galvanique.

Imperméabilisation des étoffes. — I. On plonge, à plusieurs reprises, le tissu dans des dissolutions d'alun et de savon ; il se forme ainsi un savon d'alumine insoluble très divisé, qui bouche les pores des tissus et empêche l'eau de s'y introduire (Girardin et Bidard).

II. On a proposé de substituer au savon d'alumine l'acétate d'alumine obtenu en mélangeant deux dissolutions : l'une de 1 partie d'alun dans 1 partie d'eau ; l'autre de 1 partie d'acétate neutre de plomb dans 2 parties d'eau. On plonge l'étoffe dans ce mélange, on l'y maintient pendant quelque temps et on laisse sécher à l'air libre.

III. On prend :

Gélatine	500 p.	Alun	750 parties.
Savon de suif bien neutre	500 —	Eau	17 litres.

On fait bouillir le tout, et quand le liquide laiteux, ainsi obtenu, ne présente plus qu'une température de 50°, on y plonge le tissu à imperméabiliser, qu'on laisse bien se pénétrer de la matière préservatrice. On le retire alors, on l'égoutte, on le sèche, puis on le lave, on le sèche de nouveau et enfin on le calandre (Muzmann et Krakowitch).

IV. On a proposé la solution de blanc de baleine ou de paraffine dans l'alcool ou la benzine (Fortier) ; ou bien la paraffine fondue ou dissoute dans les essences minérales ; ou le sulfure de carbone (Stenhouse).

V. Pusch a indiqué un procédé qui rappelle celui de Girardin et de Bidard, et qui consiste à appliquer à la surface des tissus une solution de savon d'alumine bien privé d'eau, dans l'essence de térébenthine. Ce savon s'obtient par double décomposition, au moyen d'une solution de savon d'huile végétale et d'une solution d'alun ou de sulfate d'alumine.

VI. On prépare une solution avec :

Alun	10 grammes.	
Acétate de plomb	10	—
Eau froide	1000	—

On ajoute à cette solution 1 partie de colle de poisson

et l'on y plonge les étoffes pendant un temps plus ou moins long.

VII. On peut rendre imperméables les étoffes légères de coton par le procédé suivant : mouillez l'étoffe, à l'envers d'abord, avec une solution faible de colle de poisson, et lorsqu'elle est sèche, avec une infusion de noix de galles.

VIII. Employez une solution de savon ordinaire à la place de la colle de poisson, et une dissolution d'alun à la place de la noix de galles.

IX. Le bichromate de potasse a la propriété de rendre insolubles dans l'eau la colle forte et les gélatines. Ainsi des étoffes de coton, de lin ou de la soie, une fois enduites de cette colle rendue insoluble, sont devenues complètement imperméables. Pour insolubiliser la colle forte ou la gélatine, il suffit d'ajouter à l'eau qui la tient en dissolution 1 partie de bichromate de potasse pour 50 parties de colle forte ou de gélatine ; cette addition se fait au moment de s'en servir ; il est nécessaire d'opérer en pleine lumière.

Les Japonais fabriquent leurs parapluies avec du papier préparé par ce procédé.

X. Un procédé, inventé par MM. Gurnel, Griot et Polito, consiste à faire tremper le tissu du vêtement qui doit être imperméabilisé dans un bain composé d'eau naturelle ordinaire, additionnée d'alun, d'acétate de plomb, de *fucus crispus* ou *lichen carragaheen*, et de carbonate de soude.

XI. Le procédé Lèbre pour l'imperméabilisation des tissus, cuirs, etc., consiste à faire fondre au bain-marie vers 90 degrés centigrades et pendant vingt minutes environ, un mélange de térébenthine, de cire, et, facultativement, de styrax. S'il s'agit d'imperméabiliser de la toile pour sacs, voiles, bannes, etc., il suffit d'une immersion de une à cinq minutes dans le mélange ci-dessus indiqué. Pour enlever le liquide en excès et consolider l'enduit, il convient de passer la toile, au sortir du bain, dans deux cylindres chauffés à la vapeur ou autrement.

XII. On mélange ensemble :

Essence de térébenthine.......................... 2 parties.
Lithage pulvérisée.............................. 1 —
Huile de lin................................... 3 —

On fait bouillir au bain-marie avec précaution pour

éviter une inflammation inopinée. Après quoi, à deux reprises différentes, après intervalle, on imbibe avec une brosse l'étoffe à imperméabiliser

Ininflammabilité et incombustibilité des étoffes. — I. Pour rendre la mousseline ininflammable, on a proposé le *tungstate de soude*, mélangé d'une certaine quantité de craie de Briançon ; on l'applique pendant l'amidonnage des tissus. Il est évident qu'il faut renouveler l'application de ce préservateur, après chaque blanchissage, car on l'enlève en lavant l'étoffe (Versmann et Oppenheim).

II. On peut rendre les étoffes de toile et de coton ininflammables, en incorporant dans l'empois ordinaire moitié de son poids d'un mélange à parties égales de sulfate de zinc, de sulfate de magnésie et de sel ammoniac bien broyés, auquel on ajoute trois fois son poids d'alun ammoniacal (Kletzinsky) ; ou bien encore en introduisant dans l'empois un mélange pâteux de chlorhydrate d'ammoniaque et de plâtre.

III. Plonger l'étoffe dans un mélange de 4 parties de borax et de 3 parties de sulfate de magnésie dissous dans 20 à 30 parties d'eau chaude (Patera).

IV. Tremper d'abord l'étoffe dans une solution étendue d'acétate de plomb, puis, au bout de douze heures d'exposition à l'air, dans une solution chaude et moyennement concentrée de silicate de soude. Il se forme du silicate de plomb (Abel).

V. — MÉLANGE APPLICABLE A TOUS LES TISSUS LÉGERS (robes de danseuses, costumes de théâtre, etc,).

Sulfate d'ammoniaque pur..	8 kil.	Amidon...............	2 kil.
Carbonate d'ammoniaque pur	2,500	ou dextrine... 0,400	
Acide borique...............	3 kil.	ou gélatine... 0,400	
Borax pur.................	2 —	Eau ordinaire..........	100 —

VI. — MÉLANGE APPLICABLE AUX DÉCORS DÉJA PEINTS, A LA TOILE DE DÉCORS DÉJA MONTÉE.

Chlorhydrate d'ammoniaque.................	15 kil.	Colle de peau............	50 kil.
		Gélatine................	1 —
Acide borique..........,	5 —	Eau ordinaire...........	100 —

Ce mélange s'emploie à la température de 58 à 60 degrés, au moyen d'un pinceau, comme pour la peinture ordinaire.

VI. On trempe les vêtements dans une solution de chlorure de zinc étendu d'eau. On peut même se servir de cette solution pour délayer les amidons et poudres azurées ou autres. La plus fine batiste ainsi préparée, si on y met le feu, se réduira en cendre sans donner la moindre flamme.

VII. Une maison de Boston fabrique un tissu incombustible qui peut servir à revêtir les objets que l'on a intérêt à préserver plus spécialement de l'incendie, les coffres-forts, les cages d'ascenseurs, certains murs, etc... Ce composé se fabrique en imprégnant des fibres d'amiante ou des scories de laine avec un mélange de chaux, de magnésie et de silicate de soude, puis en soumettant le tout à une forte pression ; on obtient ainsi une sorte de tissu feutré, élastique, mauvais conducteur de la chaleur et de l'électricité et incombustible. Les bandes de ce tissu sont juxtaposées les unes aux autres contre la surface à protéger, puis jointes entre elles au moyen d'un ciment ayant la même composition et qu'on laisse sécher.

VIII. On immerge deux ou trois fois les tissus dans une solution concentrée d'alun. Ainsi traités, ils ne peuvent plus produire de flamme.

Utilisation des vieilles étoffes. — Sherwood a imaginé un moyen nouveau de séparer les fibres animales des fibres végétales dans les étoffes de rebut. Ce procédé, qui n'altère ni la structure, ni la couleur des fibres animales, permet de plus, d'appliquer à un grand nombre d'usages le coton, le chanvre et le lin séparés de la sorte. Il consiste à faire passer les étoffes et leurs débris dans une atmosphère d'azote ou d'acide carbonique mêlée de vapeurs acides qui ont été desséchées préalablement. L'auteur a découvert que les acides sulfurique, phosphorique, chlorhydrique, dépourvus d'eau, désagrègent les fibres végétales, en laissant les fibres d'origine animale intactes, avec leur forme, leur élasticité et leur couleur. Il produit cette atmosphère, exempte d'oxygène, dans un fourneau particulier, au moyen de la combustion de substances de minime valeur. Les acides sont introduits à part, sous la forme de vapeur. Lorsque les étoffes ont été traitées par ces agents, les fibres sont soumises à l'action de rouleaux cannelés, en présence d'un courant d'eau.

La laine et la soie demeurent intactes et sont recueillies séparément, tandis que les fibres végétales se retrouvent dans les eaux du lavage. On les sépare de ces eaux et on les soumet à un lavage par l'hyposulfite de soude, et ensuite on traite par l'eau. Dès lors, ils peuvent être employés avantageusement à la fabrication du papier et du carton. La laine et la soie n'ont perdu aucune propriété et conservent leur couleur, que ce traitement a pour conséquence de revivifier.

EXPLOSIFS. — 1. POUDRE DES MINEURS. — Cette poudre, inventée par M. Michalowski, se fabrique avec un mélange de son mouillé, de chlorate de potasse et de peroxyde de manganèse dans les proportions suivantes :

Chlorate de potasse............................ 50 parties
Bioxyde de manganese .... 5 —
Son.. 45 —

La poudre des mineurs se transporte sans aucun danger, car on parvient difficilement à en faire éclater des parcelles par le choc sur une enclume ; sa force serait sensiblement égale à celle de la dynamite, et les gaz produits par l'explosion seraient peu dangereux ; enfin on pourrait impunément la comprimer avec des bourroirs, à la condition de ne pas produire d'étincelles.

Ces conclusions paraîtront sans doute un peu trop absolues aux personnes qui ont manié le chlorate de potasse et qui connaissent les accidents résultant de son emploi. Ainsi nous croyons que cette poudre détrônera difficilement la dynamite.

II. PYRONOME. — M. Sandoy a inventé un nouveau mélange explosible, moins coûteux que la dynamite, mais plus dangereux dans sa fabrication et dans son usage. Voici la composition de ce produit, auquel il a donné le nom de *pyronome* :

Salpêtre............	69 parties.	Chlorate de potasse..	5 parties.	
Soufre	9 —	Farine de seigle.....	4 —	
Charbon...........	10 —	Chromate de potasse.	trés minime	
Antimoine	8 —		quantité.	

Le tout est mélangé avec une quantité égale d'eau bouillante qu'on laisse ensuite évaporer, et constitue alors une pâte, qu'on réduit en poudre après dessiccation.

III. DYNAMITE. — Voy. ce mot.

F

FAÏENCE ET PORCELAINE. — **Ciment pour la faïence et la porcelaine.** — On forme une pâte de consistance sirupeuse avec de l'oxyde de zinc, du chlorure de zinc et de l'eau. En badigeonnant les fragments avec cette pâte et en les maintenant l'un contre l'autre pendant le durcissement, la réparation est vite et solidement exécutée.

Colle liquide pour la porcelaine. — On obtient une excellente colle, en faisant fondre ensemble :

Colle de poisson......................................	20 grammes.
Acide acétique cristallisable.....................	20 —

On chauffe ensuite jusqu'à consistance sirupeuse, de manière que, par le refroidissement, la colle ainsi obtenue puisse se prendre en gelée. Quand on veut s'en servir, on met cette gelée sur le feu, pour la faire repasser à l'état liquide ; on en enduit les bords des objets cassés et on comprime fortement.

FER. — **Aciération du fer.** — L'*acier* dit de *cémentation* se prepare en faisant chauffer, pendant plusieurs jours, dans un four spécial, des barreaux de fer doux, en contact avec du charbon. Dans les ateliers, on pratique une espèce de cémentation partielle en effectuant ce que l'on appelle la *trempe au paquet*, mais c'est là une opération fort longue, que l'on peut abréger, à l'aide des méthodes suivantes. Il est vrai que la cémentation ainsi obtenue ne pénètre pas profondément, mais elle a l'avantage d'être très rapide.

I. On fait chauffer le fer jusqu'au rouge vif, on le frotte avec du ferrocyanure de potassium (*prussiate jaune de potasse*), on le remet ensuite au feu pendant quelques instants, puis on le plonge dans l'eau, où il acquiert une dureté analogue à celle de l'acier trempé..

II. On peut substituer au prussiate de potasse le sel ammoniac du commerce, mais alors le fer doit être frotté plus longtemps et il faut le maintenir constamment à la chaleur rouge jusqu'au moment de l'immersion.

Coloration du fer. — I, On fait un mélange d'une solution de 140 grammes d'hyposulfite de soude dans un litre d'eau et une solution de 35 grammes d'acétate de plomb dans un litre d'eau ; on chauffe à l'ébullition et on y plonge la pièce de fer, qui prend alors une coloration bleue, semblable à celle que l'on obtient par le recuit.

II. Si l'on plonge des objets de fer ou de fonte dans du soufre fondu additionné d'un peu de suie, il se forme une couche noire de sulfure de fer, susceptible d'un très beau poli.

Etamage du fer. — I. On étame les fourchettes de fer, les objets en fer battu, à l'aide d'un procédé analogue à celui que nous avons décrit pour le cuivre. Après les avoir décapés avec du sablon, on les essuie bien, on les plonge dans un bain d'étain, couvert de sel ammoniac, puis on les frotte avec de l'étoupe, pour rendre bien unie la couche d'étain qui doit y adhérer.

II. On étame également le fer, par voie humide, à l'aide d'un bain composé de :

Étain en plaques,	300 parties
Crème de tartre	75 —
Eau ordinaire	5000 —

On fait bouillir. Le fer doit avoir été préalablement nickelé à l'aide du bain suivant (Vivien et Lefebvre) :

Sel marin	60 parties
Sublimé corrosif	30 —
Sulfate de nickel pur	2 —

Inoxydation du fer, de la fonte et de l'acier. — Lorsque le fer est recouvert d'un oxyde magnétique, il est inattaquable par l'air atmosphérique.

Deux savants anglais, MM. Barf et Bower, appliquent deux méthodes à la production de cet oxyde.

I. La première méthode est employée principalement pour la *fonte*. Elle consiste à soumettre le métal, sous la température du rouge vif, à l'action d'un mélange d'acide carbonique et d'air en excès. Il se forme un dépôt superficiel de sesquioxyde de fer, qu'on transforme en oxyde magnétique en dirigeant sur la fonte les produits d'un gazogène, c'est-à-dire du carbure d'hydrogène et de l'oxyde de carbone, qui, s'emparant d'une partie de l'oxygène du sesquioxyde, le ramènent au degré immédiatement inférieur d'oxydation. Une opération complète dure de quinze à trente minutes, selon la nature et la destination des pièces à traiter, et le nombre des opérations auxquelles on soumet successivement ces pièces varie de quatre à huit.

Le prix de revient est inférieur à celui que l'on obtient par les procédés ordinaires, peinture, galvanisation ou tout autre moyen.

Un fait remarquable, c'est que tous les métaux soumis à ces procédés subissent un recuit en vase clos, et qu'ils profitent par conséquent des bons effets de cette opération, réalisée dans les conditions les plus favorables. Ainsi des marmites en fonte, fabriquées avec les fontes phosphoreuses des Ardennes, avaient perdu après le recuit toute leur fragilité.

II. Pour le *fer* et l'*acier*, le procédé est plus simple : c'est l'expérience de Lavoisier qu'on applique. Les objets, placés comme précédemment dans un laboratoire parfaitement clos, sont portés à la température du rouge cerise et soumis à l'action de la vapeur surchauffée à 700 degrés. La vapeur se décompose en présence du fer, l'oxyde magnétique se forme directement, l'hydrogène devient libre et s'échappe par une cheminée.

Régénération du fer brûlé. — On dit que le fer est *brûlé* lorsqu'il a perdu la texture nerveuse ou la ténacité qu'il aurait eue, s'il avait été bien forgé. Pour régénérer le fer brûlé, on prépare une dissolution bouillante saturée de sel marin, on chauffe au rouge vif le fer brûlé et on le plonge dans le liquide, jusqu'à ce que le métal ait acquis la température du bain (110°). Après cette trempe, le fer peut être replié sur lui-même et à froid, absolument comme on peut replier une barre de fer non brûlée. Il y a avantage à faire subir cette opération aux pièces de forge terminées et bien travaillées (Caron).

Soudure pour le fer à froid. — Un moyen pratique pour assembler et souder à froid les pièces de fer que l'on ne

peut pas chauffer, consiste à recouvrir les extrémités
d'un mastic formé de :

Soufre.......................	6 parties.
Céruse........................	6 —
Borax	1 —

diluées dans de l'acide sulfurique concentré ; on presse
fortement les deux pièces l'une contre l'autre. On laisse
reposer pendant cinq à sept jours; la soudure est alors
assez forte pour que l'on ne puisse plus séparer les deux
pièces, même en frappant au marteau la partie où a été
faite la jonction.

**Conservation du poli des instruments en fer, en fonte
ou en acier.** — I. Payen conseille de les maintenir plongés
dans une faible dissolution alcaline (1 p. de potasse pour
500 p. d'eau).

II. On peut aussi les recouvrir d'une couche de gomme
adragante, additionnée de potasse ou de soude caustique.

FER-BLANC. – Désétamage du fer-blanc. — T. Guy
Hunter préconise le désétamage rationnel du fer blanc,
en le faisant tremper dans une solution de sulfate de cuivre.
L'étain, entrerait en dissolution à l'état de sulfate ainsi
qu'un peu de fer, tandis que le cuivre se précipiterait chimiquement à l'état métallique.

FEU DE CHEMINÉE. — I. Lorsqu'un feu de cheminée
se déclare et que l'on est loin de tout secours, on peut
l'éteindre en jetant dans le foyer une certaine quantité de
soufre.

II. Lorsqu'on n'a pas de soufre, jeter une quantité d'oi-
gnons crus dans la cendre du foyer et à peine la peau en
est-elle brûlée que le feu s'éteint comme par enchantement.

Voy. *Grenades.*

FEUTRE. — **Transformation du feutre en métal.** —
M. Verk a obtenu des imitations de métaux avec le feutre,
comme matière première. A cet effet, l'objet est tout
d'abord moulé avec une couche de feutre que l'on recouvre
ensuite d'un enduit résineux mêlé de graphite; on le laisse
sécher, puis on le repasse avec un fer chaud. Un coup de
pierre ponce succède à cette opération et, avec le graphite
seul, on a une surface étincelante qui joue l'acier à s'y
méprendre.

Veut-on du cuivre, du bronze, de l'argent ? Le feutre,

rendu conducteur par son enduit, s'en couvrira dans un bain de galvanoplastie.

Les objets ainsi préparés sont légers, élastiques et indéformables. Les fabricants d'accessoires de théâtre, casques, cuirasses, etc., en feront leur profit, en attendant que la mode vienne des chapeaux cuivrés, bronzés ou dorés.

FEUX D'ARTIFICE. — Presque toutes les pièces d'artifice sont formées d'une enveloppe extérieure ou *cartouche*, en papier ou en carton, dans laquelle on introduit le mélange combustible. On prépare ces cartouches en enroulant du papier fort ou du carton mince enduit de colle, sur des cylindres en bois, de diamètre convenable, que l'on comprime dans cet état, par un mouvement de va-et-vient, au moyen d'une varlope semblable à celle des menuisiers, si ce n'est qu'elle n'a point de ciseau ni de cavité pour en recevoir. On étrangle ensuite l'extrémité des cartouches en l'entourant d'une ficelle savonnée, que l'on tend avec le pied au moyen d'une pédale, puis on les lie, au lieu de l'étranglement, au moyen d'une ficelle, en faisant le nœud dit de l'*artificier* (1); on étrangle aussi ordinairement en partie l'extrémité supérieure des cartouches, afin d'augmenter la vitesse du jet de feu; on ne laisse cette ouverture entièrement ouverte que lorsqu'on veut obtenir un feu lent et sans bruit. La charge est, pour la plupart du temps, aussi fortement comprimée que possible, afin de modérer la rapidité de la combustion.

Fusées communes. — La composition, pour les fusées au-dessous de 2 centimètres de diamètre, est de :

Poudre pulvérisée.......................... 16 parties.
Charbon.................................... 3 —

Pour celles d'un plus grand diamètre, on emploie un mélange de :

Poussier de poudre......................... 16 parties.
Limaille de fer............................ 4 —

(1) Voy. Héraud, *Secrets de l'Économie domestique*, article *Nœuds*.

Roues tournantes. — Pour un tube de moins de 2 centimètres de diamètre, on prend :

    Poudre à canon,............................... 16 parties.
    Limaille d'acier 3   —

pour de plus fortes dimensions :

    Poudre à canon,............................... 16 parties.
    Limaille d'acier 4   —

Feu chinois. — Lorsque le diamètre de la fusée est moindre que 2 centimètres, on prend :

    Poudre à canon .... 16 parties.
    Nitre,.. 8   —
    Charbon 3   —
    Soufre.. 3   —
    Tournure de fonte............................. 10   —

pour de plus fortes dimensions :

    Poudre à canon .... 16 parties.
    Nitre,.. 12   —
    Charbon 3   —
    Soufre.. 3   —
    Tournure de fonte 12   —

Brillants fixes. — Diamètre au-dessous de 2 centimètres :

    Poudre à canon................................ 16 parties.
    Limaille d'acier.............................. 4   —

ou :

    Poudre à canon................................ 16 parties.
    Tournure de fonte............................. 6   —

Soleils fixes. — Ils sont composés d'un certain nombre de fusées, distribuées comme les rayons d'une roue, et dont les extrémités ignivomes sont divergentes : toutes les fusées prennent feu à la fois. Pour cela, on se sert d'*étoupilles* ou mèches en coton, trempées dans une pâte faite avec de la poudre pulvérisée, un peu d'eau-de-vie et de gomme arabique que l'on fait sécher, puis que l'on enroule dans une feuille de papier mince ; ces feuilles sont enroulées un peu coniques, de sorte que l'on peut aisément les enfiler, par leurs extrémités, les unes dans les autres et obtenir une conduite aussi longue que l'on veut. Les *gloires*, les *éventails*, les *mosaïques*, les *palmiers*, les *cascades* sont des pièces d'artifice formées de fusées distribuées de diverses manières.

ÉTOILES FIXES. — Ce sont des fusées fermées par les deux bouts, et percées, près de l'une des extrémités et dans le même plan, de cinq trous, dans l'enveloppe, de telle sorte que la fusée, étant fixée horizontalement, produit en brûlant, vue dans le sens de son axe, cinq jets lumineux qui représentent une étoile fixé. La charge est ainsi composée :

	É. ordinaires.	É. brillantes.	É. colorées.
Nitre....................	16	12	»
Poudre à canon pulv..	4	12	16
Antimoine en poudre.,	2	1	2
Soufre.................	4	6	6

LANCES. — On donne ce nom à de longues fusées de petit diamètre, faites avec des cartouches de papier. Celles qui brûlent le plus vivement doivent être les plus longues. Elles sont chargées à la main, sans aucun moule, avec des baguettes de différentes longueurs et ne sont pas étranglées à la bouche, mais simplement munies de mèches. La composition est la suivante :

Lances blanches :

Nitre................	16 parties.
Soufre.............	8 —
Poudre à canon......	4 ou 3 —

Lances blanc bleuâtre :

Nitre................	16 parties.
Soufre.............	8 —
Antimoine...........	4 —

Lances bleues :

Nitre................	16 parties.
Antimoine...........	8 —

Lances jaunes :

Nitre................	16 parties.
Poudre à canon......	16 —
Soufre.............	8 —
Succin.............	8 —

Lances plus jaunes :

Nitre................	16 parties.
Poudre à canon......	16 —
Soufre.............	4 —
Colophane..........	3 —
Succin.............	4 —

Lances verdâtres :

Nitre................	16 parties.
Soufre.............	6 —
Antimoine..........	6 —
Vert-de-gris.......	6 —

Lances œillet :

Nitre....................	16 parties.
Poudre à canon...........	3 —
Noir de fumée...........	1 —

FEUX DE COULEUR. — Les bases de ces compositions sont : 1° un mélange de :

> Chlorure de potassium...................... 80 parties.
> Soufre..................................... 20 —

2° Un mélange de :

> Nitre .... 75 parties.
> Soufre.................................... 25 —

On ajoute à 100 parties du mélange n° 1 pour produire une couleur

Rose clair :
Florure de calcium........ 36 parties.

Rose foncé :
Craie .... 40 parties.

Rouge :
Carbonate de strontiane .. 30 parties.

Jaune :
Carbonate de soude fondu 30 parties.

Bleu clair :
Sulfate de potasse........ 20 parties.

Bleu foncé :
Sulfate de cuivre ammoniacal . 30 p.
Sulfate de potasse .... 30 —

Vert clair :
Acide borique............. 20 parties.

Vert :
Carbonate de baryte..... 20 parties.

Violet :
Sulfate de potasse....... 20 parties.
Carbonate de chaux..... 20 —

Orange :
Carbonate de soude...... 30 parties.
Carbonate de chaux...... 10 —

FEU INDIEN. — Il sert à produire dans les théâtres des feux d'un éclat extraordinaire, il est formé de :

> Nitre...................................... 24 parties.
> Soufre .... 7 —
> Réalgar .... 2 —

FEUX DE BENGALE :

> Nitre...................................... 7 parties.
> Soufre..................................... 2 —
> Antimoine .... 2 —

Ce mélange est fortement tassé dans des écuelles en terre et on jette quelques morceaux de mèche sur la surface.

FUSÉES VOLANTES. — Le cartouche est semblable à celui des autres fusées, seulement il est plus long, plus fortement collé et chargé d'une façon différente : en effet, pour permettre à ces fusées de s'enflammer presque instanta- nément, sur toute leur longueur, un espace cylindrique est ménagé autour de l'axe, c'est-à-dire que la ligne centrale est tubulaire. Les artificiers appellent cet espace *l'âme de la fusée*. On ménage ce vide en y maintenant, lors de la charge, une baguette de métal de dimensions convenables, et en bourrant la composition avec un bourroir creux, suivant son axe ; pendant le bourrage, on soutient le corps de la fusée, en la plaçant dans un moule ou cylindre en cuivre. On charge soit avec la composition des fusées or- dinaires, soit avec le feu brillant, soit encore avec le feu chinois. Quant le cartouche est chargé, on lui ajuste le *pot*, c'est-à-dire un tube de carton plus large que le corps de la fusée et d'environ un tiers de sa longueur. Après avoir été étranglé au fond comme la bouche d'une fiole, il est attaché au bout de la fusée au moyen de fil et de colle ; ceux-ci sont ensuite couverts de papier. La garniture, c'est- à-dire les serpenteaux, les pétards, les étoiles, les pluies de feu, est introduite dans le bout de la fusée et recouverte par du papier plié en double. Le tout est enfermé dans un tube de carton se terminant en un cône, lequel est fortement collé au pot. On introduit alors la mèche ou étoupille dans l'âme de la fusée. La baguette attachée au bout des fusées volantes, pour diriger leur vol, est faite de saule ou de quelque autre bois léger. La longueur de cette baguette est de 18 à 20 fois celle de la fusée ; elle doit aller en diminuant, de manière à ce que le bout effilé soit de moitié moins fort que le gros bout, elle doit être telle qu'en plaçant la fusée sur le doigt, à quelques centimètres en avant de la mèche, l'extrémité libre de la baguette emporte la fusée. L'âme de la fusée doit avoir au fond 1/5 de celui de la fusée, à l'ouverture 2/5 à 1/2 de cette même dimen- sion.

ÉTOILES. — Ce sont de petits cubes ou de petits cylindres faits avec une des préparations suivantes et trempés dans l'esprit-de-vin.

Étoiles blanches :		*Étoiles blanches plus vives :*	
Nitre	16 parties.	Nitre	16 parties.
Soufre	8 —	Soufre	7 —
Poudre à canon	3 —	Poudre à canon	4 —

Étoiles pour pluies d'or :		*Étoiles jaunes :*	
Nitre,	16 parties.	Nitre,	16 parties.
Soufre	10 —	Soufre	8 —
Charbon,	4 —	Charbon,	2 —
Poudre à canon,	16 —	Noir de fumée,	2 —
Noir de fumée	2 —	Poudre à canon,	8 —

SERPENTEAUX. — Ce sont de petites fusées faites avec une ou deux cartes à jouer ; leur calibre est au-dessous de 1 cent. 1/4. Leur composition est :

Nitre,	16 parties,	Poudre à canon,	4 parties,
Charbon grossièrement		Soufre	4 —
concassé,	2 —	Limaille fine d'acier	6 —

Les *lardons* sont un peu plus grands et sont formés de trois cartes ; les *vétilles* sont plus petites.

Les *pétards* sont des cartouches remplis de poudre ordinaire et étranglés.

Les *saxons* sont des cartouches enduits d'argile à chaque bout, chargés avec poudre à canon 16 parties, sable micacé jaune 1 ou 2 p., charbon 1 p., et perforés d'un ou deux trous à l'extrémité du même diamètre.

Le *marron* est une boîte carrée ou ronde, de carton ou de parchemin, remplie de poudre à canon en grains et liée tout autour avec du fil retors.

CHANDELLES ROMAINES. — Ce sont des fusées qui jettent successivement de très brillantes étoiles ; on place premièrement, dans le cartouche, une charge de poudre à canon proportionnée aux dimensions de l'étoile; au-dessus de cette charge, on met une étoile, ensuite une charge de composition pour les chandelles romaines et ainsi de suite jusqu'à ce que le cartouche soit rempli. La composition des chandelles romaines est de :

Nitre	16 parties
Charbon	6 —
Soufre	3 —

POT A FEU. — On nomme ainsi une fusée immobile, qui en renferme un grand nombre, de plus petites dimensions, destinées à être lancées en l'air. Pour la faire, on prend un large cartouche, au fond duquel on met de la poudre que l'on recouvre d'un rond de carton percé au centre, pour recevoir une fusée plus petite qui communique le feu. La partie vide, située entre la paroi interne du gros cartouche et la partie externe du petit, est remplie de serpenteaux. On recouvre le tout d'un fort papier percé, pour laisser passer la fusée centrale.

Petits soleils. — On fait un long cartouche, que l'on enroule en spirale sur lui-même, et que l'on enfile, par le centre, dans un clou qui sert à le fixer à un poteau vertical. Lorsqu'on met le feu à l'extrémité de la fusée, le soleil se met à tourner, plus ou moins rapidement, par suite du recul dû à la combustion de la charge ; la composition est formée de :

Poudre à canon........................	16 parties
Charbon..............................	1 —
Sable micacé jaune....................	1 ou 2 . —

FILS MÉTALLIQUES. — Charges qu'ils peuvent supporter. — Des fils métalliques de 2 millimètres de diamètre se rompent sous les poids suivants :

	kil.		kil.
Fer.................	249,459	Or..................	68,216
Cuivre..............	137,399	Étain..............	24,200
Platine.............	124,000	Zinc...............	12,710
Argent.............	85,000	Plomb.............	9,000

FILTRATION. — La filtration est un véritable tamisage qui permet de séparer une substance insoluble du liquide dans lequel elle flotte. On obtient ce résultat, en faisant passer le liquide trouble à travers certains corps, dont le tissu est assez serré pour retenir les substances qui en troublent la transparence, tandis que les parties fluides s'écoulent librement, à travers les mailles ou les pores.

Les matières qu'on emploie le plus habituellement à cet usage sont le papier blanc non collé, connu sous le nom de *papier joseph*, le coton cardé, les tissus de laine ou de coton croisé, en peau de chamois, etc.

Filtres en papier. — Le papier joseph doit remplir plusieurs conditions : il faut qu'il se laisse traverser rapidement par les liqueurs, sans qu'elles passent troubles ou imparfaitement limpides ; un papier qui filtre lentement doit être rejeté, il fait perdre trop de temps. Le papier gris filtré très rapidement, mais il a le défaut de colorer parfois le liquide. Le papier joseph, pour pouvoir être employé, a besoin d'être plié d'une certaine manière, c'est au papier ainsi façonné que l'on donne le nom de *filtre de papier*. On emploie deux sortes de filtres de papier, les filtres *plissés* et les filtres *unis;* les premiers se laissent aisément traverser, ils sont excellents quand il ne s'agit que de purifier et d'éclaircir un liquide ; les deuxièmes servent surtout quand on veut recueillir la substance en suspension.

FILTRE PLISSÉ. — On prend un carré de papier, on le plie en deux, suivant la diagonale AC, comme dans la figure 56. On plie A sur B pour obtenir le pli E, puis toujours dans le même sens A sur E, pour obtenir le pli F. On plie alors en sens inverse A sur F pour obtenir le pli G, et, tenant ce pli serré entre les doigts, on en fait un de même sens entre F et E. On ramasse tous ces plis entre les doigts et l'on plie l'espace ECB comme l'espace ACE, en faisant alternativement les plis en sens inverse, et ainsi de suite. Ces plis doivent être fortement arrêtés par la pression de l'ongle, mais ils ne doivent pas se prolonger jusqu'en C,

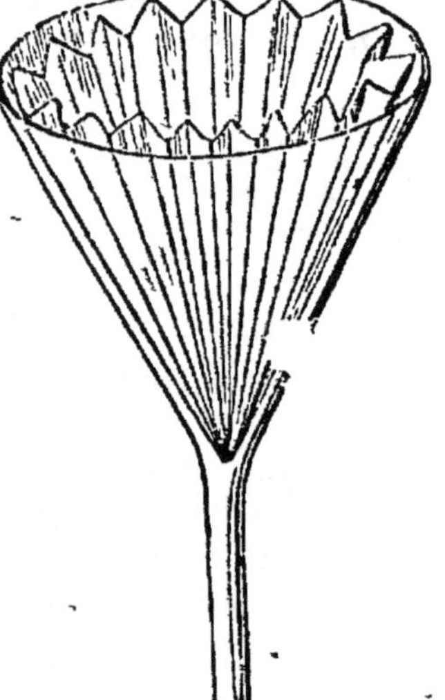

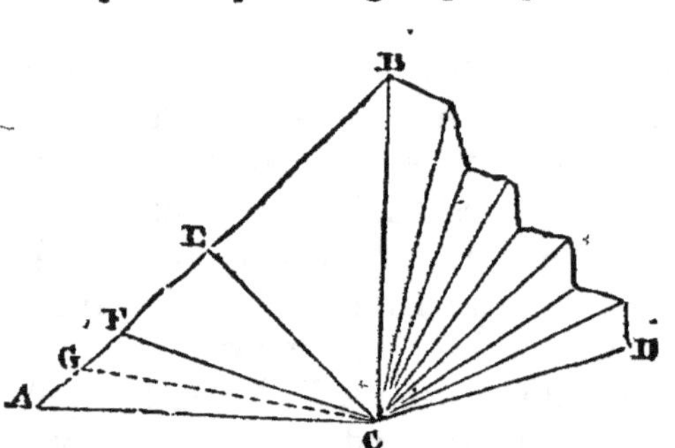

Fig. 56. — Manière de plier un filtre à plis.   Fig. 57. — Filtre plissé dans un entonnoir.

parce que l'accumulation de tant de plis en ce point affaiblirait considérablement le papier, et, une fois faits, ils doivent être disposés comme ceux de BCD. Lorsque le filtre est plissé, on en rassemble tous les plis l'un contre

l'autre et on les coupe à la longueur du plus court rayon,
pour avoir une partie supérieure horizontale. On introduit
le doigt dans l'intérieur, jusqu'au centre,, que l'on presse
dans le creux-de la main, pour lui donner de la rondeur ;
on a ainsi un cône divisé en parties égales, formant des
angles alternativement rentrants et saillants, sauf pourtant sur deux points opposés correspondant à A et D, qu'il
faudra diviser par un angle rentrant, à l'aide d'un pli
intermédiaire. On l'introduit enfin dans l'entonnoir, de
manière qu'en s'y développant, il prenne la forme indiquée
par la figure 57.

FILTRES UNIS. — Ils s'obtiennent en pliant deux fois un
carré de papier (fig. 58) dans la direction des deux diago-
nales ; on coupe alors à la longueur du plus court rayon;
en séparant un quart de cercle des trois autres, on obtient

Fig. 58. — Manière de plier un filtre uni.

une cavité en forme de cône régulier qui s'applique exactement dans les entonnoirs dont les parois sont inclinées
sous un angle de 60°. Quand on se sert d'un filtre uni, il
convient de bien appliquer les feuilles contre les parois de
l'entonnoir, de manière à empêcher, autant que possible,
l'écoulement entre le papier et le verre et forcer le liquide
à s'échapper par la pointe du filtre.

Les entonnoirs destinés à recevoir les filtres sont toujours en verre, leurs parois ne doivent pas présenter de
parties bombées qui font souvent déchirer le papier. La
forme la plus avantageuse des entonnoirs destinés à la
filtration est celle d'un cône, dont l'angle au sommet est
compris entre 50 et 60° ; les filtres s'ajustent aisément
dans des entonnoirs semblables, et la filtration y est
rapide.

Comme dans les filtres de papier, le liquide ne passe

que par les points où le papier n'est pas en contact avec le verre, il faut éviter que ce contact ait lieu sur un trop grand nombre de points. On emploie, pour cela, soit des entonnoirs à cannelures intérieures droites (fig. 59), soit et mieux encore des entonnoirs de cristal, dits *spiralifères*, dont la surface est formée de spires venues par le moulage (fig. 60).

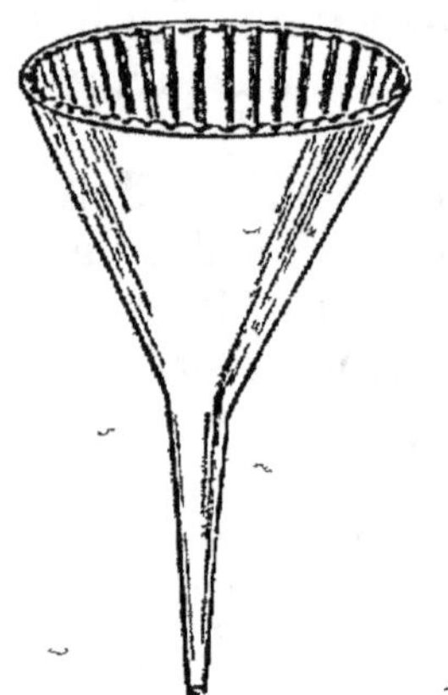

Fig. 59. — Entonnoir cannelé.

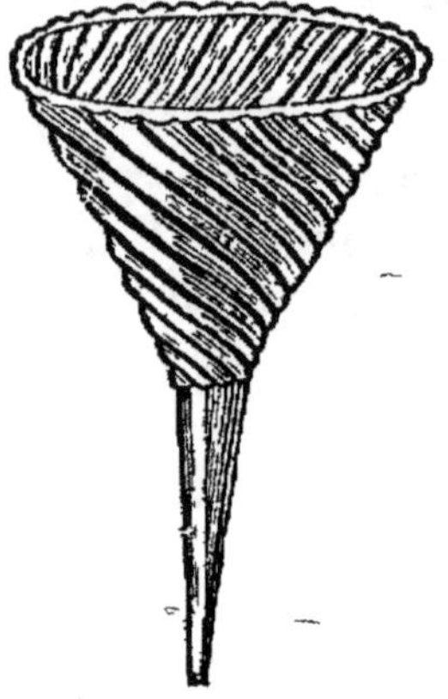

Fig. 60. — Entonnoir spiralifère.

Un filtre doit toujours être plus petit que l'entonnoir, de façon à ce que son bord soit de 3 à 4 millimètres au-dessous de l'entonnoir ; sa pointe ne doit pas être trop large et ne pas boucher complètement la douille de l'entonnoir, sinon la filtration serait ralentie. Quand on le place dans l'entonnoir, celui-ci doit être bien sec, car la plus petite goutte d'eau risque de percer le papier, si elle s'y attache pendant qu'on le glisse dans l'entonnoir. Pour empêcher le filtre plissé de crever à la pointe, on peut doubler cette pointe, mais il vaut mieux doubler le filtre en entier, car un filtre double débite souvent plus vite qu'un filtre simple : ses plis se maintenant plus aisément libres de toute adhérence, soit entre eux, soit avec les parois de l'entonnoir.

Le liquide à filtrer doit toujours être versé de manière à ce que le jet, dirigé à l'aide d'une baguette de verre, le long de laquelle on le fait glisser, vienne frapper, non pas

le fond, mais la partie latérale du filtre. En effet, lorsque
le jet du liquide tombe directement d'une certaine hauteur
sur le fond du filtre, il déchire souvent le papier. Les entonnoirs doivent être maintenus immobiles pendant toute
la durée de la filtration ; pour cela on les engage dans un
anneau (fig. 61) faisant partie d'un support métallique à
pied lourd et massif. La disposi-
tion suivante est des plus avantageuses ; elle consiste à engager la
douille de l'entonnoir dans le col
du vase où l'on reçoit le liquide :
une bande de papier pliée en plusieurs doubles doit être interposée
entre l'entonnoir et l'ouverture
du vase, pour permettre la sortie
de l'air qui mettrait obstacle à la
filtration. Le liquide qui a filtré
est ainsi mis à l'abri des poussières atmosphériques et de l'évaporation ; toutes les fois qu'une
filtration dure longtemps et que
le liquide est volatil, il est bon de
couvrir l'entonnoir avec une lame
de verre.

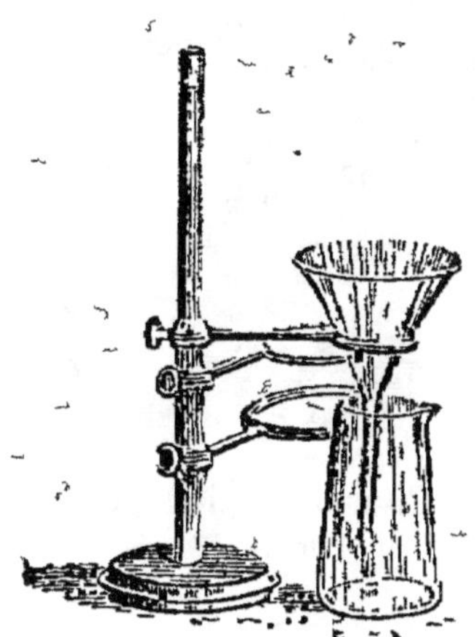

Fig. 61. — Entonnoir
et son support.

Lorsqu'on se sert d'un filtre de papier et que l'opération
est longue, on ne tarde pas à reconnaître que la méthode
qui vient d'être indiquée est insuffisante, soit parce que
le papier finit par s'appliquer contre les bords de l'entonnoir qui lui sert de support, soit parce qu'il crève sous
l'influence du poids qu'il supporte, soit, enfin, parce que
ses pores finissent par se boucher et ne livrent plus passage au liquide. On peut conjurer, en partie, le deuxième
inconvénient en étendant le papier sur une toile lessivée
modérément tendue sur un châssis en bois garni de
pointes de fer ou *carrelets*. Tantôt ce châssis (fig. 62)
repose directement sur la terrine où l'on reçoit le liquide
filtré, tantôt il est muni de pieds qui permettent de glisser, sous le linge un récipient d'une certaine hauteur (fig. 63).

Pour augmenter la résistance du papier à filtrer, on
plonge le papier à filtrer ordinaire dans de l'acide nitrique

présentant une densité de 1,42, et on le soumet ensuite à un lavage à l'eau.

Le papier ainsi préparé diffère beaucoup du papier-parchemin préparé au moyen de l'acide sulfurique; on peut le laver et le frotter comme un linge. Ainsi préparé, le papier à filtrer se rétrécit et perd un peu de son poids. Quant à sa résistance, on a constaté qu'une bande de papier de 25 milli-

Fig. 62.—Châssis pour la filtration.

Fig. 63. — Châssis à pied pour la filtration.

mètres de largeur, qui, repliée en forme de boucle se rompait, avant la préparation, sous une charge de 100 à 150 grammes, pouvait supporter 1,500 grammes après le traitement à l'acide nitrique.

Filtres en coton cardé. — Quelquefois au lieu d'un filtre en papier, on se sert de coton cardé. C'est ainsi qu'on procède à la filtration des huiles et des essences.

Le coton s'emploie, dans un entonnoir ordinaire, on en remplit la tige à moitié environ, et l'on a soin de l'y maintenir en faisant pénétrer, préalablement, dans cette tige, quelques morceaux de verre brisé. Il importe de ne presser le coton ni trop ni trop peu, et surtout d'éviter de verser directement la liqueur sur le coton, qui s'affaisserait de suite. Ici la filtration ne s'opère que par une très petite surface, aussi le coton se remplit bientôt d'une couche épaisse de lie, il cesse d'être perméable, et il est nécessaire de le changer fréquemment.

Filtres au charbon pilé, pour acides et alcalis. — Les acides concentrés et les alcalis sont filtrés sur du charbon pilé ou mieux des fragments de porcelaine, de verre ou de pierre ponce que l'on dispose dans le fond de l'entonnoir.

Filtres en tissus de laine ou de coton croisé. — ÉTAMINE ou BLANCHET. — C'est un carré d'étoffe de laine, que l'on tend sur un châssis comme les toiles. Les filtres de laine ne peuvent pas servir à la filtration des liqueurs alcalines, car ces liqueurs les détruisent.

CHAUSSE OU CHAUSSE D'HIPPOCRATE. — C'est une sorte de cône de drap ou de molleton (fig 64 et 65), dont le bord est muni d'un cercle de fil de fer ou d'osier qui tient l'ouverture béante. Ce bord (fig. 64) est garni de cordons qui servent à suspendre la chausse quand elle est pleine. Un fil attaché dans l'intérieur (fig. 65), au sommet du cône, permet de le relever (fig. 66), pour mettre le liquide en contact avec les parties supérieures de l'étoffe, moins engorgées par les impuretés qui se sont déposées.

Il est préférable de remplacer les cordons par de petits anneaux que l'on accroche dans l'intérieur d'un entonnoir en métal, recouvert d'un couvercle destiné à s'opposer à l'évaporation des liquides volatils et à

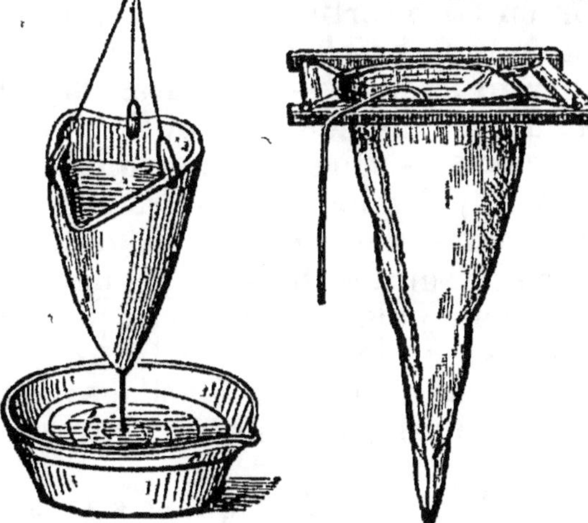

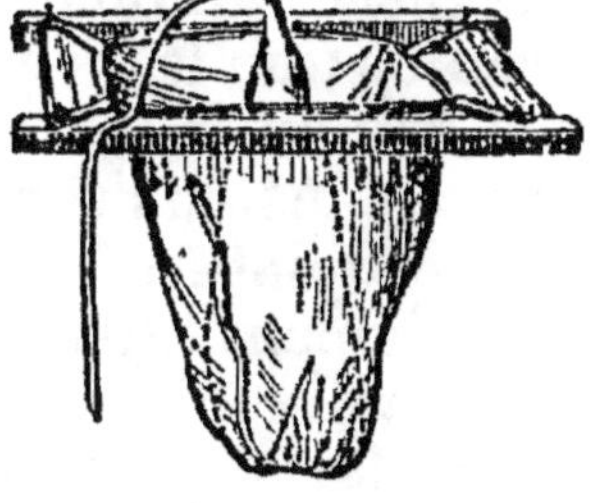

Fig. 64. — Chausse suspendue par des cordons.

Fig. 65. — Chausse suspendue à un châssis.

Fig. 66. — Chausse dont le fond a été relevé.

empêcher le contact de l'air. Ces entonnoirs sont ordinairement en cuivre étamé, la douille très courte est munie d'un robinet. On les suspend au-dessus du vase destiné à recevoir les liquides, ou bien on les pose sur une cruche couverte d'un bouchon percé d'un trou.

La filtration de la chausse présente, sur la filtration au

papier, l'avantage d'être plus rapide, à cause de la surface plus étendue qu'on emploie. Seulement la nature du tissu des chausses doit être en rapport avec celle du liquide à filtrer. Si le liquide est très fluide, un tissu un peu serré est convenable; si au contraire on a affaire à un liquide visqueux, un sirop, par exemple, le tissu devra être un peu lâche. Dans tous les cas, si la chausse est neuve, il faut, avant de s'en servir, la plonger dans un liquide semblable à celui que l'on veut filtrer. On bouche ainsi, en partie, les pores trop ouverts; malgré cela, il est rare qu'au début, on n'obtienne pas un produit louche. On attend, dans ce cas, que le liquide coule parfaitement clair et on renverse, dans la chausse, les parties qui ont passé en premier lieu. Quand l'opération est finie, on rince la chausse à grande eau, on la frotte dans les mains, après l'avoir retournée pour en faire sortir les impuretés dont elle est imprégnée, et on la fait sécher promptement. On ne doit jamais savonner ni lessiver les chausses, dans la crainte de leur communiquer un mauvais goût.

Filtres en peau de chamois. — On se sert quelquefois de peau de chamois d'égale épaisseur, c'est-à-dire exempte de places amincies. On coupe cette peau à la grandeur voulue; on la lave dans une solution faible de sel de soude ou de tout autre alcali, pour enlever la graisse; puis on rince dans de l'eau froide avant de s'en servir.

Les teintures, les sirops et même les mucilages sont rapidement filtrés. Un litre du sirop le plus épais filtrera en huit à dix minutes.

En lavant ce filtre à fond, chaque fois qu'on s'en sera servi, il durera longtemps.

FIXATIF. — **Fixatif pour les dessins.** — I. Lorsqu'il s'agit de *crayon*, tremper la feuille de dessin dans du lait cuit que l'on a laissé bien se refroidir : on laisse sécher, puis on recommence l'opération, et le crayon est fixé.

II. Pour le *fusain*, couvrir le dessin, à l'aide d'un pulvérisateur comme on en trouve chez tous les coiffeurs, d'un liquide formé de parties égales de gomme laque et de résine copal dissoute dans l'essence légère de pétrole.

FLAMME. — La combustion donne lieu à la production d'une *flamme*, qui n'est autre chose que le faisceau des gaz, dégagés sous l'influence d'une haute température, tendant à gagner les parties élevées en raison de leur densité moindre que celle de l'air, resserrés enfin par la pression de cet élément ; de là vient la forme allongée de la flamme.

La théorie de la flamme est loin d'être absolument fixée ; cependant, si l'on en considère une, celle d'une bougie, par exemple, on voit qu'elle se compose de trois parties principales (fig. 67) : une portion extérieure g, h, i, qui est peu éclairante, mais qui atteint une haute température ; une portion intermédiaire, c, d, e, qui est le véritable foyer lumineux ; une partie centrale f, b, obscure, peu éclairante et relativement moins chaude ; enfin, en dessous, une petite portion a, a, de couleur bleue. Les physiciens ne sont pas d'accord sur le mode de combustion de ces différentes parties ; on peut dire néanmoins que la combustion est d'autant plus vive que l'on se rapproche davantage de la périphérie de la flamme, parce qu'on se rapproche davantage de l'oxygène, source première de la combustion.

La portion centrale, obscure, est le point où les hydrocarbures se dégagent, mais sans se décomposer encore ; dans la portion intermédiaire, éclairante, ces hydrocarbures se dédoublent, C se transforme en CO au contact d'une certaine proportion de O ; plus loin, lorsque O devient plus abondant, H se combine avec ce dernier

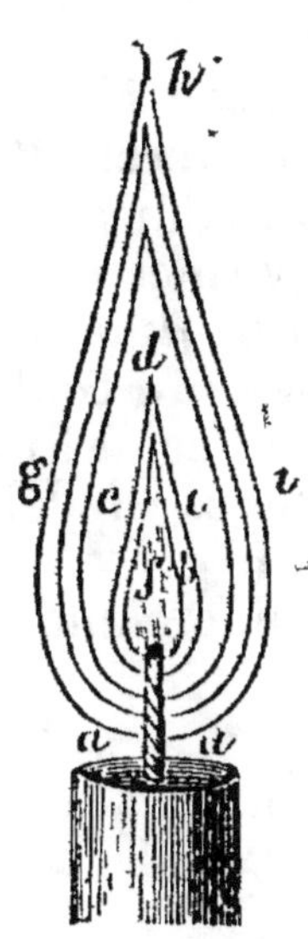

Fig. 67.— Une flamme. — a, a, partie inférieure de la flamme de couleur bleue ; b, b, partie centrale obscure ; c, d, e, partie centrale très éclairante, véritable foyer lumineux ; g, h, i, partie extérieure de la flamme, peu éclairante, mais à une haute température.

en brûlant et donne de la vapeur d'eau, et CO, s'oxydant davantage, se transforme en CO^2. On voit tout de suite que, si, pour un motif quelconque, l'accès de O fait défaut ou n'est pas suffisant, la combustion s'opère mal, la flamme est rouge, peu éclairante et donne lieu à un épais dépôt de noir de fumée ; ce dernier n'est autre chose qu'un mélange de carbone pur et d'hydrocarbures.

Dans les circonstances ordinaires, une matière éclairante pouvant brûler dans un air tranquille, sans donner lieu à la formation d'une flamme fuligineuse, doit contenir six parties de C pour une de H ; si la proportion de C diminue, comme dans l'alcool, la flamme n'est pas éclairante ; s'il est en excès, il y a production considérable de noir de fumée, comme dans la flamme de térébenthine ; celle-ci contient sept parties et demie de C pour une de H.

FLUOROGRAPHIE. — Procédé qui permet de transporter sur le verre, au moyen d'*encres fluorées*, des images lithographiques ou phototypiques. Au contact de l'acide sulfurique, ces encres dégagent de l'acide fluorhydrique, qui grave sur le verre des images si délicates qu'on les croirait tracées par la neige et le givre.

Pour obtenir ce résultat artistique, on encre une phototypie avec le mélange suivant :

Glycérine........	400 grammes.		Savon	100 grammes.
Eau..............	200	—	Borax ....l.	50	—
Spath fluor	100	—	Noir de fumée........	50	—
Suif	100	—			

On en tire des épreuves, que l'on reporte sur le verre comme sur une pierre lithographique ; la glace étant bordée avec de la cire, on la recouvre d'acide sulfurique concentré à 64 ou 65° Baumé. Après vingt minutes, on enlève l'acide, on lave la glace à grande eau et on la nettoie avec une solution de potasse pour faire disparaître toute trace d'acide. Finalement, on effectue un dernier lavage à l'eau, et l'on essuie avec un linge chaud. Le verre est dès lors *givré* de ses arabesques gracieuses.

FONTE. — **Cuivrage et bronzage de la fonte.** — On décape les pièces, puis on les plonge dans un bain composé de 10 parties d'acide azotique et 10 de chlorhydrate de cuivre dans 80 parties d'acide chlorhydrique à 15° B., on les frotte avec un chiffon de laine et une brosse douce, et au bout de quelques secondes, on les lave à l'eau pure, on les essuie ensuite avec un chiffon de laine. On répète ce bain et ces nettoyages successifs plusieurs fois, jusqu'à ce que la couche de cuivre ait acquis l'épaisseur désirée. On parvient de cette manière à cuivrer tout ou partie des objets polis ou bruts ; ce procédé se distingue par une grande simplicité et par le bon marché des produits à employer ; ajoutons que sa solidité est extrême.

Si on veut donner aux objets cuivrés l'apparence du bronze, on doit les frotter avec une solution de 4 parties de sel ammoniac, 1 d'acide oxalique et d'acide acétique dans 30 parties d'eau. Cette opération doit se répéter jusqu'à ce qu'on ait obtenu la teinte désirée.

Emaillage de la fonte. — Les substances généralement employées pour l'émaillage des objets en fonte adhèrent mieux sur la fonte blanche que sur la fonte grise, parce qu'elle contient moins de carbone que cette dernière.

M. Holsenz, pour obtenir des objets dont les surfaces à émailler soient pauvres en carbone, a revêtu les surfaces correspondantes de ses moules d'une substance avide de carbone telle que le soufre. Ce corps forme, avec le carbone de la fonte, du sulfure qui brûle rapidement. L'inventeur emploie du soufre en poudre, mélangé à des quantités plus ou moins considérables de quartz ou de charbon de bois pulvérisé. Il a aussi réussi avec de légères couches d'huile ou de pétrole.

Les substances ainsi obtenues peuvent être émaillées directement sans avoir été décapées, un simple nettoyage suffit.

M. Holsenz obtient aussi la décarburation des surfaces d'objets qui ont été fondus dans des moules ordinaires. A cet effet il les chauffe au rouge, après les avoir recouverts d'une légère couche d'acide sulfurique à 60 degrés.

Trempe de la fonte malléable et non malléable. — M. Jenkins prend les pièces de fonte devant être trempées, de toutes formes, soit à leur état brut, soit après qu'elles ont été limées et travaillées, il les chauffe à une température voisine du rouge cerise, et les travaille au marteau pour condenser le métal ; après cette opération, il les élève de nouveau à une température qui leur redonne de la couleur rouge cerise : il les retire du feu et les couvre partout d'une préparation composée de 7 parties de prussiate de potasse et d'une de charbon de bois, le tout bien pulvérisé et mélangé. Il les replace sur le feu, jusqu'à ce que cette composition ait disparu, mais en ayant soin d'élever toujours la température au rouge cerise, et il les plonge dans un bain composé d'environ :

Eau....................	130 litres.	Sulfate de soude..........	566 gr.
Huile de vitriol..........	3 k. 600	Sel marin..............	850 —
Sel ammoniac............	1 — 250		

Quand il retire la fonte de cette solution, elle est devenue très dure, elle a beaucoup de corps et peut être employée pour fabriquer des haches, des cognées, etc.

FUMÉE. — Respirateur Tyndall. — Il filtre très bien l'air et permet de pénétrer dans les milieux les plus irrespirables, dans la fumée d'un incendie par exemple. La figure 68 en donne une idée très exacte. Cet appareil est

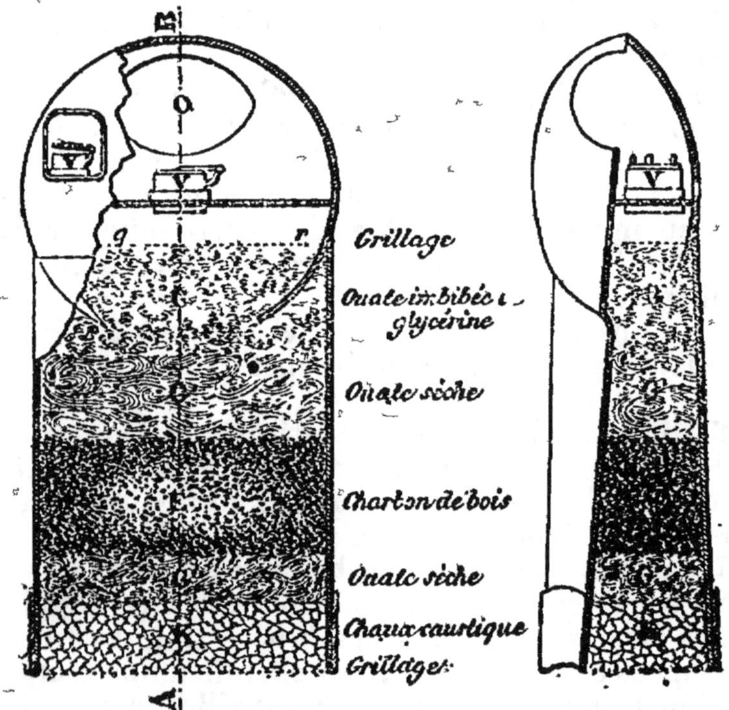

Fig. 68. — Respirateur Tyndall, pour pénétrer dans les fumées.

composé de substances propres à filtrer l'air ou à absorber les gaz délétères.

Respirateur Pasteur. — Pasteur avait proposé une

sorte de respirateur qui est resté à l'état d'instrument de laboratoire et n'est pas entré dans la pratique.

G

GLU. — **La bonne glu.** — La matière collante et résineuse que l'on désigne sous le nom de *glu* est fort usitée. Elle sert — et ce n'est pas son principal mérite — à tendre des pièges aux petits oiseaux. Mais on l'emploie aussi pour faire des colles, des enduits, qui rendent de grands services.

I. Le gui sert souvent à la préparation de la glu.

II. Il vaut mieux faire usage du houx.

On fait bouillir de l'écorce de houx pendant dix ou douze heures ; lorsque la partie verte est séparée du reste, on l'expose pendant une quinzaine de jours dans un endroit humide, en ayant soin de la recouvrir, on la pile ensuite, de façon à former une sorte de pulpe, qu'on lave dans un courant d'eau, jusqu'à ce qu'elle ne contienne plus aucune fibre. Puis on laisse fermenter pendant quatre ou cinq jours et on écume à plusieurs reprises.

Pour l'emploi, on ajoute, en se plaçant au-dessus du feu, un tiers de partie d'huile de noix ou de graisse légère.

Si l'on peut mettre cette recette en pratique, il faut la suivre de préférence à la recette ci-après, qui est peut-être plus à la portée de tous.

III. Dans un pot de fer, on met de l'huile de lin jusqu'au tiers. On place le pot sur un feu doux et on laisse bouillir lentement, jusqu'à ce qu'après avoir remué de temps en temps avec un bâton, l'huile soit devenue assez épaisse. En plongeant le bâton huileux dans l'eau froide, on facilite l'épaississement, qu'on arrête lorsqu'il est suffisant.

GRAISSAGE. — Pour lubrifier les organes des machines, on emploie des graisses composées de différentes matières. Voici quelques formules :

I. — Suif de Russie.............................. 1
Huile d'olive 1

Ce mélange entre en fusion à 30°.

II. — Plombagine en poudre fine............... 16 grammes.
　　Axonge .... 84 —

III. — GRAISSE LIQUIDE.

Soude caustique........................... 125 grammes.
Huile de lin.............................. 8 litres.
Suif .... 75 grammes.

On dissout la soude dans 8 litres d'eau ; on fait chauffer à 95° ; on ajoute alors le suif, puis l'huile en agitant. Le produit est renfermé dans des bouteilles.

IV. — Plombagine ..... 10 gr. | Savon vert .... 10 gr.
　　　Saindoux........ 10 — | Mercure .... 1 —

On éteint le mercure dans le saindoux, en triturant les deux corps dans un mortier ; on ajoute la plombagine pulvérisée, puis le savon vert. Cette matière ne peut servir pour lubrifier les pièces en cuivre ou en bronze.

V. — GRAISSE POUR WAGONS.

Suif blanc .... 60 kil. | Sel de soude........... 9 kil.
Huile de poisson....... 25 — | Eau .... 96 —
Résine................ 10 — |

Après avoir réduit la résine en poudre fine, on la fait fondre dans une chaudière et l'on ajoute le suif. Quand la fusion est complète, on verse l'huile de poisson ; on introduit alors le tout dans un tonneau muni d'un agitateur, et on incorpore le sel de soude, dissous dans l'eau un peu tiède. La composition est versée dans des tonneaux où elle s'épaissit au bout d'un temps qui varie entre vingt-quatre et quarante-huit heures, suivant la température.

VI. GRAISSE D'ASPHALTE. — Cette graisse, employée pour les essieux de voiture, est un mélange d'huile de pétrole, de naphte et de savon vert.

GRAVURES. — **Transport de gravures noires sur papier, toile, bois, etc.** — **Prenez :**

Alun.. 5 grammes.
Eau pure...................................... 20 —

mettez le tout dans une petite fiole ; bouchez la fiole et placez-la devant le feu, afin qu'une chaleur modérée hâte la dissolution de l'alun ; agitez de temps en temps.

HÉRAUD. — Secrets de la Science. 13.

D'autre part, faites dissoudre dans une assiette :

Savon blanc de Marseille (en raclures) ....   5 grammes.
Eau   20   —

écrasez, remuez et battez, avec une petite baguette, en ajoutant successivement de nouvelle eau, jusqu'à ce que le savon dissous forme une espèce de bouillie très fluide, sans grumeaux.

Quand la double solution sera bien faite, passez une couche d'eau alunée, à l'aide d'un pinceau doux, sur le papier blanc où vous voulez décalquer la gravure ; laissez sécher à moitié.

Puis, trempez la face de la gravure dans la dilution savonneuse, de manière à en imbiber exactement et uniformément la surface ; posez-la directement toute mouillée sur la feuille blanche, et mettez sous presse avec quelques feuilles de papier dessous et dessus : le savon et l'alun se trouveront ainsi en contact. Si vous n'avez pas de presse, suppléez-y au moyen soit de vos mains que vous passerez quelque temps à plat en appuyant de toutes vos forces, soit d'un fer à repasser, etc.

A la suite d'une compression suffisante, il faut séparer avec précaution la feuille et la gravure avant qu'elles soient sèches ; cette dernière, sans être elle-même altérée, aura fourni une empreinte, sinon d'une pureté absolue, du moins dans les conditions d'une esquisse pouvant être dessinée, coloriée ou peinte.

GRENADES EXTINCTIVES.— I. 200 gr. de chlorure d'aluminium, dissous dans 20 litres d'eau.

II. 350 gr. d'alun calciné, pulvérisés dans 10 litres d'eau.

III. 3 kilogrammes de sulfate d'ammoniaque pulvérisé, dissous dans 5 litres d'eau.

IV. 2 kilogrammes de chlorure de sodium, dissous dans 40 litres d'eau.

V. 350 grammes de carbonate de soude, dissous dans 5 litres d'eau.

VI. 4 kg. 500 de verre soluble (silicate de potasse) liquide, incorporés dans 20 lit. d'eau.

GUTTA-PERCHA. — UN SUCCÉDANÉ DE LA GUTTA-PERCHA, (Procédé Davenport et Cole.) — Réduire en poudre fine du papier mâché ou de la pulpe de papier bien desséchée; la mélanger avec de la glu, de la colle, du goudron, du vernis, de la gomme copal, de la poix, de la résine et une petite quantité d'huile ; lui donner la couleur voulue, en ajoutant une matière colorante convenable.

Ce composé peut remplacer la gutta-percha pour un grand nombre d'emplois.

H

HORLOGES. — Nouveaux cadrans. — Dans la vie civile, on a, depuis l'antiquité, l'habitude de diviser le jour, non pas, comme on le dit généralement, en vingt-quatre heures, mais en deux fois douze heures, ce qui ne revient pas du tout au même. En effet, les heures étant numérotées seulement de zéro à douze, il y a dans la journée deux moments qui portent le même nom, et quand on parle de *huit* heures, par exemple, il faut avoir soin d'ajouter si c'est huit heures *du matin* ou de huit heures *du soir*. Cela est une source perpétuelle d'équivoques : qui de nous, pour ne citer qu'un cas, en consultant un indicateur des chemins de fer, n'a souvent perdu bien du temps et risqué de s'embrouiller dans les désignations *matin* et *soir* qu'il faut aller chercher tout au haut des colonnes ?

Un moyen bien simple d'éviter ces embarras serait de se mettre à compter les heures de zéro à vingt-quatre, depuis minuit ; c'est là certainement une des recommandations du Congrès de Washington que l'on peut suivre le plus aisément. Dans ce système, les noms des heures jusqu'à midi ne subiraient aucun changement, mais une heure du soir deviendrait treize heures ; huit heures du soir, vingt heures ; et ainsi de suite en ajoutant toujours douze. Pour répandre plus vite cette habitude, il suffirait de donner aux horloges publiques la disposition que représente notre figure 69 ; les chiffres des heures seraient marqués de zéro à vingt-quatre sur deux cercles concentriques, le cercle intérieur correspondant aux heures de jour (de six heures à dix-huit heures) et le cercle extérieur aux heures de nuit. Cela ne nécessiterait aucun changement dans les mouvements. En astronomie, on avait déjà l'habitude de compter de cette façon les heures, de zéro à vingt-quatre; mais le jour astronomique commençait à midi, douze heures plus tard que le jour civil. Le Congrès de Washington a invité les astronomes à reporter à minuit leur point de départ de l'heure, pour rétablir l'uniformité; espérons que, dans la vie civile, on ne se montrera pas plus entêté que les savants; puisqu'ils ont adopté le point de départ du public, le public voudra à son tour adopter la manière de compter des savants; au bout de quelques jours d'expérience, il aura bien certainement reconnu que c'est pour lui tout profit (A. Angot).

HUILES. — **Épuration des huiles à brûler.** — Les huiles, quelle que soit leur nature, sont troubles quand elles sont récentes, elles ne se clarifient qu'au bout d'un temps plus ou moins considérable, en laissant déposer une matière albumineuse, des débris de parenchyme, etc.

L'huile récente brûle mal, répand beaucoup de fumée, elle n'empêche pas la formation des *champignons* : en un mot, elle est impropre à l'éclairage, si on ne l'épure à l'aide d'un moyen chimique. Cette épuration des huiles est surtout industrielle, mais on peut la réaliser en petit, à l'aide du procédé suivant.

On place l'huile dans un tonneau défoncé, puis on y verse, par fraction, 1 1/2 à 2 ou 3 centièmes d'acide sulfurique à 66°, on bat le tout, pendant 20 ou 25 minutes, à l'aide d'un plateau cylindrique en chêne de 15 centimètres de diamètre fixé à un manche de 1^m,50 de long; on laisse reposer, pendant un quart d'heure, et l'on agite encore pendant quelques minutes. Le mélange est d'abord vert; mais au fur et à mesure que les parties albumineuses et autres se charbonnent, il devient noir, des flocons se forment, qui nagent dans la masse; on ajoute alors de la craie délayée en bouillie épaisse; 1 p. d'acide sulfurique exige au plus 1 p. de craie. On laisse déposer et l'on soutire l'huile, dans un autre tonneau défoncé, dont le fond est percé de trous garnis de mèches de coton ou de laine cardée. Le déchet varie de 1,5 à 2 p. 100.

On reconnaît que l'épuration a été complète, quand l'huile, en brûlant, ne noircit ni ne charbonne la mèche, quand elle ne la couvre pas de petits champignons, quand

Fig. 69. — Horloge pneumatique à cadran de vingt-quatre heures.

elle n'est ni colorée ni trouble. Une huile bien épurée doit présenter une certaine viscosité; une limpidité trop grande proviendrait de l'emploi d'un excès d'acide; une huile pareille se consume trop vite.

On juge de la valeur d'une huile en en faisant brûler une quantité déterminée dans une veilleuse; on tient compte alors de la durée de cette huile, de l'aspect et de l'éclat de la flamme, et l'on compare ces phénomènes à ceux que produit, dans les mêmes conditions, une huile de bonne qualité.

Epuration de l'huile pour l'horlogerie. — En France, on considère l'huile d'olive comme étant la meilleure, pour diminuer les frottements, dans les mouvements d'horlogerie.

I. Pour purifier cette huile, les horlogers emploient un procédé très simple: il consiste à plonger, dans le vase qui contient l'huile, une lame de plomb bien décapée et à placer au soleil ce vase bien bouché. Peu à peu, l'huile se couvre d'une couche caséiforme, qui se dépose en partie au fond, elle se décolore et elle devient limpide. Dès qu'il ne se forme plus de dépôt, l'opération est terminée et il ne reste plus qu'à séparer la partie fluide.

II. Dans les pays où croît l'olivier, on peut préparer l'huile pour l'horlogerie à l'aide de la méthode suivante. On choisit des olives bien mûres, on les pèle avec beaucoup de soin, en rejetant celles qui sont gâtées et on enlève les noyaux. La chair est battue et réduite en pâte dans un mortier, puis pressée fortement dans une toile. L'huile qui a découlé est filtrée, d'abord dans un tamis de crin, puis dans un filtre de papier gris, garni intérieurement d'une couche de coton. Cette filtration se fait dans un endroit frais; l'huile filtrée est renfermée dans des bouteilles parfaitement bouchées. Un mois après, on filtre de nouveau cette huile, dans un gobelet conique que l'on a fait tourner dans un morceau de bois de tilleul très vieux et très sec; ce gobelet d'un demi-litre environ de capacité a des parois d'un millimètre d'épaisseur et l'on a soin de le placer sous une cloche pour le mettre à l'abri des poussières qui volligent dans l'air. Trois jours sont nécessaires pour cette filtration; l'huile a acquis une grande fluidité et elle est très convenable pour l'horlogerie (Laresohe).

Huiles siccatives. — Certaines huiles (lin, noix, chènevis) possèdent la propriété, lorsqu'elles sont exposées au contact de l'air, de produire une gelée transparente ; cette matière constitue le vernis que laissent en séchant les huiles employées pour la peinture. C'est à cause de cette propriété que les huiles ont reçu le nom de *siccatives*.

On augmente la siccativité, en traitant les huiles par certaines substances telles que les oxydes de plomb, de zinc, de manganèse (Voy. *Siccatif*).

I. C'est surtout l'huile de lin que l'on soumet à cette manipulation ; pour cela, on la mélange avec 7 à 8 p. 100 de son poids de litharge et on la fait bouillir, pendant trois à six heures, dans un pot vernissé, en l'agitant de temps en temps. On écume le liquide, et quand il a contracté une coloration rouge, on le retire du feu et on le laisse se clarifier par le repos. On trouve au fond du vase une poudre d'un gris foncé, qu'on sépare par filtration. L'huile ainsi préparée porte le nom d'*huile de lin cuite*.

II. L'*huile manganésée* s'obtient en faisant bouillir l'huile pendant cinq à huit heures, avec au moins 10 p. 100 de peroxyde de manganèse (Leclaire). Il n'est point nécessaire d'ailleurs de soumettre à cette opération la totalité de l'huile qu'on veut rendre siccative ; ainsi la siccativité de l'huile de lin pure étant représentée par 1 et celle de l'huile manganésée par 8,43, celle d'un mélange de 156 parties d'huile pure et de 44 parties d'huile manganésée, qui devait être 2,655, est en réalité 12,112, c'est-à-dire 4,59 fois plus considérable.

Procédé pour reconnaître la présence des huiles grasses dans les huiles minérales — On a parfois utilité à s'assurer industriellement qu'il n'y a pas de mélanges d'huiles grasses dans les huiles minérales.

La méthode, due à M. de la Rovère, est fondée sur ce principe que les solutions aqueuses, étendues de fuchsine, décolorées par les alcalis caustiques reprennent leur coloration première sous l'action des acides.

Le réactif, très sensible, se prépare ainsi qu'il suit :

On dissout un demi-gramme de fuchsine, ou chlorhydrate de *rosaniline*, dans un demi-litre d'eau distillée portée à l'ébullition ; on ajoute ensuite goutte à goutte une solution de soude caustique à 30 0/0 environ jusqu'à complète décoloration, en évitant de rendre la solution trop alcaline, ce qui nuirait à la sensibilité du réactif. Enfin, on porte le volume à un litre, par addition d'eau distillée, et l'on conserve pour l'usage dans des flacons bien bouchés.

Pour faire l'essai, on verse dans une soucoupe ou dans une capsule de porcelaine quelques gouttes de l'huile à examiner, puis on y fait tomber deux gouttes de réactif et l'on agite vivement à l'aide d'une baguette en verre. La coloration rose apparaît instantanément et va en s'accentuant avec le temps ; elle est durable, d'intensité proportionnelle à la richesse de l'huile minérale en huile grasse.

Huile de roses. — Prenez des roses des quatre saisons, effeuillez-en dans un bocal de manière à former un lit de feuilles de roses pas trop épais. Couvrez d'une couche de sucre en poudre, et recommencez en alternant les roses et le sucre, jusqu'à ce que le vase soit rempli. Couvrez-le d'une coiffe en parchemin, exposez-le au soleil jusqu'à ce que le sucre fondu et le suc des fleurs forment au fond du vase une liqueur ; remplissez le vide laissé par la macération des feuilles avec de l'esprit-de-vin, laissez une heure environ l'esprit se mêler à la liqueur de roses, versez le tout dans une chausse d'étamine et laissez égoutter sans presser. Quand tout sera passé, mettez en bouteilles. Pour donner à cette huile la couleur de son nom, mettez de la cochenille dans un linge très fin, et laissez-la séjourner dans votre huile jusqu'à ce qu'elle ait pris la couleur. Cette liqueur de roses, dont le parfum est suave et délicat, peut très bien remplacer l'essence de roses.

HYDROMÈTRE. — L'hydromètre de M. Decoudun permet de contrôler à distance la hauteur des liquides dans les réservoirs, les bassins, les citernes, etc... Cet appareil se compose simplement d'une cloche en fonte remplie d'air, qui communique avec un indicateur à cadran à l'aide d'un tube en cuivre de 3 à 4 millimètres de diamètre. La cloche étant placée au fond d'un réservoir ou d'un puits, la pression de l'air contenu dans la cloche variera suivant la hauteur du liquide et se trouvera transmise à l'indicateur. Ce dernier porte une graduation, qui fait connaître, non pas la pression de l'air, mais la hauteur du liquide dans le réservoir. L'indicateur peut être placé à une certaine distance du réservoir contrôlé, dans un atelier, dans un bureau, et en général à l'endroit où la surveillance sera le plus facile.

I

IMPERMÉABILISATION. — On donne ce nom à l'ensemble des procédés usités pour empêcher certaines substances telles que le cuir, les étoffes, les papiers, etc., d'être pénétrées par l'eau. Voy. *Étoffes* et *Papiers*.

INCOMBUSTIBILITÉ. — Incombustibilité des matières organiques. — Il est impossible de prévenir, au moyen d'une substance chimique, la destruction par le feu des matières organiques, telles que le bois, les étoffes, le papier ; la chaleur, dès qu'elle sera suffisamment intense, exercera nécessairement son action désorganisatrice.

Néanmoins, il est possible, par l'emploi de certaines substances salines, de recouvrir les objets inflammables d'une couche inaltérable au feu, et, par suite, de rendre moins graves les effets de l'incendie. Certainement la matière combustible sera détruite ; mais, par suite de la présence de la couche protectrice dont on l'aura revêtue, l'oxygène atmosphérique ne pourra intervenir. la destruction ne s'accompagnera pas de flamme et alors l'incendie ne pourra se propager à distance. Rendre une matière organique incombustible ne consiste pas à la mettre à l'abri de toute altération par le feu, mais simplement à l'empêcher de brûler avec flamme. Voy. *Bois, Étoffes, Papiers*.

IVOIRE. — L'ivoire animal est une substance fine, blanche et dure, qui provient des énormes dents ou défenses de l'éléphant.

Blanchiment de l'ivoire, des os, du bois. — I. On dépose les objets en ivoire dans une caisse vitrée, en les soutenant à quelques millimètres au-dessus du fond sur de petits chevalets en zinc, et l'on remplit la caisse avec de l'essence de térébenthine rectifiée ou non. Une exposition de trois ou quatre jours au soleil suffit pour un blanchiment complet ; à l'ombre, il faut un peu plus de temps. L'essence de térébenthine est un oxydant très puissant, qui transforme la matière grasse qui imprègne l'ivoire en un liquide acide qui s'étend en couche mince au fond de la caisse. Si les objets mis à blanchir trempaient dans cette liqueur acide, ils seraient promptement attaqués par elle, de là la nécessité de les faire reposer sur des chevalets à quelque distance du fond.

Les os peuvent être également blanchis par ce procédé ; il en est de même du liège et du bois de hêtre, de charme, d'érable (Cloëz).

Ii. On immerge l'objet, pendant deux ou trois heures, dans une dissolution aqueuse d'acide sulfureux.

III. Lorsque l'ivoire en vieillissant, ou par usage, devient jaune, il faut bien le laver avec une brosse plongée dans de l'eau de savon et l'exposer encore humide au soleil pendant plusieurs jours, en le mouillant chaque jour d'eau de savon et en l'exposant ensuite de nouveau au soleil. De cette façon il deviendra au bout de peu de temps d'un très beau blanc.

IV. On brosse l'ivoire avec de la pierre ponce calcinée et délayée dans l'eau, puis on le renferme encore humide sous une cloche de verre qu'on expose journellement au soleil ; il ne tarde pas à acquérir une blancheur plus grande que celle qu'il avait précédemment (Spengler).

V. On peut encore blanchir l'ivoire en le mettant dans de l'eau contenant du chlorure de chaux et en l'y laissant séjourner pendant un peu de temps.

Collage de l'ivoire. — Lorsqu'il s'agit de coller de l'ivoire, la colle de glu ne vaut rien. Voici ce que l'on fait :

I. Dans 30 parties d'eau, on dissout :

Colle forte blanche.......................... 2 parties
Colle de poisson............................. 1 —

On concentre la solution en l'évaporant, jusqu'à ce qu'elle soit réduite à 5 parties environ. On fait dissoudre une petite quantité de ce mastic de gomme, soit 1/30e de partie dans 1 demi-partie d'eau et on ajoute en même temps 1 partie de blanc de zinc. On chauffe le tout avant usage.

II. Une méthode plus simple consiste à former une pâte en mélangeant de la chaux vive en poudre fine avec du blanc d'œuf.

Ces colles ou ciments sont appliqués sur les parties cassées, qu'il faut serrer ensemble et laisser ainsi pendant un jour ou deux.

Teinture de l'ivoire. — A. TEINTURE EN ROUGE (*Billes de billard*).

I. — Lessive de cendre	4 litres.	Copeaux de cuivre.......	1000 gr.
Bois de Brésil....	500 gr.	Alun.....................	500 —

On fait bouillir le tout, pendant une demi-heure, dans un poêlon, on laisse reposer, et dans la liqueur décantée, on met les objets à teindre. La couleur qu'ils contracteront sera d'autant plus vive que le contact, avec le bain, sera plus prolongé ; il faut lessiver environ 2,500 grammes de cendres.

II. — Cochenille...........................	30 grammes,
Crème de tartre.......................	7 —
Alun................................	15 —

On réduit la cochenille et l'alun en poudre médiocrement fine, dans un mortier de porcelaine ; on ajoute ensuite la crème de tartre, et à l'aide d'un morceau de mousseline on fait du tout un nouet, que l'on place dans un vase d'étain avec un litre d'eau. On chauffe au bain-marie ; d'un autre côté, après avoir poli l'ivoire avec de l'eau de savon et de la craie étendues sur un chiffon de toile, puis avec un autre chiffon sec, on le plonge, pendant trente ou quarante secondes, dans de l'acide nitrique très étendu, puis on le laisse, pendant cinq ou six minutes, dans l'eau pure. On prend alors l'ivoire avec une pince ou une cuillère en bois, et on le plonge dans le bain de cochenille chaud. On verse, goutte à goutte, dans ce bain, une solution saturée de protochlorure d'étain (*sel d'étain*), jusqu'à ce que l'on ait obtenu la nuance désirée. On enlève les pièces d'ivoire, toujours avec un instrument de bois, on les essuie promptement et on les laisse refroidir en les tenant enveloppées dans un linge propre. Quand les pièces sont froides, on les polit de nouveau avec une brosse douce très légèrement humectée d'huile d'olive. Si l'on avait employé un excès de sel d'étain, excès qui fait tourner la couleur à l'orangé ou au jaune, on restaurerait la nuance rouge à l'aide de quelques gouttes de carbonate de potasse.

III. On fait infuser l'objet à teindre, pendant quelque temps, dans du vinaigre, de l'alun et un peu de bois de Brésil en poudre, puis on y fait bouillir l'ivoire.

B. Teinture en vert.

Carbonate de potasse.	100 grammes.	Alun......................	5 grammes.
Vert-de-gris pulvérisé.	45 —	Eau	500 —
Sel marin...............	2 —		

On fait dissoudre le tout, dans un vase de terre, à l'aide de la chaleur. D'un autre côté, on fait bouillir l'ivoire dans un litre de vin blanc, additionné de 120 grammes de noix de galle et de 120 grammes de brou de noix ; au bout de quelques instants d'ébullition, on retire l'ivoire de ce bain et on le porte dans un bain de vert-de-gris, où on le laisse jusqu'à ce qu'il ait pris la nuance qu'on désire.

C. Teinture en bleu. — I. On remplace le vert-de-gris de la recette précédente par un peu d'indigo.

II. On bleuit également l'ivoire, sans préparation préalable, en employant une dissolution d'indigo dans l'acide sulfurique.

D. Teinture en jaune. — On substitue de la gaude au vert-de-gris ; on supprime la potasse et le sel de cuisine.

E. Teinture en noir. — On remplace la gaude par du sulfate ferreux et de l'orpiment pulvérisé, et le carbonate de potasse par de la chaux vive.

Ivoire artificiel. — La fabrication de l'ivoire artificiel constitue une véritable industrie. Elle repose sur une assez grande variété de procédés.

I. Un des plus connus consiste dans l'injection du bois blanc sous pression à l'aide du chlorure de chaux.

II. Quelquefois on utilise les os de mouton et les déchets de peau blanche de daim, de chevreau, etc.

Voici comment on procède. On fait macérer les os, pendant une quinzaine de jours, dans du chlorure de chaux pour les décaper et les blanchir, puis on les lave et on les sèche ; on les chauffe alors à la vapeur, dans une chaudière autoclave, avec les déchets de peau, de façon à former du tout une masse fluide, que l'on additionne de 2 à 3 pour 100 d'alun. Cette masse est filtrée sur une toile, puis étendue dans des cadres sous une faible épaisseur.

On la laisse sécher à l'air et, quand elle a pris une certaine consistance, on la met durcir, pendant dix à douze heures, dans un bain d'alun à froid contenant environ moitié d'alun du poids total de la masse à durcir. Il en sort des plaques dures et blanches, plus faciles à travailler que l'ivoire et susceptibles d'acquérir un beau poli. La longueur des plaques permet, de plus, l'exécution d'objets de sculpture qu'il eût été impossible de tailler dans les défenses de l'éléphant.

IVOIRE VÉGÉTAL. — Depuis quelques années, on substitue à l'ivoire, sous le nom d'*ivoire végétal*, la substance intérieure de la graine (*albumen* des botanistes) d'un arbrisseau du Pérou, le Phytelephas à gros fruit (*Phytelephas macrocarpa* R. et P.). Ces graines, connues vulgairement sous le nom de *noix de palmier*, *marrons* ou *noix de coco*, présentent le volume d'une petite pomme. Leur prix est peu élevé, puisqu'elles ne valent que 4 à 5 francs le cent ; on les travaille au tour et on en fait une foule d'objets de tabletterie, dont le prix est bien inférieur à celui de l'ivoire animal, qui coûte 14 à 15 francs le kilogramme.

Distinction entre l'ivoire animal et l'ivoire végétal. — Pour reconnaître la nature végétale de cet ivoire, il suffit de déposer à la surface de l'objet une goutte d'acide sulfurique concentré, qui y produit, au bout de dix à quinze minutes, une teinte rose disparaissant aisément par un simple lavage à l'eau. L'ivoire animal ne contracte aucune coloration au contact de l'acide sulfurique.

Teinture en rose de l'ivoire végétal. — M. Monier donne le procédé suivant : La teinture en rose de l'ivoire végétal peut s'obtenir avec une grande facilité par précipitation chimique ; elle est surtout remarquable par sa richesse et son uniformité. On obtient cette teinture en faisant usage de deux bains, l'un d'iodure de potassium, renfermant 80 grammes de ce sel par litre, l'autre de bichlorure de mercure, titrant 25 grammes par litre. L'ivoire végétal est d'abord plongé dans ce premier bain, où on le laisse séjourner pendant quelques heures. Puis on le porte dans le second bain, où il prend une belle couleur rose. Les bains peuvent servir un grand nombre de fois sans qu'il soit nécessaire de les renouveler. L'ivoire teint est moins terne après avoir été séché à l'air.

J

JOUETS SCIENTIFIQUES. — Pendant longtemps, à peu près jusqu'en 1860, la France achetait ses joujoux à l'étranger; nous les recevions de Nuremberg, du Tyrol, de la Belgique, de la Suisse. Aujourd'hui l'industrie des jouets est une industrie parisienne très importante; nous envoyons dans l'Europe entière et en Amérique des poupées articulées, des lapins mécaniques, des pistolets, des fusils, des ménages, des croquets, des théâtres, des lanternes magiques, des polichinelles, des quilles, des animaux, des ballons en caoutchouc, et nos soldats de fer blanc ont vaincu sur le marché les soldats de plomb que vous savez.

Mais les Allemands continuent à vendre chez nous des arches de Noé, des ménageries, des paysages en sapin verni, des boîtes à musique, des accordéons, des harmonicas et des outils de menuisier. Vilains jouets, vulgaires d'aspect, grossièrement enluminés, sans grâce, mais d'un prix fort minime.

Malgré cette importation, qu'il serait profitable de combattre, l'industrie des jouets prend de jour en jour en France une extension plus considérable.

Poupées. — Nous fabriquons exclusivement dans les établissements céramiques de Montreuil et de Saint-Maurice les têtes en porcelaine des belles poupées, et les Allemands eux-mêmes viennent y acheter les gracieuses figurines modelées par M. Carrier-Belleuse ou par quelque autre de nos sculpteurs.

A côté de ces poupées magnifiques, on trouve aussi chez nous les poupées « bon marché », moins élégantes naturellement. Si vous voulez distinguer celles-ci des poupées d'outre-Rhin, agitez-les ; l'ouvrière parisienne les garnit à l'intérieur de petits cailloux et la mobilité tremblante de ce gravier n'est pas sans développer, parmi les enfants, le goût de la vivisection.

Ballons élastiques. — Paris contient une quarantaine d'usines où l'on fabrique les ballons élastiques ; la plus importante en livre 100,000 douzaines par an, sans compter les bébés, les polichinelles et les animaux en caoutchouc.

Soldats de plomb et de fer blanc. — C'est un ouvrier parisien qui a eu l'idée de substituer le fer blanc au plomb dans la fabrication des soldats. Et savez-vous où cet industriel qui produit environ cinq millions de guerriers par an — une armée capable de tenir en échec toutes les armées de l'Europe, — prend la matière première ? Il utilise simplement les vieilles boîtes à sardines que le chiffonnier ramasse dans les tas d'ordures de la rue. Ces boîtes sont réunies, centralisées, aux Buttes-Chaumont, chez un spécialiste, qui les traite par le feu, de façon à séparer l'étain des soudures des plaques en fer blanc.

Quand ces plaques ne sont pas suffisamment larges pour permettre d'y tailler des soldats, des wagons de chemin de fer, des grenouilles sauteuses ou des canons de pistolets, elles servent à confectionner des bobèches de lanternes vénitiennes.

Il y avait à Belleville une usine (d'où sont sortis en 1876 les fameux « cris-cris » d'assourdissante mémoire) qui employait deux cents ouvriers à fabriquer ces jouets métalliques ; la France en produisait annuellement deux milliards environ.

Les fabriques d'équipements militaires du Marais ont victorieusement lutté contre l'importation des équipements belges et allemands. Elles occupent un nombre considérable de mécaniciens, de tourneurs, d'ébénistes, de peintres, de vernisseurs et sont pourvues de puissants moteurs à vapeur, qui actionnent les machines à estamper, à couper et à limer les métaux.

Fig. 70. — Le culbuteur chinois.

Jouets physiques. — Le *culbuteur chinois* exécute les tours d'équilibre familiers aux acrobates, en s'élançant successivement sur

tous les degrés d'un escalier depuis le haut jusqu'en bas.
Les mouvements sont dus, d'une part à la mobilité des
parties constituantes du corps du personnage, et de
l'autre à l'écoulement d'une certaine quantité de mercure,
qui passant alternativement de la partie supérieure du
corps dans la partie inférieure, change les positions des
parties, de degré en degré, jusqu'à ce que le centre de
gravité trouve un point d'appui (fig. 70).

La *culbute parisienne* (fig. 71) est un jouet qui, étant
posé sur une table, est maintenu de la main gauche, tandis
qu'avec la main droite on tourne la petite manette destinée

Fig. 71. — La culbute parisienne.

à faire une torsade des deux caoutchoucs formant ressort.
Lorsque l'appareil est monté, on le lâche et sous l'impulsion des caoutchoucs, les deux archets munis de petites
balles de plomb se mettent à tourner en entraînant les poupées. Les contrepoids, glissant dans les tringles des archets,

suivant un plan incliné acquis par la rotation, tombent, changeant ainsi le centre de gravité, qui vient brusquement au-dessous du centre de suspension et impriment une secousse aux poupées qui sautent l'une par dessus l'autre en culbutant. Par la force même de leur saut, les poupées produisent sur les balles de plomb l'effet que celles-ci leur avaient communiqué et ainsi de suite jusqu'à épuisement du moteur.

On construit aussi des *oiseaux en papier*, qui sont enlevés en l'air par la force centrifuge.

Jouets optiques. — Citons d'abord :

Les *toupies* aux rotations oscillantes ;

Les *chromographes*, qui permettent d'obtenir une centaine d'épreuves coloriées d'un dessin à l'encre ;

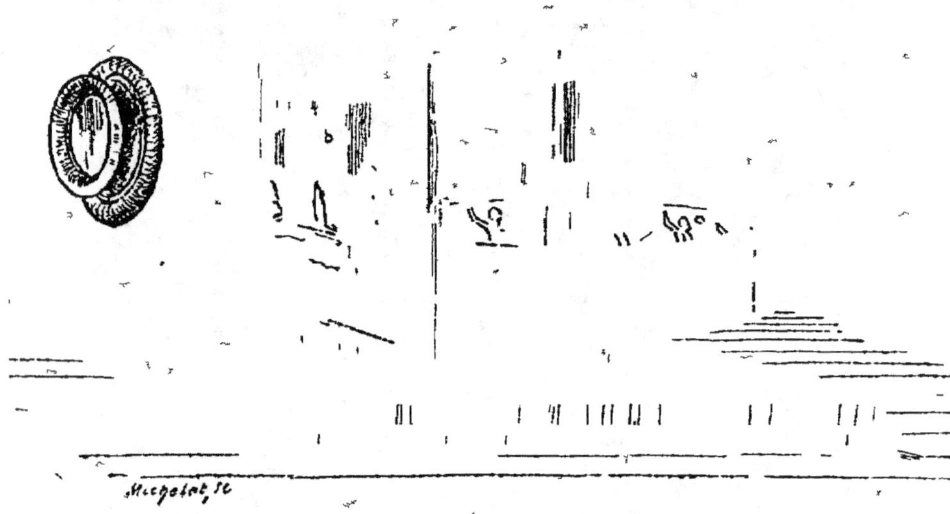

Fig. 72. — Kaléidoscope-Théâtre.

Une des plus jolies innovations, c'est le *kaléidoscope-Théâtre* (fig. 72). Le kaléidoscope est constitué par un tambour horizontal ouvert à sa partie supérieure et tournant avec rapidité autour d'une pyramide tronquée garnie de petites glaces (1). A l'intérieur de ce tambour, on place une bande de carton portant des séries de figures représentant un personnage dans toutes

(1) Voy. Héraud, *Jeux et Récréations scientifiques.*

HÉRAUD. — Secrets de la Science.   14

les attitudes qui constituent la décomposition d'un mouvement ; c'est en quelque sorte l'analyse de ce mouvement, et en imprimant au tambour une impulsion rapide, on fait la synthèse de ces attitudes ; pour l'observateur qui voit successivement toutes les figurines passer avec la plus grande célérité dans les petites glaces placées devant lui, il a l'illusion de voir un unique personnage vivre et s'agiter. C'est ce jouet ingénieux qu'on a perfectionné en transportant l'image réfléchie sur une petite glace sans tain plantée devant le kaléidoscope. De plus, en avant de cette glace, on pose un petit décor qui se reflète à son tour dans la glace et encadre en quelque sorte le personnage. On peut ainsi représenter un cirque avec un clown qui jongle ; une rivière avec des baigneurs ; une barrière avec des sauteurs ; un jardin avec des enfants qui jouent. Le spectateur, qui regarde la glace à travers un verre d'optique, se trouve en présence d'un diorama, mais d'un diorama vivant et animé.

Jouets acoustiques. — L'acoustique n'est pas oubliée dans ces vulgarisations des lois de la physique. En effet, les instruments de musique en cuivre et en bois se sont aussi perfectionnés, de manière à lutter avec les modèles adoptés par les orchestres et les fanfares ; on a même créé des pianos lilliputiens pour les petites menottes des jeunes mélomanes. Par exemple, si ces jouets-là sont la joie des enfants, je ne réponds pas de la tranquillité des parents.

Jouets électriques. — L'électrité fournit un large contingent aux étrennes : les inventions les plus récentes sont : les accumulateurs de poche, les flambeaux électriques, les bijoux lumineux (voy. *Electricité : Bijoux électriques*), les papillons étincelants.

Où est le temps où les enfants tremblaient et pleuraient en entendant le tonnerre ; maintenant on a mis pour eux la foudre en bouteille et transformé les éclairs en inoffensives veilleuses.

Jouets mécaniques. — Le lapin, cet antique lapin blanc, naïf et goguenard, qui tapote docilement, quand on le tire avec une ficelle, sur un petit tambourin, est un Parisien d'origine. On le fabrique non point dans de vastes usines, mais dans des chambres d'ouvriers, rue Beaubourg ou rue des Gravilliers. Sa peau est faite de déchets de pelleterie et son chariot des déchets de bois des fabricants d'huiliers. La plaque supérieure des huiliers, découpée à l'emporte-pièce laisse deux fragments parfaitement ronds qui servent de roues : l'essieu est coupé dans des manches de vieux parapluies ; deux clous forment les yeux ; il y a même, parmi ces ouvriers spéciaux, des « polisseurs de clous pour yeux de lapins ». Ces lapins vivent peu ; les mites les dévorent en magasin et les enfants, auxquels on les donne,

Fig. 73. — Atelier de forgeron
(Heller Coudray et Cie).

ont vite fait de les mettre en morceaux. La France en consomme quatre-vingt mille par an.

Le petit pompier monté sur son vélocipède est mû par un fil de caoutchouc.

L'atelier de forgeron renferme un cheval et deux compagnons forgerons : l'un de ces derniers frappe sur le fer du cheval et l'autre tire le soufflet (fig. 73).

Voici une machine à vapeur (fig. 74) qui a son foyer, son eau, sa vapeur, sa force ; elle a sa soupape de sûreté avec contrepoids et sa petite lampe à alcool. Par conséquent elle sera capable de faire tourner une roue, un cylindre, un petit arbre de couche, au moyen d'un fil de trans-

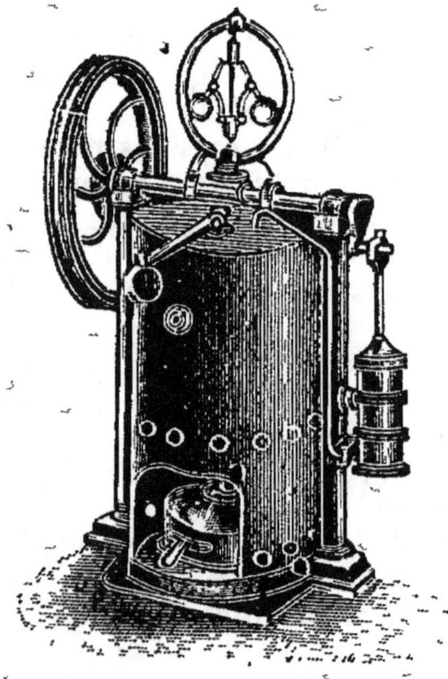

Fig. 74. — Machine à vapeur
(G. Renaut et Cie).

mission ; le tout disposé de façon à éviter tout accident,

même si la machine est manœuvrée par un jeune garçon un peu turbulent.

La locomotive (fig. 75) possède une chaudière en laiton jaune, deux cylindres oscillants, un sifflet en laiton avec robinets, une soupape de sûreté, un échappement de vapeur ; elle est aménagée pour la marche sur rails droits ou courbes elle siffle et emporte des trains, des wagons au milieu de nuages de fumée.

Fig. 75. — Locomotive tender à vapeur (Heller, Coudray et Cie).

La voiturette automobile possède un moteur à remontoir

Fig. 76. — Voiturette automobile (Kratz Boussac).

et des roues en caoutchouc (fig. 76) ; elle va, vient et revient, sans jamais écraser les paisibles piétons.

Le cuirassé d'escadre (fig. 77) possède une machine chau-

Fig. 77. — Cuirassé d'escadre à vapeur ou à mouvement d'horlogerie (Heller, Coudray et Cie).

dière en laiton,deux cylindres en laiton, hélices doubles et deux cheminées ; la vapeur s'échappe par une des cheminées. Le pont porte les cheminées et les chaloupes, quatre ventilateurs, trois tourelles blindées munies chacune de deux canons, deux mâts avec tourelles et deux ancres (fig. 77). Le torpilleur mécanique marche cinquante mètres sur l'eau, au moyen d'une hélice qui est actionnée par un ressort que l'on remonte en tournant une des cheminées.

Le phare est muni de lanternes à verres colorés, qui peuvent éclairer et projeter leurs feux étincelants ; autour est un bassin, dont l'eau peut recevoir un mouvement circulaire et faire marcher un petit bateau.

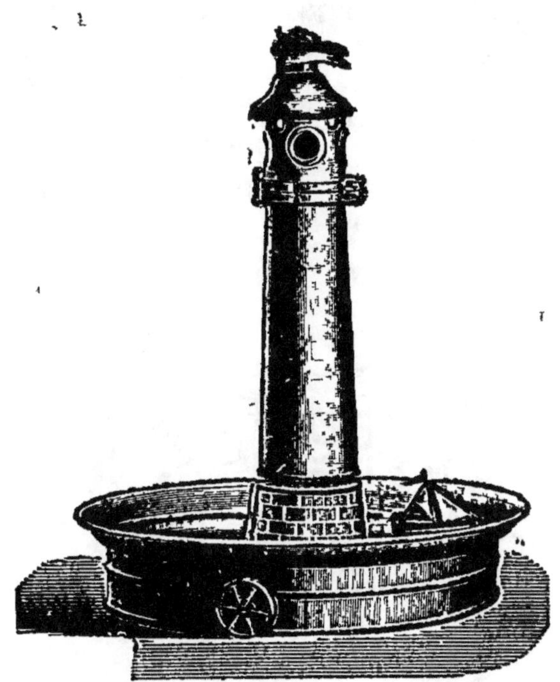

Fig. 78. — Phare avec bassin d'eau (Heller Coudray et Cie).

Des steamers microscopiques serpentent sur les pièces d'eau en faisant bouillonner leur hélice.

La fabrication des roues en plomb des jouets mécaniques occupe à elle seule plusieurs ateliers. Cette fabrication est très simple ; les ouvriers assis en rond autour d'une table soutiennent de la main gauche des moules en bois dans lesquels ils versent de la main droite du plomb fondu puisé dans des récipients placés à leur portée.

Animaux sauteurs et coureurs. — Ils révèlent des améliorations considérables.

Fig. 79. — Chèvre mécanique.

Fig. 80. — Chien mécanique.

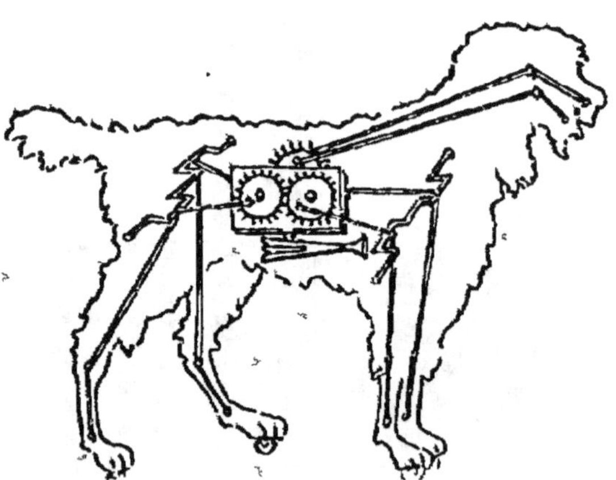

Fig. 81. — Le mécanisme du chien

Au petit lapin, qui bondissait sur ses pattes de derrière en grignotant une carotte, nous voyons succéder :

Le chat, qui court après une boule ;

La chèvre, qui marche en tournant la tête, avec un bêlement d'une remarquable vérité (fig. 79) ;

Fig. 82. — Singe grimpeur (Kratz-Boussac).

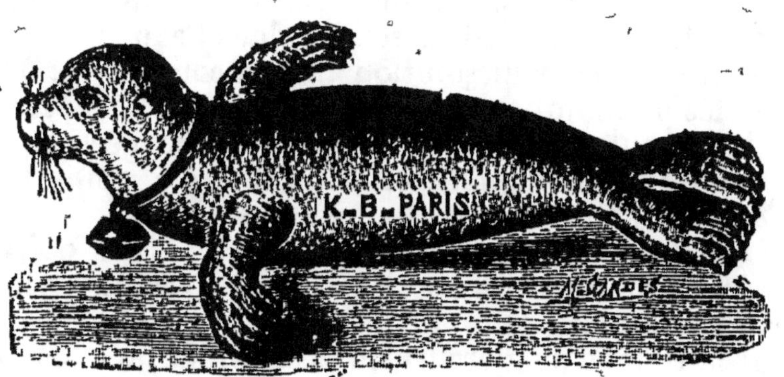

Fig. 83. — Le phoque (Kratz-Boussac).

Le petit chien mécanique, qui trottine en ponctuant ses pas d'un jappement de satisfaction (fig. 80) ; il est mécanisé et articulé d'une manière remarquable comme le montre son intérieur (fig. 81).

Le singe qui remue les bras et les jambes et qui monte et descend le long d'une corde (fig. 82) ;

Le phoque qui remue les nageoires et qui change automatiquement de direction (fig. 83).

Citons encore les chevaux attelés, les poules, les grenouilles, les ours, etc.

Que de ressources d'esprit, que de patience il a fallu pour combiner ces mouvements alternatifs, ces excentriques, ces bielles, ces engrenages ! Autrefois de semblables automates auraient passé pour des fantaisies princières.

Tous ces jouets destinés à être fêtés et brisés avec un empressement égal, tous réalisent des applications de mécanique, de physique, d'électricité ; ces sciences ont été domestiquées, rendues inoffensives et confinées dans des boîtes d'acajou.

Le monde réel a été réduit, rapetissé, pour être transformé en joujoux, qui instruisent en amusant.

L

LAITON. — Bronzage du laiton. — I. Pour donner au laiton la couleur noire, qui est nécessaire pour certains instruments de physique, on prend : 1 partie de perchlorure d'étain, qu'on fait dissoudre dans l'eau et 2 parties de chlorure d'or en dissolution un peu concentrée. On mélange les deux liqueurs, et on en enduit le laiton. Au bout de dix minutes, on essuie les places chargées avec un linge humide. Les chlorures doivent être à peine acides, si l'on veut avoir un enduit pur et durable.

II. On peut également produire une couleur noire très foncée en mouillant d'abord le métal, avec une solution étendue d'azotate de protoxyde de mercure et en transformant la couche de mercure qui s'est produite à la surface de l'objet, en sulfure de mercure noir, par des immersions réitérées dans une solution de sulfure de potassium,

III. Une autre méthode de bronzage consiste à plonger l'objet bien décapé dans une solution faible de sulfhydrate d'ammoniaque ou de sulfure de potassium; le sulfure métallique qui se forme présente une couleur magnifique.

IV. Le bichlorure de platine est un excellent agent pour mettre le laiton en couleur, il lui communique une teinte d'un gris plus ou moins foncé tirant sur le brun, suivant l'état dans lequel se trouvent les surfaces soumises au traitement.

On commence par préparer deux solutions de bichlorure de platine, l'une faible et bouillante, contenant 38 centigrammes de bichlorure pour un litre d'eau, l'autre plus forte, dont la température est de 45°.

Les objets à mettre en couleur sont d'abord décapés, en les plongeant pendant quelques secondes dans un bain chaud de crème de tartre (6 gr., 25 de sel par litre d'eau), puis lavés deux fois avec de l'eau ordinaire et une troisième fois avec de l'eau distillée. On les porte alors dans la solution faible et on les agite constamment, sans les perdre de vue. Dès qu'on aperçoit un changement de couleur bien prononcé, on les sort et on les passe dans la solution plus concentrée et plus froide de chlorure de platine, où on les agite jusqu'à ce qu'ils présentent la teinte désirée ; après quoi, on les retire, on les lave à deux ou trois eaux, on les fait sécher dans de la sciure de bois, et on vernit légèrement la surface, afin de la mettre à l'abri de toute altération. On pourrait substituer au chlorure de platine une dissolution de chlorure d'or, si ce n'était le prix trop élevé de cette dernière substance.

Le même procédé est applicable aux objets de cuivre.

V. Pour donner au laiton une teinte gris bleuâtre, on le décape avec du sable très fin et de l'acide chlorhydrique, on le polit si cela est nécessaire, et on le suspend alors, par un fil, dans une dissolution presque bouillante de sel de Schlippe (sulfo-antimoniure de sodium) dans 12 parties d'eau. La dissolution est contenue dans un vase de porcelaine, et la pièce métallique ne doit point toucher les parois du vase. Lorsque l'objet immergé a pris partout la couleur que l'on désire, ce qui a lieu promptement, on le retire de la liqueur bouillante et on le plonge dans un vase rempli d'eau. On donne aussi au cuivre poli une teinte gris bleuâtre, en l'enduisant superficiellement d'un liquide préparé avec du cinabre et une solution de sulfure de potassium additionnée d'un peu de potasse caustique.

Coloration des objets en laiton. — Polir les objets, les dégraisser, et ensuite les plonger, un temps prolongé, dans les solutions suivantes bouillantes, selon la couleur que l'on veut obtenir ; le bain sera tenu clos :

Vert :

Eau...................................	1000	grammes.
Sel ammoniac......................	20	—
Sulfate de cuivre..................	80	—

Brun :

Eau...................................	1000	grammes.
Chlorure de potasse...............	10	—
Sulfate de cuivre..................	10	—

Violet :

Eau................	800 grammes.	Hyposulfite de soude...	40	grammes.
Sulfate de cuivre.....	40 —	Crème de tartre.......	20	—

Ajouter :

Sulfate de fer ammoniacal.........	40	grammes.
Hyposulfite de soude...............	40	—

Bleu :

Sulfure de potassium...............	10	grammes.
Ammoniaque.......................	50	—
Eau..................................	1000	—

LAMPES DE SURETÉ POUR LES MINES A GRISOU. — Les causes qui peuvent déterminer l'inflammation du gaz dans une mine grisouteuse sont des plus variées ; mais, entre toutes, la lampe du mineur est, sans contredit, la source la plus fréquente d'accidents. Depuis longtemps déjà, elle a été la préoccupation des ingénieurs et des directeurs de houillères, et, grâce à leurs efforts, les procédés primitifs d'éclairage ont fait place aujourd'hui à des lampes perfectionnées présentant une sécurité, sinon complète, du moins très grande.

Nous allons donner une idée de ceux qui ont été essayés ou adoptés.

I. LAMPES ANCIENNES. — Nous reprendrons d'abord la question des lampes de mine au point de vue historique.

Les figures 84 et 85 représentent des types de lampes employées au commencement du XIXe siècle. Ce sont des lampes à feu nu, qui n'offrent aucune sécurité en présence du grisou. La seule précaution dont on sût s'entourer, était de faire descendre chaque matin dans les galeries, avant l'arrivée des ouvriers, un homme résolu et courageux, qui s'avançait en rampant une torche allumée à la main, en enflammant le mélange grisouteux au-dessus de sa tête ; on appelait cet homme le *Pénitent*, et il n'y a pas très longtemps encore que le pénitent existait dans les mines de la Loire. Généralement, la proportion de gaz carburé dégagée pendant la nuit n'était pas suffisante pour provoquer l'explosion, et le mélange brûlait lentement au plafond de la galerie. La combustion terminée partout, les ouvriers pouvaient alors pénétrer sans crainte dans la mine : cependant le pénitent mourait quelquefois, victime de son dévouement.

La lampe représentée figure 84 et qui, malgré sa sim-

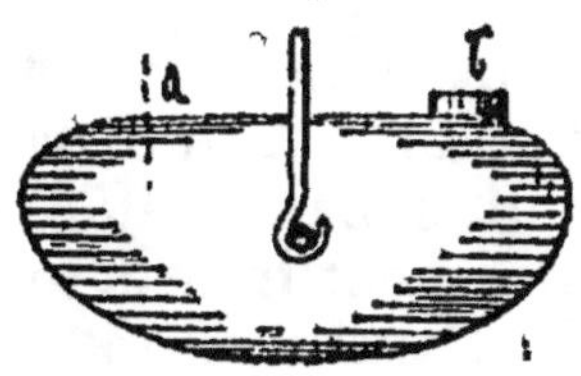

Fig. 84. — Lampe de mineur, modèle primitif.

Fig. 85. — Rave.

plicité, s'emploie encore dans quelques mines non grisouteuses, est un vase méplat, incomplètement recouvert, où on brûle soit de l'huile, soit de la graisse. Dans cette lampe la flamme est très inégale et fumeuse, et la perte d'huile y est continuelle.

La figure 85 représente une lampe très répandue dans le bassin de la Loire ; sa forme lui a fait donner le nom de *rave* ; la mèche sort par l'ouverture a, et en b se trouve une petite ouverture pour la rentrée de l'air ; la lampe est en fer battu et porte un crochet, qui permet de la suspendre aux boisages des galeries.

Le rouet à silex a été une des premières tentatives de perfectionnement. C'était un appareil destiné à produire des gerbes d'étincelles par le passage, sur des silex, de briquets fixés concentriquement à une roue ; la roue était mue rapidement à la main, et on arrivait ainsi à produire une lueur à peu près continue.

Un tel appareil ne pouvait être qu'à la fois incommode et irrégulier.

II. LAMPES BAROMÉTRIQUES ET PHOSPHORESCENTES. — La lueur barométrique et la phosphorescence ont été également essayées, sans donner de résultats pratiques.

III. LAMPES ÉLECTRIQUES. — On a naturellement songé à appliquer la lumière électrique à l'éclairage des mines. On ne pouvait avoir de meilleures garanties contre le grisou, particulièrement avec la lumière à incandescence ; mais ici, la difficulté de transporter des lampes ayant avec elles les deux fils conducteurs, présente de graves inconvénients ; tout au plus peut-on employer la lumière électrique pour les feux fixes, qui ne sauraient suffire à toutes les nécessités du travail.

Citons, dans le même ordre d'idées, la lampe de Dumas et Benoist, véritable tube de Geisler, alimenté par le courant d'un élément Bunsen traversant une bobine de Ruhmkorf ; le tout réuni dans une poche que l'ouvrier portait en bandoulière (1). La fragilité du système et la faible intensité de la lumière l'ont fait abandonner.

IV. LAMPES A TOILE MÉTALLIQUE. — Elles étaient déjà connues depuis longtemps quand les systèmes que nous venons de mentionner ont été essayés, et jusqu'à maintenant la lampe Davy perfectionnée a conservé sur toutes les autres une supériorité indiscutable.

C'est là assurément la partie la plus intéressante de cette étude ; nous allons faire une description de la lampe Davy, et des lampes fondées sur le même principe et imaginées par M. Mueseler, M. Marsaut, ingénieur en chef des mines de Bessèges et M. Lechien.

____

(1) Voy. Guérard, lampe photo-électrique de Dumas et Benoist (*Ann. d'hyg.*, 1865, t. XXIII).

Lampe Davy. — C'est à Davy que revient l'honneur d'avoir découvert, en 1815, la lampe à treillis métallique.

Son principe est le suivant : Si l'on enferme une flamme dans une enceinte très bonne conductrice de la chaleur, les gaz en combustion qui produisent cette flamme ne pourront traverser la cloison sans éprouver un refroidissement considérable ; à leur sortie, ils ne seront donc plus à une température suffisamment élevée pour continuer à brûler, et la flamme ne pourra ainsi se propager au dehors.

Le corps conducteur employé par Davy est un treillis cylindrique en fil de fer de 5 à 6 dixièmes de millimètre de diamètre et présentant 120 ouvertures au centimètre carré.

Le cylindre a 5 centimètres de diamètre sur 20 centimètres de hauteur.

A l'intérieur d'un tel cylindre, les gaz en combustion vont donc se distribuer à leur sortie en un très grand nombre de filets gazeux tendant chacun à s'échapper par une des fenêtres du treillis ; un abaissement considérable de température accompagne leur passage à travers les fils métalliques.

Pour plus de sûreté, une double toile est placée dans la région supérieure de la lampe, d'où s'échappe la plus grande proportion des gaz brûlés.

La mèche peut être relevée au moyen d'un crochet qui traverse, dans un petit tube, le réservoir d'huile placé à la partie inférieure.

Si la lampe Davy présente de très grands avantages, elle est loin d'offrir une sécurité absolue ; de nombreux accidents ne l'ont malheureusement que trop démontré.

A la première explosion qui se produit dans la lampe à l'entrée du mélange détonant, le treillis métallique fonctionne bien comme réfrigérant ; mais, si plusieurs explosions successives viennent à élever suffisamment sa température, le refroidissement des gaz n'étant plus suffisant, la flamme se propage au dehors ; il peut même arriver que les poussières huileuses collées extérieurement au tamis prennent feu, et alors le mélange détonant de la galerie s'enflamme inévitablement. Le mineur doit donc se retirer à la première explosion, et cela très lentement, en tenant sa lampe basse et évitant tout balancement qui provoquerait, par le courant d'air, une sortie de la flamme. On a donc dû chercher un système qui, tout en étant fondé sur le même principe, présentât une plus grande difficulté à la sortie des gaz enflammés. C'est Mueseler, dont la lampe est très répandue, qui a résolu le problème de la façon la plus satisfaisante.

Lampe Mueseler (fig. 86). — Elle diffère de la lampe Davy par les points suivants :

1° Emploi d'une enveloppe en cristal autour de la flamme et suppression du treillis dans cette région ;

2° Cheminée en tôle mince, placée au centre du tamis et à une hauteur variable à volonté au-dessus de la flamme pour régler le tirage ;

3° Diaphragme horizontal, constitué par une toile métallique, au centre de laquelle est placé l'anneau qui maintient la cheminée.

La figure 86 montre la disposition de ces trois organes. La marche que suit le courant d'air dans la lampe est la suivante : L'air entre par le tamis extérieur, descend sur la flamme en traversant le diaphragme, remonte après sa combustion par la cheminée et sort enfin par le haut.

Voici enfin les avantages de la lampe Mueseler sur la lampe Davy :

Elle donne un éclairage beaucoup plus satisfaisant, puisque, sur toute la hauteur de la flamme, elle n'est munie que d'un verre en cristal qui ne s'oppose pas, comme le treillis métallique, au passage des rayons lumineux.

En cas d'explosion intérieure, celle-ci ne se produit que dans la chambre fermée en haut par le diaphragme : la flamme devra, pour se propager au dehors, traverser non seulement celui-ci, mais encore le treillis extérieur ; il y aura donc un double obstacle à son passage.

Les gaz chauds n'arrivent au contact du treillis qu'après avoir parcouru toute la cheminée et ont, par conséquent, le temps de se refroidir. L'incandescence de la toile métallique devient ainsi presque impossible.

Enfin nous avons vu que, dans le système Davy, l'inclinaison de la lampe facilite la sortie de la flamme en envoyant directement celle-ci sur le treillis et en localisant l'élévation de température sur un point. Dans le système

Mueseler, l'inclinaison de la lampe ne peut amener au contraire qu'une extinction de celle-ci ; dans cette position, les gaz brûlés ne sortent que difficilement par la cheminée, qui n'est plus verticale : ils s'accumulent dans la chambre de combustion et la lampe s'éteint faute d'oxygène. Tels sont les avantages du système Mueseler.

En revanche, elle présente l'inconvénient de la fragilité de l'enveloppe en cristal ; mais on peut considérablement le diminuer par l'emploi de verres spéciaux.

Lampe Marsaut (fig. 87). — M. Marsaut a apporté à la lampe Mueseler quelques modifications qui ont donné de bons résultats.

Le verre est conservé à la partie inférieure, mais il est muni d'une cage de protection.

Le diaphragme horizontal est remplacé par un diaphragme de grande surface et cylindrique, qui offre aux gaz chauds une plus grande surface d'évacuation et de refroidissement.

La lampe est entourée d'une cuirasse de protection des treillis qui porte les introductions d'air et en haut les orifices d'évacuation ; une corniche latérale en tôle mince, laissant un vide annulaire, prévient toute pression de bas en haut sur les orifices de sortie des fumées, et détruit l'action des courants d'air sur le sommet de la lampe.

Les résultats de ces heureuses modifications sont les suivants :

La lampe ne s'éteint pas quand on l'incline ; elle résiste à l'action d'un courant ascendant et ne communique pas l'explosion au dehors.

Lampe Lechien (fig. 88). — Un constructeur belge, M. Lechien, a apporté des améliorations dans un autre ordre d'idées à la lampe Mueseler ; nous reproduirons le rapport fait par M. Haton de la Goupillière à la Société d'encouragement sur cette modification :

« La lampe Mueseler ne s'ouvre ni ne se ferme assez rapidement, et l'ouvrier qui a dix lampes par exemple à rallumer ne refermera la sienne qu'après avoir allumé les dix autres.

« M. Lechien apporte, à cet égard, une modification à la lampe de Mueseler. Ce changement permet de l'ouvrir et de la fermer en un instant, tout en lui laissant à l'ordinaire le caractère de lampe de sûreté (fig. 88).

« La partie supérieure de la lampe Lechien est obtenue en faisant une section horizontale par le milieu du réservoir à l'huile d'un appareil Mueseler normal ; on enlève

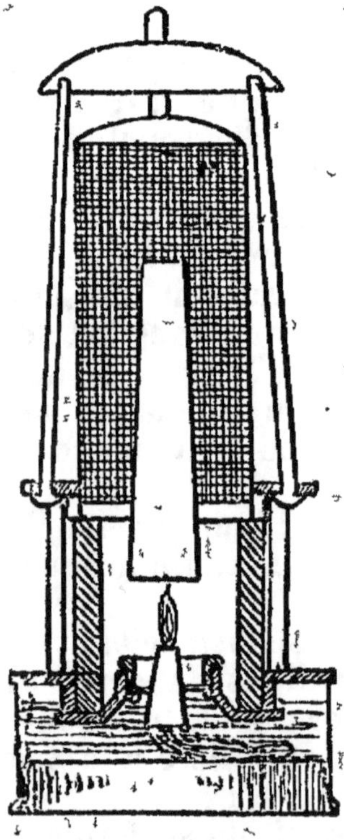

Fig. 86. — Lampe Mueseler
(coupe).

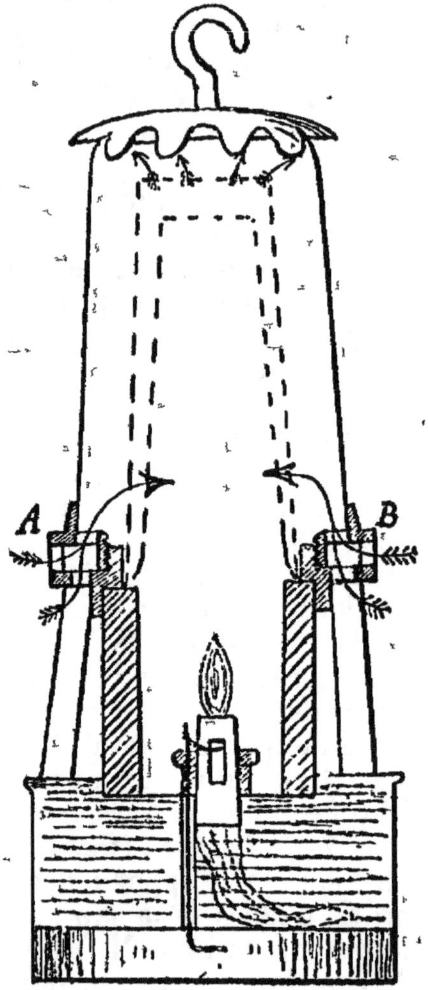

Fig. 87. — Lampe Marsaut
(coupe).

la partie supérieure, qui s'unit à l'autre au moyen d'un joint hydraulique à eau ou à huile ; ou même, pour éviter les inconvénients qui pourraient naître de l'agitation du liquide, à l'aide d'un joint à sable. Cette portion supérieure se pose dans le bain qui forme fermeture étanche.

« Pour effectuer le rallumage, il suffit de soulever toute cette partie, qui ne fait qu'une seule pièce. L'appareil

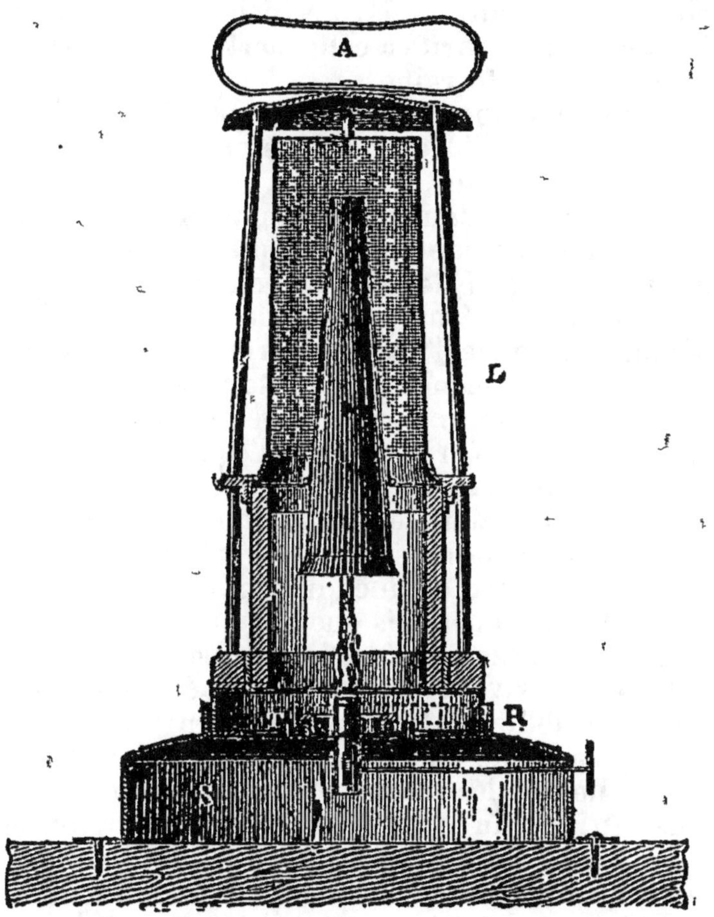

Fig. 88. — Lampe portative de sûreté, système réglementaire : A, anneau-anse ; S, socle-réservoir d'huile à poste fixe ; R, rondelle en matière souple, cuir-caoutchouc ; T, tubes saillants pour le trop-plein du joint à l'huile ou étoffe.

conserve d'ailleurs les proportions qui constituent la lampe de sûreté. On peut compter dès lors qu'il s'éteindra de lui-même par l'approche d'effluves grisouteux inopinés, tandis qu'un feu nu en provoquerait l'explosion. En outre, la facilité de son ouverture réduira à ce qui est strictement inévitable le temps pendant lequel une lampe ordinaire dè sûreté se trouvera nécessairement transformée par son ouverture en un feu nu. Il semble donc que, par la simplicité de cette solution, M. Lechien ait apporté un contingent réel de sécurité à cette partie de la pratique de l'exploitation souterraine.

« La seconde question soulevée par M. Lechien se rapporte à un ordre d'idées tout différent, au *tube-mouchette* des lampes de sûreté.

« Pour agir sur la mèche, de manière à l'attiser et à la débarrasser des fumerons carbonisés, le mineur se sert d'une mouchette. Elle consiste en un fil de fer qui est passé à travers un trou ménagé dans le culot. Sa partie supérieure se coude d'équerre, ou en forme de virgule. En montant ou en descendant et en tournant sur elle-même cette petite tringle, on peut nettoyer et effilocher la mèche. Le fil de fer est encore recourbé d'équerre en dessous du culot pour ne pas se perdre dans l'intérieur. Enfin, pour que cette branche horizontale n'occasionne pas un porte-à-faux, quand on pose le culot sur une surface plane, on munit ce dernier d'un rebord de quelques millimètres de hauteur sur lequel il porte, tandis que la mouchette reste logée dans ce petit espace. » (Adrien Soubeyran.)

LIMES. — Avivage des vieilles limes. — On commence par nettoyer les limes avec un peu d'eau chaude et de la potasse, à l'aide d'une brosse un peu rude ; on les lave ensuite, on les essuie, puis on les plonge dans de l'acide nitrique du commerce. Cette immersion ne dure qu'un instant ; alors, avec un linge tendu sur un morceau de bois, on enlève tout l'acide qui mouille la surface ; pourtant, on ne peut parvenir à enlever celui qui s'est logé entre les dents de la lime et qui va ronger l'acier à une certaine profondeur. Au bout de deux heures, on lave la lime avec de l'eau et une brosse. Si l'avivage n'a pas été assez profond, on recommence l'opération.

Retaillage des limes. — I. *Retaillage par un jet de sable.* — On se loue beaucoup, en Amérique et en Angleterre, du procédé de retaillage des limes par un jet de sable substitué à l'ancienne méthode, toujours longue et onéreuse. Ce système est encore peu usité en France.

Voici en quoi il consiste : on place devant la lime une sorte de double tuyau ou plutôt un appareil formé de deux tubes légèrement coniques, emboîtés l'un dans l'autre comme dans les injecteurs de Giffard pour l'alimentation des chaudières. Dans le tube intérieur, arrive un courant de vapeur sous forte pression ; dans l'espace annulaire, on dirige, en même temps, du sable siliceux très finement pulvérisé et tamisé dans un crible de cent vingt mailles. Le jet de vapeur aspire le sable et l'entraîne mécaniquement au dehors avec une force vive considérable. Si, dès lors, on promène la lime à retailler devant l'orifice du tuyau, dans une direction inclinée à 10 ou 15 degrés sur la direction du jet de vapeur et de sable, les molécules de silice viennent frapper contre les arêtes de la lime et les avivent, comme feraient de petites meules très délicates, mais animées d'une vitesse de rotation extrêmement rapide. La lime est ainsi remise à neuf en quelques minutes et vaut un outil sortant de chez le fabricant.

Il ne fait pas bon passer sa main devant ce terrible jet et les limes à rajeunir sont préalablement emmanchées dans des manches en bois suffisamment longs pour que le métal seul soit exposé à la projection du sable.

II. *Retaillage à l'électricité.* — Ce procédé consiste à placer les limes dans une cuve électrolytique renfermant 7 0/0 d'acide azotique blanc ordinaire à 36° B., 3 0/0 d'acide sulfurique blanc ordinaire à 66° B. et 90 0/0 d'eau distillée.

La lime est reliée au pôle négatif d'une pile Bunsen, dont le pôle positif aboutit à une lame de charbon de cornue plongeant dans le bain. Dans la décomposition de l'eau produite par le courant électrique, les bulles d'hydrogène se forment au sommet des dents de la lime et protègent ces sommets contre l'action des acides du bain, qui n'agissent alors que sur les facettes intérieures des dents.

LINOLÉUM. — **Fabrication du linoléum.** — Ce produit, qui a pris une si rapide importance dans l'industrie de l'ameublement, est formé de liège et d'huile de lin. Sa préparation comprend quatre phases distinctes.

Dans la première, on prépare le liège qui provient de déchets de la fabrication des bouchons. Ce liège est dé-

coupé et haché au moyen de scies circulaires, puis il est
pulvérisé par des meules tournantes. Enfin, il est tamisé
et séché ; cette dernière opération est des plus dange-
reuses, car le liège ainsi pulvérisé est très explosif.

La deuxième phase consiste dans la cuisson de l'huile
de lin pour la rendre siccative. On chauffe l'huile à l'air
libre, ce qui produit l'oxydation de certains de ses com-
posants et lui permet de se solidifier par refroidissement.

On a proposé divers procédés pour cuire l'huile ; le
plus employé consiste à la chauffer à 260°, en y faisant
barboter un courant d'air. On peut encore chauffer l'huile
jusqu'à 150° et ajouter 1 à 2 0/0 d'un mélange de minium, de litharge et de plomb, qui favorisent l'oxydation.

La troisième opération, c'est la fabrication proprement
dite du linoléum. On mélange d'abord :

```
Huile siccative.............................  85 parties.
Résine....................................  10   —
Gomme de Kamis...........................  10   —
```

que l'on malaxe en chauffant.

On coule ensuite la pâte ainsi obtenue, qui est découpée
et laminée avec un peu plus de son poids de liège ; enfin,
on répartit ce mélange sur la toile et on lamine.

Il reste à colorer ce linoléum qui est alors d'un brun
très salissant. On peut, d'après le procédé Walton, découper sur le linoléum des figures représentant les dessins que l'on désire et les colorier convenablement. On
opère ainsi pour chaque couleur, en ayant soin de faire
un repérage exact, ce qui complique le procédé.

Un autre moyen, dû à MM. Leake et Lucas, consiste
à disposer à la surface du linoléum brut des plaques métalliques préparées et représentant le dessin que l'on veut
exécuter. Chaque plaque correspond à une couleur déterminée, et cette couleur remplit les découpures, lorsque
l'on appuie sur la matière. Un laminage à chaud fait
pénétrer ces couleurs dans la masse.

LIQUIDES INCONGELABLES. — I. Mélanger de l'eau
avec trois fois son volume d'alcool dénaturé.

II. Préparer une solution, saturée à froid, de chlorure
de calcium.

III. Préparer une solution, saturée à froid, de chlorure de magnésium.

IV. Mélanger de l'eau avec son volume de glycérine.

Ces quatre liquides sont incongelables et peuvent à ce titre être employés dans les *compteurs*, *gazomètres*, etc.

LUTS. — Les luts sont des enduits tenaces et ductiles, devenant solides en se desséchant et dont on se sert pour fermer les jointures de certains vases, recouvrir les bouchons, s'opposer à la déperdition des substances volatiles ou gazeuses, etc. Voyez *Ciments, Colles, Mastics*.

Lut pour les acides. — On mélange :

Résine	1 partie.
Soufre	1 —
Brique pilée	2 —

On fait fondre le tout. Ce lut est inattaquable par les vapeurs d'acide nitrique et d'acide chlorhydrique et peut servir dans la préparation de ces acides.

Lut à la chaux (Appareils de chimie). — I. On bat de la chaux délitée avec des blancs d'œufs. On en imbibe des bandelettes de toile que l'on applique aussitôt. Il faut s'en servir à l'instant où l'on vient de le préparer, parce qu'il se durcit très rapidement.

II. On modifie quelquefois ce lut de la manière suivante. On prend :

Craie pulvérisée..	30 grammes.
Farine de seigle	60 —
Blanc d'œuf	q. s.

On forme, avec le tout, un mélange presque liquide, qu'on étend avec un pinceau sur de petites bandes de toile qu'on superpose sur la pièce à luter, après avoir passé sur le premier tour de bande un fer rouge qui brûle partiellement le lut ; les autres tours de bande sont seulement desséchés par l'approche du fer chaud.

Lut à la colle (Appareils de chimie). — On le prépare en formant une pâte avec de la colle d'amidon ou de l'eau gommée, auxquelles on ajoute de la farine de lin ou du tourteau d'amande.

Lut gras. — On fait sécher de l'argile, on la broie, on la tamise ; ensuite on la met dans un mortier de fonte et l'on y incorpore peu à peu de l'huile siccative, en la battant avec un pilon. La quantité d'huile doit être telle que le mélange ait la consistance d'une pâte ferme. On conserve ce lut dans un vase ou dans la vessie légèrement humectée d'huile, pour empêcher qu'il ne se dessèche. Il résiste bien à l'action des gaz corrosifs, mais il a l'inconvénient de se ramollir par l'action de la chaleur.

Lut de Mohr. — Il se compose d'un mélange à parties égales de brique et de litharge pulvérisées, dont on fait une pâte avec de l'huile de lin. On en recouvre les capsules, les ballons, on saupoudre de sable fin et l'on sèche à l'étuve.

Lut à l'oxychlorure. — On mélange du blanc de zinc avec son volume de sable fin, on y ajoute une solution de chlorure de zinc ferrugineux de 1,26 de densité et en quantité un peu supérieure comme poids à celui du blanc de zinc. On broie le tout dans un mortier et on applique la pâte sur les bouchons enfoncés de quelques millimètres dans le goulot de la fiole.

Lut au plâtre. — On gâche du plâtre avec de l'eau contenant 5 p. 100 de gomme arabique; la bouillie prend en une demi-heure.

Lut au silicate de soude. — On fait une bouillie de silicate de soude commercial et de kaolin pulvérisé avec ou sans craie; on l'applique sur les bouchons et on laisse sécher.

Lut terreux. — On le fait en détrempant de l'argile avec de l'eau et y incorporant le plus possible de sable passé au tamis de crin; on malaxe, avec les mains, ce mélange et on l'applique, en couches plus ou moins épaisses, sur les ballons, les tubes, que l'on veut préserver de l'action directe du feu.

M

MACHINE A VAPEUR. — Cheval-vapeur. — Peu de personnes sans doute connaissent l'origine de cette dénomination bizarre : *cheval-vapeur*, si souvent employée cependant, et qui sert à désigner la force capable de vaincre une résistance constante de 75 kilogrammes le long d'un chemin vertical de 1 mètre, uniformément parcouru dans la durée d'une seconde. On trouvera de l'intérêt à lire ce qui va suivre :

Ce fut dans la brasserie Withbread que Watt fit la première application de sa machine à vapeur. Elle y devait remplacer un manège destiné à monter de l'eau. Le brasseur, voulant obtenir de la vapeur le même effet que de ses chevaux, proposa à Watt de faire travailler un cheval pendant une journée de huit heures et de baser sur le poids de l'eau qui aurait été élevée à la fin de la journée le travail du cheval-vapeur. Watt accepta le marché.

Alors le brasseur prit son meilleur cheval, et l'on sait que les chevaux des brasseurs de Londres sont d'une force extraordinaire, et sans épargner les coups de fouet, le fit travailler pendant huit heures, se souciant peu que le cheval fût incapable de soutenir plusieurs jours durant un tel effort. Le produit mesuré se trouvait être 2.120.000 kilogrammes élevés à 1 mètre en huit heures, soit 76kg, élevés à 1 mètre par seconde, travail approché du cheval-vapeur aujourd'hui généralement usité, mais de beaucoup supérieur à celui qu'on obtiendrait d'un cheval ordinaire.

En effet, des expériences authentiques, faites aux mines d'Anzin sur 250 chevaux employés pendant un an à faire mouvoir une machine très simple, ont donné pour le travail effectif d'un cheval ordinaire pendant huit heures 800.000 kilogrammes élevés à 1 mètre, soit 27kg,77 par seconde.

La construction à la vapeur. — Un ingénieur étranger qui visitait l'Angleterre en 1825 a publié une estimation de la force mécanique mise en action par la vapeur dans ce pays, et il fait cette curieuse comparaison :

Il suppose que la grande pyramide d'Egypte exigea pour son édification le travail de 10,000 hommes pendant vingt ans. Mais si, ajoute-t-il, il s'agissait encore aujourd'hui d'extraire de leurs carrières les mêmes pierres qui ont servi à cette construction, et de les placer à la hauteur où elles se trouvent, l'action des engins à vapeur de l'Angleterre suffirait à accomplir cette besogne en *dix-huit heures*.

En 1825 les machines à vapeur de l'Angleterre employaient environ 36,000 personnes; il est par suite facile d'estimer la somme de force qu'elles représentaient.

Ce serait bien autre chose aujourd'hui, même ailleurs qu'en Angleterre (Partington, *Le siècle des inventions*).

Garniture des boîtes à étoupes. — Un des principaux desiderata des machines à vapeur et surtout de celles fonctionnant sous de hautes pressions, comme il en existe aujourd'hui, consiste dans une garniture de boîtes à étoupes qui soit à la fois :

Absolument étanche, afin de s'opposer à tout dégagement de vapeur ;

Très solide, de façon à résister aux plus hautes températures de vapeur employées dans l'industrie et dans la navigation et de façon aussi à durer longtemps, d'où une économie considérable ;

D'un graissage régulier et constant, pour ne gripper jamais la tige du piston, qui doit rester en tout temps parfaitement lisse ;

D'un emploi facile, soit qu'il s'agisse de l'introduire ou de l'enlever, soit qu'on ait affaire à une tige de piston affectée de ballottement par suite d'usure, toutes circonstances où il importe que le mécanicien le plus maladroit ou le plus novice n'éprouve aucun embarras ;

D'une application générale, c'est-à-dire n'exigeant aucune transformation de la boîte à étoupes où il y a lieu de la placer.

Sans doute il existait déjà des garnitures présentant, dans une mesure plus ou moins appréciable, quelques-unes des qualités sus-énoncées ; mais celles faites de matières végétales (chanvre, coton, etc.) brûlent très vite, l'amiante durcit rapidement ; aussi les garnitures métalliques se sont-elles placées au premier rang dans l'opinion des hommes compétents. Certaines d'entre elles (toiles et tresses métalliques) ont dû être rejetées comme rayant et usant en peu de temps la tige du piston ; d'autres, faites de rondelles superposées, bien qu'imparfaites à certains égards, jouissent déjà, faute de mieux, de la faveur d'un grand nombre des industriels qui font usage de machines à vapeur.

Malheureusement celles des garnitures métalliques qui sont réputées les plus solides et les plus souples sont dispendieuses, ou bien, fussent-elles solides avec un prix accessible, elles ne durent guère plus de dix-huit mois, et ne peuvent rester étanches longtemps en raison de leur rigidité même ; il en est qui manquent de ce graissage régulier et constant, condition essentielle d'une garniture parfaite, grippent à la longue (et quelquefois de bonne heure) la tige du piston, provoquant ainsi, ou un fonctionnement irrégulier de la machine ou un remplacement coûteux et prématuré de la tige du piston ; beaucoup enfin ne se prêtent à aucun fonctionnement régulier (ballottement) de la tige du piston et sont ou d'un placement délicat ou d'un changement difficile qui rebute le mécanicien.

Pour que la garniture métallique devînt pratique, en atteignant au plus haut degré de perfection, il fallait résoudre les points suivants :

1° Qu'elle fût composée d'éléments séparés, dont l'enveloppe fût suffisamment ductile pour épouser de la façon la plus rigoureuse la tige du piston et dont la surface fût assez douce pour ne mordre en aucun cas sur celle-ci ;

2° Qu'elle fût à bourrage homogène, afin de prévenir tout écart de dilatation ou de contraction à prévoir lorsque des substances de densité inégale sont juxtaposées à l'intérieur, par cet emboîtement, par exemple ;

3° Qu'elle fût de consistance telle que jamais aucune induration de sa masse ne fût à craindre, mais qu'au contraire, sa fluidité relative l'érigeât en lubrifiant ;

4° Qu'elle fût, en chacun de ses éléments, une source identique de lubrification régulière et constante, c'est-à-dire que chacun d'eux constituât par lui-même et sans intervention du mécanicien un auto-lubrificateur parfait et permanent.

Un mécanicien, M. Huhn s'est appliqué à la recherche d'une garniture métallique qui réunît tous ces avantages divers et qui les présentât tous à un degré supérieur. Il est parvenu à créer un type de garnitures presse-étoupes en anneaux métalliques anti-friction et auto-lubrifiants, qui résout le problème du presse-étoupes, problème qui, bien que d'ordre secondaire en apparence, est l'un des plus graves dont la solution s'impose à quiconque emploie une machine à vapeur, et intéresse plus spécialement tout constructeur ou industriel dont les machines travaillent sous de hautes pressions, c'est-à-dire à la vapeur surchauffée.

Les anneaux métalliques de Huhn peuvent durer plusieurs années : faits d'un métal particulier, à la fois ductile et résistant, élastique et peu fusible, à section circulaire qui devient rectangulaire par l'écrasement que détermine un serrage progressif de presse-étoupes, il s'applique très exactement à la périphérie de la tige du piston, tout en lui laissant la pleine liberté de son mouvement alternatif; ils émettent constamment et de façon égale, sous l'action de la vapeur, par de petits trous percés dans leur enveloppe, face à la tige du piston, un des meilleurs lubrifiants (graphite américain en poudre impalpable) qui, obviant à tout frottement dangereux, s'oppose à l'échauffement de la tige du piston et empêche tout grippage de cette pièce de machine. Ils peuvent être employés avec des températures allant jusqu'à 500° ; ils s'adaptent à n'importe quelle boîte à étoupes, sans exiger aucune modification quelconque dans son calibre, puisqu'on les fabrique sur mesures ; l'introduction et l'enlèvement sont très faciles, moyennant certaines dispositions de détails très simples ; ils peuvent s'employer aussi bien avec des tiges de piston ne fonctionnant point exactement suivant leur axe, en raison d'une usure notable du cylindre, qu'avec des tiges de piston à mouvement de translation régulier.

Machine d'Heinrici à détente sans condensateur. — Ce petit moteur (fig. 89) marche à l'aide d'une lampe à pétrole, à alcool ou à huile, placée sous le cylindre dans un fourneau. On munit la lampe d'un verre pour empêcher toute trace de mauvaise odeur.

Il suffit d'une quantité minime d'eau (1/100° de litre environ) et de quelques gouttes d'huile seulement pour la marche ininterrompue pendant une journée.

La différence entre la haute et la basse pression représente la force utile obtenue qui se transmet à une pompe aspirante et foulante.

Ce petit moteur a été appliqué par Louis Heinrici (de Zwickau) à des *fontaines de salon*, qui marchent automatiquement, qui n'ont pas besoin d'être remontées et qui n'exigent aucune surveillance.

La pompe prend l'eau du bassin, la projette avec force jusqu'à 2 mètres de haut et la reconduit au réservoir.

L'installation d'une fontaine de ce genre assainit et purifie considérablement l'air des appartements. La fontaine de salon est surtout précieuse en hiver, car elle tempère la sécheresse de l'air des chambres chauffées, ce qui exerce une influence salutaire sur la santé.

L'eau étant ainsi agitée sans cesse, la conservation des animaux aquatiques qu'elle contient est assurée.

Beaucoup de propriétaires d'*aquariums*, qui, jusque-là, n'avaient jamais eu de chance avec leurs animaux aquatiques, ont obtenu les meilleurs résultats, avec ce moteur, et cela, par la raison bien simple que le jet d'eau introduit de l'air dans l'eau. Il est très intéressant de voir le jeu des animaux aquatiques quand on projette le jet d'eau obliquement et juste à la surface de l'eau. On peut très bien observer alors la quantité d'air et par conséquent de vie qui est ainsi donnée aux animaux.

On n'a pas non plus besoin de changer l'eau ; il faut simplement remplacer la quantité perdue par l'évaporation.

MACHINE A COUDRE. — Après que la main de la femme, par suite de l'invention des machines à coudre, fut affranchie du maniement de l'aiguille, on songea bientôt aussi à la nécessité de remplacer le travail pénible des pieds par des installations mécaniques ; l'hygiène ne pouvait que gagner à cette substitution. Aussi bientôt apparurent un grand nombre de moteurs pour machines à coudre, répondant à la solution de cette question.

MOTEURS A EAU POUR MACHINES A COUDRE. — Les plus pratiques furent les moteurs à eau, mis en mouvement par une prise d'eau venant de la conduite ordinaire ; ils avaient seulement le défaut de ne pouvoir être établis partout à cause de l'installation préalable qui était nécessaire.

MOTEUR A VAPEUR POUR MACHINES A COUDRE. — Louis Heinrici (de Zwickau) a trouvé un moteur à vapeur, qui peut être organisé et travailler partout,

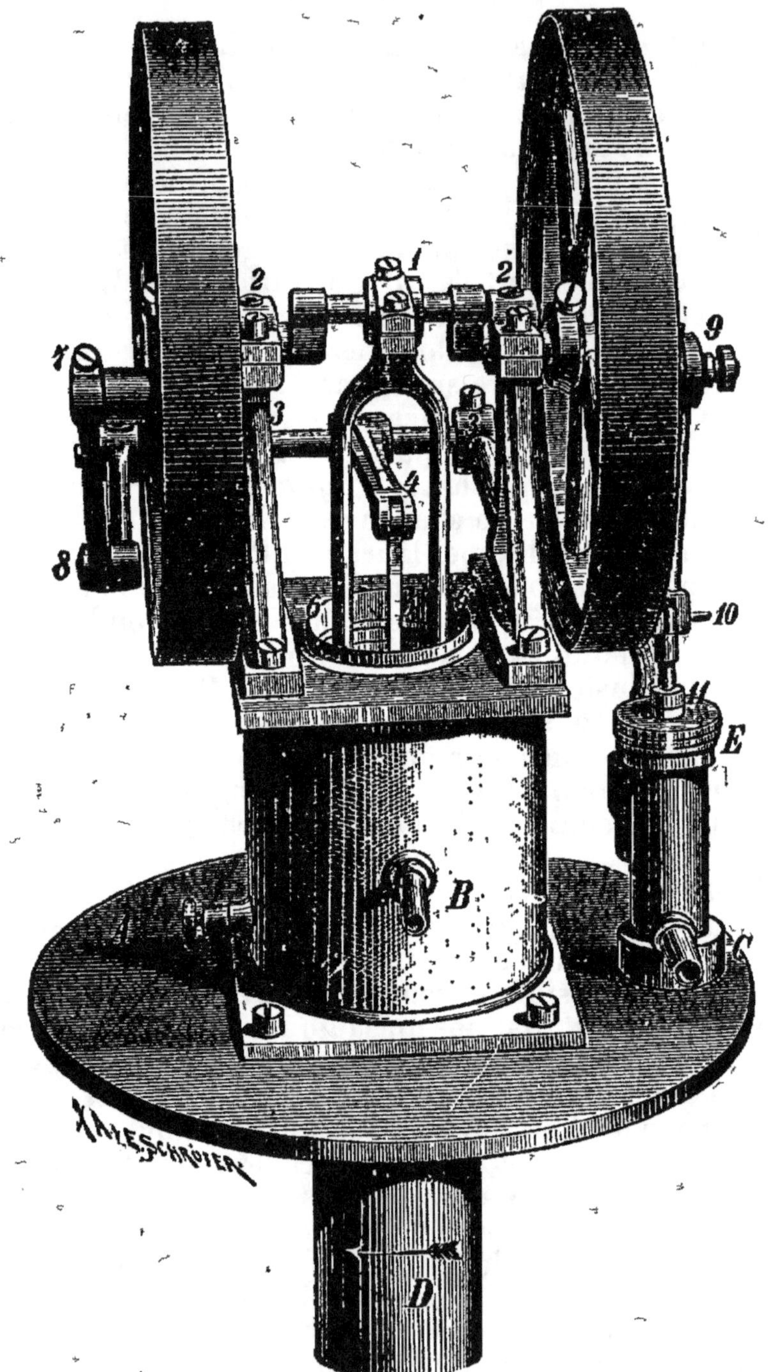

Fig. 89. — Machine d'Heinrici à détente sans condensateur.

Il est représenté (fig. 90) relié avec une machine à coudre. Il marche avec la vapeur produite dans le cylindre qui se trouve au-dessus de la machine.

La vapeur est fournie par une forte lampe à pétrole, éclairant en même temps le champ de travail de la couturière. La vapeur peut être conduite au dehors au moyen d'un tuyau de caoutchouc; on peut aussi la condenser dans un appareil spécial qui servirait de réservoir d'eau chaude. La force motrice pour les petites est de 1/10e de cheval.

Le moteur peut s'adapter à d'autres appareils de la petite industrie.

MAINS. — Comment on se nettoie les mains après le travail de l'atelier: — La gelée de pétrole (vaseline ou pétroléïne), qui a la propriété de lubrifier et d'assouplir la peau, convient pour nettoyer et enlever toutes

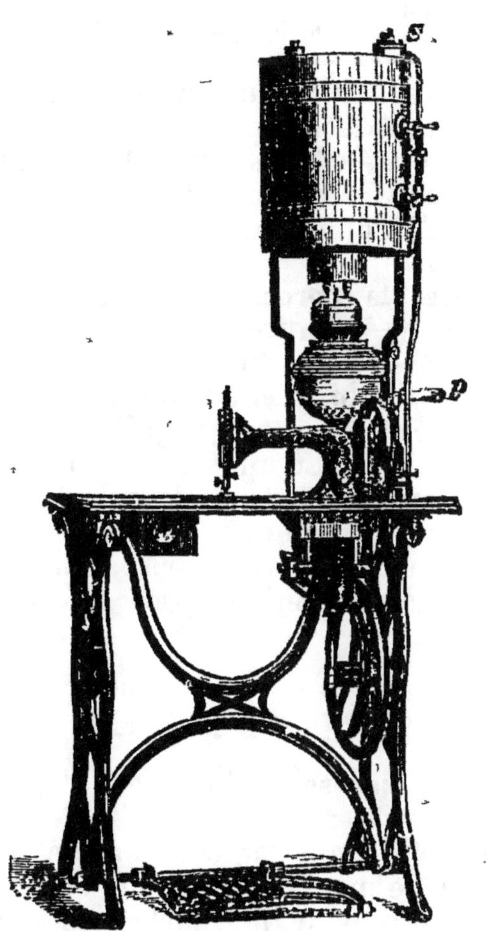

Fig. 90. — Machine à coudre avec le moteur à vapeur de L. Heinrici.

traces dont les mains sont imprégnées, après un travail d'atelier ou de laboratoire. Pour cela, on n'a qu'à se frotter les mains avec une petite quantité de gelée, qui, en pénétrant dans les pores de la peau, s'incorpore avec les matières grasses qui s'y trouvent enserrées; on lave ensuite avec de l'eau chaude et du savon de Marseille, et on a les mains parfaitement nettoyées et assouplies.

MARBRE. — **Marbre artificiel** (H. Lacke, de Londres).—
On mélange à sec, ou avec une légère humidité :

Gypse	100 parties.	Feldspath	25 parties.
Quartz	180 —	Acide borique calciné..	25 —

Les substances doivent être réduites en poudre fine et très
intimement mélangées. On les façonne en bloc dans des
moules, on les chauffe au rouge et on laisse refroidir lentement. La masse peut être diversement colorée au moyen
de silicates métalliques, qu'on ajoute jusqu'à concurrence
de 1 '8 pour cent.

**Ciments pour le marbre, la porcelaine, le cristal, le
verre.** — I. CIMENT CHINOIS. — On prend du verre bien
propre, on le réduit en poudre très fine, qu'on passe au
tamis de soie. Cette poudre est broyée, sur un porphyre,
avec du blanc d'œuf ; on ajoute du verre jusqu'à ce qu'on
ait obtenu la consistance voulue. Ce mastic est très solide ; les parties rejointes ne se séparent jamais, même
lorsqu'on brise de nouveau le vase qui a été réparé.

II. On réunit les deux parties du vase brisé, marbre,
ou toilette, qu'on veut coller ensemble après les avoir
enduites d'un mélange de :

Cire	2 parties.
Résine	1 —
Marbre pulvérisé	2 —

Il faut que le marbre soit bien sec et le ciment légèrement amolli par la chaleur. On rebouche les fentes des
marbres avec de l'eau de colle, dans laquelle on mélange
de l'albâtre en poudre pour le marbre blanc, de l'ardoise
pour le marbre gris, de l'ocre pour le marbre rouge ou
brun. On polit ensuite la surface avec de la pierre ponce
très fine, du tripoli et du blanc d'Espagne.

III. CIMENT TRANSPARENT. — On prépare un ciment transparent d'une grande force adhésive en triturant dans un
mortier :

Azotate de chaux	2 parties.
Eau	25 —
Gomme pulvérisée	20 —

Après en avoir badigeonné les surfaces à réunir, on ficelle
solidement les objets, jusqu'à dessiccation complète.

IV. CIMENT DE COLIMAÇON. — Voici une composition bizarre, qui, dit-on, réussit bien. On prend cent limaçons, on les fait jeûner pendant deux mois au moins, en ayant soin de les nettoyer entre temps. Alors, on les arrose avec un peu d'eau pour les faire sortir de leur coquille, on décante l'excès d'eau quand on s'aperçoit qu'ils vont se montrer. Lorsqu'ils sont sortis, on jette dessus une poignée de sel de cuisine, puis le suc de quatre à cinq citrons, un filet de vinaigre et on bat bien le tout ensemble. Les colimaçons laissent exsuder leur mucus, qu'on recueille, mêlé aux substances ajoutées et qu'on unit intimement, dans un mortier, à 8 grammes de gomme adragante, puis à 40 ou 50 grammes de suc d'ail et à 200 grammes d'alcool. On le conserve ainsi opaque, ou on le colore suivant la nature du marbre à souder. Il s'applique à froid, mais il faut ensuite exposer la soudure au soleil en été et au feu en hiver.

Dorure du marbre. — On broie avec de l'huile de lin siccative, du bol d'Arménie, en poudre aussi fine que possible, et l'on passe cet enduit sur l'endroit à dorer. Avant que l'endroit soit sec, on y met l'or qui s'y adapte d'une manière durable.

Nettoyage du marbre (C.-H. Faivre). — Mélangez et agitez fortement dans une bouteille de l'acide sulfurique et du jus de citron en parties égales. Humectez les taches avec ce liquide, puis essuyez avec un linge doux ; les taches disparaîtront.

Scie à découper le marbre. — M. Jeansaume a imaginé une scie à découper le marbre et les autres pierres dures, qui paraît devoir donner de bons résultats. C'est une scie ordinaire, large à peine d'un demi-centimètre, avec dents verticales et courtes, comme celles d'une scie à métaux. Le perfectionnement consiste en ce que à peine la dent a-t-elle attaqué le marbre au milieu d'un courant d'eau froide, qu'elle rencontre une molette en acier trempé qui refait incessamment la denture. Cette rénovation des dents n'occasionne qu'une faible usure, et la scie peut ainsi durer longtemps.

La vitesse est à peu près la même que celle d'une scie à bois. La dépense dépasse à peine 1 franc par heure.

Teinture du marbre. — Il faut préalablement chauffer

le marbre, afin d'ouvrir ses pores et leur permettre d'absorber la matière colorante. Une solution de nitrate d'argent teint le marbre en noir ; une solution de vert-de-gris appliquée chaude le teint en vert ; une solution de carmin chaude le colore en rouge, l'orpiment lui communique une couleur jaune, le sulfate de cuivre une couleur bleue, et la solution de fuchsine une couleur de pourpre.

MASTICS. — **Mastic pour le caoutchouc.** — On sait que certains objets en caoutchouc doivent être mis hors de service, par suite des criques qui s'y produisent avec le temps ou autrement. Voici le moyen de réparer ces avaries.

On nettoie d'abord la fente, puis on la remplit avec un mastic composé de :

Sulfure de carbone.	16 parties.	Caoutchouc.	4 parties.
Gutta-percha.	2 —	Colle de poisson.	1 —

Si la fente est ouverte, on y applique le mastic par couches successives. On maintient ensuite les bords au moyen d'un fil médiocrement serré et on laisse sécher. Après 24 à 36 heures, on enlève le fil, puis, à l'aide d'un couteau bien affilé et mouillé, on coupe la saillie du mastic résultant du rapprochement des bords de la fente.

Entre autres applications avantageuses de ce procédé, il convient de citer en première ligne la réparation des bandages des voitures de luxe et des vélocipèdes.

Mastics pour fermeture des vases. — I. MASTIC DE CAOUTCHOUC. — On fait fondre du caoutchouc très divisé à la température de 200° ; dès que la fusion commence, on y ajoute 1/15 de suif ou de cire, en ayant soin de ménager la chaleur et de remuer sans cesse. Lorsque la masse est complètement fondue, on y verse, par petites portions, de la chaux délitée et tamisée dans la proportion de 1 partie pour 2 de caoutchouc. Le mastic ainsi obtenu est mou ; si l'on double la dose de chaux, il est plus ferme, mais toujours souple. Quand le mélange a acquis une consistance convenable, on le retire du feu et la préparation est terminée. Ce mastic est excellent pour fermer hermétiquement les vases, on l'interpose entre le goulot d'un flacon et un obturateur usé sur les bords. Il ne se dessèche pas, reste longtemps ductile et tenace, mais on peut le rendre,

siccatif, si la chose est nécessaire, en l'additionnant de
1 partie de minium, pour les doses de mastic mou que
nous venons d'indiquer.

II. MASTIC DE GLYCÉRINE. — C'est un mélange de glycérine
et de litharge en poudre. Il durcit rapidement et convient
pour les vases qui renferment des substances volatiles.

C'est un excellent moyen pour fixer le fer sur le fer ou
dans la pierre, ainsi que pour cimenter les objets en pierre.

Mastic pour boucher les fentes de la maçonnerie. — Ce
mastic ou ciment est susceptible d'être employé avec
avantage pour remplir les fentes qui se produisent dans
les murs en moellons ou en briques.

On prend des résidus de peinture ou, d'une manière
générale, tout résidu contenant de l'huile et des matières
minérales.

On ajoute à cette masse assez d'huile pour lui faire
prendre la consistance d'une crème, en ayant au besoin
recours à la chaleur.

Cela fait, on remue jusqu'à ce que la masse soit bien
homogène, on ajoute encore de l'huile et on tamise. On
ajoute alors de la craie, de manière à obtenir un mastic
analogue au mastic de vitrier, mais moins consistant. On
termine enfin par l'addition d'un peu de ciment de Portland.

Mastic de fer. — Le mastic de fer, employé pour relier
entre elles les pièces en fer ou en fonte, se prépare en
mélangeant :

Limaille de fer .... 50 à 100 parties.
Chlorhydrate d'ammoniaque, ou sel ammoniac en poudre.. , 1 partie.

Il convient d'humecter le mélange avant de s'en servir.

Mastic pour fûts. — Ce mastic est un excellent obturateur pour boucher toutes les fissures qui se produisent
dans les fûts. On fait fondre ensemble sur un feu doux :

Graisse de porc .... 60 parties.
Sel de cuisine........................... 40   —
Cire blanche 33   —

On ajoute ensuite à ce mélange, pendant qu'il est encore
chaud, 40 parties de cendres de bois tamisées.

Autant que faire se peut, le mastic doit être appliqué
à chaud et pendant que les fûts sont vides.

Mastics hydrofuges. — Ce sont des mélanges de matières résineuses ou de corps gras plus ou moins siccatifs,
dont on se sert pour rendre imperméable l'intérieur des
magasins, des caves, des appartements, pour préserver
les murs de l'humidité ; on les fait pénétrer dans les plâtres au moyen d'une chaleur très intense.

```
I.  — Cire jaune............................... 100 parties.
      Huile de lin ............................. 300    —
      Litharge ................................  30    —
```

On fait bouillir la litharge avec l'huile de lin, afin de la
rendre siccative (Voy. *Huiles siccatives*), et l'on ajoute
peu à peu la cire au liquide bouillant. Cet enduit, pénétrant dans la pierre à une profondeur de 12 millimètres,
revient à 4 francs par mètre carré.

II. Mastic inaltérable. — On prend :

```
Brique pilée ou argile bien cuite................ 93 parties.
Litharge et huile de lin .........................  7    —
```

On pulvérise d'abord séparément la brique et la
litharge, ces deux substances réduites en poudre bien fine.
Puis, on les mêle ensemble et on y ajoute assez d'huile
de lin pour donner au mélange la consistance du plâtre
gâché. Alors, après avoir mouillé avec une éponge la
partie à enduire, on l'applique à la manière du plâtre. Si,
parfois, sur les grandes surfaces, il se forme quelques
gerçures, il faut les boucher avec la même préparation.
Au bout de trois à quatre jours, l'enduit devient solide.

Ce mastic peut être employé avec succès pour couvrir
les terrasses, revêtir les bassins, souder les pierres et s'opposer partout à l'infiltration des eaux ; il est si dur qu'il
raye le fer.

III. Mastic a souder le verre et résistant a l'eau. —
Mélanger par parties égales du suif et de la poix rendue
liquide à la chaleur, les faire cuire ensemble jusqu'à
ce que le liquide écume, puis laisser un peu refroidir et
saupoudrer de chaux pilée ; enfin malaxer le tout, pour
opérer le mélange et obtenir une pâte molle et bien liée.

```
IV. — Savon de suif et de chaux............... 100 parties.
       Huile de lin ........................... 400    —
       Litharge .............................   40    —
```

On prépare l'huile de lin lithargirée et l'on y dissout le savon. Cet enduit coûte environ 4 fr. 50 par mètre carré.

V. On substitue de la résine au savon de suif de la forme précédente. Prix de revient, 1 fr. 50 par mètre carré.

VI. — Savon de suif et de chaux................ 300 parties.
      Acide oléique .... 400 —

On dissout le savon dans l'acide oléique. Prix 2 fr. 25 par mètre carré.

VII. — Acide oléique.............................. 400 parties.
      Chaux.. 8 —

On prépare un oléate de chaux, en combinant, à l'aide de l'ébullition, l'acide oléique avec la chaux hydratée ; il fond à une douce chaleur. Cet enduit ne revient qu'à 1 fr. 25 par mètre carré.

VIII. — Huile de lin siccative.................... 400 parties.
      Cire jaune................................... 100 —
      Céruse...................................... 400 —

On fait bouillir, pendant cinq minutes, la cire dans l'huile de lin, on ajoute alors peu à peu, et à l'aide d'un tamis, la céruse finement pulvérisée et l'on fait bouillir encore pendant cinq minutes. On applique ce liquide encore chaud, on peut donner plusieurs couches, en ayant soin de laisser sécher avant de superposer une nouvelle couche.

VII. — Huile de lin..... 15 parties.   Ciment.................... 6 parties.
     Galipot ou colo-   Oxyde de fer,............. 8 —
       phane............. 15 —   Gutta-percha, gomme ou
     Goudron........... 5 —   colle forte............. 2 —
     Blanc de zinc ou   Chaux hydratée........... 6 —
       de plomb..... 12 —   Suif.................... 15 —
     Minium........... 10 —   Litharge............... 2 —
     Résidus de cou-
       leurs........... 4 —

Le tout est mélangé et cuit modérément, jusqu'à réduction d'un dixième, de manière à constituer une pâte liquide. Pour employer ce mastic à chaud, on le chauffe jusqu'à ce qu'il devienne liquide et on l'applique au pinceau. Pour l'employer à froid, on l'étend avec de l'huile de lin lithargirée ou avec de l'essence de térébenthine, sans la rendre trop fluide, et on l'applique en couche un peu épaisse, à l'aide d'un pinceau. Ce mastic résiste à toutes les intempéries des saisons à l'extérieur, à toute cause d'humidité à l'intérieur et finit par acquérir la solidité du métal (Dondeine).

VIII.—Goudron de houille. 15 parties. | Minium.................. 2 parties.
    Soufre........... 2 — | Litharge................ 2 —

Il s'emploie à chaud et durcit beaucoup par le refroidissement (Cools).

Mastics pour les métaux. — Mastic pour fixer le laiton sur le verre.

I. — Soude caustique....... 1 partie. | Plâtre................. 3 parties.
    Colophane........... 3 — | Eau................... 5 —

On fait bouillir le tout. Il durcit au bout d'une demiheure, le durcissement est retardé en remplaçant le plâtre par du blanc de zinc, de céruse ou de la chaux éteinte (Puscher).

I. —Litharge fine....... 2 parties. | Copal................. 1 partie.
    Céruse .... 1 — | Eau................... 3 —

On triture le tout ensemble (Franke).

III. Mastic métallique (*Amalgame de cuivre, Alliage plastique*). — Pour réunir des pièces métalliques dont la soudure au feu présenterait des inconvénients, on se sert d'un amalgame de cuivre fait avec du cuivre pur et très divisé, tel qu'on l'obtient par la réduction du sulfate de cuivre, par des rognures de zinc.

On prend de 20 à 36 parties de cuivre divisé, suivant la dureté qu'on désire donner à l'alliage, on le délaye dans une quantité d'acide sulfurique suffisante pour former une bouillie épaisse, puis on y incorpore, par trituration, dans un mortier, 70 parties de mercure. La masse est molle, elle se durcit au bout de quelques heures. Pour en faire usage, on la chauffe à 100° et on la broie dans un mortier de fer chauffé jusqu'à 150° ; ce mastic prend alors la consistance de la cire, il est d'autant plus dur qu'il contient plus de cuivre ; il adhère très fortement après son durcissement (Gersheim).

Voyez *Lut pour réunir le verre et les métaux.*

Mastic pour recoller l'ambre, l'écume de mer et l'ivoire. —

HÉRAUD. — Secrets de la Science.   16

On ramollit 8 parties de colle de poisson dans un mélange d'eau et d'un peu d'alcool, on y ajoute 1 partie de galbanum et 1 partie de gomme ammoniaque, puis 4 parties d'alcool. Ce mélange s'applique à chaud.

Mastic résistant au fer et au feu. — On fait cailler légèrement du lait avec du vinaigre ; on sépare le caillé à froid du liquide, et on le mêle aussi bien que possible avec du blanc d'œuf que l'on a bien battu ; on ajoute à ce mélange de la chaux vive en poudre, pour en faire une pâte assez dure, et on l'emploie aussitôt. Ce mastic a l'avantage de se mettre au feu sans se fendre et à l'eau sans attirer l'humidité. On peut s'en servir avec avantage pour les marbres des poêles, des cheminées, etc.

Mastic de Sumatra. — A Sumatra, le beurre fait avec le lait de buffle, et destiné aux Européens, qui seuls en font usage, ne s'obtient pas avec la barate ; on abandonne simplement le lait à lui-même, jusqu'à ce que la crème se transforme d'elle-même en beurre ; on l'enlève alors avec une cuiller, on le soumet à une espèce de battage, dans un vase plat, et on le lave dans deux ou trois eaux. Le liquide restant, qui s'est aigri et épaissi, est ce qu'on nomme *prackee*. On le presse fortement, puis on en fait des gâteaux qu'on laisse sécher, et qui, au bout d'un certain temps, deviennent très durs. Lorsqu'on veut s'en servir, on en râpe une certaine quantité ; on la mélange avec de la chaux vive et on l'arrose avec du lait. Le mastic ainsi obtenu est très solide et résiste parfaitement dans les climats chauds et humides (Marsden, *Histoire de Sumatra*).

MÈCHES DE BRIQUET. — Tremper une mèche de coton propre dans la dissolution suivante :

Bichromate de potasse	10 gr.
Eau	100 —

Faire sécher et s'en servir comme de mèches à briquet ordinaires.

MODELAGE. — L'action de modeler consiste à prendre une matière malléable, à la pétrir jusqu'à parfaite homogénéité, puis à lui donner avec les doigts, en copiant ou en créant, toutes les formes que l'on désire. Le modelage s'applique à deux genres de travaux, le *bas-relief* et la *ronde bosse*. Tous deux doivent être commencés finement, en ajoutant progressivement, jusqu'à ce que l'on obtienne la perfection de la forme voulue.

Que faut-il pour modeler ? Un peu de terre glaise, un morceau de cire (voy. *Cire à modeler*), quelques gouttes de plâtre.

Modelage en terre glaise. — Le modelage le plus utile, le plus commode pour exécuter les objets d'une certaine dimension, est celui de la terre glaise.

Quand l'élève commence à modeler, il éprouve quelques difficultés à dégager ses doigts de cette matière. Qu'il ne se décourage pas ; la main est le premier et le meilleur outil de modelage ; les ébauchoirs en bois ou en fer ne doivent servir que pour faire des noirs ou dessiner une silhouette ; il n'est besoin que de la main pour former la masse et terminer les modelés.

L'élève doit toujours débuter par une étude en bas-relief. On prend, pour y appliquer la terre, un fond de bois encadré sur lequel on étend une couche de terre glaise bien unie, pour que la forme que l'on veut y appliquer s'y écrive nettement et s'en détache avec vigueur, afin de donner l'illusion de la ronde bosse : puis on commence par poser les parties les plus fines pour en arriver aux points les plus saillants.

Pour modeler une ronde bosse, on prend un plateau en bois, et on y fixe une carcasse en fer, que l'on nomme *armature*, et qui devra passer au milieu des parties saillantes que l'on désire donner à l'œuvre. Sans cette première précaution, la glaise s'affaisserait par son propre poids, et ce mouvement changerait la forme primitive.

Modelage en cire. — On a besoin d'ébauchoirs, afin d'exécuter les détails que comporte cette matière ; on peut faire avec elle un travail aussi fin en saillie que la gravure en creux ; elle peut rendre les plus grands services aux arts, aux sciences et à l'industrie.

Modelage en plâtre. — Il s'applique aux plus petits comme aux plus grands travaux.

L'art industriel trouve de grandes ressources dans le plâtre modelé par gouttelettes, façonné au fur et à mesure qu'il prend, et taillé ensuite avec l'outil coupant pour aviver les arêtes et les angles. Un objet exécuté sur un modèle ainsi fait n'a besoin, en revenant de la fonte, que d'un simple nettoyage ou de quelques retouches insignifiantes.

La première condition, pour gâcher du plâtre, c'est la propreté de l'établi, des outils, des sébiles ou terrines dont on se sert et qui doivent être d'une netteté parfaite.

On met une quantité d'eau en rapport avec l'importance du moulage que l'on doit faire, et l'on saupoudre cette eau avec du plâtre jusqu'à ce qu'il affleure ; on remue fortement pour qu'il ne reste aucuns grumeaux, aucuns globules ; alors on verse dans le moule, en le tournant s'il est rond, en le secouant s'il est plat, afin que l'air n'y forme pas de vide ; on laisse prendre le plâtre complètement, puis on retire les chapes et les pièces, si c'est un moule à bon creux. Pour un creux perdu, il faut casser le moule pour avoir l'épreuve.

Voici quelques indications au sujet du creux perdu. On enveloppe l'objet d'une bande de terre pour séparer par le milieu le moule qui doit être en deux parties, quand la première partie est faite, on retire la bande de terre, on huile la place qu'elle a occupée afin que la seconde partie, qui doit se joindre hermétiquement à la première, puisse s'y adapter sans tenir.

Chaque partie est faite en deux couches, la première teintée avec une ocre rouge ou jaune pour avertir de l'approche de l'épreuve quand on cassera le moule, dont la seconde partie sera naturellement blanche.

Une fois le moule fait ainsi, on l'ouvre pour retirer la cire ou la terre du modèle, on le lave, on le savonne bien et on l'huile légèrement : ensuite on coule l'épreuve comme pour un bon creux ; on casse le moule à creux perdu par petites portions, selon que la dépouille le demande, et l'on obtient l'épreuve.

L'*estampage* est principalement utile pour les restaurations. Pour le pratiquer, on saupoudre de talc la partie à estamper, afin d'éviter l'adhérence.

On imprime avec une plaque de terre un peu ferme, on recouvre le moule en terre d'une chape en plâtre, afin qu'il ne se déforme pas en le retirant ; puis on coule du plâtre dans l'estampage, on arrache la terre, et l'épreuve doit sortir assez intacte pour donner un renseignement parfait. (Émile Thomas.)

MONNAIES. — Essai des monnaies. — Les falsifications des monnaies se produisent ordinairement, par :

1° *Soustraction, au moyen du grattage, d'une certaine quantité du métal précieux.* — L'irrégularité de la forme, la différence de poids suffisent pour faire reconnaître que l'on a affaire à des pièces *rognées*. On peut, dans ce cas, les peser au trébuchet et comparer le poids obtenu avec le poids qu'elles doivent légalement présenter, d'après le tableau suivant.

NATURE DES PIÈCES.	POIDS.	
	POIDS DROIT.	TOLÉRANCE.
OR.		
	grammes.	
100 francs...............	32,25806	1 millième.
50 —	16,12903	
20 —	6.45161	2 —
10 —	3.22580	
5 —	1.61290	3 —
ARGENT.		
5 francs...............	25	3 millièmes.
2 —	10	5 —
1 —	5	
50 centimes.	2.50	7 —
20 —	1	10 —

La tolérance exprimée en millièmes est admise, tant en dehors qu'en dedans.

2° *Emploi d'un alliage présentant la même apparence.* — Dans ce cas, il faut avoir recours, ordinairement, à l'analyse chimique.

Le plus souvent les pièces fausses sont fabriquées avec les métaux et les alliages suivants : 1° étain seul ; 2° étain et antimoine ; 3° étain et bismuth ; 4° étain et plomb ; 5° étain et zinc ; 6° étain, antimoine et plomb ; 7° plomb seul ; 8° plomb et antimoine ; 9° plomb et zinc ; 10° étain, plomb, antimoine et zinc.

Dans ce cas, on prendra en considération :

a. La dureté de la pièce, qui est moindre que dans les pièces d'argent ;

b. La couleur, qui souvent est terne ;

c. L'odeur, qui se développe par le frottement ;

d. Le toucher, qui souvent est gras, dans certaines monnaies falsifiées ;

e. Le son mat que donne la pièce, quand on la jette sur le carreau ou qu'on la frappe avec une autre pièce ;

f. La différence de poids, qui s'apprécie par la balance, en pesant comparativement la pièce suspecte et une pièce de bon aloi.

L'alliage de cuivre, de nickel et d'étain ou de zinc connu sous le nom de *maillechort* peut être confondu avec l'argent au deuxième titre, c'est-à-dire contenant 200 de cuivre et 800 d'argent ; pour le reconnaître, on dépose sur la pièce suspecte une goutte d'acide nitrique ; l'attaque est immédiate et la liqueur se colore en vert ; avec l'argent, l'action est plus lente et la surface du métal présente une tache noire. En versant une goutte d'eau salée sur l'acide qui vient d'épuiser son action, il se produira un trouble blanc manifeste, si c'est de l'argent ; avec le maillechort, la couleur verte persiste, avec une légère altération, et il n'apparaît aucun trouble blanc.

Si l'on plonge une pièce d'argent dans une dissolution de 3 parties de bichromate de potasse, 4 d'acide sulfurique et 32 d'eau, l'argent prend aussitôt une coloration pourpre, d'autant plus vive que l'argent est plus pur. Cette coloration s'affaiblit et disparaît même lorsque l'argent est en faible proportion par rapport au cuivre. Lorsque l'essai porte sur des objets en cuivre ou en zinc, qui ont été simplement argentés ou plaqués, on devra les racler à la surface ; les métaux mis à nu par le grattage ne se coloreront pas en rouge.

3° *En fourrant la pièce*, c'est-à-dire en recouvrant un flan de métal ou d'un alliage sans valeur, avec des feuilles minces enlevées à une pièce de bon aloi. La balance per-

met souvent de reconnaître la fraude, mais une pièce d'or
fourrée en platine ne pourrait être reconnue ainsi, à cause
de la grande densité du platine. Le plus sûr, dans ce cas,
est de couper la pièce avec des cisailles, l'aspect de la section révélera la fraude.

4° *Dorure*. — Au cas où des pièces d'argent auraient
été dorées, leur apparence pourrait en imposer, si l'examen
était superficiel, mais le poids des pièces d'or est tellement
différent de celui des pièces d'argent que la fraude serait
facile à dévoiler. De plus, pour les monnaies françaises,
aucune pièce d'or ne présente le même diamètre que les
pièces d'argent, La valeur de la pièce est toujours inscrite
sur une des faces et l'effigie des pièces d'argent est toujours, pour un même règne, inverse de celle des pièces
d'or. Les figures des fondateurs de dynastie (Napoléon Ier,
Louis-Philippe Ier, par exemple) regardent à droite, celles
de leurs successeurs sont tournées vers la gauche ; l'inverse
a lieu pour les pièces d'or. Une disposition semblable existe
pour les effigies des pièces frappées sous la deuxième et la
troisième république.

Une monnaie d'or fausse laisse une trace rouge sur la
pierre de touche (Voy. *Alliages d'or et d'argent*) ; ce trait
disparaît par l'addition de quelques gouttes d'acide pur.
Les pièces d'argent fausses, formées par un alliage d'étain,
d'antimoine et de plomb, donnent, sur la pierre, des traces
d'un blanc bleuâtre, qu'une goutte ou deux d'eau régale
font complètement disparaître.

Monnaies remplaçant les poids. — Si l'on n'a pas de
poids pour effectuer une pesée, on peut se servir de monnaies neuves d'argent ou de cuivre, en se reportant aux
indications du tableau suivant :

ARGENT.....	5 francs pèsent...............	25 grammes.
	2 —	10 —
	1 —	5 —
	0,50 centimes pèsent.........	2 gr. 50 centigr.
	0,20 —	1 gramme.
CUIVRE........	0,10 centimes pèsent.........	10 grammes.
	0,05 —	5 —
	0,02 —	2 —
	0,01 —	1 —

Monnaies contrôlant les mesures de longueur. — Les
pièces de monnaie peuvent également servir à contrôler

les mesures de longueur: dix-neuf pièces de 5 francs et onze pièces de 2 francs mises au bout l'une de l'autre, donnent le mètre, de même que vingt pièces de 2 francs et vingt de 1 franc.

Herborisation sur une pièce de monnaie. — Qui n'a remarqué les petites masses noirâtres qui, par suite d'une circulation prolongée, s'incrustent, à la surface des monnaies, dans les dépressions que forment les images et les lettres (fig. 91) ?

M. Reinsch d'Erlangen les a étudiées, sur les monnaies récentes et anciennes, sur les pièces de cuivre, d'or et d'argent. Partout il a trouvé des micro-organismes, des Algues et des Bactéries.

Fig. 91. — Une pièce de monnaie avec les incrustations en *abc*.

En grattant avec une pointe d'aiguille ces incrustations et en les portant sous le microscope avec une goutte d'eau distillée, M. Reinsch y constata, à un grossissement de 250 à 300 diamètres, la présence des corps suivants : fragments de fibres textiles (fig. 92 *c*), nombreux granules d'amidon (fig. 92 *d*), surtout d'amidon de blé, globules de graisse, quelques Algues unicellulaires, etc.

En augmentant le grossissement, on aperçoit, au milieu de tous ces détritus, des *Bactéries* (fig. 92 *b*). Ce sont tantôt des Bactéries en forme de bâtonnets (Bactéries oscillaroïdes), douées d'un mouvement oscillaire (*Vibrio*) (fig. 93 *d'*) ou spiralé (*Spirillum*) ; tantôt des Bactéries globulaires (formes microccoïdes). Parfois toutes ces formes sont réunies sur une seule et même pièce de monnaie, mais le plus souvent on rencontre une forme ou l'autre isolément. Les Bactéries globulaires sont les plus fréquentes ; les *Spirillum* (fig. 93 *c*) se rencontrent plus rarement. Quant aux *Bacillus*, on les trouve presque toujours sur les monnaies de cuivre, d'or et d'argent, sous forme de bâtonnets, ayant de 4 à 12 articles, longs de 0,0055 à 0,0077 de millimètre; les articles placés aux deux bouts de ces bâtonnets présentent un renflement sphérique.

Parmi les *Algues* (fig. 92 *a*), on en rencontre le plus souvent sur les pièces de monnaie deux espèces : un petit *Chroococcus* (de la famillle des *Phytochromacées*), et une Algue unicellulaire (fig. 93 *b'*) se rapprochant des *Pal-*

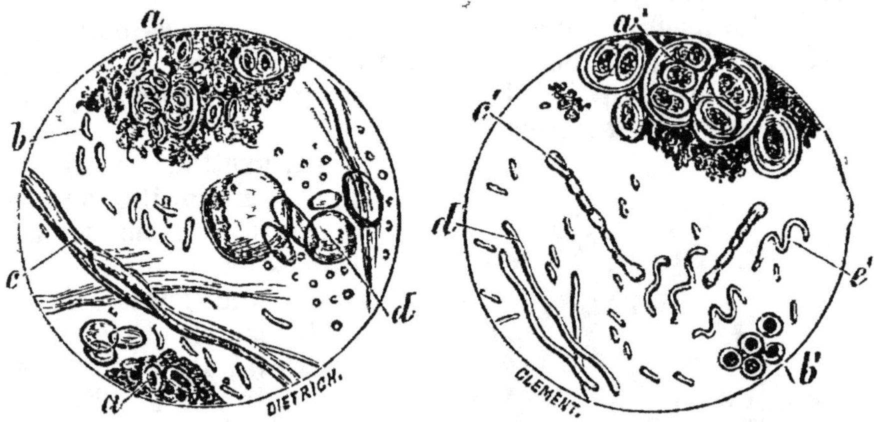

Fig. 92. — Une partie de la masse incrustée, vue au microscope (gros. de 200 à 250 diamètres) : *a*, Algues ; *b*, Bactéries : *c*, fibres de coton ; *d*, grains d'amidon.

Fig. 93. — Même masse, grossie plus fortement : *a'* Algues (Chroococcus) : *b'*, Algues unicellulaires ; *c'*, Bacille spécial ; *d'*, Vibrio ; *e'*, Spirillum.

mellées. Les Chroococcus ont à peine 0,00095 de millimètre de diamètre et se trouvent réunis par quatre, huit et douze en colonies sphériques qui sont entassées en petites masses de 0,02 de millimètre de diamètre (fig. 93 *a'*). La deuxième forme d'Algues, voisine des *Pleurococcus* est beaucoup plus grande ; ce sont des cellules à parois épaisses, avec un contenu à coloration intense. Leur diamètre est de 0,009 à 0,01 de millimètre, et l'épaisseur de leurs parois atteint à peu près le dixième de ce diamètre. Plusieurs de ces cellules se trouvent en segmentation, non pas cependant aussi régulièrement que les Pleurococcus typiques.

Les Algues ne se rencontrent que sur les pièces anciennes ; les nouvelles ne renferment que des Bactéries.

En outre des Algues et des Bactéries, les incrustations des pièces de monnaie renferment encore des *hyphes* non développées et des spores de Champignons analogues à ceux que l'on trouve dans les moisissures.

Le fait trouvé par M. Reinsch présente une grande importance au point de vue de l'hygiène. On sait jusqu'à quel point les différentes Bactéries sont les propagateurs des maladies contagieuses, et certainement elles ne pouvaient choisir un meilleur véhicule pour leur dissémination que le numéraire, cet « objet de circulation » par excellence. Il serait peut-être prudent, par les temps d'épidémie, de laver dans une solution alcaline bouillante les pièces de monnaie devenues crasseuses par suite d'une circulation trop prolongée. (J. Deniker.)

MONTRE. — Table d'équation pour régler les montres d'après les cadrans solaires. — Voici une table d'équation dressée de cinq jours en cinq jours pour régler les montres d'après les cadrans solaires (fig. 94).

Jours des mois	JANVIER	FÉVRIER	MARS	AVRIL	MAI	JUIN
	LE SOLEIL retarde	LE SOLEIL retarde	LE SOLEIL retarde	LE SOLEIL av. et ret.	LE SOLEIL avance	LE SOLEIL av. et ret
1	R. 4 m.	R. 14 m.	R. 13 m.	R. 4 m.	A. 3 m.	A. 3 m.
5	R. 6 m.	R. 14 m.	R. 12 m.	R. 3 m.	A. 3 m.	A. 2 m.
10	R. 8 m.	R. 15 m.	R. 10 m.	R. 1 m	A. 4 m.	A. 1 m.
15	R. 10 m.	R. 14 m.	R. 9 m.	0 0	A. 4 m.	0 0
20	R. 11 m.	R. 14 m.	R. 8 m.	A. 1 m.	A. 4 m.	R. 1 m.
25	R. 13 m.	R. 13 m.	R. 6 m.	A. 2 m.	A. 3 m.	R. 2 m.

Jours des mois	JUILLET	AOUT	SEPTEMBRE	OCTOBRE	NOVEMBRE	DÉCEMBRE
	LE SOLEIL retarde	LE SOLEIL retarde	LE SOLEIL avance	LE SOLEIL avance	LE SOLEIL avance	LE SOLEIL avance
1	R. 3 m.	R. 6 m.	A. 0 m.	A. 10 m.	A. 16 m.	A. 11 m.
5	R. 4 m.	R. 6 m.	A. 1 m.	A. 12 m.	A. 16 m.	A. 9 m.
10	R. 5 m.	R. 5 m.	A. 3 m.	A. 13 m.	A. 16 m.	A. 7 m.
15	R. 6 m.	R. 4 m.	A. 5 m.	A. 14 m.	A. 15 m	A. 5 m.
20	R. 6 m.	R. 3 m.	A. 7 m.	A. 15 m.	A. 14 m.	A. 2 m.
25	R. 6 m.	R. 2 m	A. 8 m.	A. 16 m.	A. 13 m.	R. 0 m.

Fig. 94. — Table d'équation pour régler les montres d'après les cadrans solaires.

L'usage de cette table est très facile : veut-on réglersa montre sur un cadran solaire, par exemple le 1er février, on y voit que ce jour-là le soleil *retarde* de 14 minutes, et l'on conclura qu'au moment où le cadran solaire marquera midi, une montre sera réglée si elle indique à cet instant midi 14 minutes, soit 14 minutes *d'avance*.

Merveilles d'une montre. — Bien peu de personnes, parmi celles qui portent une montre, se sont rendu compte de la complication de son mécanisme et de la somme extraordinaire d'activité que donnent ces divers organes, alors que toute autre machine, placée dans les conditions où se trouve une montre dans notre poche, c'est-à-dire soumise à des déplacements et des changements de position continuels, refuserait bientôt son service.

Beaucoup s'imaginent qu'une montre doit marcher régulièrement et exactement durant des années, sans avoir besoin d'une goutte d'huile, tout en ne s'étonnant pas que toute autre machine ne puisse marcher plus d'un jour sans être graissée.

Ces réflexions nous sont venues après avoir entendu quelqu'un faire devant nous les calculs ci-après : la roue principale fait quatre révolutions en 24 heures, soit 1460 en un an ; la roue centrale, 24 révolutions en 24 heures, ou 7760 en un an ; la 3e roue, 192 en 24 heures ou 60,080 en un an ; la 4e 1440 tours en 24 heures, ou 523,600 en un an ; la 5e (ou roue d'échappement) 12,964 en 24 heures ou 4,728,400 révolutions en un an ; les secousses ou vibrations qui commandent aux aiguilles sont au nombre de 388,800 en 24 heures ou 141,812,900 en un an !

On peut donc dire à juste titre que nous portons en poche, sans nous en douter, une véritable merveille d'exactitude et d'activité.

MORTIER. — Durcissement du mortier. — I. On augmente le durcissement du mortier en le mélant avec de l'eau sucrée à la place d'eau ordinaire. 5 à 7 kilogrammes de sucre pour 100 litres d'eau suffisent. C'est le « mortier au sucre ».

II. En Amérique, on se sert de sang de bœuf délayé dans un tiers de son volume d'eau. La prise est plus rapide ; le mortier est plus dur et plus solide.

MURS. — Comment empêcher les murs de se salpêtrer? — On ne se débarrasse guère du salpêtre si on ne démolit pas le mur et si, dans sa réfection, on n'évite avec soin l'emploi des matériaux salpêtrés en si petite quantité que ce soit.

Voici du moins, un palliatif : hacher le mur profondément, le sécher avec des braseros et l'enduire profondément, à chaud, de :

Cire jaune...........................	100 grammes.
Essence de térébenthine................	4 kilog.

Puis on refait les enduits.

Imperméabilisation des murs en briques. — Le procédé Sylvestre, pour rendre les murs en briques imperméables à l'eau, consiste à les badigeonner alternativement avec une solution de 300 grammes de savon dans un litre d'eau et une solution de 200 grammes d'alun dans 4 litres d'eau. Les murs doivent être parfaitement secs et nettoyés ; on applique d'abord, avec un pinceau plat, la première solution bouillante et, lorsque celle-ci est sèche, on applique la seconde à la température de 16 à 22°. Au bout de vingt-quatre heures, ce double badigeonnage est sec, et l'on recommence l'opération autant de fois qu'il faut, pour obtenir une imperméabilité complète, le nombre de couches dépendant de la pression que l'eau exerce contre le mur.

N

NICKEL. — Le nickel a été découvert, en 1751, par le Suédois Cronsted ; mais ce n'est qu'en 1775 que le chimiste Bergmann parvint à l'isoler. Richter, et après lui Vauquelin, Proust, Thénard, Boussingault, Berzélius, Smée, Becquerel, etc., étudièrent ses propriétés physiques et chimiques, ses alliages et ses applications électrochimiques.

Le *Kupfernickel*, véritable minerai de ce métal, se rencontre principalement en Allemagne, en Suède et dans la Nouvelle-Calédonie. La production annuelle du nickel s'élève actuellement à 500.000 kilogrammes, dont près de 360.000 sont préparés en Allemagne.

D'un blanc grisâtre, plus blanc que le fer, le nickel est un métal aussi dur que l'acier, aussi ductile et aussi tenace que le fer, et comme lui attirable par l'aimant bien qu'à un moindre degré.

Il est tout à fait inaltérable à l'air et à l'humidité, ainsi qu'aux émanations sulfureuses, quand il est bien pur.

En Angleterre, on fait de l'argenterie de table avec parties égales de nickel et d'argent. L'*argentan blanc*, qui imite l'argent à s'y méprendre, est un alliage de 8 parties de cuivre, 3 de nickel et 3 1/2 de zinc ; l'argentan ordinaire est composé de 8 parties de cuivre, 2 de nickel et 3 1/2 de zinc.

On connaît trois oxydes de nickel et un chlorure, qui est jaune d'or quand il est anhydre (sans eau), et vert lorsqu'il est hydraté ; il en résulte que ce corps peut servir d'*encre sympathique*.

Si l'on dessine avec cette encre des arbres et des prairies, on voit le dessin représenter une vue d'automne quand il est sec et que les traits sont jaunes, tandis que, par suite de l'humidité, la coloration verte apparaît et représente un paysage de printemps.

Ce précieux métal, qui, il y a quelques années, valait 40 francs le kilogramme, se paye 12 francs aujourd'hui.

Grâce à cette importante diminution, le nickel n'est plus uniquement employé à la fabrication des objets de luxe : il sert à confectionner des services de table, des instruments de précision, des lampes, des serrures, des boucles, des boutons, des étriers, des mors, etc.

Alliages de Nickel. — Voy. *Alliages*.

NICKELURE OU NICKELAGE. — Guidé par les recherches de Smée et de Becquerel, le docteur Isaac Adams, de Boston, est parvenu, le premier, à nickeler les métaux. Ses procédés, connus seulement depuis 1869, sont encore ceux qu'on emploie aujourd'hui, et dont on connaît les beaux résultats.

Les appareils dont on fait usage pour la nickelure galvanique sont analogues à ceux qui servent pour la galvanoplastie, c'est-à-dire une cuve pour recevoir le bain et les objets à recouvrir, et une pile pour opérer la décomposition du bain. Voyez *Dorure*.

Le bain de nickel se prépare en faisant dissoudre à saturation à chaud dans l'eau distillée une partie en poids de sulfate double de nickel et d'ammoniaque chimiquement pur dans dix parties également en poids d'eau.

La pile peut être une pile au bichromate de potasse de Grenet, ou bien une pile de Daniell ou de Bunsen.

Avant de mettre les pièces au bain, il est indispensable de les décaper avec soin et de les polir d'avance afin de faciliter le polissage. Après avoir dégraissé les objets à recouvrir à l'aide d'une bouillie chaude de blanc d'Espagne, d'eau et de carbonate de soude, on les décape soit en les trempant dans un mélange de 10 parties, en poids, d'eau et une partie d'acide azotique, si l'on veut opérer sur du cuivre, soit dans un bain formé de 100 parties d'eau et une d'acide sulfurique, si le métal à nickeler est du fer, de l'acier ou de la fonte.

On reconnaît que le décapage est suffisant lorsque les pièces prennent un ton gris uniforme; on les retire alors du bain et on les polit avec de la pierre ponce mouillée.

Si les métaux sont bruts, il faut les laisser séjourner plusieurs heures dans le bain de décapage, et les frotter ensuite avec de la poudre de grès bien tamisée et mouillée.

Au moment de mettre les pièces dans le bain galvanique, on les trempe d'abord dans un bain de décapage neuf, puis on les lave à l'eau ordinaire et finalement à l'eau distillée.

Au sortir de ce dernier bain, les pièces sont plongées rapidement dans la cuve et suspendues au support mis en communication avec le pôle négatif (zinc) de la pile. Il est bien entendu qu'avant la mise au bain, la pile doit être montée et reliée aux deux supports qui reposent sur la cuve. Celui qui communique au pôle positif (charbon) est destiné à supporter suspendue par un crochet de cuivre nickelé une plaque de nickel devant constituer l'anode soluble (1), qui restituera au bain le métal disparu par suite

(1) Agent par lequel un courant électrique pénètre dans un corps.

de l'action galvanique ; quant à l'autre, nous avons dit qu'il servait à supporter les objets à recouvrir.

Il importe, pour obtenir un nickelage parfait, de ne pas opérer avec une pile trop énergique, qui donnerait un dépôt noirâtre et pulvérulent.

On peut laisser les pièces plusieurs heures dans le bain, selon l'épaisseur de la couche que l'on désire avoir ; cependant deux heures suffisent pour obtenir un dépôt convenable et pouvant supporter le polissage.

Au sortir du bain, les pièces sont lavées à l'eau pure et séchées. On les polit, en les frottant vivement avec de la lisière de drap enduite d'une bouillie claire de poudre à polir et d'eau ; on les lave ensuite à grande eau, et finalement on les sèche dans de la sciure de bois chaude.

Voici une formule de bain de nickel, qui permet de déposer avec adhérence, en peu de temps et sous un courant électrique relativement faible, une épaisseur de nickel sur tous métaux.

Sulfate de nickel pur.........	1 kil.	Acide tannique à l'éther...... 0,05
Tartrate d'ammoniaque neutre	0,725	Eau...................... 20 lit.

Le tartrate neutre d'ammoniaque s'obtient en saturant une dissolution d'acide tartrique par de l'ammoniaque ; de même le sulfate de nickel doit être neutralisé exactement. Dans ces conditions, on fait dissoudre le tout dans 3 ou 4 litres d'eau et on fait bouillir pendant un quart d'heure environ ; on ajoute ensuite le complément d'eau pour faire 20 litres et on filtre ou on décante. Ce bain se remonte indéfiniment, en y ajoutant les mêmes produits et dans les mêmes proportions. Le dépôt obtenu est très blanc, doux, homogène, et, quoique pouvant donner une très forte épaisseur, il ne produit pas de rugosités à la surface, il n'écaille pas, si les pièces ont été bien décapées.

Nous avons obtenu par ce procédé de très forts dépôts de nickel sur fonte brute ou polie, à un prix de revient ne dépassant guère celui du cuivrage. On peut de même employer cette formule pour la reproduction galvanoplastique de nickel.

On emploie avec succès le nickel pour la fabrication des *clichés typographiques*. Ces clichés sont plus résistant que les clichés en cuivre ; ils présentent en outre l'avantage d'être moins chers et de se prêter admirablement au tirage des épreuves chromo-lithographiques. On sait, en effet, que pour la chromo-lithographie on est obligé d'aciérer les planches de cuivre, qui, sans cette précaution, ne sauraient résister à l'action mordante des encres de couleur.

On se sert du nickel pour la reproduction des œuvres d'art ; on est arrivé à déposer, à l'aide d'un courant électrique sur des moules galvanoplastiques en cire, des dépôts de nickel dont l'épaisseur est illimitée et peut être réduite à trois dixièmes de millimètre.

Au lieu de nickeler les dépôts de cuivre galvanique, ce qui enlève beaucoup de finesse à la reproduction, d'habiles chimistes renforcent le dépôt de nickel d'une couche plus ou moins épaisse de cuivre, et obtiennent ainsi des moulages d'une pureté et d'une exactitude remarquable.

Des lampes, des flambeaux, des boutons de porte, des ciseaux, des instruments de chirurgie recouverts de nickel se conservent indéfiniment ; de même pour les mors des brides nickelées, qui résistent très bien à l'action des dents du cheval.

Tous ces objets présentent un aussi bel aspect que l'argent, ne se rouillent jamais, et ne noircissent pas comme l'argent par l'action des vapeurs sulfureuses.

Nettoyage des pièces nickelées. — Les objets nickelés sont assurément d'une propreté remarquable et d'une netteté durable. Cependant, au bout de quelque temps, leur surface est envahie par une patine bleue ou verdâtre qui ne plaît pas toujours.

I. On les savonne à l'eau chaude et on les essuie avec un linge fin, ou mieux avec une peau de chamois.

II. On plonge les pièces quelques secondes dans un bain d'alcool rectifié, additionné d'une partie d'acide sulfurique pour 50 parties d'alcool, puis on rince dans de l'eau claire et de l'alcool pur, avant de sécher dans la sciure de bois.

NOIR DE FUMÉE. — Pour fixer sur verre le noir de fumée qui y a été déposé, versez sur le noir de fumée une dissolution de gomme laque dans l'alcool absolu.

P

PANTOGRAPHE. —. Instrument au moyen duquel on peut copier mécaniquement, et sans connaître le dessin, toutes sortes d'estampes, de gravures, et faire même les réductions de grandeurs.

Il est composé de quatre règles mobiles autour de leurs points d'assemblage, au moyen d'axes de cuivre fixés en ces points, rivés au-dessus d'une règle et retenus par un écrou au-dessous de l'autre. La justesse de cet instrument consiste en ce que les trous qui sont situés aux extrémités et au milieu des grandes règles, soient placés à égale distance de ceux des petites, afin qu'étant montées, elles fassent toujours un parallélogramme parfait, tel qu'il est figuré dans la figure 95.

Lorsqu'on veut copier un dessin de la même grandeur que l'original, il faut disposer l'instrument tel qu'il est ici. En un point quelconque de la règle BD est un axe de rotation porté sur un pied de plomb, qu'on fixe immobile sur le dessin à l'aide de petites pointes qui arrêtent ce

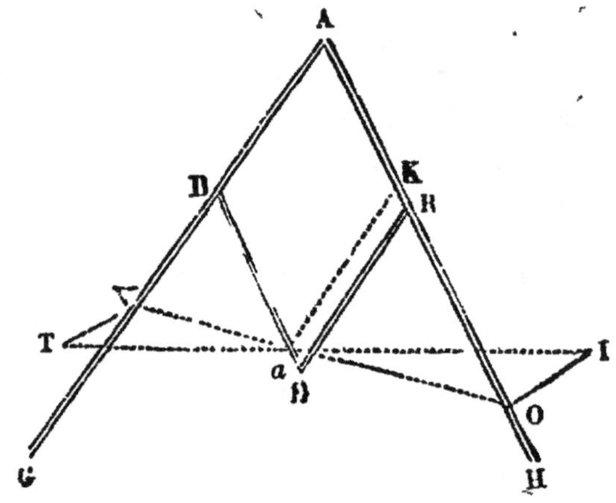

Fig. 95. — Pantographe.

plomb sur le papier. Ainsi, en écartant où en rapprochant l'une de l'autre les deux branches, on peut faire tourner tout le système autour du point fixe a sur son pivot. Commencez d'abord par fixer votre calquoir en un point quelconque o de la règle AH, puis tirez la droite oa prolongée en V. Comme Ba est parallèle à Ao, si vous menez aK, parallèle à AV, vous aurez deux triangles

semblables, *a*K*o*, VB*a* qui donnent la proportion K*o* :
oa : : BA : BV. Quelque position qu'on donne aux règles,
les trois premiers termes ne changent pas ; BV est donc
constant, c'est-à-dire que les angles formés par les règles
du losange ABDR varient à volonté ; la droite *oa* ira toujours couper la règle AG au même point V. Lorsque les
trois points V*ao* seront disposés en lignes droites, ils y
seront encore pour toute autre valeur des angles de l'appareil. C'est en V qu'on place le crayon qui doit donner la
copie fidèle du dessin que l'on veut reproduire. Maintenant, si le calquoir *o* trace une droite quelconque *o*I, le
crayon décrira TV, et la ligne T*a*I sera droite. Les triangles
TV*a* I*oa* seront semblables, puisqu'ils auront en *a* des
angles opposés au sommet et égaux, et que les côtés V*a*,
ao seront proportionnels à T*a a*I.

L'instrument est disposé de manière à pouvoir permettre
le déplacement de l'axe de rotation *a* le long de BD, et
comme il y a des cas où il faut approcher beaucoup le
calquoir *o* du point *a* en rendant l'angle A très aigu, le
tourillon *a* doit pouvoir approcher très près de l'axe D.

La position du calquoir est toujours fixée au point *o*
dans les réductions ; les points V*a* sont seuls déplacés et
restent sur la même ligne droite avec *o*. Comme le tourillon *a*, le calquoir *o* et le crayon V sont des cylindres
de cuivre de la même épaisseur. En appliquant une règle
selon V*ao*, on reconnaît bientôt si cette condition est
remplie. Le tourillon et le crayon sont engagés dans de
petits tubes de cuivre, qui, étant de même calibre, permettent une rotation facile.

PAPIER. — Papier amadou. — Pour préparer un papier
ayant toutes les propriétés de l'amadou et prenant feu
facilement aux étincelles d'un briquet, on prépare d'abord
la solution suivante :

Nitrate de potasse..........................	10 grammes
Acétate de plomb...........................	200 —
Eau..	1000 —

On y fait bouillir, pendant un quart d'heure, du papier
blanc non collé. On retire alors ce papier et on le fait
sécher sur des cordes convenablement tendues.

Bronzage du papier et du bois. — On bronze le papier

et le bois à l'aide de la poudre de cuivre métallique préci-
pitée seule ou mélangée avec de la cendre d'os ; on fixe
soit avec de la gomme arabique, soit avec de l'eau sur la
surface que l'on veut métalliser, on brunit ensuite.

Colle pour papier ou carton et verre. — On prend :

Farine.................................	2 cuillerées à café
Eau....................................	120 centimètres cubes
Bichromate de potasse...............	3 décigrammes

On malaxe bien la farine et l'eau, afin d'avoir un mélange bien homogène et on chauffe le mélange en le
remuant jusqu'au point d'ébullition. Alors, on ajoute peu
à peu le bichromate de potasse, en remuant sans cesse.
Enfin, on laisse refroidir. Ce mucilage bichromaté doit
être gardé dans l'obscurité, et l'on fera bien de s'en servir
peu de temps après sa préparation. Voici comment on l'emploie : on y laisse tremper les bandes de papier, on les
attache ensuite au verre et on place les plaques dans un
endroit où elles peuvent recevoir l'action directe de la
lumière solaire pendant l'espace d'une journée.

Dédoublement du papier. — M. Hulot, directeur de la
fabrique des timbres-poste, procède à cette expérience de
la manière suivante. Il prend une cuvette, y verse de l'acide
sulfurique du commerce, additionné de 4/5e d'eau ; il coupe
plusieurs bandes de papier, les fait plonger pendant trois
ou quatre minutes dans le bain acide ; il les lave ensuite
à grande eau, les fait sécher entre des feuilles de papier
buvard pressées par un rouleau à la main. Il lui suffit
alors d'écarter doucement, sur un des bords, avec la pointe
d'un canif, les deux moitiés toutes prêtes à se séparer,
pour pouvoir opérer la division par une simple traction.

Imperméabilité du papier. — I. On fait dissoudre 60
grammes de savon blanc dans 12 litres d'eau et l'on fait
bouillir pendant quelques minutes. D'un autre côté, on
dissout 375 grammes d'alun dans 12 litres d'eau : on y
ajoute 125 grammes de colle forte et 30 grammes de gomme
arabique dissoute dans une quantité d'eau suffisante. On
réunit les liquides, on fait chauffer le mélange, on y trempe
les papiers et on les place ensuite les uns sur les autres
comme le pratiquent les imprimeurs.

II. On recouvre préalablement le papier d'une couche

d'empois formé de parties égales d'amidon et de glycérine où l'on introduit un peu de suie ou toute autre matière colorante. Lorsque cet enduit est sec, on passe, avec un pinceau, le vernis suivant :

    Cire végétale du Japon.........................   1 partie
    Alcool à 85°..................................   5 à 6 —

III. On enduit le papier de colle rendue insoluble par l'addition de 2 p. 100 de bichromate de potasse.

IV. On immerge le papier dans une solution ammoniacale de cuivre connue, en chimie, sous le nom de *liqueur de Schweitzer* (Voy. *Etoffes*).

V. PAPIER IMPERMÉABLE POUR COUVERTURES. — On peut transformer n'importe quel papier ou carton d'une épaisseur et d'un poids en rapport avec l'usage auquel on le destine, en un produit imperméable, ne se gondolant pas sous l'influence de la chaleur et ne se cassant pas après les gelées ; ce traitement s'applique indifféremment aux papiers ou cartons collés et non collés.

On commence par prendre, pour constituer le bain qui servira à l'imperméabilisation, cinq à six parties de résine 1er choix que l'on additionne d'une partie de suif, de saindoux ou d'une substance équivalente ; on place le mélange dans un récipient convenable que l'on soumet à l'action d'un feu lent. Le mélange ne tarde pas à se liquéfier ; on le chauffe alors à la température de la vapeur : soit environ 149°C (plus ou moins). Il faut, avant de plonger le papier dans le liquide, lui faire prendre un bain de vapeur, pour ouvrir ses pores et le préparer à absorber plus rapidement le liquide.

Lorsque le papier a subi ce traitement préliminaire, on l'immerge pendant un temps déterminé dans le mélange de résine et de suif, ou de résine et de saindoux, suivant qu'on a adopté l'une ou l'autre de ces substances, et, une fois l'absorption terminée, on le fait passer sous pression entre des cylindres destinés à enlever l'excès de liquide. La fabrication est maintenant terminée, et il ne reste plus qu'à sécher le produit ; il n'y a néanmoins pas d'inconvénients à l'utiliser, de suite, au sortir des cylindres, sous forme de couverture ; dans ce cas, le séchage s'effectue à l'air libre.

Ce papier possède, entre autres avantages, celui de ne pas exhaler d'odeur désagréable, comme les papiers de toiture dans la composition desquels entre le goudron de houille. Il est non seulement devenu imperméable, mais encore sa ténacité a plus que doublé.

VI. On mélange :

Huile d'olive ordinaire..	28 parties
Huile de navette...	28 —
Huile de lin...	28 —

On ajoute dans ce mélange :

Cire dissoute...	8 parties
Huile de térébenthine..	8 —

On applique cette solution sur le papier à imperméabiliser, soit à la machine, soit à la main, sur les deux côtés ou sur un seulement. Ce papier résiste très longtemps.

VII. Imprégner le papier d'une solution de borax, dans laquelle on fait dissoudre un peu de laque en feuille. On peut colorer cette solution avec des couleurs d'aniline. Le papier ainsi imprégné est imperméable et transparent.

Incombustibilité du papier. — I. Pour mettre les papiers précieux à l'abri de la flamme, on peut les renfermer dans une boîte de forte tôle, que l'on dispose dans une caisse de fer plus grande ; on remplit l'intervalle qui existe entre les deux caisses avec de la cendre passée à travers un tamis très fin. Seulement l'intervalle entre les deux boîtes doit être au moins de 30 centimètres et la cendre fortement tassée.

II. Un autre moyen plus simple consiste à tremper le papier dans une forte solution d'alun, et à le faire sécher avec précaution pour qu'il ne se déchire pas. Peu importe que le papier soit blanc, écrit, imprimé ou marbré.

Loin d'altérer la couleur ou la qualité du papier, cette opération contribue à les améliorer.

Quelques papiers nécessitent deux trempages.

Papier lumineux. — Le papier lumineux est capable de conserver dans nos appartements la lumière du jour durant toutes les heures de la nuit. En voici la composition :

Eau....................	10 parties.	Gélatine................	1 partie
Pâte à papier.........	40 —	Bichromate de potasse..	1 —
Poudre phosphorescente	10 —		

La fabrication ne présente rien de particulier; elle est celle du papier ordinaire. La poudre phosphorescente renferme des sulfures de calcium, de baryum et de strontium. On dit que ce papier conserve sa propriété lumineuse pendant plusieurs mois.

Il est en même temps imperméable; c'est le bichromate de potasse qui donne l'imperméabilité.

Papiers odoriférants. — I. On prend du papier à cartouches léger et on le plonge dans une solution préparée avec 18 grammes d'alun dissous dans un litre d'eau. Quand il est imbibé, on le fait sécher et l'on recouvre une des faces, soit avec du benjoin, soit avec un mélange de benjoin, d'oliban, de baume de Tolu ou du Pérou. Pour étendre ces matières résineuses, on les fait fondre d'abord dans un vase de terre, on en verse une couche mince sur le papier et on lisse la surface, avec une spatule chaude. On découpe ce papier en bandes que l'on place au-dessus de la flamme d'une bougie, afin de faire évaporer le principe odorant, sans embraser le papier, dont l'alun empêche, jusqu'à un certain point, l'inflammation.

II. Papier d'Arménie. — On trempe du papier léger sans colle dans une solution de 10 grammes de nitre dans 100 grammes d'eau, et, lorsqu'il est bien imbibé, on le retire et on le fait sécher en l'étendant sur des cordes. Cette préparation a pour but de lui communiquer la propriété de se consumer comme l'amadou. D'un autre côté, on fait dissoudre dans l'alcool, et jusqu'à saturation, une résine odorante, telle que la myrrhe, l'oliban, le benjoin. Voici deux exemples:

Alcool	300 grammes.	Benjoin	100 grammes.
Musc	10 —	Myrrhe	12 —
Essence de roses..	1 —	Iris de Florence....	250 —

On laisse déposer le tout, pendant un mois, et on filtre.

Alcool	200 grammes.	Bois de santal	20 grammes.
Benjoin	80 —	Myrrhe	10 —
Baume de Tolu	20 —	Cascarille	20 —
Storax	20 —	Musc	1 —

On imprègne le papier de cette solution, soit à l'aide d'une brosse, soit plus simplement en l'y trempant, et on le suspend en l'air, pour le faire sécher. On débite ce papier en bandes et on en forme, en les roulant, des espèces de broches qu'on enflamme et qu'on souffle aussitôt. Sous l'influence du nitre, le papier brûle lentement et en répandant l'odeur des substances aromatiques, dont on l'a imbibé.

III. Les bandelettes connues sous le nom de *rubans de Bruges* constituent une manière élégante de diffuser les parfums dans les appartements. On les prépare en faisant tremper 150 mètres de ruban de coton sans apprêt, dans

Fig. 96 et 97. — Vase et section montrant le ruban de Bruges.

une dissolution de 30 grammes de nitrate de potasse dans 500 grammes d'eau de rose chaude. Ce ruban nitré est mis à sécher, puis plongé dans une teinture aromatique. Quand il est suffisamment imbibé, on le fait sécher de nouveau, on le roule et on le dispose dans un vase en métal semblable à celui représenté par les figures 96 et 97, de manière que le bout sorte comme la mèche d'une lampe. Si l'on enflamme l'extrémité libre, elle brûle en répandant dans l'air une odeur agréable, mais lorsque le feu atteint le fond de la bobèche, il s'éteint spontanément. Il y a donc ici tout à la fois sécurité et économie.

Quant à la teinture aromatique, on la prépare de la façon suivante :

SOLUTION No 1.		SOLUTION No 2.	
Teinture d'Iris...........	0ut,28,	Alcool à 85°.............	0ut,28
Benjoin entier...........	113 gr.	Musc...................	14 gr.
Myrrhe entière...........	21	Essence de roses.........	2

On laisse reposer, pendant un mois ; alors on filtre les deux teintures et on les mélange.

Papier à lettres parfumé. — Voici un moyen de communiquer au papier à lettres et aux enveloppes une odeur agréable et indélébile. On imbibe d'essence de bois de santal des feuilles de buvard, qu'on laisse sécher et qu'on place ensuite entre les cahiers de papier ou les enveloppes. Au bout de peu de temps, le papier est parfumé et il conserve son odeur pendant plusieurs années.

Papier parchemin. — On mélange un kilog d'acide sulfurique anglais à 1,84 de densité avec de l'eau de fontaine. Lorsque le mélange est arrivé, par refroidissement, à 15° R., on y plonge le papier non collé pendant 10 à 50 secondes ; une fois égoutté, il faut le laisser nager dans une grande quantité d'eau, et si l'on n'a pas de l'eau courante à sa disposition, on la changera jusqu'à ce qu'elle ne réagisse plus acide.

Papier réactif. — On appelle ainsi un papier coloré, à l'aide duquel on peut reconnaître si une liqueur, dans laquelle on le plonge, contient un acide ou un alcali libre.

Le plus usité est le *papier de tournesol*. C'est du papier blanc coloré, soit en bleu à l'aide d'une infusion de tournesol, soit en rouge avec cette même infusion bleue qu'on fait passer au rouge en y versant quelques gouttes de vinaigre. On dépose la teinture sur les deux faces du papier, à l'aide d'un tampon de coton ou d'un pinceau : on fait sécher ensuite sur des cordes tendues.

Le papier bleu sert à reconnaître la présence des acides, qui lui communiquent une teinte rouge ;

Le papier rouge permettra de constater la présence des alcalis, qui le ramènent au bleu.

Ces papiers pour conserver leur couleur doivent être placés à l'abri des vapeurs acides ou ammoniacales.

Papier transparent. — Pour rendre transparent le pa-

pier ordinaire, et pouvoir ainsi calquer, on le sature d'a-
bord de benzine, puis on le recouvre d'un vernis spécial,
se séchant rapidement, avant que la benzine ait eu le
temps de s'évaporer. En voici la composition :

Huile de lin bouillie et dé-colorée.................. 20 kil.	Oxyde de zinc............. 5 kil.	
Tournure de plomb........ 1	Térébenthine de Venise... 1/2	

On mélange et on fait bouillir pendant huit heures ;
après le refroidissement, on agite et on ajoute :

Résine copal blanche........................... 5 kil.
Gomme sandaraque............................. 1/2

L'application du vernis se fait par immersion. Voy.
Calque.

Papier comprimé. — L'industrie française se montre,
en général, réfractaire aux innovations. Elle est d'une
timidité excessive. On ne saurait trop lui reprocher sa
réserve ; si du moins, elle accueillait sans trop tarder les
procédés nouveaux consacrés par des expériences faites
avec succès à l'étranger ; mais il n'en est malheureusement pas toujours ainsi.

Il y a chez nous comme une tendance très marquée à
railler tout d'abord certaines conquêtes de la science ou
de l'industrie étrangères. C'est ainsi qu'on ne paraît
guère prendre au sérieux diverses applications du papier
comprimé qui ont réussi aux Etats-Unis.

Les Américains font avec le papier, réduit en pâte,
imperméabilisé dans toute sa masse par un procédé
chimique, et comprimé dans la forme voulue par de puis-
santes machines, une sorte de *bois*, susceptible de recevoir un beau poli, et dans cet état ils s'en servent pour
la fabrication d'un grand nombre d'objets.

Maisons en papier incombustible. — Les Américains
en construisent depuis plusieurs années, et elles paraissent résister aux intempéries.

Portes en papier. — On emploie aussi le papier dans
la fabrication des *portes*, au lieu du bois qui se contracte, se voile, se fend, en sorte que bien souvent il faut
réparer des portes au moment même, où, nouvellement
peintes, on vient de les poser dans les appartements.

On prend un certain nombre de feuilles de carton de dimensions convenables. On taille sur les feuilles extérieures les panneaux ordinaires ; si on le préfère, on ne fait aucune entaille et l'on rapporte des moulures à la fin des opérations. On enduit les faces mêmes d'une solution composée de 50 parties de glu pour une partie de bichromate de potasse en dissolution, et l'on soumet le tout à un fort cylindrage. Les feuilles de carton adhèrent fortement, et l'ensemble est très homogène. On peut ensuite revêtir la porte ainsi formée d'un enduit qui la rend imperméable ou incombustible, puis on la décore de la manière ordinaire. On a ainsi des portes qui sont indifférentes à tous les changements de temps, qui sont beaucoup moins coûteuses que les portes métalliques et plus légères que les portes en sapin.

Tuyaux à gaz en papier. — En Amérique, on les fabrique de la façon suivante : une bande de papier, dont la largeur est égale à la longueur du tuyau que l'on veut obtenir, se déroule, passe dans un récipient rempli de bitume liquide, dont elle s'imprègne et vient s'enrouler sur un mandrin cylindrique. On coupe la bande lorsque la couche de papier enroulé a l'épaisseur voulue, on soumet le tuyau à une forte pression, on saupoudre la surface avec du sable très fin, et on refroidit le tout dans l'eau. Enfin on retire le mandrin et on garnit l'intérieur du tuyau d'une substance imperméable. Les tuyaux ainsi obtenus sont étanches, très résistants et beaucoup moins coûteux que ceux en fer.

Chaussure en pâte de papier. — Une pâte comme celle qui sert à fabriquer soit le papier ordinaire, soit le papier mâché, s'applique sur un moule convenable pour faire l'empeigne de la chaussure. On garnit l'intérieur d'une doublure quelconque, qu'on colle au moyen d'un ciment qui sert également à relier la semelle à l'empeigne. On peut donner à la chaussure toute l'ornementation voulue: reste à savoir si, à l'usage, on obtient un résultat supérieur ou même égal à celui que donne le cuir.

Crayons en papier. — La pâte de papier, pâte de bois réduite et triturée, est façonnée en forme de tubes qu'on maintient et qu'on dispose dans un cadre au fond d'un cylindre. La substance qui doit servir de mine est alors

placée dans ce cylindre, et est soumise à une pression
suffisante pour qu'elle pénètre dans le vide intérieur des
tubes et n'y forme point de solution de continuité.

Les crayons sont mis ensuite à sécher à une température croissant graduellement et cela pendant six jours.
Alors, après un procédé particulier qui amollit la pâte,
on la plonge dans un vase plein de paraffine et de cire en
fusion. Il ne reste plus qu'à couper les crayons à · la longueur voulue.

Tonneaux en papier pour la bière. — Le papier,
réduit en pâte et mêlé avec une herbe fibreuse triturée,
est comprimé fortement et versé dans un moule. A leur
sortie de la forme, les tonneaux sont enduits d'une
matière particulière qui leur donne l'apparence et le
vernis de la porcelaine. On peut aussi les nettoyer facilement.

Fûts en papier pour le pétrole. — Trois fabriques,
établies à Cleveland, Martfond et Toledo, livrent par jour
en moyenne un millier de fûts peints en bleu et cerclés en
fer. L'emploi de la pâte à papier est préférable au bois : le
coulage y est presque nul, puisque le tonneau n'est formé
que de trois pièces, le cylindre et les deux fonds, qui y
sont d'ailleurs soudés ; les dangers d'incendie sont beaucoup moindres.

Pavés en papier. — Quelques villes d'Amérique
songent à remplacer par des *pavés* en papier comprimé
les cubes de sapin qui garnissent le sol de leurs rues. Le
nouveau pavé a été imaginé par un citoyen d'Indianopolis,
originaire de Moravie (Autriche).

Roues en papier. — Leur supériorité sur les roues
métalliques a été démontrée d'une manière décisive,
surtout dans leur adaptation au matériel des chemins de
fer. Les expériences faites sur la ligne de New-York à
Jersey ont établi que ces roues résistent à une circulation
de 8 à 900.000 kilomètres, tandis que les roues de fonte
sont hors d'usage après un roulement total de 85.000
kilomètres. On voit l'avantage énorme des roues en
papier. Ce n'est pas tout. Les expériences américaines ont
été renouvelées en Allemagne dans les mêmes conditions
et avec des résultats identiques, si bien qu'une Compagnie allemande de chemins de fer a commandé à l'u-

sine Krupp, d'Essen, des moyeux de roues de wagon dont les rayons et les jantes seront fournis par une fabrique de papier comprimé.

Et cependant nous devons dire que les fûts en papier sont d'invention française, les roues en papier d'invention belge, et que nous avons en France, dans le département de la Meurthe, une de ces fabriques. C'est, je crois, celle qui présenta des portes et des fenêtres en papier offrant d'excellentes conditions de solidité, et même un canot en papier qui naviguait parfaitement.

Il est pour le moins curieux qu'on arrive ainsi à développer encore l'usage du papier ou tout au moins des substances qui sont utilisées pour le fabriquer et qui ont certes déjà à faire face à des besoins assez considérables et toujours croissants.

PARATONNERRE. — Voici un moyen peu coûteux de construire partout un paratonnerre. Il suffit pour cela de fixer avec un fil de laiton une corde de paille le long d'une perche de bois blanc, au bout de laquelle on enfonce une pointe de cuivre. Cet appareil a été placé, un par 60 arpents, sur dix-huit communes, dans les environs de Tarbes, et ces communes ont été préservées, non seulement de la foudre, mais encore de la grêle.

PAVAGE EN BOIS. — La ville de Paris poursuit l'établissement des chaussées en bois. Voici quelques détails sur le type de pavage adopté.

C'est le *Système de la « Improved Wood Pavement Company » de Londres.* — Les pavés en bois créosoté, de sapin rouge du Nord, de $0^m,15$ de hauteur, sont obtenus par le sciage de madriers des dimensions habituelles, mais spécialement choisis pour cet usage. Ils sont placés directement sur une fondation en béton de ciment de Portland, de $0^m,15$ d'épaisseur, convenablement unie par le lissage d'une légère couche de mortier. Les joints sont remplis à la base, sur environ un tiers de la hauteur, avec du bitume d'une composition spéciale, coulé à chaud, et à la partie supérieure, avec du mortier de ciment de Portland et du sable graveleux ; on répand ensuite sur toute la surface une couche de bon gravier à gros grains, sur lequel on laisse la circulation s'effectuer, de manière à faire pénétrer une partie de ce gravier dans la tête des pavés.

Ce système a donné *jusqu'ici* de bons résultats, et est considéré, à Paris aussi bien qu'à Londres, comme le système à la fois le plus simple et le plus résistant. Les chaussées ainsi constituées sont unies, d'une circulation douce et agréable, peu sonores, et ne paraissent pas glissantes même sous d'assez fortes inclinaisons.

Il résulte de l'expérience acquise, que, sur les voies fréquentées, l'usure est d'environ $0^m,01$ par an, pendant les deux ou trois premières années, et tend ensuite à s'accélérer. On doit donc remplacer le *revêtement en bois* tous les cinq ou six ans. Mais cet inconvénient est largement compensé par les avantages ci-dessus énumérés.

Le prix de premier établissement est fixé par la Compagnie à 23 francs par mètre carré ; ce prix, augmenté des frais de démolition des chaussées actuelles à 1 fr. 71, est payé par la Ville en dix-huit annuités de 2 fr. 42 chacune ; de plus, pendant dix-huit ans, la Société s'est engagée à entretenir *à forfait* le pavage en bois, moyennant le prix annuel de 2 fr. 95 ; de sorte que, pendant ce laps de temps, la Ville paye par mètre carré et par an, 5 fr. 37. Ce prix est peu supérieur à la moyenne des frais d'entretien des chaussées à transformer ; de sorte que la transformation a été opérée sans grever le budget des travaux neufs, et moyennant une faible augmentation du crédit annuel d'entretien. (C. Mignot.)

PEIGNES. — Le coribou, nouveau produit servant à faire des peignes, des boutons, etc. — On prend des peaux vertes ou crues de bœuf, de buffle, de cheval ou autres animaux analogues ; on les découpe en bandes ou morceaux de peu de largeur ou on les laisse dans leur entier, selon qu'on le trouvera le plus convenable, et on les immerge dans un bain de soufre en ébullition. Ce bain peut contenir de la résine et toute matière colorante dont on désire communiquer la nuance à la peau. L'action du soufre fait gonfler la peau, la délivre de ses impuretés, la rend transparente, à moins qu'une couleur sombre et opaque ne lui ait été communiquée par la matière colorante employée. Aussitôt que cet effet se produit, on retire la peau du bain, on lui donne, par pression, toute forme désirable dans un moule approprié et on la fait sécher. Elle est alors devenue dure et transparente. Si elle a été exposée trop longtemps à l'action du soufre, elle pourra être devenue cassante : dans ce cas, il faudra l'adoucir et lui donner de l'élasticité en la faisant bouillir plus ou moins de temps, suivant le degré d'élasticité que l'on désire obtenir.

On peut aussi faire du coribou avec des rognures de peaux que l'on traitera de la même façon que ci-dessus ; après le séchage, on pulvérisera ces rognures, on mélangera la poudre avec quelque gomme adhésive ou quelque matière colorante et puis, donnant à la masse, par pression, la forme voulue, on fera sécher (Towers).

PEINTURE. — *Odeur de peinture.* — Les personnes qui sont forcées d'habiter un appartement fraîchement peint avec une préparation dans laquelle entre de l'essence de térébenthine, éprouvent certaines incommodités (céphalalgie, insomnie, agitation, difficulté dans l'émission de l'urine), dont on peut se mettre à l'abri en prenant les précautions suivantes.

I. Avant d'habiter l'appartement, on étale sur le plancher une couche épaisse de foin qu'on saupoudre avec du chlorure de chaux. L'appartement doit être exactement fermé et on n'en renouvelle l'air qu'après vingt-quatre ou quarante-huit heures.

Mais le chlore qui provient du chlorure de chaux, outre qu'il présente lui-même une odeur très forte, a encore l'inconvénient d'attaquer les objets métalliques et certaines couleurs.

II. Se servir d'un fourneau portatif en tôle et y entretenir constamment du feu, de manière à obtenir dans l'appartement une chaleur de 20° à 25° ; à l'aide de cette température un peu élevée, on fait disparaître rapidement les émanations désagréables, sans danger pour les couleurs.

III. L'eau possède la propriété d'absorber les vapeurs d'essence de térébenthine, aussi est-il possible d'atténuer les effets de l'essence, en y déposant des plats remplis d'eau, qu'on a soin de placer de distance en distance.

Peinture au goudron. — On peut faire d'excellentes peintures au goudron, propres, élégantes et antiseptiques, et les employer avantageusement aux lieu et place des peintures à l'huile plus coûteuses. Ces peintures protègent à poids égal une surface de 25 0/0 supérieure à celle que recouvriraient des peintures à l'huile, et sont par elles-mêmes brillantes et vernissées. De plus, leur siccativité est très grande, deux ou trois heures suffisent. Elles s'appliquent facilement sur les plâtres frais, les murs humides, le ciment, les bois, les métaux ; elles sont spécialement hydrofuges et acquièrent rapidement une dureté qui leur permet de supporter tous lavages et lessivages. Enfin la proportion d'acide phénique qu'elles contiennent leur donne des propriétés désinfectantes.

Peinture lumineuse Balmain. — La peinture lumineuse Balmain peut servir pour rendre les objets aussi faciles à trouver la nuit que le jour et pour permettre de se guider en tous temps dans certains couloirs ou passages obscurs.

Le moyen est simple et peu coûteux.

La Compagnie du South Eastern Railway, à Londres, a fait disposer, à l'intérieur de l'un de ses wagons de 3ᵉ classe, des plaques de verre enduites sur leurs revers de peinture lumineuse, la clarté qui en descend permet de ne point avoir de lampes allumées pour le passage des tunnels.

De même, cette peinture peut rendre lumineuses les plaques où sont inscrits les noms et les numéros des rues, les rampes d'escalier, les entrées de serrures, les vêtements de plongeur, etc. On s'en sert pour éclairer des enseignes commerciales et même des appartements.

Enfin on fabrique des montres et des pendules dont le cadran est lumineux pendant la nuit.

Le président de la Société royale de Londres a fait enduire de peinture lumineuse un des plafonds de sa maison. L'effet produit est comparable à celui d'un clair de lune ou d'une veilleuse. On peut se promener dans la chambre sans se heurter aux meubles, prendre des papiers, des livres, et même distinguer l'heure à la pendule.

Le génie militaire anglais se sert, pour les travaux de nuit, de rubans lumineux indiquant les contours des tranchées, des ouvrages en terre, des mines, etc. Une armée de campagne peut ainsi diriger ses opérations de nuit avec sécurité et précision, sans appeler l'attention de l'ennemi par des feux susceptibles d'être aperçus de loin.

Le gouvernement anglais a fait enduire de peinture Balmain des châssis en verre servant à inspecter l'intérieur des chaudières.

On s'en est servi pour peindre les seaux d'incendie, lesquels deviennent ainsi faciles à trouver dans l'obscurité.

On l'a employée pour rendre visibles, la nuit, les bouées à l'entrée des passes de navigation, etc. C'est ainsi que la Compagnie des East and West India Docks, de Londres, a fait peindre 300 bouées de sauvetage qui peuvent, la nuit, être lancées au secours des naufragés en péril.

« J'ai assisté à Erith, dit M. Heaton, à l'essai d'une bouée phosphorescente. On ne la place que vers 9 heures du soir, après l'avoir gardée quelques heures, dans l'obscurité. Nous avons reconnu que, malgré la nuit sombre, malgré la faiblesse de la lumière excitative, on apercevait distinctement à plus de 90 mètres la surface phosphorescente. »

C'est en 1879 que M. M. Balmain imagina d'appliquer à l'industrie les effets phosphorescents propres aux phosphures des métaux terreux insolés, c'est-à-dire préalablement exposés aux rayons solaires. La base de l'enduit lumineux consiste en sulfure de calcium, communément appelé dans l'industrie *phosphore de Canton* ou *de Bologne*. Ces sulfures se fabriquent à bon marché. Leurs propriétés peuvent subsister pendant des années sans disparaître ; si on les chauffe, leur lumière augmente, mais s'atténue plus vite.

Peinture minérale. — M. Adolphe Keim, chimiste à Munich, a découvert un procédé de peinture auquel il a donné le nom de *peinture minérale*. Il mélange l'argile, les sulfates, etc., et il arrive à diverses combinaisons chimiques, dans lesquelles il fait intervenir une grande quantité de corps minéraux, colorants ou non, notamment les silicates. On prétend que la « peinture minérale » présente sur la peinture à l'huile, à l'encaustique, etc., beaucoup d'avantages.

On emploie, pour se servir des couleurs, soit une toile, soit un fond de mortier sec, à grains fins, qui ont subi une certaine préparation.

Les tableaux ou les peintures murales exécutés par cette nouvelle méthode ont une inaltérable fixité. Ils résistent aux influences du climat, et leur coloris conserve sa splendeur primitive. En outre, les œuvres d'art pour lesquelles la couleur minérale a été employée sont exemptes de reflets, de sorte qu'on peut en admirer les moindres détails de quelque point qu'on se place.

La gamme des couleurs est d'une grande richesse : tous les tons peuvent être aisément obtenus, et produire, comme avec la peinture à l'huile, des effets d'ombre ou de lumière saisissants ; d'après l'inventeur, la peinture minérale permet de réaliser tout ce que peuvent les autres méthodes connues jusqu'à ce jour.

D'autre part, la manière de peindre par le nouveau procédé est d'une exécution facile, et la toile qui a reçu l'œuvre de l'artiste peut se rouler sans inconvénient.

Peinture à la pomme de terre. — Les petits propriétaires peuvent faire eux-mêmes les badigeons nécessités pour la conservation des bois employés pour cabanes à lapins ou niches à chien, à l'aide du procédé suivant.

On fait cuire à l'eau 1 kilogramme de pommes de terre, que l'on pile, écrase, délaye, dans 4 litres d'eau ; on passe ensuite au tamis pour faire disparaître les grumeaux, les germes, etc.

On obtient ainsi une bouillie très claire à laquelle on ajoute une autre bouillie faite de 2 kilogrammes de blanc de Meudon dans 5 litres d'eau.

Ce mélange constitue une peinture claire, qui s'étend facilement à la brosse ou au pinceau. On peut la colorer en rouge ou en jaune avec de l'ocre rouge ou jaune, ou en gris par de la poudre de charbon très fine. Elle sèche très rapidement.

Cette peinture peut s'appliquer sur le bois, les murs, tant intérieurs qu'extérieurs, sans s'écailler, ni s'effriter.

Moyen d'enlever les peintures fraîches. — La peinture fraîche, celle que l'on aurait, par exemple, étendue par négligence sur des surfaces qui ne doivent pas en recevoir, peut être enlevée facilement avec de la benzine.

Moyen d'enlever les peintures anciennes. — Les procédés suivants ont été indiqués pour enlever les vieilles peintures à l'huile.

I. On brûle la couche de couleur. Pour cela on se sert de poignées de paille qu'on allume et qu'on fait brûler devant la peinture, ou bien on enduit l'objet d'essence de térébenthine, à laquelle on met le feu, ou bien encore on présente à la peinture un réchaud en forte tôle, qui a la forme de l'ustensile de cuisine appelé *cuisinière*, et qui est rempli de charbons incandescents. Sous l'influence de la chaleur, l'enduit vieilli se couvre de cloches, se sépare spontanément du bois, dans beaucoup de places, et se détache très facilement, dans les autres, par un simple grattage, sans laisser aucune trace. Ces moyens ne sont pas toujours applicables ; ils ont d'ailleurs l'inconvénient d'endommager les arêtes vives et les profils, aussi est-il souvent préférable d'avoir recours aux procédés suivants.

II. On enduit l'objet d'essence de térébenthine chaude, qui dissout facilement et complètement l'ancienne couleur qu'on enlève alors sans peine. Ce procédé est peu économique.

III. On frotte la peinture avec une solution concentrée de carbonate de soude (carbonate 1 p., eau 1 p.), que l'on peut rendre plus active encore par l'addition d'un peu de chaux caustique. On lave avec cette solution, jusqu'à ce que toute la peinture soit détruite.

IV. Lorsqu'on veut enlever la peinture pour rendre au bois sa couleur primitive, pour mettre en évidence, par exemple, la couleur du vieux chêne, on ne peut se servir du carbonate de soude, qui change la teinte du bois. Dans ce cas, on enduit avec du savon noir l'objet qu'on veut nettoyer, et, au bout de quinze à vingt heures, on trouve la peinture tellement altérée, qu'on peut l'enlever par un simple lavage à l'eau froide.

V. Voici encore un procédé pour enlever les vieilles peintures qui se trouvent sur du bois :

Eau..	2 litres.
Potasse rouge en pierre	250 grammes.

Mêler ; faire chauffer le mélange et le maintenir à une douce température ; y tremper une brosse un peu raide ; frotter les peintures que l'on veut faire disparaître.

VI. C'est presque de la même manière que l'on prépare *l'eau seconde des peintres* ou *eau de potasse*.

Eau de rivière...........................	5 litres.
Potasse concassée........................	4 kilogrammes.

On place la potasse dans un vase en terre ou en

fer et l'on verse l'eau dessus : au bout de quatre à cinq heures, on décante et l'on ajoute 2 litres d'eau sur le résidu : on décante encore et on réajoute de l'eau jusqu'à ce que celle-ci, en sortant, marque au moins 7° au pèse-sel de Baumé. On réunit alors toutes les liqueurs et on les conserve dans des vases bien bouchés.

Cette eau peut être employée pour laver et dégraisser les vieilles peintures à l'huile et au vernis.

On l'emploie également pour enlever les vieux vernis, alors elle doit marquer 30° Baumé.

Nettoyage des peintures à l'huile. — Voy. *Tableaux*.

Procédé pour empêcher la peinture sur le bois et le fer de s'écailler. — Lorsque des surfaces peintes, de bois ou de métal, doivent être exposées aux intempéries, il est bon de les laver à fond, tout d'abord, puis de les garnir d'une couche d'huile de lin bouillante qui constitue une sorte de vernis préparatoire. De la sorte, la peinture ne s'écaille jamais.

Le procédé est à recommander principalement pour les objets en fer ; si ceux-ci sont de petites dimensions et peuvent être convenablement chauffés, il est préférable de les chauffer et de les plonger ensuite dans l'huile de lin. L'huile bouillante, en pénétrant dans les pores du métal, en chasse toute l'humidité, et la couche de couleur que l'on applique adhère très fortement.

PENDULE. — **Une pendule qui se remonte d'elle-même.** — M. Sildeberg a imaginé de remonter automatiquement une pendule en utilisant les variations barométriques et thermométriques de l'atmosphère.

L'appareil dont il s'est servi consiste en un cylindre métallique à paroi mince plissée. Lorsque la température ou la pression extérieure baisse, le cylindre se contracte et se réduit en hauteur ; lorsque, au contraire, la température ou la pression s'élève, ce même cylindre, par la dilatation de l'air intérieur, se développe et augmente de hauteur. En utilisant ces mouvements fréquents d'abaissement et de soulèvement, le ressort de la pendule se trouve remonté, au fur et à mesure qu'il se détend.

PERLES ARTIFICIELLES. — On donne le nom d'*ablette* (*Cyprinus alburnus*, L.) à un petit poisson très commun dans la Seine, surtout dans la partie de ce fleuve qui traverse le département de l'Eure. Lorsqu'on lave l'ablette, l'eau se charge de particules brillantes et argentées qui se détachent des écailles et dont l'éclat rappelle celui des plus belles perles : en versant cette eau de lavage sur un tamis de crin fort et serré, on sépare les écailles, qui restent à la surface du tamis, l'eau abandonnée à elle-même laisse déposer la matière nacrée, qui, additionnée d'une petite quantité d'ammoniaque, afin de prévenir sa décomposition, constitue ce qu'on appelle *l'essence de perles*, ou *essence d'Orient*. Il faut environ 20.000 ablettes pour faire 500 grammes d'essence d'Orient.

Pour fabriquer les *perles artificielles*, on insuffle dans des globules de verre creux une petite quantité d'essence d'Orient, qui, en s'appliquant sur leurs parois, leur donne la propriété de réfléchir la lumière et de la décomposer à la façon des perles naturelles ; on achève de remplir les globules avec de la cire ou avec une solution épaisse de colle de poisson. On obtient ainsi des perles artificielles pouvant rivaliser avec les perles véritables, desquelles il est souvent difficile de les distinguer.

PÉTROLE. — Essai du pétrole — Mead, chimiste à New-York, a imaginé un procédé simple et pratique pour essayer le pétrole destiné à l'éclairage, afin de s'assurer s'il peut être employé sans danger d'incendie.

On emplit d'eau une cuvette ordinaire en étain, de manière à former un bain-marie (fig 98). On la surélève sur des briques et on la chauffe avec une lampe à esprit-de-vin. On fait flotter sur l'eau un petit moule à tourtière dans lequel on a versé une mince couche du pétrole à essayer. Un thermomètre plonge dans l'eau du bain-marie et donne les températures. De temps en temps on approche une allumette en combustion de la surface de l'huile minérale, afin de constater si elle s'enflamme ou non. On note en même temps la température. Si le pétrole s'enflamme quand le thermomètre n'a pas encore donné une température de 18 degrés, il est aussi dangereux que la poudre à canon ; il faut renoncer à en faire emploi. Un pétrole bon pour l'éclairage ne doit pas s'enflammer avant que la température ait atteint 40 à 45 degrés.

Dangers du pétrole. — Pour éviter les dangers qui résultent de l'emploi du pétrole dans l'éclairage, le Conseil d'hygiène publique et de salubrité de la Seine a publié une instruction dont voici les dispositions principales.

L'huile de pétrole convenablement épurée est à peu près incolore, le litre ne doit pas peser moins de 800 grammes. Elle ne prend pas feu immédiatement par le contact d'un corps enflammé. Pour constater cette propriété essentielle,

Fig. 98. — Essai du pétrole.

on verse du pétrole dans une soucoupe et l'on touche la surface du liquide avec la flamme d'une allumette ; si le pétrole a été dépouillé des huiles légères très combustibles, non seulement il ne s'allume pas, mais si l'on y jette l'allumette enflammée, elle s'éteint après avoir continué à brûler pendant quelques instants. Toute huile minérale destinée à l'éclairage, qui ne soutient pas cette épreuve, doit être rejetée comme pouvant donner lieu, par son usage, à des dangers sérieux. L'huile de pétrole, alors même qu'elle ne renferme plus les essences légères dites *naphtes*, qui lui communiquent la faculté de s'allumer au contact d'une flamme, n'en est pas moins une des matières les plus combustibles que l'on connaisse; si elle imbibe des tissus de lin, de coton ou de laine, son inflammabilité est singulièrement exaltée, aussi son emmagasinage et son débit exigent-ils une grande circonspection.

L'huile de pétrole doit être conservée ou transportée dans des réservoirs ou dans des vases en métal. Les dépôts doivent être éclairés par des lampes placées à l'extérieur, ou par des lampes de sûreté.

Une lampe destinée à brûler du pétrole ou toute autre huile minérale ne doit avoir aucune gerçure, aucune fêlure établissant une communication directe avec l'enceinte où la mèche fonctionne. Le réservoir doit contenir plus d'huile que l'on n'en peut brûler en une seule fois, afin que la lampe ne puisse pas être vide pendant qu'elle brûle.

Les réservoirs en matières transparentes comme le verre, la porcelaine, sont préférables, parce qu'ils permettent d'apprécier le volume de l'huile qui y est contenue. Les parois des réservoirs doivent être épaisses, les ajutages qui les surmontent doivent être fixés, non pas à simple frottement, mais à l'aide d'un mastic inattaquable par les huiles minérales. Le pied des lampes doit être lourd et présenter assez de base pour donner plus de stabilité et diminuer les chances de versement.

Avant d'allumer une lampe, on doit la remplir complètement et ensuite la fermer avec soin. Lorsque l'huile est sur le point d'être épuisée, il faut éteindre et laisser refroidir la lampe, avant de l'ouvrir pour la remplir. Dans le cas où l'on voudrait introduire l'huile dans la lampe éteinte avant son complet refroidissement, il est indispensable de tenir éloignée la lumière avec laquelle on éclaire pour procéder à cette opération. Si le verre d'une lampe vient à casser, il faut éteindre immédiatement, afin de prévenir l'échauffement des garnitures métalliques. Cet échauffement, quand il atteint une certaine intensité, vaporise l'huile contenue dans le réservoir; la vapeur peut prendre feu, déterminer une explosion entraînant la destruction de la lampe et, par suite, l'écoulement d'un liquide toujours très inflammable et souvent même déjà enflammé. Le sable, la terre, les cendres, les grès sont préférables à l'eau pour éteindre les huiles minérales en combustion.

Extinction automatique des incendies par le pétrole. — M. Schlumberger a fait remarquer que toute cause de danger peut être écartée si on a le soin de loger dans la cave qui contient les essences une ou plusieurs dames-jeannes remplies d'ammoniaque (alcali volatil).

Dans ce cas, si un fût de pétrole vient à s'enflammer, il se produit une explosion qui amène le bris du vase contenant l'ammoniaque. Alors les vapeurs de ce liquide, se répandant dans l'atmosphère enflammé, éteignent instantanément le feu, en vertu de la propriété que possède le gaz ammoniacal d'empêcher toute combustion.

Et puisque l'ammoniaque est un produit de vente courante, pourquoi n'oblige-t-on pas les vendeurs de pétrole et d'essence minérale à tenir en réserve, à côté des fûts à pétrole, une certaine quantité d'ammoniaque?

Pour faire disparaître l'odeur du pétrole. — L'odeur du pétrole est souvent incommodante. Voici un moyen de la faire disparaître. Mélanger à quatre litres et demi de pétrole cent grammes de chlore de blanchisseuse (chlorure de chaux), et agiter vivement le tout : verser le liquide dans un vase contenant de la chaux vive, et agiter de nouveau (la chaux a la propriété d'absorber le chlore). Il ne reste plus qu'à laisser déposer le mélange et à décanter. On est certain d'obtenir un pétrole inodore et dont le pouvoir éclairant n'est pas diminué — au contraire.

PHONOGRAPHE. — M. Bell avait inventé le téléphone, qui résout le problème de la transmission de la parole *à travers l'espace*, M. Edison trouva bientôt après le moyen de la transmettre pour ainsi dire, *à travers le temps,* en imaginant le phonographe, merveilleux instrument, qui enregistre les sons du langage articulé, pour les répéter ensuite, quel que soit le temps écoulé depuis le moment où ils ont été proférés.

Le phonographe (fig. 99) comprend :

1o Un style inscripteur réuni à une lame vibrante devant laquelle on parle, cette lame est adaptée à une embouchure de téléphone E, et la pointe traçante s'élève perpendiculairement à l'extrémité d'un petit ressort mé-

tallique parallèle à la lame et séparé de cette dernière
par un fragment de tube en caoutchouc, destiné à transmettre les vibrations tout en les atténuant ;

2° Une mince feuille d'étain qui s'enroule autour d'un
cylindre P, dont la suface est filetée avec le même pas de
vis que l'axe A A et que l'écrou de l'un des supports T T ;
grâce à ce dispositif, on peut, à l'aide de la manivelle M,
donner au cylindre un double mouvement de rotation
et de translation, que le volant V rend sensiblement uniforme, et maintenir pendant toute la durée du mouvement la pointe traçante en regard d'une rainure du cylindre. Dès lors cette pointe, venant à vibrer, imprimera,

Fig. 99. — Phonographe Edison.

sur les parties de la feuille d'étain tendues au-dessu
des rainures, des gaufrages qui seront la représentation
graphique des sons émis devant la lame vibrante. La
pression que le style inscripteur exerce sur la feuille
métallique doit être convenablement grêlée au repos ; à
cet effet, l'embouchure E est portée par un levier S, qu'on
peut approcher ou éloigner du cylindre tournant, au moyen
de la poignée N, et fixer, par une vis de pression, dans
la position requise.

Pour faire l'expérience, il suffit d'approcher les lèvres
très près de l'embouchure E et de parler à haute et intel-
ligible voix pendant qu'on fait tourner le cylindre : les
vibrations du style tracent alors une série de dépressions
parfaitement visibles sur la feuille métallique et la parole
est enregistrée. Pour la reproduire, on desserre la vis R,
on éloigne l'embouchure et on ramène le cylindre en arrière, puis on remet l'embouchure en place, de telle sorte
que cette dernière et le cylindre se trouvent dans la même
position relative qu'au début ; si on fait de nouveau tourner le cylindre, la pointe du style suivra nécessairement
les dépressions qu'elle a elle-même tracées dans la première partie de l'expérience ; ses déplacements se trans-
mettront à la lame vibrante, et cette dernière, repassant
exactement par les mêmes mouvements vibratoires que
ceux qu'elle exécutait tantôt sous l'influence directe de la
voix, répétera les paroles prononcées. On renforce les
sons obtenus en plaçant au-dessus de l'embouchure E le
cornet C.

Aucun perfectionnement important n'a encore été apporté au phonographe d'Edison : mais le jour où, sous
une forme nouvelle, l'appareil sera débarrassé de son
timbre nasillard et pourra être entendu de tous les points
d'une salle, les nombreuses applications que l'inventeur
a signalées seront autant de faits accomplis.

PHOTOGRAPHIE (1). — Atelier de campagne. — Un atelier de campagne est facile à installer (fig. 100) : on se procure chez les marchands spéciaux pour photographie un
morceau de 2 mètres de long de drap spécial pour fonds ;
ce drap tissé spécialement dans ce but, sur une largeur
de 2^{m},50, se fait de quatre couleurs : gris clair, gris foncé,
brun et grenat, on choisira celui de ces tons neutres que
l'on préférera. Sur le bord ourlé de ce drap, on fait disposer un rang d'œillères, qui serviront à tendre ce fond
entre deux montants ; deux autres montants, placés en
avant, supportent un toit incliné en étoffe noire, légère et

(1) Sur la Photographie, voyez Lefèvre, *La Photographie*,
Paris, 1888. — Londe, *Aide-mémoire de photographie*, 2e édi-
tion, Paris, 1897. — Brunel, *les Nouveautés photographiques*,
Paris, 1896, et *le Carnet Agenda du Photographe*, 1900.

opaque, et sur les côtés on peut laisser tomber une portière légère en étoffe de coton de couleur foncée, et l'atelier sera constitué ; il aura 3 mètres de large et 1^m,60 à 2 mètres de profondeur, sur 2^m,50 de hauteur au fond et sur 3 mètres environ à l'entrée.

Le modèle se placera dans cette sorte de guérite, à 60 centimètres ou 1 mètre du fond, recevant la lumière en avant, par le haut et par l'un des côtés, dont la portière sera relevée ; on fera ainsi d'excellents portraits, si l'on oriente l'atelier vers le nord.

Fig. 100. — Atelier de campagne.

Une bonne chose est de pouvoir faire glisser le long des montants de devant un écran de tête, pièce de mousseline, de laine ou de barège, blanche ou bleue, tendue sur un cadre en fil de fer de 90 centimètres de côté ; des ficelles permettent de l'incliner à volonté et de tamiser l'éclairage supérieur sur la tête du modèle.

En l'absence de cet abri, on peut se servir avec avanlage d'un auvent ou d'une porte quelconque, en réfléchissant latéralement de la lumière blanche; comme réflecteur, on peut employer un tissu blanc, drap de lit ou nappe, incliné sur un tabouret ou sur une chaise. (A. Pabst).

Reproduction des objets d'art. — Jamais on ne doit opérer au soleil : une bonne lumière diffuse et venant du nord est toujours préférable. L'atelier que nous avons décrit plus haut pour les portraits suffira dans tous les cas.

Si l'on veut prendre une statue ou un vase dans un jardin, le plus simple sera de monter l'atelier autour et de le photographier avec les ressources d'éclairage, simples et suffisantes, que nous avons décrites plus haut.

Les *tableaux* sont très difficiles à reproduire; d'abord leurs couleurs sont peu photogéniques et les jaune et rouge clairs viennent noirs tandis que les bleus foncés deviennent blancs ; et quand les tableaux sont anciens, ils sont bruns

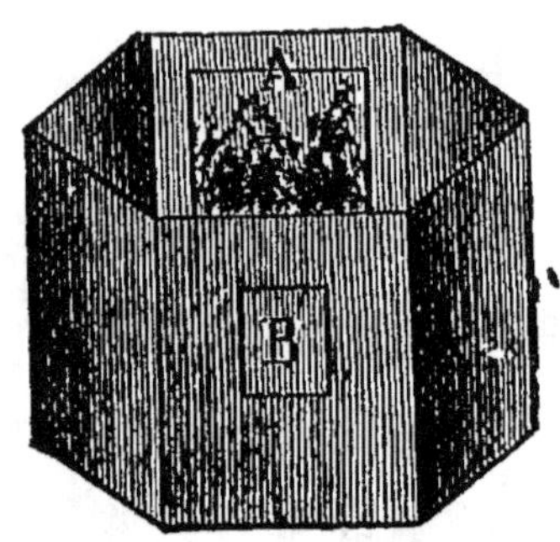

Fig. 101. — Atelier pour les tableaux, de M. Rousselon.

et l'objectif ne peut rien y discerner. On peut essayer de les reproduire en les disposant dans notre atelier, supprimant le toit et fermant le devant avec une pièce d'étoffe mince percée d'un trou pour laisser passer l'objectif. C'est à peu près le dispositif employé chez MM. Goupil pour la reproduction des tableaux (fig. 101). On dispose le tableau en A et la chambre noire en B ; c'est ainsi que les éditeurs obtiennent les photographies des tableaux exposés au Salon.

Les *émaux* doivent recevoir le jour latéral surtout.

Les *faïences* doivent être éclairées vigoureusement, sur un fond un peu foncé.

Les *étoffes* et *tapisseries* devront être tendues dans l'atelier, et il faudra éviter de les reproduire à une échelle trop petite : il vaut mieux faire une vue d'ensemble et des vues de détail au dixième ou au cinquième environ de la grandeur réelle : on fera toutes les parties exactement à la même distance et le raccordement des différentes sections pourra se faire facilement. Ces études n'ont d'intérêt que par la fidélité du détail.

Les *objets d'orfèvrerie* présentent à la photographie une grande difficulté, ce sont les reflets. L'éclairage devra venir d'un seul côté, et être d'autant plus vif que la surface du modèle est plus finement ciselée et mate ; dans certain cas, la lumière solaire peut être admise. Les reflets sont utiles pour caractériser la nature métallique de l'objet, mais leur excès est nuisible et pour l'éviter on supprimera toute lumière autre que celle venant de côté, on tendra devant l'objetif un voile noir. Dans certain cas, M. Trutat recommande de garnir les creux des gravures avec des poudres colorées, ou de mouler en cire vierge les objets arrondis ; en développant l'estampage sur une surface plane, on pourra sans aucune difficulté le photographier.

Les *armes* seront disposées en trophées : ce n'est que pour des parties isolées, comme la garde d'une épée, ou des crosses d'arquebuses sculptées, que l'on devra opérer comme pour l'orfèvrerie.

Reproduction des gravures et manuscrits. — Pour ce genre de photographie, il est utile de pouvoir disposer d'un chevalet de peintre, sur lequel on installera une planche à dessin bien verticale, réglée avec le fil à plomb (fig. 103) ; cette condition est indispensable.

Les gravures et parchemins seront tendus sur cette planche, et on laissera pendu à leur centre un petit miroir bien vertical, attaché par une ficelle ; on disposera la chambre de telle sorte que l'image de l'objectif, réfléchie par le miroir, soit au centre de la glace dépolie. Dans ces conditions, l'axe optique est bien perpendiculaire aux plans du sujet de l'image.

Si les parchemins forment des plis, il sera utile de les exposer un moment à la vapeur de l'eau bouillante, puis de les disposer dans un châssis-presse de dimension suffisante, qu'on fixera sur un chevalet. Dans le cas où le sujet à photographier ferait partie d'un livre relié, on ouvre bien ce livre, on l'applique contre une glace, on dispose

derrière une planche, et, s'il le faut, des cales en bois, et
à l'aide de ficelles on maintient le tout attaché solidement
sur le chevalet.

Souvent les vieux parche-
mins ont été nettoyés pour
servir de nouveau. Dans ce
cas, on arrive souvent à relire
le texte primitif en prolon-
geant le temps de pose.
(A. Pabst.)

**Photographie isochroma-
tique.** — Le temps est déjà
loin où la photographie
était un art difficile, et surtout ennuyeux comme ma-
nipulations.

Le gélatino-bromure, pro-
cédé sec, commode à em-
ployer, propre à manipuler,
a succédé au collodion humide, joignant une très
grande sensibilité à ses autres avantages. Sensibilité
si étonnante que photographier un oiseau qui vole, un
cheval qui court, un bateau
ou un train marchant à toute
vapeur, ne sont que les
exercices habituels, non seulement des gens du métier,
mais aussi des amateurs.
On aurait pu croire que tout
était fini dans ce sens comme
progrès.

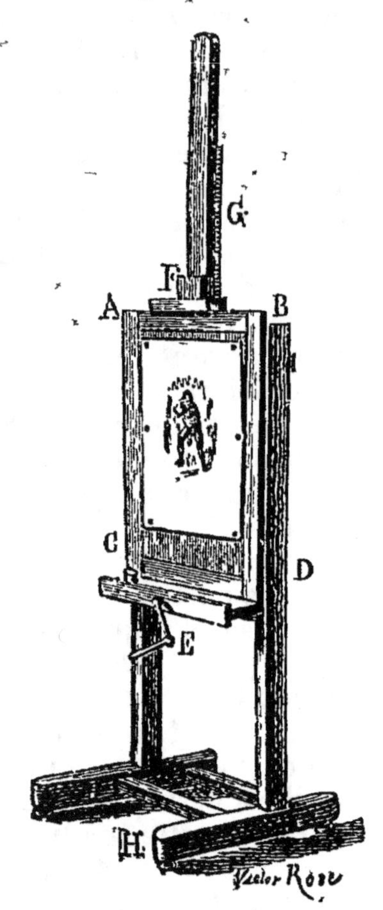

Fig. 102. — Chevalet
pour reproduction.

L'habitude était prise de voir venir les couleurs inver-
sées. Personne, d'une façon générale du moins, ne pensait
à les voir obtenir pratiquement et encore moins à les exiger des praticiens. Le photographe pour toute excuse ré-
pondait : « On ne peut obtenir que ceci ou cela en photographie », et tout était dit.

Quelques chercheurs avaient bien travaillé à l'aide de

diverses substances et en employant les milieux colorés, mais rien de vraiment pratique n'avait encore été fait.

Le jaune et l'orangé (couleurs claires) venaient très

Fig. 103. — Epreuve photographique obtenue par le procédé ordinaire.

foncés ; le bleu et le violet (couleurs foncées), au contraire, étaient toujours reproduits en valeurs claires. Il s'ensuivait de fâcheuses interversions dans les reproductions photographiques. De là, la nécessité de faire de nombreuses

retouches pour réparer un peu les erreurs de la photographie.

Ainsi prenons comme exemple les deux gravures sui-

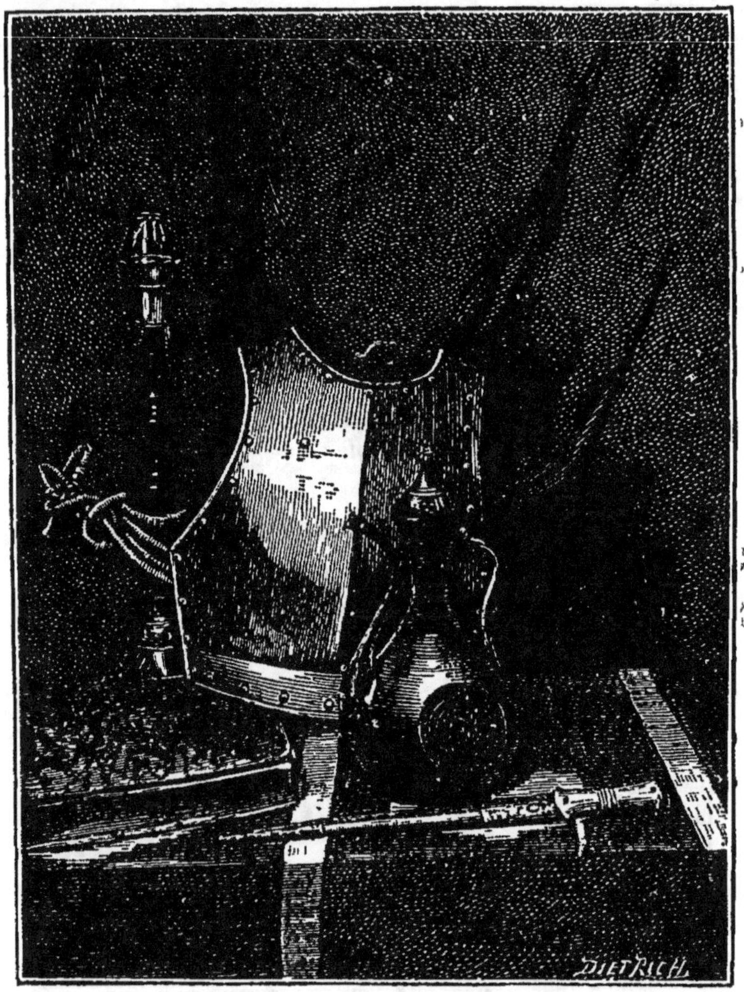

Fig. 104. — Epreuve photographique obtenue par le procédé
isochromatique.

vantes, faites exactement d'après les deux épreuves photographiques : l'une (fig. 103), obtenue par le procédé
ordinaire ; l'autre (fig. 104), par le procédé isochromatique.

On est frappé par la grande différence des résultats obtenus.

Il est bien entendu que le tableau a été photographié exactement dans les mêmes conditions de pose et d'exposition.

Le modèle est un tableau dont la peinture est de tonalité très vigoureuse ; il comprend : un tapis turc *magenta foncé*, à dessins et bandes *jaune clair* ; un poignard à fourreau vert ; un vase oriental en cuivre rouge ; une cuirasse ; un narguilé à tuyau bleu ; un vieux livre ; enfin, un rideau rouge très foncé.

Dans la figure 103, on remarque que : le tapis est *venu clair*, avec des *bandes et des dessins foncés*. Les dorures du poignard se confondent avec le fourreau. Le vase est reproduit sans *modelé ;* les parties rouges sans détails ; les reflets *bleutés*, au contraire, sont violents, durs, heurtés en un mot, ne ressemblant en rien à l'objet métallique peint. La cuirasse est dans le même cas ; les reflets d'acier sont exagérés en clair et l'effet de contraste annulé entièrement. Le narguilé est dans les mêmes conditions ; les parties métalliques sont plates ; le corps en bois noir ne tourne pas ; le tuyau est absolument pâteux. Le dessus du livre est criblé, non poussiéreux. Aucun détail, si ce n'est un pli criard, n'apparaît dans le fond.

Rien ne donne dans cette épreuve une idée du tableau.

Au contraire, dans la figure 104, les bandes et les dessins du tapis se détachent en *clair* sur *un fond foncé*. On sent bien que les diverses parties du poignard sont composées de matières différentes.

Que dire du vase ? Sinon qu'il ne ressemble en rien à celui de l'autre figure. Ici on a bien la sensation d'un objet métallique foncé, vigoureux, tournant.

Il en est de même de la cuirasse, qui est bombée, saillante. Le narguilé donne bien l'idée de la nature ; corps argenté et tuyau s'enroulant gracieusement. Le livre est poussiéreux, mais non sabré. Le rideau est loin. Enfin tout est *à son plan*, harmonieux d'aspect.

L'effet voulu par le peintre est *exactement reproduit*.

Cette démonstration prouve qu'il n'y a pas de comparaison possible entre la photographie ordinaire et la photographie isochromatique.

Voilà pour le côté artistique, mais au point de vue scientifique, les résultats ne sont pas moins appréciables.

Ainsi les préparations micrographiques les moins photogéniques sont reproduites aussi facilement que si elles étaient teintes en bleu ou toutes autres couleurs.

Le spectre a été photographié en entier jusqu'à, et y compris, l'*orangé*. Les rayons rouges peuvent être obtenus.

Les astronomes ont également recours à cette préparation pour obtenir les reproductions de toutes les planètes à coloration jaune ou de couleur aussi réfractaire au procédé ordinaire.

MM. Attout-Tailfer et Clayton sont parvenus à égaler en rapidité les plaques les plus sensibles.

Encre pour écrire sur les clichés photographiques. — Un des plus grands plaisirs pour l'amateur débutant est de signer ses œuvres et cela sur le cliché lui-même, afin que la signature se reproduise photographiquement sur les épreuves. Voici un procédé pour effectuer ce petit travail et satisfaire un orgueil très légitime.

Faire séparément les deux solutions suivantes :

A. — Eau	120 cc.	B. — Alcool	120 cc.
Sucre	30 gr.	Nitrate mercurique	20 gr.
Glycérine	10 gr.	Bichlorure de mercure	10 gr.

Mélanger les deux liqueurs par parties égales, écrire avec ce mélange sur une feuille de papier très glacé et l'appliquer sur la couche de gélatine du cliché, en pressant avec l'ongle. On obtient une inscription renversée, qui sera redressée sur l'épreuve positive.

Épreuves de teintes variées. — On prend le papier au ferro-prussiate, qui sert à tirer les *bleus* ou plans d'ingénieurs.

Pour avoir un ton *vert*, on tire l'image légèrement, puis après lavage on la trempe dans l'eau acidulée sulfurique, 5 gouttes dans 100 grammes d'eau.

Le ton *sepia* s'obtient en plongeant l'épreuve dans une solution de tanin à 1 0/0, pendant 5 minutes ; ensuite on passe dans une solution de carbonate de soude à 4 0/0. On peut recommencer l'opération plusieurs fois jusqu'à obtention du ton voulu.

HÉRAUD. — Secrets de la Science.   19

Si on veut un ton *noir*, on passe d'abord l'épreuve dans le bain de carbonate de potasse jusqu'à obtention du jaune brun, puis on lave et on passe dans un bain de tanin à 4 0/0.

Le *violet* est obtenu en passant l'épreuve dans un bain d'acétate de plomb à 25 0/0.

Revivification des photographies. — A la longue, les photographies s'affaiblissent et finissent par disparaître. Pour revivifier les photographies passées, nous recommandons le procédé suivant.

On retire du carton où elle est collée la photographie, en l'imbibant avec précaution à l'eau chaude et on enlève la colle autant que possible.

On baigne alors l'épreuve dans une solution de 0,2 partie de chlorure de mercure dans 110 parties d'eau et on l'y maintient, jusqu'à ce que les parties éclairées deviennent blanches et que les ombres repassent au noir. On termine en lavant à l'eau pure, et en séchant au papier buvard.

Ce procédé n'est applicable qu'aux photographies qui ont été fortement virées au bain d'or. S'il n'en était pas ainsi, on risquerait de détruire l'image. Il est donc indispensable, avant d'employer le chlorure de mercure, de tenter l'essai au préalable sur un coin de la photographie.

Photographie au brou de noix. — M. H. Warner, herboriste de Cantorbery, a découvert que l'extrait de l'écorce verte des noix est sensible à la lumière. Si l'on immerge une feuille de papier dans cet extrait et qu'on l'expose dans une chambre obscure, la couleur ne changera que sur les points frappés par la lumière, qui deviendront aussi noirs que si on avait fait usage d'une solution de nitrate d'argent. Pour fixer l'image, il suffit, après l'exposition à la lumière, de la faire tremper quelques minutes dans l'ammoniaque étendue de 200 parties d'eau : cela suffira pour fixer l'épreuve colorée en brun très riche.

Photographie à la sanguine. — On peut obtenir de très artistiques photographies, ressemblant à de jolis dessins à la sanguine, en employant le procédé suivant :

Une épreuve sur papier au bromure d'argent est plongée, après avoir été fixée et lavée, dans un bain de bichlorure de cuivre à 15 0/0. L'image disparaît complètement

en se transformant en chlorure d'argent. On la lave avec
soin, de façon à enlever tout le bichlorure de cuivre, on
la plonge alors pendant quelques instants dans un bain de
ferrocyanure de potassium, on la lave, puis on la remet
dans un bain de bichlorure de cuivre à 2 0/0. Immédiatement l'image réapparaît avec la couleur rouge sanguine.
Tous les lavages doivent être abondants et soignés, sans
quoi les blancs seraient teintés par les sels de cuivre.

PHOTO-LITHOGRAPHIE. — J.-N. Lambert, artiste litho-
graphe de Bristol, s'est assuré qu'on peut se servir très
bien de plaques d'ardoise au lieu de pierre lithographique ordinaire, dans les procédés de photo-lithographie et
autres. A cet effet, il rend la surface de l'ardoise bien unie,
puis il la recouvre de gélatine contenant du bichromate
de potasse et de carbone très finement divisé ou de noir
d'ivoire. Il imprime là-dessus à l'aide de la lumière,
après que la plaque est sèche. Ou bien, il forme une
encre avec de la gélatine et de l'albumine, dissoutes dans
une solution saturée de bichromate de potasse et contenant de l'alun de chrome et une petite quantité de noir
d'ivoire, pour rendre l'encre visible. Avec cette encre, il
forme son image sur la plaque et lorsque le dessin est
sec, il l'expose à la lumière solaire. Après cette exposition,
il recouvre la plaque de gomme ou de glycérine ; elle est
alors prête à passer entre les mains de l'imprimeur.

PHOTOMÈTRE. — Malgré les nombreuses tentatives
faites jusqu'à ce jour dans le but d'arriver à la construction
d'un appareil permettant d'apprécier d'une façon mathématique l'intensité d'une source lumineuse, bien peu de
ces appareils donnent des résultats satisfaisants.

Le photomètre, imaginé par le Dr Simonoff, remplit
d'autant mieux les conditions d'exactitude exigées pour
la construction d'un appareil de ce genre, qu'il ne nécessite
pas le concours simultané d'une autre source lumineuse.

Cet appareil est basé sur ce principe que le degré d'éclat
d'un objet est proportionnel à la quantité de lumière qui
tombe sur lui ; c'est ainsi, par exemple, que dans une
pièce ne recevant de la lumière que par une fenêtre, l'intensité de l'éclairage dépend de l'ouverture de cette fenêtre ; il est même facile de prévoir que l'objet cessera
d'être distinct si l'ouverture de la fenêtre atteint certaines

dimensions. Or il suffirait de connaître ce degré d'ouverture pour apprécier l'intensité de la lumière du dehors.

L'appareil (fig. 105) a la forme d'une lunette à deux ti-

Fig. 105. — Photomètre du Dr Simonoff, Théorie de l'appareil.

rages, d'un volume assez restreint pour pouvoir être introduite dans la poche ; il se compose, d'une manière générale, d'une série de verres opaques placés en FGH (dans
le but de diffuser la lumière pénétrant dans l'instrument),
d'un écran transparent placé en J et portant des chiffres,
d'un oculaire et enfin en D d'un porte-diaphragme variant quelque peu selon le degré d'exactitude recherché.

Les porte-diaphragmes sont assez ingénieux pour mé-
riter une description particulière. L'un d'eux est formé
de deux coulisses, entre lesquelles glissent les bandes à
diaphragme, dont l'une (fig. 106) porte une série d'orifices
de grandeur différente. Dans l'autre (fig. 107) les bandes

Fig. 106. — Bandes à diaphragmes.

sont remplacées par un diaphragme carré, dont l'ouverture
est modifiable à volonté, grâce à une vis de rappel dont il
est facile d'apprécier le mécanisme d'après la figure 107.

Pour opérer, on dirige l'instrument vers la source lumineuse et on fait alors varier la largeur du diaphragme
jusqu'à ce qu'on ne puisse plus lire les chiffres ; en examinant ensuite de la même façon une autre lumière, il est
facile, en établissant un rapport inverse, de déterminer
d'une manière mathématique le rapport d'intensité des
deux lumières.

Cet instrument peut remplacer les photomètres déjà imaginés, dans tous leurs usages; un des côtés pratiques de celui-ci, est la facilité d'arriver à un résultat précis. Il sera fort utile aux photographes, qui détermineront d'une manière exacte, par un simple calcul, le temps de pose nécessaire aux tirages photographiques.

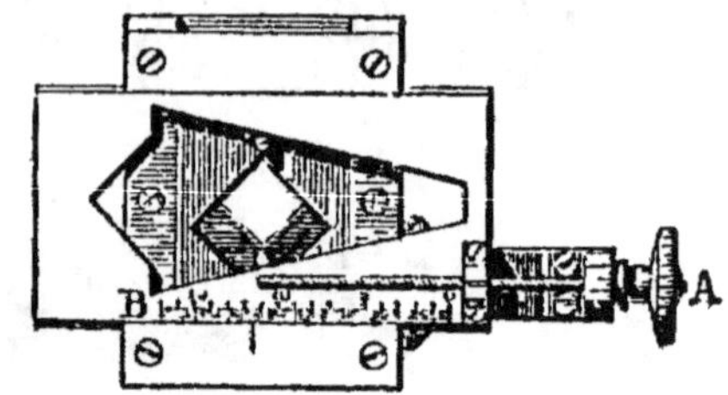

Fig. 107. — Diaphragme carré.

PIERRE. — **Durcissement des pierres.** — M. Kessler a résolu le problème du durcissement des pierres, déjà tenté par M. Kuhlmann, en remplaçant la dissolution de silicate de potasse par une dissolution de fluosilicate terreux ou métallique, qui, introduite dans la pierre, n'y laisse que des composés insolubles.

Ce procédé permet de durcir la pierre tendre, de la lisser, de la polir, et de lui communiquer l'aspect du marbre par la coloration qu'on peut lui donner en même temps.

Mastics pour la pierre. —I. Mastic de Dihl. — C'est un mélange d'huile de lin cuite, de litharge et de terre à porcelaine en poudre fine. On forme du tout une pâte un peu dure, que l'on applique à la truelle en la comprimant. Les surfaces que l'on veut jointer doivent être préalablement bien nettoyées et séchées, autrement elles n'adhéreront pas.

Il est excellent pour remplir les joints des caisses des jardiniers-fleuristes, réparer les fentes des murs, rejointer des dallages dans les lieux humides.

II. Mastic pour enduit. — On prend :

Sable	315 parties.	Céruse	25 parties.
Sablon ou grès	215 —	Massicot	10 —
Blanc d'Espagne	105 —	Huile d'œillette	q. s.

On mélange toutes les substances solides, on les humecte avec de l'acétate de plomb liquide, puis on les broie, en incorporant peu à peu l'huile.

Ce mastic sert à joindre les pierres ; on peut en revêtir les murs et les terrasses pour empêcher l'infiltration des eaux ; il peut être employé pour obtenir des empreintes et mouler tous les objets d'ornement.

III. MASTIC DE FONTAINIER. — On prend :

Brique en poudre,... 2 parties.
Colophane .... 1 —

On fait fondre la résine et on y incorpore la brique par petites portions.

Pour employer ce mastic, il faut le faire fondre et l'agiter quand la chaleur l'a liquéfié, car la poudre de brique ne tarde pas à se séparer et à gagner le fond du vase.

Il sert à faire les joints des tuyaux et des pierres.

IV. MASTIC POUR SCELLEMENTS. — C'est un problème usuel et difficultueux pour les constructeurs, ingénieurs et architectes que de faire un bon scellement, c'est-à-dire de bien implanter, dans la pierre, la grille ou le pivot de porte qui supporteront les chocs ou le mouvement.

1. Les barres, scellées au ciment mélangé avec de l'oxyde de fer ou fixées par des coins, n'offrent que peu de résistance.

2. Sur trois barres scellées au soufre, une put être arrachée, les autres se cassèrent.

3. Sur six barres scellées au ciment pur, une seule put être arrachée.

4. Deux barres fixées par du béton, composé mi-parties sable et ciment, se cassèrent.

5. En comparant la résistance à l'arrachement de barres lisses et de barres filetées, on a trouvé que ces dernières exigeaient un effort plus considérable pour obtenir l'arrachement.

6. On fait un mastic avec du protoxyde de plomb finement pulvérisé, mélangé d'autant de glycérine qu'il est nécessaire pour former une sorte de bouillie épaisse.

Il a la propriété de durcir rapidement et d'être très liant ; il est insoluble dans l'eau et n'est attaquable que par les acides énergiques. De plus, sa préparation est des plus simples.

A ces divers titres, il paraît devoir être utile, surtout pour les scellements, dont le plomb était jusqu'ici le seul agent réellement recommandable.

V. Mastic pour souder la pierre. — On prend :

Soufre .... 1 partie.
Cire jaune.. 1 —
Résine .... 1 —

On fait fondre le soufre et la résine, puis on ajoute la cire. D'un autre côté, on fait chauffer les deux surfaces que l'on désire réunir, on les enduit du mastic encore chaud, on les rapproche et on les maintient jusqu'à refroidissement. Pour dissimuler ce mastic, on évide légèrement les joints et on les remplit de mortier et de plâtre.

VI. Autre mastic pour souder la pierre. — On place dans un petit flacon à large ouverture :

Gomme arabique en poudre.............................. 2 parties.
Céruse en poudre fine .... 2 —
Sucre candi pulvérisé,.................................. 1 —

On verse par-dessus un peu d'eau chaude, et, à l'aide d'une spatule de bois, on remue le tout, de façon à en faire une pâte homogène et filante.

Ce mastic permet de coller les échantillons de minéralogie, les fossiles, les coquilles brisées dont on possède tous les morceaux.

Il faut le remuer avant de s'en servir, pour empêcher la céruse de rester au fond; on doit maintenir bouché le vase qui le contient et ajouter un peu d'eau à la masse, si elle devenait trop sèche.

Nettoyage des pierres sculptées. — Les parties sculptées des monuments prennent une teinte foncée, après quelques années d'exposition à l'air. Dès que la pierre est recouverte de cette couleur noire, on l'enduit d'abord d'une pâte caustique formée de chaux et de soude qu'on mélange jusqu'à consistance sirupeuse; on peut y ajouter un peu de chlorure de chaux ou de perchlorure de fer. Cette couleur reste en place deux ou trois heures, suivant la nature de la pierre et l'état de l'atmosphère; lorsqu'elle est enlevée, la pierre est toujours noire, seulement la couche qui lui donnait cette couleur est alors attaquable par les acides auxquels elle résistait auparavant. On recouvre ensuite la construction d'un mélange d'acides sulfurique et chlorhydrique qu'on laisse également agir pendant deux ou trois heures. Les proportions suivant lesquelles on mélange les deux corps varient très peu et sont en rapport avec la nature de la pierre et l'inclinaison de la surface. Lorsque les acides ont produit leur effet, il ne reste plus qu'à rincer au moyen d'un jet d'eau les parties soumises au traitement.

Pierres musicales. — D'après M. Richard Nelson, certaines pierres musicales se rencontrent assez fréquemment aux environs de Kendal, ville voisine de Lancastre, dans le Westmoreland. « En me promenant aux environs de Kendal, dit cet observateur, à travers les monts et les rochers, il m'est souvent arrivé de ramasser certains cailloux que l'on appelle ici « *les pierres musicales.* » Elles sont généralement plates, usées par le temps et offrent des formes particulières ; quand on les frappe d'un morceau de fer ou d'une autre pierre, elles rendent un son musical bien différent du bruit sourd que produirait un caillou ordinaire. Les sons obtenus sont généralement assez analogues, mais je connais des personnes qui possèdent huit de ces pierres qui, frappées successivement, produisent une octave très nette, très distincte. »

Nous nous rappelons avoir vu, à Paris, un physicien en plein vent qui jouait des airs de musique en frappant d'une tige de fer de gros cailloux de silex, de forme très irrégulière, pendus à des fils de soie. Les sons obtenus étaient limpides et purs.

PIERRES PRÉCIEUSES. — **Pierres précieuses artificielles.** — Le commerce des pierres fausses colorées étant devenu considérable, nous indiquerons le moyen d'obtenir des pierres fausses, qui, par leur beauté et leur éclat, rivalisent avec les pierres les plus pures.

Topaze. — I. On l'imite en fondant un mélange de 1,000 p. de strass incolore, 40 p. de vert d'antimoine et 1 p. de pourpre de Cassius.

II. On peut aussi obtenir une topaze assez belle avec le fer seul, en prenant 1,000 p. de strass et 1 p. de sesquioxyde de fer.

Rubis. — On le prépare en fondant 1 p. du mélange pour topaze avec 8 p. de strass, dans un creuset qu'on laisse pendant trente heures dans un four de potier. Au sortir du creuset, la masse vitreuse est un beau cristal jaunâtre ; refondue au chalumeau, elle prend le ton des plus beaux rubis.

Emeraude. — On l'imite en ajoutant, à 1,000 p. de strass, 8 p. d'oxyde de cuivre et 0,25 p. d'oxyde de chrome.

Saphir. — Avec 1,000 p. de strass et 15 p. d'oxyde de cobalt pur.

Améthyste. — Avec 1,000 p. de strass, 8 p. d'oxyde de manganèse, 5 p. d'oxyde de cobalt et 0,2 p. de pourpre de Cassius.

Grenat syrien. — Avec 1,000 p. de strass, 500 p. de vert d'antimoine, 4 p. de pourpre de Cassius et 4 p. de peroxyde de manganèse.

Ciment des bijoutiers pour fixer les pierres fines. — On ramollit de la colle de poisson avec un peu d'eau et, dès que ce résultat est obtenu, on la dissout, à l'aide d'une douce chaleur, dans la plus petite quantité d'eau possible. On additionne cette solution d'une demi-partie de gomme ammoniaque pour 60 parties de liquide et de 2 parties de résine mastic. On a préalablement dissous ces deux substances dans 12 parties d'alcool à 90°. On conserve dans un flacon bien bouché et l'on ramollit au bain-marie, au moment de s'en servir.

PIEUX. — Mouton à battre les pieux. — M. Lacour a inventé un mouton à vapeur destiné à battre les pieux, qui se distingue des autres moutons à vapeur en ce que c'est un véritable marteau-pilon d'une forme spéciale. Dans le marteau-pilon ordinaire, c'est le piston chargé d'un poids qui produit l'écrasement ; dans le mouton de M. Lacour, c'est au contraire le cylindre lui-même qui sert à battre. La figure 108 explique à première vue le fonctionnement de ce curieux appareil. P est le piston, dont la tête *t* est appuyée sur le pieu à battre M en traversant la base du mouton. Le cylindre C, en fonte très épaisse, constitue le mouton.

Le fonctionnement de l'appareil est le suivant : si l'on ouvre l'admission de vapeur *a* au moyen d'un robinet à deux voies *r*, qui fermera du coup la communication à l'air libre *a'*, la vapeur, agissant sur le piston P et sur le cylindre C, soulèvera celui-ci. Si, maintenant, on ouvre la communication à l'air libre, en fermant du même coup l'admission de vapeur, le mouton retombera de tout son poids sur le pilot. Ce mouvement de va-et-vient peut être aussi rapide que l'on veut, et peut, au moyen d'un mécanisme fort simple, être rendu automatique. Ce mouton est fixé à une sonnette portée par une plate-forme supportant également une chaudière verticale reliée au mouton par un tube flexible.

Quelques minutes suffisent pour battre en terrain moyen de très gros pilots présentant une fiche d'une quinzaine de mètres

PISTON. — **Garniture pour piston.** — Voici un système de garniture très simple, qui a été appliqué, avec succès, au piston d'une pompe pour l'aspersion des ceps de vigne avec la bouillie bordelaise contre le mildew.

On remplace la garniture en chanvre ordinaire par une garniture en amiante placée entre deux rondelles de caoutchouc. Ce caoutchouc donne de la souplesse à la garniture, tandis que l'amiante réalise un frottement très doux, tout en n'exigeant aucun graissage.

PLANCHERS. — **Moyen d'assourdir les planchers sans charger les charpentes.** — Pour éviter la sonorité des planchers, on remplit les vides qui sont constitués par les plafonds, les solives et les lames du parquet; mais on emploie ordinairement dans ce but des matières assez lourdes.

Le général Loyre indique le moyen suivant, pour assourdir les planchers sans charger les charpentes.

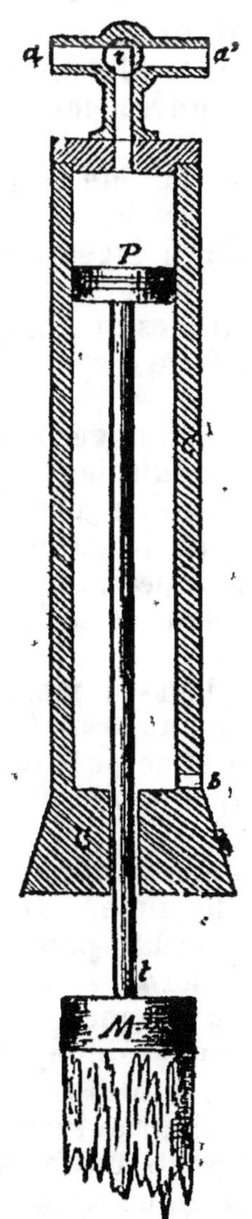

Fig. 108. — Nouveau mouton à battre les pieux.

Il consiste à employer des copeaux de menuisier, que l'on trempe dans un baquet contenant un lait de chaux assez épais et que l'on fait sécher ensuite. Ces copeaux, bien tassés dans le vide, empêchent la propagation du son.

De plus, ces copeaux sont ainsi rendus incombustibles ; par suite, les chances d'incendie sont diminuées par leur emploi.

En ayant soin d'ajouter par hectolitre de lait de chaux 1 kilogramme de chlorure de zinc, on réalise encore l'avantage : 1° d'empêcher les rongeurs de se loger dans les interstices entre les plafonds et les planchers ; 2° de détruire les ferments contenus dans les liquides qui filtreraient dans les fissures des planchers et de faire disparaître la source d'insalubrité des entrevous.

Le désinfectant indiqué ne présente pas de danger pour les ouvriers ; cependant, s'ils s'en introduisaient des poussières dans les yeux, il pourrait en résulter des inconvénients que l'on évitera en munissant de lunettes de cantonnier les ouvriers qui manipulent les copeaux séchés et posent les planchers ; ils devront avoir soin de se laver les mains en quittant le travail.

PLANS-CALQUES. — Reproduction des plans-calques. — Pour transformer une feuille de zinc en planche matrice sur laquelle sera photographié le dessin et seront tirées les épreuves à l'encre grasse, il faut décaper cette feuille dans une solution d'acide nitrique à 8 0/0.

Le zinc reste plongé dans le bain pendant quelques minutes et ne conserve plus, au sortir de là, aucune trace d'oxydation ou de corps gras. Il subit alors un ponçage superficiel et préparatoire de quelques instants à l'aide d'un morceau de liège et de poudre de pierre ponce.

La plaque est ensuite lavée à grande eau et replongée à nouveau dans le bain d'acide nitrique, qui a été un peu affaibli par le premier décapage ; elle y séjourne jusqu'à ce que le zinc ait pris un aspect gris argenté uniforme. Après qu'on l'a reponcée, lavée, essuyée doucement et bien séchée, la plaque de zinc, désormais bien décapée, est recouverte d'une solution gallique obtenue comme suit :

Eau	3 litres.
Noix de galle concassées	150 grammes.

Réduire au tiers par ébullition et ajouter :

Gomme arabique dissoute....................... 250 grammes.
Acide chlorhydrique..........................   50   —
Acide nitrique...............................   25   —

On agite et on filtre.

Cette solution est étendue sur la plaque de zinc au moyen d'une brosse plate. La couche étant séchée, la plaque est lavée, séchée et bitumée.

Vient ensuite l'opération du *bitumage*. Pour le bitumage, on prépare la liqueur suivante :

Bitume broyé............................... 40 grammes.
Huile essentielle de citron................ 30   —
Benzine rectifiée ....   1 litre.

Après dissolution, il convient de filtrer encore.

On *bitume*, pour employer l'expression usitée, la plaque de zinc avec la liqueur ci-dessus, répandue en couche mince et aussi uniforme que possible. Si les plaques de zinc sont carrées ou à peu près, on peut bitumer à la tournette ; sinon, il vaut mieux bitumer à la main, surtout si les plaques sont allongées. Un ouvrier, avec un peu de pratique, arrive bientôt à bitumer des plaques de $1^m,25$ sur 40 à 70 centimètres de largeur.

Il convient d'ajouter que les mouvements pour bitumer une plaque ne comportent ni secousse, ni temps d'arrêt. Il ne faut pas que la liqueur revienne sur elle-même, car la couche doit être simple, uniforme et continue.

On procède alors à l'exposition. Les plaques bitumées sont à cet effet mises avec soin dans le châssis, afin d'éviter les griffes. Le cliché doit être placé le recto sur la couche de bitume et le calque bien étendu et sans pli. Il est à recommander de ne pas exposer les plaques à un soleil trop ardent, car il se produit un dédoublement de la couche sensible.

L'exposition dure de trente à quarante-cinq minutes au soleil, deux à trois heures à l'ombre. A défaut de lumière solaire, on peut recourir à un foyer électrique, dont l'intensité doit être en rapport avec la surface de la plaque à sensibiliser.

Le développement se fait ensuite avec soin et sans précipitation, par l'essence de térébenthine. Lorsqu'il y a excès de pose, on peut avoir recours au blaireau trempé d'essence pour dégorger les traits. Quand l'essence n'a pas les qualités dissolvantes nécessaires, on y ajoute une quantité plus ou moins forte de benzine.

Le dessin étant bien mis à découvert, la plaque est réexposée à la lumière pour durcir le fond, dont les imperfections doivent ensuite être retouchées.

La retouche se fait avec un mélange de vuerlaak et de benzine ordinaire. Si exceptionnellement quelques traits ou écritures sont mis imparfaitement à découvert, ils sont retouchés à la pointe ou au burin.

Lorsque la plaque est ainsi retouchée, elle est plongée dans un bain d'acide acétique cristallisable à 5 0/0. Cet acide enlève a noix gallique au droit des traits et des parties de dessin mises à découvert.

Finalement a lieu l'*encrage*. Toutes les parties de dessin dépréparées par l'acide acétique sont recouvertes de la solution suivante, étendue au moyen d'un blaireau :

| Alcool absolu............................... | 100 grammes. |
| Gomme laque............................... | 5 |

Une fois la plaque séchée, on s'assure que tous les traits sont recouverts de gomme laque, ce qui se constate facilement par la trace blanche que laisse ce produit. On doit ensuite enlever la couche de bitume formant fond de la plaque et, à cette fin, on se sert d'un chiffon imprégné de benzine ordinaire, puis d'une éponge imbibée d'eau propre.

La plaque, se trouvant entièrement débarrassée de toute tache, est encrée au tampon ou au rouleau.

Le tirage se fait comme sur la pierre lithographique, à un nombre aussi considérable d'épreuves.

PLÂTRE. — **Argenture des objets en plâtre.** — On argente les objets en plâtre, ou plutôt on leur communique un aspect qui rappelle celui de l'argent, en les frottant avec un amalgame composé de parties égales de mercure, de bismuth et d'étain, puis en les couvrant d'une couche de vernis.

Bronzage des objets en plâtre. — Le procédé suivant, fondé sur l'emploi des savons métalliques, s'applique très bien aux objets en plâtre. On dissout, d'une part, 50 grammes de savon blanc, dans un demi-litre d'eau, et de l'autre 50 grammes de sulfate de cuivre dans un demi-litre d'eau, on mêle ces deux dissolutions, il se forme un précipité vert, qu'on lave et qu'on fait sécher ; on fait fondre alors ensemble, dans un vase de faïence, sur un feu très doux ou mieux au bain-marie, 300 grammes d'huile siccative, 160 grammes de cire blanche, 160 grammes du savon cuivreux précédent, et l'on tient le mélange fondu jusqu'à ce que toute l'humidité se soit dégagée. On fait alors chauffer les plâtres que l'on veut bronzer, soit dans une étuve chauffée à 90°, on les enduit avec cette solution et on les place dans un lieu sec et convenablement chaud. Ils prennent ainsi une belle couleur verdâtre ; on bronze les parties saillantes avec un peu d'or mussif. On peut modifier cette couleur en mélangeant le sulfate de cuivre d'un cinquième de sulfate de fer ; le précipité est alors d'un vert brunâtre, et en le dissolvant dans l'essence de térébenthine, on obtient une couleur bronzée vert brunâtre.

Collage des objets en plâtre. — On fait dissoudre de petits morceaux de celluloïde dans de l'éther ; au bout d'un quart d'heure, on décante et on se sert du dépôt pâteux qui reste comme enduit pour coller les objets. Cette masse sèche rapidement et reste insoluble à l'action de l'eau.

Coloration des objets en plâtre. — On donne aux objets en plâtre une couleur gris de plomb métallique, en les frottant avec de la plombagine pulvérisée ; si, au lieu de plombagine, on se sert de la poudre noire très tenue, obtenue en précipitant, par le zinc, le chlorure d'anti-moine légèrement acide, ils prennent l'aspect de la fonte grise.

Plâtre éventé. — Le plâtre est d'autant meilleur qu'il est employé récemment cuit. Exposé quelque temps à l'air, il perd en grande partie ses propriétés.

Pour les lui rendre, il faut le mettre sur le feu, dans un poêlon, s'il ne s'agit que d'une petite quantité — ou sur des plaques de tôle disposées en cuvettes plates — et le chauffer fortement, de manière à en expulser tout l'air et toute l'humidité qu'il a pu absorber. On le retire du feu, lorsqu'il n'y a plus de dégagement de gaz. Le plâtre, alors, est parfaitement propre à ses divers usages.

Plâtre durci. — On connaît plusieurs moyens de durcir le plâtre.

I. On a proposé de faire tremper le plâtre déjà cuit dans un bain saturé d'alun, pendant six heures, de le faire sécher et enfin de le calciner pendant quelque temps, jusqu'au rouge brun (Savoie et Greenwood). La quantité d'alun absorbée s'élève à 2 ou 2 1/2 p. 100. Le plâtre aluné est surtout précieux pour mouler les objets d'art.

On peut préparer, à l'aide du plâtre aluné, une pierre artificielle très dure. Pour cela, on délaye dans 500 litres d'eau 7 kilogrammes d'alun, 6 kilogrammes de chaux éteinte, 1 kilogramme d'ocre jaune, on ajoute à ce mélange 1 kilogramme de colle forte dissoute dans 5 litres d'eau chaude et on y gâche ensuite 900 litres de plâtre ; aussitôt après, on incorpore 459 litres de sable fin de rivière, exempt d'argile, et l'on coule le tout dans des moules. Dix à douze heures après, la matière est prise en masse; on la retire des moules ; on laisse sécher à l'air, où elle acquiert une très grande dureté. En silicatant ces pierres de taille factices, on les met à l'abri des influences atmosphériques (Dumesnil).

II. On a conseillé de gâcher le plâtre soit avec une dissolution de sulfate de zinc neutre, marquant 8° à 10° Baumé (Sorel) ; soit avec une dissolution de silicate de potasse (Kuhlmann).

Le plâtre ainsi additionné devient très tenace, après le moulage ; il adhère avec une grande énergie au bois, à la pierre ; il est supérieur au plâtre ordinaire pour les scellements, les jointements, les moulures, les décorations exposées à l'air, le badigeonnage des édifices. Il est aussi avantageusement employé pour sceller les pièces de fer dans la maçonnerie, car il préserve le métal de l'oxydation.

III. La Société *Rheinische Gypsindustrie* de Heidelberg a fait breveter un procédé qui consiste à gâcher le plâtre cuit, ou à enduire les objets que l'on veut durcir, avec une solution de triborate d'ammoniaque; voici comment se fait l'opération : on fait dissoudre de l'acide borique dans de l'eau chaude, et on y ajoute ensuite une quantité déterminée d'ammoniaque ; le produit obtenu, très soluble dans l'eau, est employé pour gâcher le plâtre cuit; ou bien, lorsqu'il s'agit simplement de durcir la surface extérieure d'un objet, il est appliqué au pinceau sur cette surface. Au bout de deux jours, le plâtre est devenu absolument dur et l'eau n'a plus sur lui aucune action. Le procédé est à la fois simple et peu coûteux.

Plâtre imitant l'ivoire. — On donne aux moulages la translucidité et l'*apparence de l'ivoire*, en les trempant dans de la cire ou de l'acide stéarique fondus.

Plâtre imitant le marbre. — On peut donner aux objets déjà moulés l'*aspect du marbre* à l'aide du procédé suivant : on dissout 1 partie d'alun dans 5 parties d'eau bouillante, et l'on plonge dans ce liquide le buste ou l'objet en plâtre dont on veut changer l'apparence. Au bout de quinze à vingt heures de contact, on retire l'objet et on laisse égoutter et refroidir. Alors, à l'aide d'une éponge ou d'un linge, on applique sur le plâtre la solution alunée, jusqu'à ce qu'elle forme une couche cristalline sur toute la surface. Quand la couche est parfaitement sèche, on polit d'abord avec du papier sablé, puis avec un linge légèrement humecté d'eau pure.

Le plâtre aluné exige une ou deux heures pour faire prise, de sorte qu'on peut, pendant ce temps, le remanier sans inconvénient et qu'il n'y a aucun déchet. Le plâtre aluné ne possède les propriétés qui viennent d'être signalées, qu'autant qu'on s'est servi d'alun de potasse pour le préparer.

Plâtre imitant la terre cuite. — Quelque soin qu'on prenne des statues, bustes, bas-reliefs ou médailles en plâtre, après un certain temps une poussière noire s'incruste à leur surface, il est difficile de la faire disparaître. La vue de ces œuvres d'art devient désagréable; on les cache ou on les détruit. On a cependant un moyen excellent d'en tirer un bon parti: c'est de les transformer en *imitations de terre cuite*.

Nous n'avons pas en vue une transformation pareille à celle des plâtres colorés en rose ou en rouge que vendent les mouleurs. Pour obtenir une véritable imitation de la terre cuite, il faut plus de goût et plus de soin. Voici comment on peut s'y prendre.

L'outillage nécessaire est peu coûteux et facile à se procurer : il consiste en quelques feuilles de papier de verre double zéro, un pinceau de martre dit queue de morue, une molette en verre et sa palette, et quelques sous de couleurs en poudre, qu'on trouve partout : rouge de brique, noir de fumée, blanc de zinc et ocre jaune.

On commence par placer la statue ou le buste qu'on veut peindre sur un petit meuble isolé, de façon à pouvoir tourner autour. En la frottant avec du papier de verre, on enlève les traces de soudures, et l'on égrène la surface des endroits devenus trop polis et trop durs. Ce travail exige beaucoup d'attention et de légèreté de main ; il faut que les reliefs délicats ne soient altérés en rien par le râpage du papier de verre.

Ceci fait, on prépare la couleur. Sur la palette, on broie 2 parties d'ocre jaune, 2 parties de rouge brique et 1 partie de noir. Lorsque le tout est bien réduit en poudre et mélangé, on le met à part, et l'on pulvérise sur la palette 3 parties de blanc de zinc, qu'on humecte de quelques gouttes de lait pour en faire une pâte liquide bien homogène. On délaye alors cette pâte et les couleurs déjà préparées avec du lait (8 ou 10 parties), en remuant vivement, de façon à ce qu'il n'y ait pas de grumeaux. Si bien faite que soit la préparation, il est presque impossible d'éviter qu'il ne reste quelques globules blancs non dissous. Pour les éliminer, on peut laisser reposer et décanter le liquide coloré, ou mieux, passer la liqueur obtenue au travers d'un tamis fin.

Ces préparatifs achevés, on étend la couleur bien également sur toute la statue avec le pinceau de martre, en ayant soin de ne pas faire d'épaisseurs et de ne pas laisser tomber sur les parties basses (on commence le coloriage par la tête) des gouttelettes de rouge. Après vingt-quatre heures de séchage, on donne une seconde couche, indispensable pour que la teinte soit uniforme. Quand la statue est bien sèche, on frotte avec le pouce les parties où le coup de pinceau est visible, de façon à bien égaliser les surfaces.

On peut augmenter ou diminuer la proportion de blanc selon la teinte qu'on veut obtenir.

En ce qui concerne la quantité de couleurs nécessaire pour peindre une statue, nous ajouterons qu'il faut traduire l'expression « partie » , dont nous avons fait usage plus haut, par celle de « cuillerée à café » , s'il s'agit de teindre une statue d'un mètre de haut , et par celle de « demi-cuillerée à café » , s'il s'agit d'une statuette de 50 centimètres, etc.

On peut remplacer le lait par de l'eau gommée.

Irisation du plâtre. — Certaines couleurs d'aniline se prêtent à de brillants effets de décoration, quand on soumet leurs laques à l'action du chlore.

Voici la marche que l'on suit :

On enduit l'objet avec un vernis, qui est une solution de gomme laque dans l'alcool, jusqu'à ce que l'objet prenne une teinte brillante, mais il faut que le vernis soit assez fluide pour ne pas altérer la délicatesse des contours. La proportion qui conviendrait le mieux serait une partie de laque résine contre 10 d'alcool.

Quand l'objet est sec, on applique le vernis suivant :

Violet de méthyle........	5 parties.	Térébenthine de Venise.	55 parties
Gomme laque...........	0,5 —	Alcool à 95°...........	20 —

Cette composition donne à l'objet une teinte cuivrée. Ceci fait, on le met dans une chambre munie de regards en verre pour pouvoir surveiller la teinte de l'opération, et on y introduit un plat contenant du chlorure de chaux, légèrement acidifié, pour que le dégagement du chlore soit lent et régulier. Sous l'influence des vapeurs de chlore, la couleur du cuivre tourne d'abord au rose, puis au rouge sombre, au vert clair, et enfin au vert jaunâtre. Le passage d'une coloration à l'autre arrive si rapidement qu'en deux minutes le cycle complet de ces transformations est accompli ; aussi, faut-il agir promptement pour arrêter l'action du chlore au point précis de la coloration que l'on veut obtenir. La couleur ainsi donnée est irisée ; il semble qu'elle se conserve longtemps.

Réduction des médailles et des bas-reliefs par le plâtre lavé à l'alcool. — Le plâtre prend un retrait uniforme quand on le lave à plusieurs reprises avec de l'alcool. Cette propriété permet d'obtenir une réduction des médailles et des bas-reliefs.

On commence par prendre un premier moulage, qu'on lave plusieurs fois avec de l'alcool, pour en diminuer la dimension. A l'aide de ce moule, on prend un cliché avec de l'alliage fusible, dont on fait une reproduction avec du plâtre ; cette nouvelle médaille est lavée à l'alcool, afin d'en réduire encore les dimensions. De cliché en cliché, alternativement en plâtre et en métal, de réduction en réduction, on arrive à diminuer, dans le rapport de 3 à 1 et même plus, les dimensions primitives de l'original, tout en ayant conservé la finesse et la netteté des détails.

Stuc. — On prépare le stuc en délayant du plâtre très fin, dit *plâtre des mouleurs*, récemment cuit, dans une solution de colle de Flandre blanche, encore chaude, de façon à obtenir une pâte molle. On ajoute à cette pâte des couleurs minérales, de manière à produire des teintes analogues à celles du marbre. Ces substances colorantes sont les mêmes que celles qui servent dans la peinture en bâtiment. Lorsque le mélange est sec, on le polit, d'abord avec la pierre ponce, puis avec la pierre à aiguiser et le tripoli. On lui donne le dernier lustre, en le frottant fortement avec un morceau de feutre et de l'eau de savon, enfin avec de l'huile seule.

Les veines s'obtiennent en mélangeant des pâtes diversement colorées ; les brèches, en introduisant dans la masse encore molle, des fragments de stucs colorés. Pour les granits, les porphyres, on pique le stuc et l'on bouche les cavités ainsi formées avec une pâte ayant la couleur des substances qui sont disséminées, à l'état cristallin, dans ces roches, et leur donnent leur aspect particulier.

On mélange quelquefois le plâtre destiné à la préparation du stuc, avec une certaine quantité de marbre en poudre très fine. Les stucs préparés avec le plâtre aluné sont plus durs, plus homogènes, plus faciles à polir, que ceux obtenus avec le plâtre ordinaire.

La fabrication du stuc a été poussée à un si haut degré de perfection, que souvent il imite le marbre à s'y tromper.

On reconnaît ces faux marbres d'abord à leur moindre dureté, puis à ce qu'ils ne communiquent pas à la main ce froid qu'on ressent au contact du marbre.

Le stuc ne résiste pas à l'humidité, on ne peut par conséquent l'employer que dans l'intérieur des appartements ; on fait avec ce faux marbre des colonnes, des pavés d'appartements, des billes d'enfants, etc.

PLUMES. — **Nettoyage, blanchissage et teinture des plumes.** — La teinture des plumes doit toujours être précédée d'un nettoyage et d'un blanchissage complets, destinés à faire disparaître toutes les matières grasses ou colorantes.

Après avoir choisi convenablement les plumes, on les plonge dans une solution tiède de savon à 6 p. 100 ; on les y laisse pendant quelques heures, puis on recommence l'opération avec un nouveau bain de savon, on les lave alors à grande eau, puis on les blanchit, en les soumettant à l'action de la vapeur de soufre, on les lave de nouveau, puis on les fait sécher.

Le *noir* s'obtient en plongeant les plumes dans un bain bouillant d'alun et de bois de Campêche, auquel on ajoute du sulfate de cuivre et de fer ; le *lilas*, par l'orseille, le carmin d'indigo et l'alun ; le *jaune* de diverses nuances, par l'acétate de plomb et le chromate de potasse, ou bien par le rocou et une solution de potasse ; le *vert*, par une solution d'indigo et d'acide picrique ; le *bleu*, par une solution d'indigo et d'alun ou bien par le nitrate de fer et le prussiate jaune de potasse ; enfin le *rouge*, par la cochenille ou bien le bois de Brésil.

Mais il est préférable de se servir des couleurs d'aniline qui adhèrent aux plumes avec autant de facilité et d'éclat qu'au coton et à la laine ; on se sert d'un bain chaud, tenant en dissolution, soit du rouge, soit du bleu, soit du violet, etc., que l'on prépare en dissolvant d'abord la couleur dans un peu d'alcool, puis en étendant le liquide avec de l'eau. Les seules précautions à prendre consistent à ne pas se servir de bains trop chauds et à n'y plonger que des plumes bien nettoyées. On les laisse immergées jusqu'à ce qu'elles soient parfaitement teintes.

Alors on les lave, on les sèche et on les frise ; ce dernier travail s'exécute avec un couteau de corne poli.

PLUMES A ÉCRIRE. — Ce sont les plumes de l'aile de l'oie qui servent à l'écriture ; mais, pour qu'elles soient propres à cet usage, on leur fait subir la préparation suivante. On les tient entièrement plongées, pendant quelques instants, dans un bain de sable très fin dont la température est de 60° environ ; puis on les frotte immédiatement, avec un morceau d'étoffe de laine ; elles deviennent alors blanches et transparentes. Pour leur communiquer une couleur jaunâtre qui annonce la vétusté et qui leur donne plus de prix, car les vieilles plumes ont perdu toute leur graisse, on les trempe dans de l'acide chlorhydrique étendu d'eau et on les fait sécher avec soin. On ne pratique cette opération que quand elles ont subi l'action du bain de sable.

POLISSAGE. — Polissage des petites pièces métalliques. — Faire un mélange de :

Térébenthine.:.............................	10 parties.
Huile de stéarine............................	20 —
Noir animal finement pulvérisé ...:.............	30 —

Ajouter assez d'alcool pour diluer le tout ; appliquer le mélange avec un pinceau de poils et laisser évaporer l'alcool. Frotter ensuite doucement avec une étoffe enduite de noir animal, et de rouge d'Angleterre et polir finalement avec une peau de chamois.

Polissage des métaux. — A une solution de vitriol vert, on ajoute un peu de sel d'oseille ; il en résulte un précipité d'une couleur jaune pâle, qui est un oxalate de fer, qu'on filtre et qu'on sèche. Puis on soumet cette substance, déposée dans un récipient en fer, à la chaleur modérée d'un four. La chaleur expulse l'acide oxalique et l'on recueille une poudre extrêmement fine qui est de l'oxyde de fer pur, qui peut être employé au mieux pour le polissage des métaux.

POLYCOPIE. — Composition pour polycopie. — I. Faire dissoudre au bain-marie, dans 1 litre d'eau, 200 grammes de gélatine ; ajouter 3 grammes d'alun de chrome, préalablement dissous dans un peu d'eau pour rendre la gélatine moins putrescible ; enfin 50 grammes de glycérine, pour empêcher la dessiccation de la surface. On coule le mélange ci-dessus dans des boîtes de fer-blanc ou de zinc, de 1 centimètre de profondeur et de la surface voulue pour les épreuves à tirer. On peut plus facilement étendre la gélatine en couches de 1 millimètre d'épaisseur sur des lames de verre et laisser figer dans une position bien horizontale.

II. Voici une autre formule pour pâte de polycopies.

Glycérine................	300 gr.	Sucre.....................	75 gr.
Colle de poisson	20 gr.	Gélatine	100 gr.
Sulfate de baryte	50 gr.		

Eau, quantité suffisante pour détremper la colle de poisson et la gélatine, faire fondre le tout au bain-marie et verser la composition dans le cadre en fer-blanc.

III. Une bonne encre est obtenue en dissolvant 2 grammes de violet de Paris dans 30 grammes d'eau et 3 grammes de glycérine. (Voy. *Autocopiste*.)

POUDRE. — **Poudre à canon, poudre de chasse.** — Il est facile de distinguer les diverses qualités de poudre à leur seule couleur.

Une bonne poudre doit être d'un gris ardoise. Si elle est noire bleuâtre, elle renferme une trop grande proportion de charbon.

Une couleur trop noire indique l'humidité.

L'aspect brillant de la poudre est souvent dû à du salpêtre séparé par cristallisation, comme cela arrive lorsque le séchage de la poudre s'est effectué à une température trop élevée.

Les grains de poudre doivent être, autant que possible, de la même grosseur, et offrir une résistance suffisante lorsqu'on veut les écraser dans la paume de la main, afin de supporter les manipulations de transport. Une fois écrasées, les particules ténues ne doivent pas présenter d'angles saillants, ce qui indiquerait une pulvérisation incomplète du soufre.

Si l'on fait brûler un petit tas de poudre sur le papier, il doit non seulement ne pas entamer le papier, mais ne laisser aucune trace de la combustion ; des traces noires indiquent un excès de charbon, des traces jaunes un excès de soufre.

Si la poudre, en brûlant, troue le papier, ou laisse par le frottement une tache noire sur le dos de la main, elle est trop humide, ou renferme du pulvérin, qui nuit toujours à l'inflammabilité du grain.

Poudres métalliques. — On emploie dans la décoration une quantité considérable de métaux réduits en poudre impalpable, cuivre et alliages divers, conservant leur éclat métallique. Voici un procédé assez simple pour ramener à cet état tous ceux qui sont susceptibles de s'amalgamer avec le mercure. On commence par faire un amalgame en employant la plus petite quantité de mercure, et en ajoutant une petite quantité d'acide azotique, qui, maintenant les métaux décapés, favorise la dissolution. On place alors le mélange dans un tube en porcelaine que l'on chauffe fortement en même temps qu'on y fait passer un courant de gaz hydrogène. En même temps qu'il préserve les métaux de l'oxydation, ce gaz facilite la vaporisation du mercure que l'on recueille dans l'eau. L'hydrogène lui-même est emmagasiné dans un petit gazomètre et sert presque indéfiniment. Quand le tube est refroidi, on retire le métal pur sous la forme d'une masse spongieuse, sans consistance, qu'il est très facile de réduire en poudre impalpable.

Poudre de roses.— Effeuillez des roses blanches : faites-les sécher d'abord à l'ombre, puis enfermez-les dans un four très modérément chauffé. Au bout de quelques heures, on peut les réduire en poudre et les mettre en sachet. L'odeur se conserve indéfiniment.

R

RASOIRS. — **Affûtage des rasoirs.** — On leur redonne du fil en les passant sur un cuir enduit d'une composition spéciale. La manière dont on promène le rasoir sur le cuir n'est pas indifférente : il faut mettre successivement chacune des faces en contact avec le cuir, en commençant par la base de la lame et remontant vers le sommet. Un rasoir, en effet, n'est qu'une scie excessivement fine ; pour qu'elle coupe, toutes les dents doivent être dirigées dans le même sens. On a indiqué les mélanges suivants pour enduire les cuirs à rasoir :

PATE MINÉRALE POUR LES RASOIRS.

Graisse de mouton	2	Sanguine ou ardoise pulvérisée	2
Cire jaune	1	Emeri	1

On fait fondre le suif dans un vase en terre vernissée, on enlève les écumes, puis on ajoute la cire. Quand le tout est bien liquide, on y fait tomber la sanguine et l'émeri en poudre impalpable ; au bout de quelques instants d'ébullition, pendant lesquels on a eu soin d'agiter constamment, on aromatise la matière à l'aide de quelques gouttes d'essence de lavande, puis on la verse dans une auge en papier. Lorsque la masse est bien figée, on la coupe en tablettes qui seront rouges, si l'on a employé la sanguine ; noires, si l'on s'est servi d'ardoise.

COMPOSITION POUR FAIRE COUPER LES RASOIRS

Pierre ponce...	8	Limaille de fer ...	8
Bol d'Arménie...	15	Graisse de bœuf...	9

On incorpore à la graisse de bœuf les autres substances, après les avoir réduites en poudre impalpable et mélangées.

RÉSINES. — Coloration des résines. — Prendre cinq parties de résine, une de carbonate de soude ou de potasse et vingt parties d'eau ; faire bouillir le tout dans une chaudière jusqu'à obtention d'une masse parfaitement homogène, et la laisser refroidir ; y faire ensuite dégager de l'acide sulfureux qui sature l'alcali et précipite la résine sous forme de flocons blancs ; enfin laver le produit avec de l'eau, le sécher et le conserver pour l'usage.

Il est souvent important dans les arts, et particulièrement pour la fabrication des vernis, d'obtenir les résines à l'état le plus blanc possible.

REVÊTEMENT ET COUVERTURE A BON MARCHÉ. — M. J. Lehmann a imaginé un mélange propre à revêtir à bon marché le sol, les murs, cloisons, toitures, d'une couche solide et imperméable, qui peut remplacer avantageusement l'asphalte et le ciment dans certaines constructions.

Ce mélange est composé de 15 volumes de chaux vive, 5 de sable exempt d'argile et 80 de cendre de lignite passé au tamis grossier.

La chaux est d'abord éteinte, le mélange des matières est ensuite additionné d'une quantité d'eau suffisante pour qu'il devienne plastique sans cesser d'être consistant.

Pour les revêtements du sol, il faut une couche de 15 centimètres ; 8 centimètres suffisent pour les toitures. La pâte s'applique à la truelle, qui sert aussi à la comprimer et à l'égaliser. Lorsque l'enduit est bien sec, on le recouvre d'une couche de goudron ou de couleur à l'huile, s'il doit être exposé fréquemment à l'humidité, comme dans les écuries ou au dehors.

A défaut de cendre de lignite, on peut employer un mélange de cendre de charbon et de cendre de tourbe ou de bois.

Cette recette trouvera son application dans l'établissement des hangars, baraquements pour grands travaux, etc.

ROBINET. — Robinet intermittent. — Le robinet intermittent est dû à Hippolyte Chameroy.

Essayé pour la première fois en 1870, et quoique bien loin, à cette époque, du degré de perfection qu'il a atteint aujourd'hui, il fut l'objet d'un rapport élogieux de M. Belgrand.

Cependant son fonctionnement n'était pas encore parfait ; certaines difficultés n'avaient pu être complètement surmontées ; elles provenaient de l'incrustation et du dépôt des matières en suspension dans l'eau, qui entravaient la marche régulière de l'appareil.

C'est un robinet économique destiné à la distribution de l'eau dans nos maisons.

Il doit permettre de donner l'eau *à discrétion* et *sans contrôle*, tout en mettant les abonnés dans l'*impossibilité* de provoquer un écoulement d'eau *constant quel qu'il soit*.

Jusqu'à ce jour, tous les systèmes adoptés, à vis, à clef, à repoussoir, etc., peuvent être calés à volonté ; nos ménagères sont là pour l'attester ; or la Ville de Paris n'a guère que 450.000 mètres cubes d'eau à dépenser par jour ; chaque robinet, calculé pour fournir 45 litres par personne, peut en débiter 50.000 par le calage ; ces chiffres suffisent à donner une idée de la dépense énorme d'eau qui peut se faire chaque jour en pure perte à Paris.

Le robinet intermittent automatique pouvait seul obvier à ces graves inconvénients ; c'est là l'intérêt tout particulier que présente le système Chameroy.

Ce robinet donne de plus l'eau sous *la pression directe des conduites* et peut enfin remplacer les compteurs et les jauges sans avoir leurs inconvénients.

Entrons maintenant dans quelques détails sur sa construction et son fonctionnement :

Il se compose essentiellement (fig. 109) d'un levier à came LK et deux pistons GE et CB.

La came K porte sur la tige du piston GE et force ce piston à descendre, quand on donne à la poignée la position de la figure 109.

Le piston CB appuie sur un ressort M, qui tend à le pousser de bas en haut; intérieurement, il est traversé dans toute sa hauteur par un tube qu'obture imparfaitement un petit cylindre DZ; cette obturation incomplète s'obtient au moyen d'un léger plat ménagé sur le cylindre dans le sens de sa longueur. Enfin la partie B est cannelée latéralement pour permettre le passage de l'eau.

Ceci étant, voyons comment on met le robinet en état de fonctionner :

On dévisse le chapeau HK, on retire le piston E en soufflant par l'orifice S, puis le petit clapet D ; on essuie avec soin ce clapet, ainsi que son siège, et on visse le robinet sur son raccord fixé à la conduite. On verse un verre d'eau dans le robinet pour remplir la chambre inférieure M, on introduit le clapet D, on remplit d'eau de nouveau la chambre F, puis on introduit le piston E avec soin jusqu'au niveau supérieur du robinet ; l'excès d'eau s'échappe par l'orifice supérieur ; on visse alors le chapeau, en maintenant la poignée relevée en arrière. L'air est ainsi complètement expulsé de l'intérieur, et on n'a pas à redouter les coups de bélier qui détérioreraient rapidement le mécanisme.

Voilà donc le robinet amorcé ; le piston DB est complètement remonté, de façon que la partie RQ s'applique sur le siège placé au-dessus, et l'eau est arrêtée.

On veut produire l'écoulement : pour cela, il suffit d'amener la poignée L en avant; que va-t-il se passer? la came K, qui porte sur la tige G, pousse alors le piston E, qui, par l'intermédiaire de l'eau contenue dans F, force le piston CB à descendre en comprimant le ressort R. L'eau, qui arrive par S et remplit la chambre inférieure du robinet, passe alors à travers les cannelures, arrive en T et s'échappe au dehors; voilà donc bien l'écoulement produit.

Il nous reste à montrer comment le robinet se refermera automatiquement après avoir donné un certain débit.

Pendant la sortie de l'eau, le ressort M tend à faire remonter le piston CB ; peut-être faut-il tenir compte aussi
d'une petite différence de pression sur les faces du piston,
résultant d'une légère perte de charge inévitable à l'intérieur du robinet, différence de pression qui agirait, elle

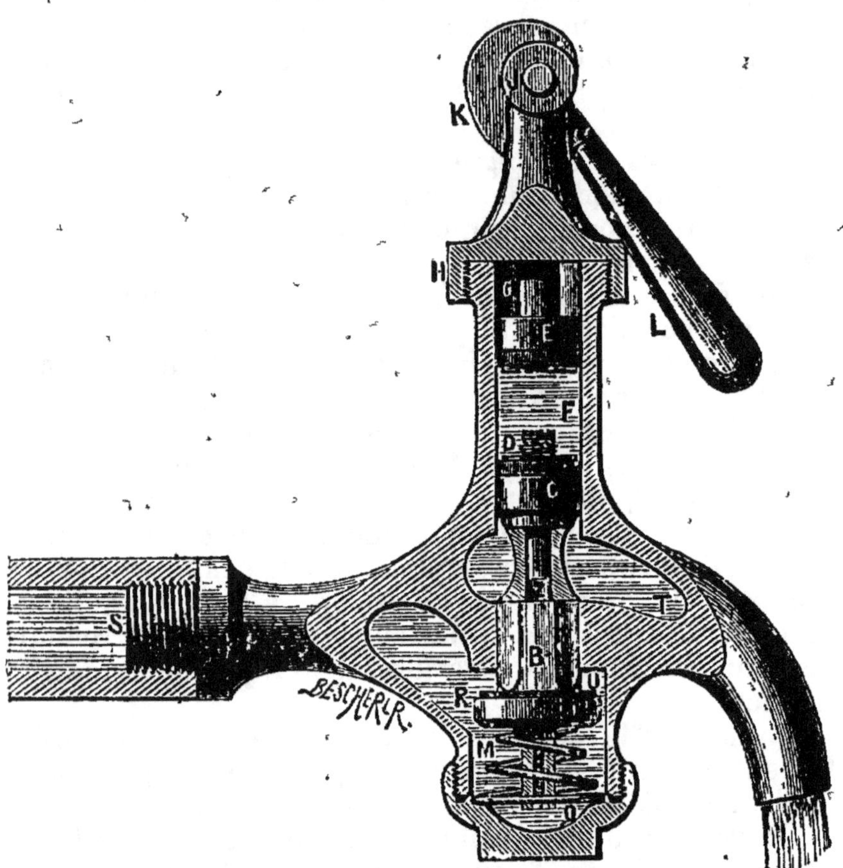

Fig. 109. — Robinet intermittent (Système Chameroy).

aussi, dans le même sens. Mais pour que CB remonte, il
faut que l'eau de la chambre F s'écoule, et elle ne peut le
faire que par le tube intérieur imparfaitement obturé,
comme nous l'avons dit dès le début. La vitesse de cet
écoulement est donc réglée par le degré d'obturation du
tube DZ. Le robinet se fermera donc d'autant plus vite

que le plat ménagé sur le clapet sera plus important, et inversement ; c'est le réglage du débit.

Pendant toute la durée de l'ouverture, l'eau s'écoulera par SOT sous la pression directe des conduites.

D'ailleurs, une fois le robinet fermé, on ne pourra reproduire l'écoulement qu'à la condition de relever la poignée L pour permettre la réintroduction de l'eau dans la chambre F et de l'abaisser ensuite comme il a été expliqué.

Ajoutons enfin que pour arrêter l'écoulement à un moment quelconque, il suffit de ramener L en arrière.

Le robinet Chameroy, de grandeur moyenne, peut donner un débit de 8 à 10 litres, quantité d'eau très suffisante pour les usages domestiques.

Afin d'avoir toujours le même débit, quelle que soit la pression, une douille mobile avec orifice peut être vissée dans le tube S et permet ainsi de régler la vitesse pour une pression quelconque.

Tel est le robinet qui seul peut réaliser d'une façon complète la distribution économique de l'eau ; son mécanisme est de la plus grande simplicité, sa solidité à toute épreuve et son usage aussi simple qu'on peut le désirer (Adrien Soubeyran).

Manière d'empêcher un robinet de fuir. — I. L'emploi seul du suif oblige à en remettre tous les jours.

II. On fait fondre séparément parties égales de gomme-résine et de suif, puis on les mélange à chaud et l'on ajoute une ou deux pincées, suivant la quantité, de graphite en poudre. On coule alors en bâtons dans des moules quelconques en fonte ou en marbre. Si le robinet fuit, sans que pour cela sa clef soit usée, on la retire, puis on fait chauffer légèrement un des bâtons et on le promène le long de ladite clef, de façon à l'oindre du mélange préservateur. Le robinet ne fuira plus pendant pas mal de temps : s'il revient à ses mauvaises habitudes, on recommence.

ROUILLE. — **Préservation du fer contre la rouille.** — I. On fait chauffer le métal qu'on veut préserver jusqu'à ce qu'on ne puisse plus le tenir avec la main, et on le frotte alors avec de la cire blanche, dont on enlève le superflu en essuyant avec un linge. Il faut éviter de pousser la chaleur au delà du point indiqué, s'il s'agit d'un outil en acier, car on courrait le risque de le détremper.

II. En Angleterre, on préserve les instruments de fer et d'acier en les saupoudrant avec de la chaux vive, après les avoir trempés dans de l'eau de chaux.

Le même mode de conservation est applicable aux instruments de *fer-blanc*, qui restent intacts et brillants.

III. On préserve les objets d'acier de la rouille, en les couvrant, au moyen d'un tampon de laine, d'un peu d'onguent mercuriel. Ce procédé réussit parfaitement pour les *canons de fusil*.

IV. Les *objets en acier et en fer* peuvent être protégés contre la rouille par une couche de peroxyde de plomb appliquée électrolytiquement. On obtient en vingt minutes un revêtement donnant toute garantie contre les influences atmosphériques. Comme, d'ailleurs, toute l'opération s'accomplit à la température ordinaire, la trempe des objets en acier n'est pas altérée.

V. Un moyen simple et économique pour préserver de la rouille les *tuyaux en tôle*, c'est de les goudronner. On revêt de goudron de bois les sections à mesure qu'elles sont faites, puis on les remplit de copeaux fins que l'on allume. Le dépôt qui se fait sur le métal le met à l'abri de la rouille pour un temps indéfini et rend inutiles les couches de peinture.

VI. Pour préserver les *outils* de la rouille, on recommande de faire dissoudre 15 grammes de camphre dans 450 à 500 grammes de lard fondu ; on écume le liquide chaud et on y mêle environ 500 grammes de minerai de plomb ou de graphite, afin de donner à l'ensemble la couleur métallique voulue ; on en graisse copieusement les outils et on laisse cet enduit pendant vingt-quatre heures, après quoi on essuie bien avec un linge doux.

VII. On emploie une sorte de pâte obtenue en faisant fondre une partie de résine dans six ou huit parties de saindoux, qu'on laisse refroidir en ayant soin d'agiter constamment. La pâte fluide ainsi obtenue garantit les objets métalliques de la rouille et de ses conséquences. Elle ne peut s'enlever qu'au moyen d'un lavage à la benzine.

VIII. Voici une recette d'une *peinture préservatrice de la rouille*.

Elle consiste à faire chauffer de l'huile de lin ou de résine, additionnée de 10 p. 100 d'un acide siccatif, par exemple de l'acide linéolique, avec de l'oxyde de cuivre, jusqu'à dissolution totale du composé métallique.

Cette huile, étendue sur une surface de fer bien décapée, y dépose une mince pellicule de cuivre métallique par déplacement de fer.

Il en résulte une sorte de cuivrage très résistant à l'air, sous lequel la rouille ne peut se former.

IX. Voici une autre formule de peinture contre la rouille, résistant au froid et à la chaleur.

Cette peinture est composée de silicate de fer pulvérisé, mélangé à de l'huile de lin oxydée. On ajoute au mélange du vernis, pour former une pâte qui peut se conserver. Au moment de l'appliquer, on ajoute une nouvelle quantité d'huile de lin, les couleurs désirées et de la litharge pour la rendre siccative.

X. Les *vis en fer*, surtout lorsqu'elles sont placées en des lieux humides, se couvrent très rapidement de rouille. Lorsqu'elles sont vissées dans des pièces mécaniques, elles s'y fixent d'une façon telle qu'on ne peut plus les retirer qu'à grand'peine et que souvent on les casse.

Pour parer, dans une certaine mesure, à ces inconvénients, on se contente généralement de graisser les vis à l'huile avant de les mettre en place, mais cela ne suffit pas.

Par contre, un mélange d'huile et de graphite empêche entièrement les vis de se fixer aux parties qu'elles réunissent en les protégeant contre la rouille pendant des années.

En même temps, ce mélange facilite le serrage, il est un excellent lubrifiant et rend les frottements du pas de vis très minimes.

XI. D'après M. E. Guber, ingénieur américain, plus la surface est lisse, moins la rouille est considérable ; les tôles en sont beaucoup plus exemptes que les cornières, et le plus souvent les tiges articulées ne sont pas attaquées par la rouille. De plus, les parties qui ont été chauffées pendant la fabrication craignent moins la rouille que les autres. Dans le cas où le métal a été enduit d'une couche d'huile à l'atelier, avant l'application de la peinture, la rouille est moindre sous l'application de celle-ci que lorsqu'on n'a pas pris cette précaution. Comme les taches de rouille ne sont pas plus considérables dans les ponts de construction ancienne que dans ceux de construction récente, l'auteur conclut que la corrosion ne s'effectue pas d'une façon rapide. La peinture à base d'oxyde de fer semble se comporter mieux que celle à base de minium ; dans ce dernier cas, la peinture est cassante et s'enlève facilement.

XII. Nous indiquons aux mots *Acier* et *Vernis* un certain nombre d'autres formules pour mettre les objets de fer et d'acier à l'abri de la rouille.

Dérouillage du fer et de l'acier. — I. On mélange intimement, sur une plaque de marbre, du tripoli avec la moitié de son poids de fleur de soufre, et l'on délaye le mélange dans un peu d'huile. Pour enlever la rouille, il suffit de frotter l'objet rouillé avec un morceau de peau enduite de cette préparation ou mieux avec un morceau de bois de figuier, dont la texture est spongieuse.

II. Lorsque les taches de rouille sont profondes, il faut employer l'émeri, soit délayé dans l'huile, soit sous forme de papier ; on se sert également de papier à la pierre ponce, ou bien encore de papier sablé ou verré. On trouve ces papiers dans le commerce, mais on pourrait les préparer en couvrant, avec de la colle-forte, un papier un peu fort et en faisant tomber, sur cette surface, à l'aide d'un tamis, l'émeri, la pierre ponce, le grès, le verre plus ou moins finement pulvérisés, suivant la nature du papier que l'on désire.

III. MÉLANGE POUR DÉROUILLER LE FER ET L'ACIER.

Argile bien tenace...	50 parties.	Emeri fin............	6 parties.
Brique pilée........	25 —	Pierre ponce pulvérisée .	6 —

On réduit toutes ces substances en poudre très fine, on les mélange, et, à l'aide d'un peu d'eau, on en forme une pâte ferme, qu'on roule en bâtons et qu'on laisse bien sécher. On frotte les pièces métalliques rouillées avec cette composition, jusqu'à ce qu'on ait fait disparaître toute trace d'oxydation.

IV. Le sous-carbonate de potasse liquéfié, communément désigné dans le commerce sous le nom d'*huile de tartre par défaillance*, dissout rapidement la rouille, qui s'enlève alors facilement au moyen d'un simple lavage à l'eau. Ce liquide paraît n'avoir qu'une faible action sur le fer lui-même, qui, à la vérité, conserve une couleur brune et ne reprend son éclat que sous l'action de l'émeri ou des moyens mécaniques ordinairement employés, mais toutes les rugosités ont disparu.

V. On réussit bien et vite par l'emploi du pétrole très pur. On essuie, pour terminer, avec un chiffon de chanvre ou de laine.

VI. On emploie aussi, surtout pour nettoyer les *armes*, une pâte faite avec de l'huile et de l'émeri très fin. On étend cette pâte et on frotte avec un chiffon ou de la peau.

VII. On peut remplacer l'huile par l'eau pure, et l'émeri par le tripoli en poudre.

VIII. Un morceau de brique, bien pilée et délayée dans un blanc d'œuf, est aussi très employé.

IX. Quand l'oxydation a disparu, il faut laver à l'eau pure les objets nettoyés, les essuyer avec soin et leur donner le poli en les frottant avec un linge fin imprégné de tripoli ou de potée d'étain.

X. Le nettoyage des pièces les plus chargées de rouille s'obtient avec facilité par leur immersion dans une solution à peu près saturée de chlorure d'étain; la durée de leur séjour dans le bain est en raison de l'épaisseur de la couche d'oxyde; en général, il suffit de douze à vingt-quatre heures. La solution ne doit pas contenir un grand excès d'acide, sinon le fer lui-même est attaqué.

Au sortir du bain, les objets sont rincés à l'eau d'abord, puis à l'ammoniaque, et rapidement séchés. Les pièces ainsi traitées ont l'apparence de l'argent mat; un simple polissage leur rend l'aspect normal.

XI. Pour dérouiller les objets en fer ou en acier, on commence par en enlever toute tache de graisse avec une brosse trempée dans une solution préparée de la manière suivante: On dissout 100 grammes de chlorure d'étain dans un litre d'eau; on verse ensuite cette solution dans un autre, contenant 2 gr. 5 d'acide tartrique dissous dans un litre d'eau, et, finalement, on ajoute 20 centimètres cubes d'une solution d'indigo, diluée dans 2 litres d'eau. Après avoir laissé agir le liquide pendant quelques secondes, on nettoie d'abord avec un linge humide, puis,

avec un linge sec ; on rendra le poli au moyen de sable et
de rouge.

XII. Dérouillage des objets délicats. — On risque
d'abîmer fort les pièces délicates qui font partie, par
exemple, des outils et des appareils de précision, en les
dérouillant avec le papier ou la toile d'émeri. Un petit tour
de main à la portée de tout le monde consiste à opérer le
nettoyage au moyen d'une simple gomme à effacer l'encre
et le crayon, comme il y en a sur toutes les tables des
écrivains ; les gommes les plus dures sont les meilleures
dans ce cas.

XIII. Dérouillage des objets en acier poli. — Pour
enlever la rouille sur les objets en acier poli, on adoucit,
tout d'abord ou, plutôt, on ramollit les taches, ou macu-
latures, en les recouvrant d'huile d'olive, qu'on y laisse
séjourner pendant quelques jours ; on frotte ensuite à l'é-
meri ou au tripoli, en attirant l'huile au moyen d'un morceau de bois dur ; on enlève, par un nettoyage, l'huile et
toutes les impuretés ; on frotte de nouveau les taches
avec de l'émeri et du vinaigre de vin ; finalement, avec de
l'hématite fine et une peau.

XIV. On met de l'alun en poudre dans du fort vinaigre
et on frotte avec ce vinaigre aluné.

XV. On prend :

Cyanure de calcium.....	25 grammes.	Blanc de Meudon......	50 grammes.
Savon blanc (en poudre).	25 —	Eau..................	200 —

Triturez bien le tout et frottez la pièce à nettoyer avec
cette pâte. L'effet sera plus prompt si, avant de vous servir
de cette pâte, vous avez fait tremper 5 ou 10 minutes l'objet
rouillé dans une dissolution de cyanure de potassium à
raison de une partie de cyanure pour deux d'eau.

S

SAVONS. — Savons pour la conservation des dépouilles
d'animaux.

I. — SAVON ARSÉNICAL (savon de Bécœur).

Acide arsénieux pulvérisé............	320	Savon marbré de Marseille........	320
Carbonate de potasse desséché...	120	Chaux vive en poudre fine........	40
Eau distillée...................	320	Camphre	40

Mettez dans une capsule de porcelaine, d'une capacité triple, l'eau, l'acide arsénieux et le carbonate de potasse sec; faites chauffer, en agitant souvent, pour faciliter le dégagement d'acide carbonique. Continuez de chauffer et faites bouillir légèrement, jusqu'à dissolution complète de l'acide arsénieux: ajoutez alors le savon très divisé et retirez du feu. Lorsque la dissolution du savon est opérée, ajoutez la chaux pulvérisée et le camphre réduit en poudre au moyen de l'alcool. Achevez la préparation en broyant le mélange sur un porphyre.

Il importe de se laver parfaitement les mains et surtout le dessous des ongles, toutes les fois qu'on a employé ce savon.

II. — POMMADE SAVONNEUSE

Savon blanc	4	Eau commune	8
Carbonate de potasse	2	Pétrole	1
Alun	1	Camphre	1

On coupe le savon en petits morceaux. On le place dans une terrine disposée sur un feu doux, et contenant l'eau et la potasse; on agite avec une baguette; quand le tout est réduit en pâte, on ajoute l'alun et le pétrole, et enfin, quand la masse est refroidie, on y incorpore le camphre, qu'on a réduit en poudre en le triturant dans un mortier avec un peu d'alcool (Boitard). On badigeonne avec cette composition à l'aide d'un pinceau les peaux des animaux qu'on désire empailler. Ce procédé peut être utile aux personnes qui auraient de la difficulté à se procurer de l'arsenic ou qui éprouveraient de la répugnance à faire usage de cette substance toxique.

III. — SAVON DE DRAPIER

Potasse caustique	1
Huile poisson	1

On place la potasse caustique dans un mortier de verre, on la dissout dans une petite quantité d'eau, puis on verse peu à peu l'huile de poisson et l'on triture le mélange jusqu'à ce qu'il en résulte une masse assez ferme. Quand ce savon est sec, on le divise avec une râpe, on l'additionne de son poids de camphre, et on le dissout dans de l'alcool musqué. Le savon liquide sert à enduire la peau de l'oiseau qu'on veut empailler; le savon en poudre est parsemé entre les plumes en aussi grande quantité que possible.

SCIURE DE BOIS. — Utilisation des déchets de scierie, sciure et copeaux. — Les copeaux de la scierie et du rabot sont des sous-produits précieux, qui trouvent une bonne utilisation surtout dans la bâtisse.

La sciure peut servir à faire des cubes, pour des séparations intérieures, des isolateurs, etc. La fabrication de ces cubes est d'un bon rendement et ne demande pas d'installation coûteuse. En outre, ces cubes de sciure peuvent être rendus incombustibles, fait dont plus d'un entrepreneur pourrait tirer parti.

Mastic de sciure de bois. — I. Prendre :

Colle de Flandre...............................	8
Gomme arabique...............................	1
Gomme adragante..............................	1

Mettre chacun de ces produits séparément en contact, pendant quelques jours, avec quantité suffisante d'eau, pour obtenir avec les deux premiers des dissolutions, avec le troisième un mucilage; mêler ensuite et ajouter de la sciure de bois de sapin en poudre fine : faire une pâte semi-solide.

II. *Mastic de sciure de bois pour la fabrication de divers objets, tabatières nécessaires, bordures de tableaux, etc.* — Prendre :

Cire..	1
Térébenthine	2
Colophane	2

Faire fondre ensemble ces trois substances sur un feu doux ; lorsque la fusion est complète, ajouter en remuant sans cesse, une quantité suffisante de sciure de bois de sapin séchée, passée au tamis et à l'état de poudre fine; obtenir une pâte homogène qui doit subir l'action du moule.

Ajouter à la pâte, si l'on veut, des couleurs, et malaxer, pour obtenir des objets colorés ; prendre des pâtes de différentes couleurs et malaxer, pour obtenir des objets marbrés.

Huiler exactement les moules, pour permettre aux objets de se détacher; verser la pâte encore chaude; laisser sécher dans les moules, afin que les objets conservent leur forme et ne se gercent point quand ils sont secs; retourner les objets sortis du moule et les recouvrir d'une couche de vernis copal; les polir et les vernir au tampon, en se servant de vernis préparé avec la gomme laque.

SERPENTS DE PHARAON. — Ce jouet consiste en un mélange de sulfocyanure de mercure et de nitre. Ce nom lui a été donné, parce que, quand on l'enflamme avec une allumette, le produit se boursoufle subitement, par suite d'un dégagement abondant d'azote, de vapeurs de sulfure de carbone et de mercure et conserve, en se repliant sur lui-même, une forme allongée et contournée qui le fait ressembler à un serpent. La vente de ce joujou devrait être prohibée, car c'est un poison redoutable.

SICCATIFS POUR PEINTURES. — I. On prend :

Sulfate de magnésie.........	1 partie.	Sulfate de zinc calciné.....	1 partie.
Acétate de magnésie........	1 —	Oxyde de zinc.............	97 —

On pulvérise très finement les sulfates et l'acétate, et on les passe à travers un tamis à mailles très fines (n° 140). On étend alors sur une table les 97 parties d'oxyde de zinc, on les saupoudre avec le mélange précédemment obtenu, puis à l'aide d'un couteau de bois on mélange bien intimement le tout. La poudre blanche, qu'on vient de préparer ainsi, constitue un siccatif énergique, qui, mélangé dans la proportion de 1/2 à 1 p. 100 au blanc de zinc, lui permet de sécher en dix ou douze heures (Guynemer).

II. *Siccatif zumatique.* — Il contient 94 à 95 p. 100 d'oxyde de zinc et 5 à 6 p. 100 de borate de manganèse.

La méthode industrielle pour rendre les *huiles siccatives* consiste à les chauffer, pendant 15 à 30 minutes, en présence d'oxydes métalliques.

III.			IV.		
Huile de lin..........	7 parties.		Huile de lin............	7 parties.
Céruse pure.........	3 —		Protoxyde de manganèse	
Acétate de plomb.....	1,5		boracique............	2 —
			Blanc de zinc...........	2 —

SOUDURES. — I. SOUDURES FORTES.

	Cuivre.	Zinc.	Etain.	Plomb.
Jaune peu fusible.......	53,3	43,1	1,13	0,3
Demi-blanche fusible....	44.0	49,9	3,3	1,2
Blanche très fusible......	57,4	28,0	14,6	»
— très forte..........	53,3	46,7	»	»

II. SOUDURE POUR SOUDER LE LAITON.

Cuivre.................... 1,5
Zinc..................... 6
Laiton................... 10

III. SOUDURE D'ARGENT POUR ALLIAGE A 950/1000.

Cuivre................... 23,33
Zinc.................... 10
Argent.................. 66,66

IV. SOUDURE DES PLOMBIERS.

Etain.................... 33
Plomb................... 66

V. SOUDURE DES FERBLANTIERS.

Etain.................... 50
Plomb................... 50

VI. SOUDURE POUR OR ROUGE.

Cuivre................... 1
Or...................... 5

VII. SOUDURE POUR OR A 750/1000

Cuivre................... 1
Argent.................. 1
Or...................... 4

VIII. EAU A SOUDER. — I. Faites dissoudre dans l'acide muriatique (chlorhydrique) :

Zinc........................... 50 grammes.
Sel ammoniac.................. 50   —

II. Autre procédé :

Acide chlorhydrique............. 600 grammes.
Sel ammoniac.................. 100   —

Mettre dans l'acide des rognures de zinc jusqu'à saturation, puis ajouter le sel ammoniac. Filtrer après dissolution et conserver en flacon.

IX. SOUDURE DU CELLULOÏD. — Lorsque l'on veut recoller ou souder du celluloïd, soit pour réparer un objet, soit pour fabriquer des boîtes d'accumulateurs par exemple, on détrempe les parties à coller avec de l'acétone et on les applique l'une contre l'autre comme s'il s'agissait d'une colle quelconque.

SULFATE DE CUIVRE. — Moyen de reconnaître la falsification du sulfate de cuivre. — Le sulfate de cuivre est souvent falsifié par un mélange avec des sulfates divers (celui de fer surtout), qui ont une valeur commerciale et anticryptogamique bien moindre.

Voici un moyen de déceler la fraude : on prend une

pincée de l'échantillon à examiner et on la fait fondre dans un verre de cristal avec de l'eau bien claire. La solution terminée, on verse quelques gouttes d'alcali et on ajoute un peu d'eau.

Si le sel est pur, on obtient une liqueur d'un bleu magnifique, très limpide, comme celle que les pharmaciens mettent dans les globes de verre de leur étalage.

Si le sel n'est pas pur, la teinte est sale, foncée, puis elle s'éclaircit et devient limpide, mais il se dépose au fond du verre une matière floconneuse d'un bleu noir.

T

TEINTURE. — Plusieurs opérations de teinture peuvent être exécutées par des personnes étrangères à l'art du teinturier, car elles n'entraînent l'emploi d'aucun matériel spécial. Voy. *Bois, Etoffes, Ivoire, Marbre, Plumes,* etc.

TERRE CUITE. — Terre cuite poreuse. — On pétrit de la naphtaline avec de l'eau, pour en faire une pâte épaisse, que l'on mélange ensuite intimement avec de l'argile. Après avoir formé avec ce mélange des objets quelconques, on les met à sécher lentement en les chauffant. La naphtaline suinte alors et découle de la surface, laissant une argile, pourvue de pores très uniformément répartis, que l'on fait définitivement cuire.

THERMOMÈTRE. — Thermomètre à acide sulfurique. — Le maniement industriel des basses températures tend à généraliser l'emploi des thermomètres à acide sulfurique. Ils ont l'avantage de pouvoir indiquer des températures plus élevées et plus basses que les thermomètres à alcool et à mercure. Le mercure se solidifie à — 40° C., tandis que l'acide sulfurique ne devient solide qu'à — 112° C. D'autre part, l'alcool dégage déjà des vapeurs à des températures relativement basses, tandis que l'acide sulfurique ne présente pas cet inconvénient, et sa dilatation est absolument proportionnelle à l'accroissement de la température.

TIMBRES A IMPRIMER. — Nettoyage des timbres. — I. On fait chauffer légèrement le timbre à décrasser, à l'aide d'une lampe à esprit de vin, ou de toute autre source de chaleur. On prend ensuite une bougie stéarique, et quand le timbre est assez chaud pour faire fondre la bougie, on le passe sur cette dernière, qui, en fondant, enlève toute la crasse et rend le timbre aussi net et poli que s'il était neuf.

II. Plonger les timbres humides dans de la benzine, les agiter quelques instants, puis les essuyer.

TOLE. — **Emaillage de la tôle.** — MM. François et Bertin émaillent les tôles en les plongeant dans un émail liquide composé de :

Borax.........	24 kilogrammes.		Feldspath......	12,5 kilogrammes.
Sel de soude...	6	—	Salpêtre........	3,5	—
Acide borique..	15	—	Spath-fluor.....	3	—
Gros sable lavé.	25	—		

Les tôles sont ensuite portées au séchoir et au four. L'émail peut être coloré par des oxydes métalliques.

TONNEAUX. — **Jaugeage des tonneaux.** — M. Théodore Schneider, ancien professeur de physique à l'École des sciences appliquées de Mulhouse, indique une formule simple et donnant des résultats exacts. La voici :

Elevez les deux diamètres au carré ; ajoutez au carré du grand la moitié du carré du petit ; multipliez la somme obtenue par la longueur du tonneau, et enfin le nouveau produit par 0,5236.

TORPILLES. — On donne ce nom à des engins sous-marins consistant en des récipients bien clos, remplis de poudre noire ou de toute autre substance explosive et qu'on fait éclater, sous l'eau, pour détruire les navires qui viennent à les toucher ou à passer dans leur voisinage.

Plusieurs substances explosives peuvent servir à charger les torpilles. Nous citerons la poudre noire, la poudre-coton comprimée, la dynamite (Voy. *Dynamite*) ; les deux premières seules sont employées dans la marine française. La mise du feu s'obtient soit par l'électricité, soit par le choc d'un mécanisme percutant sur une amorce au fulminate de mercure, soit par certaines réactions chimiques capables de développer une haute température. Les amorces s'enflammant sous l'influence de l'électricité, sont de deux sortes. Les unes (*amorces galvaniques ou de quantité*) s'enflamment au moyen du courant d'une pile, les autres (*amorces d'induction* ou *de tension*), au moyen d'un courant d'induction provenant soit d'une bobine de Ruhmkorff, soit d'un coup de poing Bréguet. Les Anglais préfèrent les amorces de tension ; les autres puissances européennes ont adopté l'amorce de quantité ; c'est la seule que nous décrirons.

L'amorce galvanique consiste en un réservoir cylindrique en laiton, contenant soit de la poudre fine, soit du fulminate de mercure ($1^{gr},50$), et dans lequel arrivent deux fils de cuivre, isolés l'un de l'autre, sauf aux extrémités, et tordus ensemble sur une certaine longueur. Un fil de platine très fin réunit les deux extrémités dénudées ; il est entouré de coton-poudre en floche.

Lorsque le fil de platine est porté à l'incandescence par le courant électrique qui y circule, il détermine l'inflammation du coton-poudre et par suite celle de la poudre ou du fulminate. Pour éviter les ratés, on emploie souvent deux amorces que l'on réunit, en tordant l'un sur l'autre deux des bouts opposés au fil de platine.

L'amorce, quelle que soit sa nature, doit être reliée à l'appareil producteur d'électricité. On établit cette communication à l'aide de fils de cuivre recuit, recouverts de caoutchouc, ou de gutta-percha, ou bien encore de *chatterton*, mélange isolant formé de 3 parties de gutta-percha, 1 partie de résine et 1 partie de goudron de Suède. Comme un fil unique, quelque peu cassant qu'il soit, pourrait se briser pendant les différentes manœuvres qu'il est appelé à subir, on est dans l'usage de se servir de plusieurs fils de cuivre (3-7) cordés ensemble, de façon que, si l'un d'eux venait à se rompre, il en restât encore un certain nombre pour donner passage au courant. Lorsque les conducteurs doivent être placés sur un fond de roche, où les frottements ne tarderaient pas à les détruire, on les recouvre d'une couche de chanvre goudronnée, sur laquelle on enroule un certain nombre de gros fils de fer qui constituent l'*armature*.

Les piles dont on fait le plus fréquent usage sont : la pile Bunsen modifiée, la pile Leclanché ordinaire, la pile au bichromate de potasse, la pile Leclanché-Ruhmkorff, la pile Silbertown.

Les récipients dans lesquels on enfonce la charge et

qu'on nomme : *enveloppe, carcasse, coffre, boîte aux poudres*, sont ordinairement métalliques (zinc ou cuivre laminés, tôle de fer ou d'acier, fonte de fer), mais on a aussi utilisé d'autres récipients, tels que caisses en bois étanches, barils goudronnés, bonbonnes en grès ou en verre, sacs de caoutchouc, outres de peau. Les récipients capables de résister à l'explosion, jusqu'à l'entière déflagration de la poudre, paraissent les meilleurs.

La masse énorme de gaz, résultant de l'inflammation au sein de l'eau, va constituer un moyen de défense ou d'attaque.

Veut-on défendre l'entrée d'une rade, la torpille est placée dans une position invariable. C'est la *torpille dormante*, qui tantôt repose sur le fond (*T. de fond*) et tantôt est *mouillée*, c'est-à-dire maintenue entre deux eaux, dans une position rigoureusement fixe, à l'aide de chaînes et de *crapauds*. Dans ces deux cas, on a soin de placer l'engin à une profondeur telle que les grands navires, même à marée basse, soient à même de passer dessus sans le toucher, car ici le défenseur du passage peut déterminer l'inflammation à volonté. Dans d'autres cas, la torpille, quoique attachée au fond de l'eau, n'occupe point une position aussi invariable, elle oscille avec les courants et elle est assez peu immergée pour s'enflammer, quand elle est heurtée par un navire : c'est la *torpille vigilante*.

Quand les torpilles sont de faible dimension, il est possible de leur donner une certaine mobilité, en les reliant les unes aux autres par une corde ; cette disposition permet de les déplacer, toutes à la fois, sans qu'elles perdent leur position relative. Ces torpilles *en chapelet* seront utilisées soit pour défendre une passe, soit pour protéger un navire au mouillage, soit encore pour emprisonner un bâtiment ennemi dans une rade. Il est évident qu'elles auront un effet considérable, si on les fait exploser simultanément.

Enfin des torpilles légères, construites de manière à flotter entre deux eaux, pourront être lancées à la mer, quand un navire est poursuivi par un adversaire supérieur en force ; dans ce cas, ou bien elles seront abandonnées dans le sillage et elles éclateront au choc du chasseur

(*T. de sillage*) ou bien elles seront conservées à la traîne, derrière le navire chassé (*T. de traîne*).

Veut-on se servir de la torpille comme moyen d'attaque, on adoptera une des dispositions suivantes :

Tantôt c'est le navire ou un de ses canots qui ira porter l'appareil destructeur au contact du bâtiment ennemi, c'est la *T. portative*. Tantôt la torpille sera traînée à la remorque et amenée, par des manœuvres convenables, à choquer l'adversaire, c'est la *T. remorquée* ou *divergente*. D'autres fois l'appareil, animé par un moteur contenu dans son intérieur, possèdera un mouvement propre, qui le portera au contact du navire ennemi ; dans ce cas, tantôt il suivra une direction définie qu'il est impossible de modifier du moment que la mise à l'eau aura eu lieu (*T. automotrice*), tantôt il pourra être dirigé de la terre ou du bord, c'est la *T. dirigeable*.

Enfin la torpille sera lancée à l'aide d'une pièce de canon, c'est la *T. lancée*.

Torpilles de fond. — Elles sont en fonte de fer ou en tôle d'acier. Dans le premier cas, la carcasse a la forme d'une calotte sphérique, à base plane, munie de quatre pieds ou *crampons*, destinés à maintenir ce récipient fixé sur le fond (fig. 110). Sa capacité est telle, qu'elle peut contenir

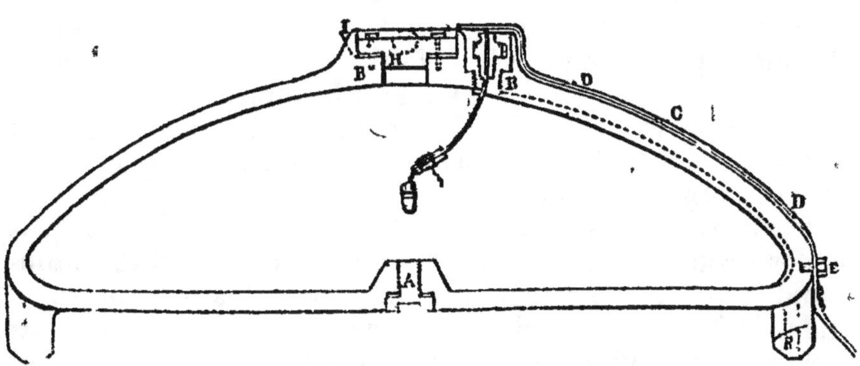

Fig. 110. — Torpille de fond.

de 300 à 2000 kilogrammes de poudre noire. Elle est surmontée d'un renflement quadrangulaire, présentant *un trou de charge*, susceptible d'être hermétiquement fermé,

et un *trou d'amorce*, destiné au passage des fils conducteurs. Quelquefois ce trou d'amorce, au lieu d'être voisin
du trou de charge, est situé dans la base de la carcasse.

L'amorce galvanique est placée au centre de la charge.
Afin de diminuer le nombre et la longueur des conducteurs,
le circuit est fermé par un seul fil. Un des pôles de la pile
placée à terre est mis en communication avec une des
branches de l'amorce, tandis que l'autre branche communique avec une plaque métallique immergée à côté de la
torpille (fig. 111). L'autre pôle de la pile est relié à une
deuxième plaque métallique qu'on met à l'eau. Le circuit
est donc fermé par la mer.

Il est évident
qu'une torpille de
fond ne pourra pro-
duire d'effet utile
qu'autant que le na-
vire ennemi se trou-
vera au-dessus
d'elle, ou tout au
moins sur un point
très rapproché.

Il est donc indis-
pensable de déter-

Fig. 111. — Théorie du système
employé pour l'inflammation.

miner le moment où le bâtiment passe dans le champ
d'action de l'engin. Pour avoir la certitude que le moment
de faire le feu est arrivé, il faut avoir des deux côtés de
la passe un observatoire à l'abri du canon de l'adversaire.

Ces observatoires communiquent télégraphiquement ;
leurs lignes de visées déterminées à l'avance se croisent
sur les points défendus.

En France, lorsque les torpilles de fond sont immergées
à des profondeurs excédant 18 mètres, on se sert de coton-
poudre humide. Le récipient en tôle galvanisée présente
alors la forme d'un cylindre, fermé à ses deux bouts par
des calottes sphériques. Le cylindre est exclusivement
destiné à contenir la charge, qui peut varier entre 250 et
700 kilogrammes de fulmi-coton humide et comprimé.
Une des calottes est mobile et présente un vide circulaire,
servant de trou d'amorce. Les pains ou *slabs* de coton-
poudre humide sont enflammés à l'aide d'une *charge*

d'*amorce*, formée d'environ 1 250 grammes de coton-poudre sec, logé au centre du coton mouillé dans une enveloppe étanche ; la partie supérieure de cette boîte donne passage aux deux branches de l'amorce au fulminate placée dans un trou pratiqué au centre de la charge sèche. Lorsqu'une torpille de ce genre est chargée de 500 à 600 kilogrammes de fulmi-coton, elle soulève en explosant une véritable trombe d'eau (fig. 112).

Fig. 112. — Explosion d'une torpille dans la rade de Toulon.

Torpilles mouillées. — Lorsque la profondeur de la mer dépasse 24 mètres, on se sert de torpilles mouillées, entre deux eaux, de façon qu'elles aient 10 mètres d'eau au-dessus d'elles, à marée basse. Elles se composent de deux parties essentielles : 1° une enveloppe en tôle de fer ou d'acier galvanisée ; 2° une caisse de charge contenant de 250 à 400 kilogrammes de coton-poudre humide. L'espace compris entre les deux enveloppes constitue une

chambre à air, donnant à la torpille la flottabilité nécessaire. Un tube d'amorce pénètre dans la caisse de charge
et s'enflamme sous l'influence d'une amorce au fulminate.
La mise du feu est obtenue ici encore à l'aide de deux observatoires ; seulement comme les courants et la marée
peuvent déplacer la torpille, elle n'occupe pas toujours
exactement la position indiquée par les viseurs. De là des
chances d'insuccès dans la défense, qu'on peut diminuer
par l'emploi des torpilles vigilantes.

Torpilles vigilantes. — Ce sont des torpilles mouillées
entre deux eaux et munies de mécanismes spéciaux à
l'aide desquels le circuit qui réunit la torpille à une pile
située à terre sera fermé toutes les fois qu'un navire forçant la passe choquera le mécanisme. Il suffira alors
d'avoir à terre un seul poste où aboutit le fil conducteur,
et dans ce poste une pile dont l'intensité se conservera
pendant longtemps, pour que l'inflammation se produise
au moment où le choc aura fermé le circuit. Pour obtenir
ce résultat, on a indiqué un grand nombre de mécanismes plus ou moins imparfaits. La figure schématique
113 permet de comprendre comment avec une amorce
galvanique on peut obtenir l'inflammation de ce genre de
torpille.

Soit T (fig. 113) une
torpille mouillée, dont
une des branches de l'a-
morce *a* est reliée à une
pile, au moyen d'un fil
conducteur *f*, tandis que
l'autre communique avec
une plaque métallique *b*
inoxydable, logée dans
l'intérieur de la torpille
et par suite sans com-
munication avec la mer.
Plaçons en face de cette
plaque *b* et à une petite
distance une autre plaque
inoxydable *c*, se conti-

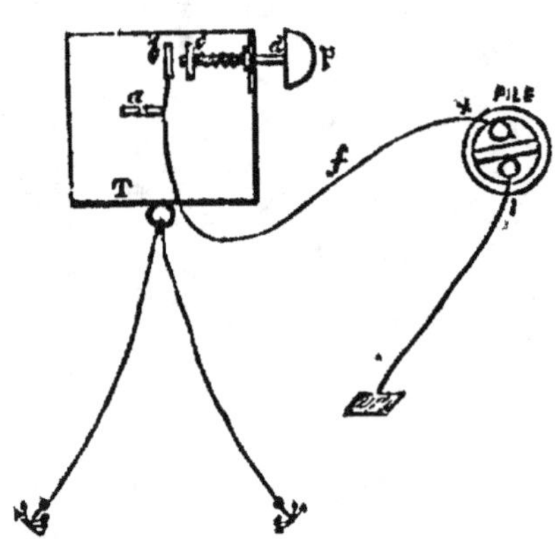

Fig. 113. — Schéma d'une torpille
électro-automatique.

nuant par une tige métallique *d* glissant dans une ouverture étanche, et terminons cette tige *d* par un tampon P.

Il est évident que, dans cette position des deux plaques, le circuit est ouvert. Mais un navire vient-il à choquer le tampon P, le circuit se ferme, les deux plaques s'étant touchées, et l'amorce s'enflamme. Ces torpilles ont ce grand avantage qu'on peut à volonté leur communiquer ou leur retirer leurs propriétés explosives ; elles ont cet inconvénient qu'il est difficile de vérifier leur mécanisme allumeur.

Ces torpilles vigilantes sont désignées sous le nom d'*électro-automatiques*, pour les distinguer d'autres torpilles vigilantes purement *automatiques*, qui, elles aussi, ne détonent qu'au choc de l'ennemi, mais dont l'allumeur est essentiellement différent.

Ici quelquefois l'amorce consiste en un tube de verre contenant du potassium, recouvert d'une couche d'huile minérale ; quand par le choc le tube se brise, le potassium s'enflamme au contact de l'eau, communique son inflammation à l'huile et par là à la poudre.

D'autres fois on utilise l'action de l'acide sulfurique concentré sur un mélange de chlorate de potasse et de sucre ; d'autres fois aussi, on les fait détoner par l'électricité, en ayant soin de placer la pile, non point à terre, mais dans le crapaud qui sert à mouiller la torpille. Ces appareils sont d'une installation facile ; mais ils ont l'inconvénient d'être aussi dangereux pour les bâtiments amis que pour ceux qui appartiennent à l'ennemi.

En effet, une fois en place, ils ne sauraient être inoffensifs et à la fin d'une guerre on ne peut s'en débarrasser qu'en les faisant sauter à l'aide de corps flottants, abandonnés à la dérive. Ils peuvent exploser sous le choc d'un corps flottant amené par l'ennemi à la faveur de la marée ; de plus, il est difficile de constater s'ils sont en bon ou mauvais état.

Torpilles portées. — Ce sont en général des canots à rame ou à vapeur qui sont destinés à porter ce genre d'appareil contre un navire ennemi ou un obstacle à détruire. A cet effet, le canot A (fig. 114) porte, à son avant, une tige ou hampe à laquelle est fixée la torpille T. Cette hampe présente une longueur et une inclinaison telles que la torpille chargée soit placée à 6 mètres de l'embarcation et à 2^{m},50 de profondeur au-dessous de la

flottaison. La torpille et son support doivent être aussi
peu visibles que possible, afin de ne pas attirer l'attention
de l'ennemi ; à un instant dònné, la hampe, sous l'influence d'une traction exécutée à l'aide d'un mécanisme
particulier, quitte la position couchée qu'elle occupait
dans l'embarcation et se trouve dans la position d'attaque
représentée par la figure. La carcasse de la torpille, de
forme cylindro-ogivale, est en cuivre ou en tôle mince ;
elle présente un trou de charge et un trou d'amorce.
Celle-ci est mise en feu par une pile contenue dans le
canot. Une tige métallique mobile, dite *inflammateur à*

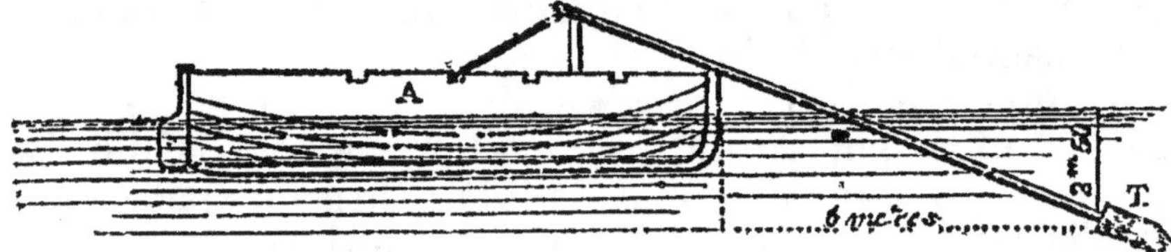

Fig. 114. — Canot porte-torpille.

antennes, placée suivant l'axe de la carcasse, ferme le
circuit, au moment du choc, en s'appuyant sur une pièce
intérieure communiquant avec un des deux fils conducteurs élongés le long de la hampe. Le circuit est complété
par une lame de cuivre en communication avec un des
pôles de la pile et placée à l'extérieur du canot, la mer
permettant au courant de circuler entre cette plaque et
l'inflammateur. Si le choc n'a pu avoir lieu et que la torpille se trouve assez près de l'obstacle pour le détruire,
l'opérateur, en maniant un commutateur, détermine l'inflammation par l'intermédiaire des deux fils. On a donc à
sa disposition la mise du feu électro-automatique et électrique.

Torpilles remorquées.—Elles se composent d'un flotteur
allongé en bois ou en tôle, de 4 à 5 mètres de longueur,
destiné à porter la torpille vers sa partie antérieure
(fig. 115). Sur l'un des flancs du flotteur sont fixées 2-4
cordes divergentes (*patte d'oie*), réunies à la remorque.
Celle-ci passe dans une poulie fixée soit à une des ver-
gues, soit à un des mâts du navire remorqueur, puis s'en-

roule sur un treuil qui en facilite la manœuvre. Quand le
remorqueur (fig. 115) se met en mouvement, la torpille
se place d'elle-même à une certaine distance qui ne change

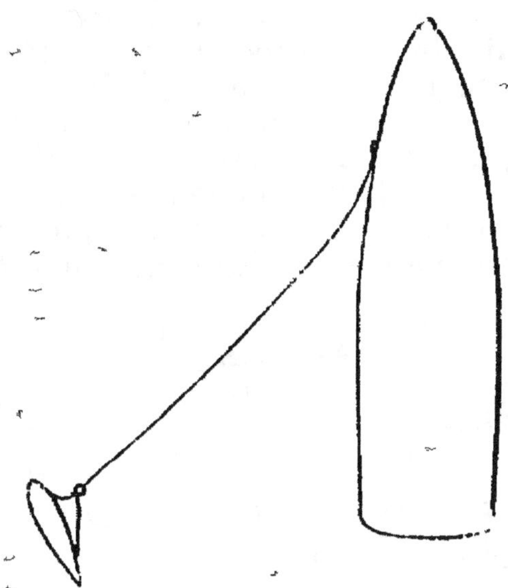

Fig. 115. — Torpille remorquée.

pas tant que la lon-
gueur de la remorque
reste constante. Ici
l'inflammation à vo-
lonté ne peut être
réalisée, car il fau-
drait connaître le mo-
ment précis de faire
feu. On ne peut donc
enflammer ces tor-
pilles que par une fer-
meture électro-auto-
matique du circuit.
Pour obtenir ce résul-
tat, la remorque con-
tient un conducteur
isolé qui établit la
communication entre
la pile et une des
branches de l'amorce ;
l'inflammateur à an-
tenne d'une part, une plaque de cuivre plongeant dans la
mer et reliée à l'autre pôle de la pile, en second lieu,
complètent le circuit.

Torpilles automobiles. — La torpille automobile la plus
usitée est celle qui porte le nom de M. Robert Whitehead,
directeur de l'usine de Fiume. En voici la description
sommaire :

L'appareil est lancé dans l'eau ou au-dessus de l'eau, à
la manière d'un projectile, soit des flancs d'un navire, soit
du bord de la mer, à l'aide de lanceurs actionnés par des
machines à air comprimé, ou bien par un ressort, ou bien
encore par le fait de la déflagration de la poudre. Sa forme
est pisciforme (fig. 116 à 118). Sa longueur varie entre
3^m,50 et 4^m,50, son diamètre entre 360 et 420 millimètres.
Son assiette verticale est assurée par l'adjonction de tôles
plates faisant saillie sur toute sa longueur ; sur ses flancs
se trouvent quelques ailerons. Il est muni de deux gouver-

nails : l'un vertical, qui assure la direction ; l'autre horizontal, destiné à le maintenir convenablement immergé.
Ce dernier est commandé par un système pendulaire, qui
sert de régulateur. Une hélice à trois branches placée à
l'arrière détermine le mouvement. Le corps de la torpille
présente six compartiments : le premier contient l'inflammateur ; le deuxième, la charge ; le troisième, le régulateur de la submersion ; le quatrième, le réservoir à air
comprimé ; le cinquième, la machine ; le sixième, l'arbre
de couche. Au moment du choc, l'inflammateur qui forme
le bec de la torpille détermine l'explosion d'une amorce
fulminante et l'inflammation de la poudre dont elle est
entourée.

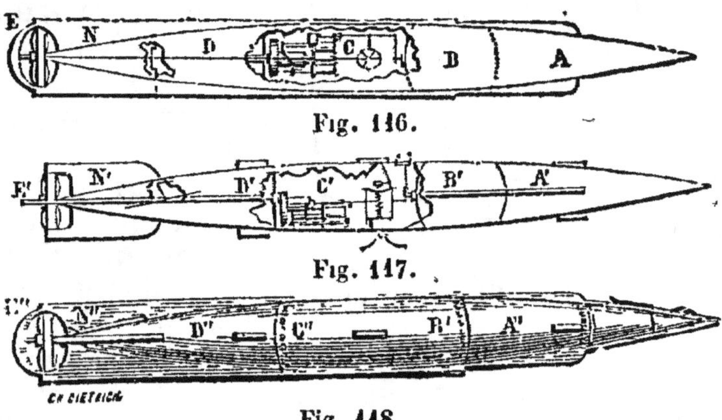

Fig. 116.

Fig. 117.

Fig. 118.

Fig. 116 à 118. — Torpille Whitehead. — Fig. 116, coupe verticale. — Fig. 117, coupe horizontale. — Fig. 118, vue de
profil. — A, chambre aux poudres inflammateur ou pistolet ;
B, chambre à air ; C, machine ; D, compartiment de l'arbre de
couche ; E, E', E", hélice et son cadre protecteur ; N, N', N",
tôles plates en saillie sur le corps de la torpille.

La charge consiste soit en fulmi-coton, soit en dynamite.
Le régulateur de la submersion permet de régler, dans
des limites assez étendues, la profondeur à laquelle la
torpille doit naviguer ; cette profondeur peut atteindre 12
mètres. Du moment qu'on a procédé au réglage de la profondeur, la torpille en marche s'y maintient sensiblement.
La chambre à air en fer forgé reçoit de l'air comprimé à
60 ou 70 atmosphères. Le poids d'une torpille Whitehead

est de 170 kilogrammes environ. Sa vitesse est d'autant moindre que l'espace qu'on se propose de lui faire parcourir est plus considérable.

Torpilles dirigeables. — Nous signalerons comme se rangeant dans cette catégorie : le canot dirigeable de M. Froment-Dumoulin, chauffé au pétrole ; la torpille Lay, mise en mouvement par l'acide carbonique liquide ; la torpille Ericson, dont l'air comprimé est le moteur.

Torpilles projetées ou lancées. — Elle consiste en une cartouche de poudre brisante logée dans un projectile de gros calibre, assez fragile pour voler en éclats en rencontrant la muraille du navire ennemi, assez résistant pour ne point se briser sous l'influence de la déflagration de la poudre contenue dans le canon qui le lance. Quand ce projectile-enveloppe se brise par le choc, la cartouche qu'il contient tombe dans l'eau, en suivant la muraille du navire, et fait explosion à une profondeur déterminée. L'étude de la torpille lancée est à peine ébauchée, elle a pourtan déjà été l'objet d'ingénieux travaux.

TRAVAIL. — **Valeur du travail.** — Un morceau de fonte d'une valeur de 1 franc, transformé par le travail en pièces de machines les plus ordinaires, vaut 4 francs ; en grilles ornées ou tout autre objet d'ornementation d'une certaine étendue, 45 francs ; en boucles, boutons et autres objets de fantaisie, 600 francs ; en chaînes de sûreté, 1,300 fr.

Le fer en barre, en partant de cette même unité de valeur, transformé en fers à cheval, a triplé ; en lames de couteau, un morceau de fer de 1 franc, vaut 36 francs ; en aiguilles, 70 francs ; en objets de fantaisie, boutons, etc., 890 francs ; en lames fines de canifs, 950 francs ; en serrurerie artistique, 2,000 francs ; en pièces de mouvement d'horlogerie, 5,000 francs.

Il est entendu que ce tableau est incomplet, et qu'en fait de travaux artistiques ou de précision, il est difficile de poser des limites à la valeur acquise à un morceau de ferraille sans valeur intrinsèque. Mais il peut fournir une idée de l'importance donnée par l'industrie humaine à la matière brute transformée par elle.

TREMPE DES PETITS OUTILS. — D'après J. Schauszleder, les horlogers et les graveurs allemands trempent leurs outils dans la *cire à cacheter*. L'outil, chauffé à blanc, est plongé à force dans la cire où ils le laissent un moment, puis ils le retirent et le replongent à un autre endroit, en continuant ainsi jusqu'à ce que l'acier refroidi refuse enfin d'entrer dans la cire.

Ils obtiennent par ce moyen, une extrême dureté, comparable à celle du diamant. En fait, l'acier trempé de cette manière est parfaitement propre à perforer aussi bien qu'à graver les métaux les plus durs, l'outil étant humecté seulement, de temps en temps, d'essence de térébenthine.

V

VASES DE TERRE. — Nettoyage des vases de terre. — Les vases qui ont contenu des matières grasses se nettoient facilement par le procédé suivant : on remplit le vase avec une solution moyennement étendue de permanganate de potasse et on laisse en contact jusqu'à ce qu'il se soit formé une mince couche d'hydrate de manganèse ; la solution est alors enlevée et on lave avec de l'acide chlorhydrique fort. Il se forme du chlore, qui à l'état naissant se combine avec la matière organique et donne des dérivés chlorés, qu'on enlève facilement avec de l'eau ou un acide.

VERNIS. — On donne ce nom à certains liquides capables de communiquer aux corps solides un éclat particulier, par l'effet combiné de la réflexion et de la réfraction des rayons lumineux, sur la pellicule mince, brillante et transparente, que, par leur dessiccation, ils laissent à la surface des corps. Les surfaces vernies doivent présenter un aspect analogue à celui qu'elles prennent quand elles ont été mouillées ; il faut que la couche que laisse le vernis soit non seulement luisante et unie, mais encore solide, transparente, résistant longtemps et sans s'écailler à l'action de l'air et de l'eau. Tous les vernis doivent être brillants ; dans certains cas, ils ne doivent changer en rien la teinte des corps sur lesquels on les applique ; dans d'autres cas au contraire, outre l'éclat, ils doivent communiquer aux surfaces une coloration artificielle.

Tous les vernis consistent en une dissolution de substances résineuses dans un liquide approprié ; pourtant la manière dont ils se comportent après leur application est variable; les uns perdent entièrement le liquide qui divisait leurs parties résineuses, tels sont les vernis à l'alcool ou à l'éther, chez les autres au contraire, le liquide, en s'oxydant au contact de l'air, forme une couche résineuse qui donne de la fixité aux résines, tels sont les vernis obtenus au moyen de l'essence de térébenthine et de l'huile.

Si l'on tient compte de leur rapidité d'évaporation, les vernis peuvent être divisés en quatre classes :

1o Vernis à l'éther.		3o Vernis à l'essence.
2o — à l'alcool.		4o — gras ou à l'huile.

Les vernis à l'éther sont les plus siccatifs de tous, par suite de la facile évaporation de l'éther, à la température ordinaire.

Les vernis à l'alcool viennent après.

Les vernis à l'essence sont moins siccatifs encore, parce que le liquide, bien que volatil, laisse un résidu visqueux, qui retarde, pendant longtemps, la complète solidification de la couche résineuse. On a remplacé, dans ces derniers temps, l'essence de térébenthine par les hydrocarbures légers et volatils retirés du pétrole d'Amérique et connus sous le nom d'*essence de térébenthine minérale*.

Les vernis gras sont encore moins siccatifs que ceux à l'essence, parce que le liquide qui sert à les préparer est celui qui se dessèche le plus lentement et fournit les résidus les plus abondants.

Préparation des vernis. — VERNIS A L'ALCOOL. — On dissout les résines soit par simple digestion à la température ordinaire, soit au bain-marie, soit au feu nu.

I. Quand on opère par digestion, on renferme l'alcool et les matières résineuses dans une bouteille qu'on bouche bien pour éviter l'évaporation du liquide, on agite, de temps en temps, pour renouveler les surfaces et faciliter l'action de l'alcool; le vernis est terminé, quand les résines sont complètement dissoutes. Souvent on facilite la digestion en exposant le vase, pendant quelques heures, soit au soleil, soit à la chaleur de l'étuve.

II. Quand on opère au bain-marie, le vase contenant les résines et l'alcool consiste soit en un matras en cuivre étamé à col court, soit en un ballon de verre d'une contenance double au moins du volume du liquide employé.

On place ce matras ou ce ballon sur une couronne en paille, dans le fond d'un bain-marie, on l'assujettit solidement pour qu'il ne puisse se déranger, ni changer sa position verticale, on verse de l'eau tiède dans le bain-marie et peu à peu on la remplace par de l'eau bouillante qu'on a soin de renouveler jusqu'à la fin de l'opération. Il faut avoir soin de renouveler les surfaces de contact entre le liquide et les résines, en remuant les résines avec une baguette de bois blanc bien sec. Lorsqu'au bout d'un certain temps, qui varie avec la nature des substances employées, la dissolution des principes résineux est opérée, on laisse refroidir, on soutire le liquide et on le filtre au coton. Ce moyen est plus expéditif que le premier, mais il a l'inconvénient de colorer un peu les résines.

III. Lorsqu'on veut agir rapidement, on opère la solution des résines dans l'alcool à feu nu ; les vernis sont alors moins beaux que ceux préparés par les procédés précédents, mais ils sont d'un prix moins élevé. Le vase qui sert à l'opération est un matras en cuivre étamé, armé d'un *panache* (le panache est un disque annulaire en métal qui repose sur le bord du fourneau, et dans l'ouverture duquel on engage le fond du matras). On emploie un feu de charbon, qui doit être très modéré, plutôt faible que fort. On remue continuellement le mélange, avec un bâton de bois bien sec, pour éviter qu'il ne s'attache au fond du matras et ne colore le vernis. Lorsque le liquide commence à monter en écume et tend à sortir du matras, on y ajoute un peu d'alcool qu'on a mis en réserve et l'on agit ainsi toutes les fois que le liquide tend à s'échapper du vase, jusqu'à dissolution complète des résines. On retire alors le matras du feu, et, s'il y a lieu, on y verse la térébenthine qu'on a fait liquéfier à part dans un petit matras ; on agite vigoureusement le vase pendant quelques minutes, pour assurer le mélange, puis on reporte sur le feu et dès que, par l'ébullition, le liquide se couvre d'une mousse blanche, on le retire et on le passe à travers un tamis disposé sur un entonnoir placé sur un vase convenable.

Il ne faut point oublier, pendant toute cette manipulation, qu'on opère sur des substances inflammables et qu'on ne doit par suite employer qu'un feu modéré et surtout empêcher l'expansion des liquides hors du vase, car ils s'enflammeraient et communiqueraient l'incendie à toute la masse. Pour cela, il est bon que le vase qui sert à l'opération soit d'un tiers au moins plus grand que ne le comporte le volume des substances qu'on y introduit.

VERNIS A L'ESSENCE. — La préparation des vernis à l'essence est la même que celle des vernis à l'alcool; on les obtient à froid, au bain-marie ou à feu nu.

VERNIS GRAS. — Les vernis gras se préparent toujours à chaud, le copal et le succin qui entrent dans leur composition sont fondus à feu nu, puis on y incorpore l'huile chauffée à 150 ou 200° et enfin l'essence. Cette préparation est le plus souvent industrielle.

Le verre pilé, qu'on fait entrer dans la composition des vernis, a pour objet de diviser les résines, de les empêcher de s'attacher aux parois du vase, de plus il permet de les agiter plus aisément avec une baguette.

Vernis caoutchouc. — Dans un bidon en fer battu, beaucoup plus grand que pour contenir la matière, vous mettez 1 kil. 125 gr. d'huile de lin siccative; faites chauffer fortement, jusqu'à ce que l'huile fume beaucoup et paraisse prête à s'enflammer. Vous avez préparé 70 grammes de caoutchouc coupé en petits morceaux. Vous en prenez un morceau et le jetez dans l'huile; si elle est assez chaude, il sera fondu de suite; vous pouvez alors ajouter le reste du caoutchouc en le jetant par portions. Agitez le tout avec une tige de fer pour bien mélanger, et, sitôt tout fondu, retirez le vase du feu.

Ce vernis devient fort épais par le refroidissement: il faut le mettre de suite en œuvre et y ajouter un peu d'essence. Ce vernis sèche très bien, surtout si on emploie une huile siccative.

Vernis à la caséine. — On précipite la caséine du lait au moyen de l'acide sulfurique étendu. On la recueille sur un filtre-presse, on la sèche, pendant douze heures, dans une étuve à 40° C. On forme ensuite le vernis avec:

Eau	1250	grammes.
Borax	110	—
Caséine	1000	—

On porte à l'ébullition. On obtient un liquide clair, constituant le vernis.

Application des vernis. — Elle varie avec leur nature ; les uns s'étendent soit avec un pinceau de blaireau, soit avec une éponge lavée d'abord à l'eau, puis à l'essence de térébenthine. Après avoir exprimé l'éponge, pour en faire sortir l'essence, on la trempe dans le vernis, on la presse jusqu'à ce qu'elle n'en retienne qu'une petite quantité et on la passe vivement sur la partie à vernir, en tâchant de ne promener le pinceau qu'une seule fois sur le même endroit, de manière à avoir une couche présentant partout la même épaisseur.

Les autres (vernis à la gomme laque pure, dits *vernis au tampon*), s'appliquent de la manière suivante : on met 4 à 5 gouttes de vernis sur un chiffon de laine replié en plusieurs doubles et on recouvre la laine ainsi humectée d'un linge blanc aux trois quarts usé, de façon à en faire un tampon. Le vernis doit paraître à peine, à travers le linge blanc. On prend alors une goutte d'huile d'olive, on la met sur le tampon, au milieu de l'endroit où se trouve le vernis ; on frotte légèrement, en arrondissant et en étendant partout ce mélange, jusqu'à ce qu'il soit bien sec, en évitant de repasser, plusieurs fois, sur la même place. On continue à frotter, jusqu'à ce que la surface de l'objet cesse de présenter des endroits ternes et nébuleux. On a soin de mettre, de temps en temps, sur le tampon quelques gouttes de vernis et un peu d'huile d'olive. Lorsque la pièce a acquis un brillant uniforme, on cesse de frotter en rond et on dirige le tampon dans le sens de la longueur de l'objet.

Lorsque les objets qu'on doit vernir ne sont point exposés aux injures du temps, on peut se servir de vernis à l'alcool ; mais quand ils sont placés à l'extérieur des maisons, il faut préférer les vernis gras.

Vernis pour le bois.

I. — VERNIS POUR LE BOIS DORÉ.

Colophane	40	Élémi	89
Succin	160	Essence de térébenthine	1000

II. — VERNIS DE CHINE.

Mastic	120
Sandaraque	120
Alcool à 90°	1000

On fait digérer, dans un ballon fermé avec un morceau de vessie, jusqu'à dissolution complète; on passe au linge.

III. Vernis de Chine. — Sous le nom de *Chio-liao*, les Chinois préparent un vernis en mélangeant trois parties de sang récemment défibriné, avec quatre parties de chaux en poudre et une petite quantité d'alun pulvérisé; ils obtiennent ainsi une masse glutineuse et fluide, qui rend le bois impénétrable à l'eau. Le docteur von Scherzer dit qu'il a vu en Chine des ouvrages de vannerie que l'emploi de ce vernis rendait imperméables au point de servir à transporter l'huile. C'est par l'application de ce vernis que leurs cartonnages légers deviennent aussi durs que du bois.

IV. — VERNIS POUR DÉCOUPURES.

Sandaraque	200
Térébenthine de Bordeaux	500
Alcool à 90°	1000

On fait dissoudre à feu nu.

V. — VERNIS AU GALIPOT OU VERNIS DES SABOTIERS.

Galipot	125
Essence de térébenthine	500

C'est un vernis fort commun; on lui donne une coloration noire en y ajoutant du noir de fumée.

VI. — VERNIS POUR INSTRUMENTS DE MUSIQUE.

Sandaraque	120 gr.	Verre pilé	120 gr.
Laque en grains.	60	Térébenthine de Venise.	60
Mastic en larmes	30	Alcool	1000
Benjoin	30		

On traite au bain-marie et l'on filtre. On peut colorer avec un peu de sang-dragon ou de safran. Ce vernis a beaucoup de liant et résiste très bien aux frottements auxquels sont exposés les instruments qu'on manie souvent.

VII. — VERNIS POUR MEUBLES.

I. — Sandaraque choisie et lavée	4 p.	Térébenthine claire	1 p.
Mastic	1	Verre pilé	1
		Alcool à 90° ou 96°	8

On opère au bain-marie.

II. — Gomme laque nouvel-
    lement blanchie.. 10 p.   Élémi choisi............ 3 p.
Sandaraque mondée   Verre pilé,............ 10
    et lavée.......... 4   Alcool à 96o,,........ 50

On opère au bain-marie. Ce vernis presque incolore est
à l'abri des gerçures.

III. — Sandaraque..... 3 p.   canson............. 2 p.
Gomme laque,.. 1   Verre pilé,........... 2
Colophane ou ar-   Alcool à 90°........... 16

On fait dissoudre au bain-marie. On peut colorer en
rouge, en forçant la proportion de gomme laque au détri-
ment de la sandaraque et en ajoutant du sang-dragon,

IV. — Succin blanc...... 1 p.   Mastic.............. 1 p.
Sandaraque....... 1   Alcool rectifié,.......... 10

On fait digérer au bain-marie jusqu'à dissolution en
remuant de temps en temps, puis on passe à travers un
linge. Ce vernis est très éclatant.

V. — Sandaraque........ 400 gr.   Mastic.............. 200 gr.
Gomme laque en feuilles   Alcool à 36° ou 40°...... 3 lit. 1/2
la plus claire possible.. 400 —

Concasser les résines et opérer leur dissolution sans le
secours de la chaleur par une agitation continuelle.

Si le bois est poreux, ajouter 200 grammes de térébenthine.

Imbiber le bois bien poli avec un peu d'huile de lin et
le frotter avec de la vieille laine, pour enlever l'excédent
d'huile. Imbiber un morceau de gros linge usé et ployé en
quatre ou en six avec le vernis ; frotter doucement sur le
bois en retournant de temps en temps jusqu'à ce qu'il
paraisse sec ; l'imbiber de nouveau, jusqu'à ce que les
pores du bois soient couverts. Lorsqu'on sent que le vernis grippe, mettre avec le doigt une faible goutte d'huile
d'olive sur la pelote et l'étendre avant de s'en servir.

Verser ensuite sur un morceau de linge propre un peu
d'alcool avec lequel on passe bien doucement sur le bois
verni et, à mesure que le bois et le linge se sèchent, on
frotte plus fortement, jusqu'à ce que le bois ait pris un beau
poli et un éclat brillant.

VIII. — VERNIS DE GOMME LAQUE.

I. — *Pour meubles en bois blanc ou peu coloré.*
Gomme laque blanche.................................... 100 grammes.
Alcool à 81° ou 96°.................................... 1 litre.

On fait dissoudre, à feu nu, la laque dans 40 centilitres d'alcool, on modère l'ébullition en versant peu à peu 20 centilitres d'alcool ; lorsque la solution est terminée, on passe au tamis et on ajoute, en les mélangeant, les 40 centilitres d'alcool qui restent.

II. — *Pour acajou ou autres bois foncés.*
Gomme laque blonde ou brune.................... 100 grammes.
Alcool à 84° ou 96°................................ 1 litre.

On opère comme précédemment.

III. — *Pour acajou et autres bois foncés.*
Gomme laque brune............................ 100 grammes.
Santal en poudre.............................. 60　　—
Alcool à 95° ou 96°........................... 1 litre.

On prépare d'une part une teinture de santal avec les 60 grammes de cette substance et 20 centilitres d'alcool, et de l'autre une dissolution de gomme laque avec les 80 centilitres d'alcool restant ; après avoir tiré au clair les deux liquides, on les mélange.

IV. VERNIS BRILLANT POUR LES BOIS. — On fait dissoudre la gomme-laque dans un volume double d'eau, et l'on active la solution en chauffant légèrement jusqu'à ce que le mélange ait acquis la consistance d'une gelée. On mêle deux parties de ce vernis à une partie d'huile d'olive ; on donne une légère couche au bois et on frotte avec un liège ou avec un tampon durci, pour faire pénétrer le vernis dans les pores. On laisse sécher et l'on recommence trois ou quatre fois la même opération. Au bout de quelques heures, on imbibe un chiffon d'huile d'olive et de tripoli, et l'on frotte la surface vernie, jusqu'à ce qu'elle ait acquis le plus bel éclat possible. On termine l'opération avec un morceau de cuir poreux, de peau de daim, par exemple.

L'emploi de ce vernis, plus simple et plus facile que le vernis au tampon, donne de meilleurs résultats, fournit des surfaces plus éclatantes et d'un poli durable. De plus, il brunit le bois et en accentue le veiné.

IX. — VERNIS INALTÉRABLE A L'AIR (Louvel).

Gomme laque...................................... 1000 grammes.
Potasse à la chaux................................   95   —
Eau.. 3000   —

Mêlez à chaud.

X. Pour rendre le brillant au vernis des meubles, coupez par parties égales de l'huile de graine de lin avec de l'essence de térébenthine ou de l'esprit-de-vin, si vous craignez l'odeur de l'essence ; frottez les meubles avec un chiffon de laine enduit d'un peu de ce mélange et ils reprennent aussitôt leur brillant.

XI. Pour entretenir le vernis des meubles, il faut avoir soin d'essuyer légèrement avec de vieux linges secs et blancs.

XII. Pour faire disparaître les taches sur le vernis, servez-vous d'un linge faiblement mouillé, auquel vous faites succéder un linge sec et blanc. Si les taches sont plus grandes, employez un peu d'huile ou de l'eau de savon bien forte.

Vernis pour les cuirs.

Caoutchouc.......	100 parties.		Gomme laque.........	400 parties.
Pétrole..........	100 —		Noir de fumée........	200 —
Sulfure de carbone,	100 —		Alcool	200 —

On fait macérer le caoutchouc dans le sulfure de carbone, en vases clos, pendant plusieurs jours.

On ajoute alors le pétrole et l'alcool, ensuite la gomme laque en poudre ; on chauffe à 50° jusqu'à ce que le liquide soit clair ; on verse alors le noir de fumée.

Vernis pour les graveurs.

VERNIS POUR GRAVER SUR CUIVRE (EN HIVER).

I. — Cire jaune............	46	II. — Cire jaune............	30
Mastic............	30	Mastic............	30
Asphalte............	15	Asphalte............	15

VERNIS POUR GRAVER SUR CUIVRE (EN ÉTÉ).

Cire jaune............	120	Succin............	30
Asphalte............	60	Mastic............	30

Fondez, coulez dans l'eau et mettez en boule.

CIRE MOLLE POUR GRAVEUR.

I. — Suif.............	1 partie.	III. — Cire jaune.........	4 parties.
Cire jaune........	2 —	Térébenthine......	1 —
II. — Cire jaune.......	5 —	IV. — Cire jaune..........	50 —
Huile d'olive.....	2 —	Térébenthine......	3 —
		Huile d'olive.....	1 —

VERNIS POUR GRAVER SUR VERRE.

I. — Cire...........	30 parties.	II. — Mastic............	15 parties.
Mastic..........	15 —	Térébenthine......	7 —
Asphalte........	7 —	Huile d'aspic......	4 —
Térébenthine....	2 —		

Ce dernier vernis est excellent.

VERNIS PRÉSERVATIF POUR LA GRAVURE.

Voici, d'après M. Marcel Bourdais, la recette d'un vernis préservatif, qui donne de bons résultats.

Caoutchouc en feuille mince......................	1 partie.
Benzine..................................	3 parties.
Blanc de zinc............................	1 partie.

Vernis pour les métaux.

VERNIS POUR L'ACIER.

Mastic en grains...........	30	Elémi	125
Camphre..................	15	Alcool à 90°...........	1000
Sandaraque..............	180		

Faites dissoudre. On vernit à froid. Ce vernis préserve les objets de la rouille et permet d'apercevoir leur éclat métallique.

VERNIS CHANGEANT POUR MÉTAUX

Sandaraque à mastic.......	121	Curcuma.............	2
Sang-dragon.............	16	Gomme-gutte.........	2
Térébenthine............	62	Essence de térébenthine........	1000
Laque en grains..........	124		

VERNIS BRONZE POUR LE FER ET LA FONTE.

Orpiment....................	500
Mine de plomb noire............	500
Alcool à 84°..................	1000

On agite; on frotte avec ce mélange le fer ou la fonte

qu'on désire bronzer ; quand l'apprêt est sec, on vernit
avec :

Gomme-gutte....................................... 30
Essence de térébenthine........................ 250
Vernis gris....................................... 1000

VERNIS POUR PRÉSERVER LE FER DE LA ROUILLE.

I. — Sandaraque............. 3 | Essence de térébenthine............ 2
Colophane.............. 2 | Alcool à 90°..................... 3
Gomme laque............ 1 |

II. — Talc en poudre... 80
Litharge... 20

On incorpore ce mélange dans de l'huile de lin, de manière à former une masse épaisse qu'on délaye avec de l'essence de térébenthine. Le fer doit être préalablement bien décapé.

III. — Sandaraque.......... 120 | Térébenthine................. 150
Camphre.............. 4 | Alcool 1000

On fait dissoudre le tout au bain-marie. Quand la dissolution est opérée, on délaye dans une partie de ce vernis une quantité suffisante de noir de fumée et l'on en couvre l'objet qu'on veut préserver de la rouille. On fait sécher à une douce chaleur et l'on donne, si la chose est nécessaire, une deuxième et une troisième couche. On termine par une couche de vernis sans noir de fumée.

IV. On étend sur les pièces à couvrir, au pinceau de blaireau, une solution à chaud de soufre dans l'essence de térébenthine. Quand l'essence s'est évaporée, il reste à la surface des pièces une couche mince de soufre, qui s'unit intimement au métal, aussitôt qu'on l'expose quelque temps à la flamme d'une lampe à alcool.

Le vernis ainsi formé est très solide et d'un beau noir brillant.

Ce procédé s'applique parfaitement pour certains articles de carrosserie, ferronnerie, coutellerie, armurerie, mécanique, etc., et pour un grand nombre de pièces de machines, tant en acier qu'en fer.

VERNIS POUR LE CUIVRE POLI

Faire dissoudre, dans un demi-litre d'alcool, 56 grammes de sandaraque et 14 grammes de résine et ajouter, quand la dissolution est complète, 5 gouttes de glycérine.

VERNIS NOIR POUR LES GRILLAGES (vernis de Brunswick).

Asphalte	4 parties.
Huile de lin	21 —
Essence de térébenthine	7 —

Faites fondre :

VERNIS NOIR DES FORGERONS (vernis de goudron).

Asphalte	125 parties.
Colophane	125 —
Huile de goudron	1000 —

L'opération se fait à chaud en évitant le contact de la flamme.

On substitue souvent à ce vernis le *goudron de houille liquide*.

VERNIS RÉSISTANT AUX ACIDES.

Chauffez le vernis noir des forgerons ou vernis de goudron à 70 degrés, et ajoutez 100 p. 100 de chaux hydraulique, de ciment romain ou de ciment de Portland, en ayant soin d'agiter. Ce mélange constitue un vernis résistant aux influences atmosphériques et à l'action des acides.

Vernis noirs.

I. — VERNIS NOIR D'ANILINE (Puscher).

Noir d'aniline	4 parties.
Gomme laque	6 —
Alcool à 90°	90 —

VERNIS NOIR POUR LE ZINC.

Azotate de cuivre	2 p.	Acide chlorhydrique à 1,10 de densité	8 p.
Chlorure de cuivre cristallisé	3	Eau de pluie	64

On dissout le noir dans 60 gouttes d'acide chlorhydrique concentré et 15 grammes d'alcool, on ajoute alors la solution alcoolique de gomme laque. Ce vernis est d'un beau noir et peut s'appliquer sur les métaux, le bois, le cuir.

II. — VERNIS NOIR DU JAPON POUR LES CORROYEURS (Bœttger).

    A. Asphalte............................ 90 parties.
       Terre d'ombre brûlée............... 250   —
       Huile de lin....................... 370)   —

Faites bouillir et ajoutez de l'essence de térébenthine
en quantité suffisante.

    B. Laque.............. 30 p. │ C. Poix noire.............. 10 p.
       Noir de fumée....... 15   │   Asphalte............... 20
       Essence de térébenthine. 60 │   Benzine................ 40
       Alcool à 90°....... 125 │

On fait digérer à une douce chaleur : ce vernis noir
convient très bien au caoutchouc.

Vernis d'or, pour bronze et laiton.

    I. — Gomme-gutte.......... 2 p. │ Curcuma.................. 2 p.
         Sandaraque........... 6   │ Safran................... 0.06
         Élémi................ 6   │ Verre pilé............... 10
         Sang-dragon.......... 3   │ Alcool à 96°............. 40
         Gomme-laque.......... 10   │

On fait d'abord une teinture de safran et de curcuma, en
opérant par digestion, on passe la teinture à travers un
linge qu'on exprime fortement et on verse ce liquide sur
les résines pulvérisées et mélangées au verre en poudre,
on fait dissoudre au bain-marie et l'on passe.

    III. — Laque en grains..... 180 p. │ Sang-dragon.............. 35 p.
           Succin fondu........ 60   │ Safran................... 2
           Extrait de santal rouge. 1 │ Verre pulvérisé.......... 120
           Gomme-gutte......... 6   │ Alcool à 90°............. 1 litre.

On fait dissoudre et l'on passe ; on rend ce vernis plus
adhésif, en ajoutant 1/2 p. 100 d'acide borique.

    III. — Garancine......................... 60 parties.
           Alcool à 96°...................... 480   —
           Gomme laque orangée............... 100   —

On fait digérer, pendant vingt-quatre heures, la garan-
cine dans l'alcool, on passe, puis on fait dissoudre la
gomme laque.

Les vernis d'or pour les objets en laiton et en bronze
ne doivent être appliqués que sur des parties bien nettoyées. Cela fait, on chauffe la pièce, en la présentant à un

feu doux; de telle sorte qu'on ait de la peine à la laisser en contact avec le dessus de la main : de plus, la chaleur doit être partout bien égale. Le vernis s'applique à l'aide d'un pinceau de blaireau à peine imbibé, qu'on passe sur toute la pièce, sans trop appuyer, en évitant de revenir plusieurs fois au même endroit. On peut passer plusieurs couches, mais alors la pièce doit être un peu plus chaude.

Les vernis d'or se nettoient avec un linge fin et de l'eau tiède ; il faut s'abstenir des poudres à polir qui font disparaître la couche résineuse déposée à la surface du métal.

IV. — VERNIS GRAS COULEUR D'OR POUR LES MÉTAUX BLANCS

Succin fondu	40 p.	Huile de lin siccative	40 p.
Gomme laque	10	Essence de térébenthine	80

On liquéfie la gomme laque, on y ajoute le succin en poudre, l'huile de lin et l'essence de térébenthine ; lorsque le mélange est intime, on retire du feu et, avant que le liquide soit entièrement refroidi, on y verse, suivant la teinte que l'on désire obtenir, des dissolutions de rocou, de curcuma, de gomme-gutte, de sang-dragon, etc., dans l'essence de térébenthine.

V. — VERNIS COPAL

I — Copal en poudre	100
Huile de lavande	200
Essence de térébenthine	600

On projette, par petites portions, le copal en poudre dans l'essence qu'on chauffe au bain de sable ; quand la dissolution est effectuée, on y mélange par petites portions l'essence de térébenthine presque bouillante. On obtient ainsi un vernis couleur d'or très solide, mais peu siccatif.

II. — Copal fusible	6
Essence de térébenthine blanche et limpide	10

On opère à feu nu, dans un matras de cuivre étamé. En ajoutant un peu de camphre, le vernis sèche moins rapidement, mais il conserve une grande souplesse.

VI. — VERNIS MORDANT POUR APPLIQUER L'OR

1. — Mastic	4 parties.	Térébenthine	1 partie.
Sandaraque	4 —	Essence de térében-	
Gomme-gutte	2 —	thine	24 —

On remplace quelquefois la térébenthine par 4 p. d'essence de lavande ; la composition est alors moins siccative.

II. — Huile de lin siccative.................. 10 parties.
  Térébenthine de Venise.................. 5 —
  Jaune de Naples........................ 3 —

On fait fondre la térébenthine dans l'huile, puis on y mélange le jaune de Naples en poudre très fine.

On peut substituer la litharge au jaune de Naples.

Vernis pour les émaux sur bijoux. — On prend :

Copal ambré............................... 5 grammes.
E·her sulfurique pur .... 2 —

On réduit le copal en poudre fine et on l'introduit par petites portions dans un flacon contenant l'éther. Le vase est alors bouché au liège, agité pendant une demi-heure et abandonné à lui-même pendant vingt-quatre heures. Si, au bout de ce temps, la solution n'est pas parfaitement claire, on ajoute 2 grammes d'éther, on agite, puis on laisse en repos.

Ce vernis sert à réparer les accidents qui arrivent aux émaux sur bijoux.

Il est d'une couleur citrine et tellement siccatif qu'il bouillonne sous le pinceau. On atténue cet effet en passant sur la pièce à réparer une légère couche d'huile de romarin, de lavande ou même d'essence de térébenthine, qu'on enlève immédiatement avec un linge. Le peu d'essence qui reste suffit pour ralentir suffisamment l'évaporation et rendre le vernis maniable.

Vernis des naturalistes pour les insectes. — On prend :

Ambre.............. 0,5 parties. Térébenthine........... 60 parties.
Mastic............. 40 — Alcool à 90o........... 1000 —
Sandaraque......... 40 —

On opère au bain-marie. Si le vernis est trop épais au moment de s'en servir, on le remet sur le feu en ajoutant un peu de térébenthine et d'alcool. On donne deux couches de ce liquide sur les insectes, afin d'assurer leur conservation.

Vernis pour le papier.

VERNIS BLANC POUR PAPIER, CARTES, ÉTIQUETTES

I. — Sandaraque............ 500 II. — Sandaraque............ 60
 Térébenthine............ 90 Mastic en larmes...... 180
 Essence de térébenthine. 1 Térébenthine de Venise. 90
 Alcool à 90o............ 1000 Alcool à 95o............ 1000

HÉRAUD. — Secrets de la Science.   **22.**

VERNIS POUR FIXER LE FUSAIN

I. — Gomme laque blanche...................... 200
    Alcool a 93°............................... 1000

On l'emploie pour les dessins sur papier non collé. On enduit le verso.

II. — Vernis copal............................. 250
    Essence de térébenthine 1000

On s'en sert lorsque le papier est peu perméable.

III. — Mastic................................. 200
    Alcool à 90°............................... 1000

On facilite la dissolution en additionnant l'alcool de 1/20 d'éther sulfurique; on enduit le verso.

VERNIS HOLLANDAIS

Sandaraque	120 gr.	Succin fondu	150 gr.
Mastic	120	Huile de lin	250
Térébenthine fine	120	Essence de térébenthine	250

Il sert à donner aux lithographies coloriées l'aspect des tableaux peints à l'huile.

VERNIS DES RELIEURS

Mastic pur	180 gr.	Verre blanc pulvérisé	125 gr.
Sandaraque	90	Alcool à 90°	1 litre.

On met le tout dans un ballon en verre qu'on dispose sur un bain de sable ou dans un bain-marie, on agite de temps en temps ; lorsque le mélange est homogène, on ajoute 90 grammes de térébenthine de Venise et l'on filtre à travers du coton cardé.

Vernis photographiques.

I. — VERNIS POUR ÉPREUVES NÉGATIVES (Nichols.)

Résine blanche du benjoin 62
Alcool.. 47,5
Sandaraque 0,65

On y ajoute 30 gouttes de vernis au mastic préparé avec

31 grammes de mastic et 200 centimètres cubes de térébenthine.

II. — VERNIS POUR ÉPREUVES POSITIVES ET NÉGATIVES (Mailland.)

1.— Élémi..................... 3
Gomme laque en grains... 10
Alcool à 95⁰ 80

II. — Gomme laque blanche... 8
Essence de lavande..... 16
Alcool à 80⁰........... 100

III. — VERNIS DE TRANSPORT (Nichols.)

Gomme laque blanche......................... 31
Borax...................................... 2 6
Eau....................................... 155

Vernis pour les planchers d'appartement.

I. — SICCATIF BRILLANT, CHROMO-DUROPHANE

1. — Gomme laque........... 160
Cire jaune 1
Alcool à 90⁰........... 640

2. — Galipot 112
Arcanson................. 112
Essence de térébenthine. 112

On prépare séparément chacune des dissolutions dans un matras, on les mélange ensuite intimement et l'on passe le tout au tamis. On colore en rouge avec le rouge de Prusse, en jaune avec l'ocre, en couleur noyer avec la terre d'ombre. Les couleurs doivent être en poudres très fines et très sèches.

II. — SICCATIF BRILLANT DE MANNOURY ET DE RAPHANEL

Huile de lin chauffée pendant 16 heures......... 100 gr.
Copal.................... 75
Galipot................. 200

Sandaraque............... 100 gr.
Laque blanche........... 300
Mastic 50

On fait fondre à chaud et on ajoute un litre d'alcool, on passe et l'on ajoute la matière colorante qu'on a choisie. On étend ce vernis avec un pinceau.

III

1. — Gomme laque........... 6
Alcool à 90⁰........... 36

2. — Résine élémi........... 1
Essence de térébenthine.. 8

On prépare ces deux solutions séparément, puis on les mélange. Pour employer ce vernis, on commence par donner au plancher une couche de couleur à la colle, puis une couche d'huile de lin et alors on étend deux couches de vernis. Les planchers ainsi vernis se nettoient à sec ou à l'eau. On les rend brillants en les frottant avec un linge imbibé d'huile de lin.

Vernis pour les poteries communes. — Il existe dans le Finistère plusieurs agglomérations de fabriques de poteries. Les communes voisines de Lannilis et de Rouvier sont un de ces groupes qui présente environ 60 de ces établissements.

Ce sont des fours couchés de forme très simple, pouvant cuire au rouge cerise 14 à 15 douzaines de pièces et chauffés au moyen de fagots d'ajonc et de bruyère.

La terre employée est une argile peu plastique provenant de la décomposition spontanée des granits.

Ces poteries, très répandues dans le pays, sont vernissées par la saupoudration d'une matière pulvérulente obtenue par le mélange de plomb fondu avec un peu de cendre de bois ; le tout est agité jusqu'à refroidissement, de manière à produire une poudre grise. On mélange parfois à cette poudre de la limaille de cuivre, pour obtenir des jaspures verdâtres dans la glaçure.

Il est évident que cette matière ne donne qu'un vernis très attaquable et, par conséquent, vénéneux ; les aliments préparés dans de pareils vases sont dangereux.

M. Constantin recommande et emploie un vernis, qui, sans rien changer aux usages, aux fours, au combustible, actuellement employés dans les environs de Brest, n'a pas les inconvénients du vernis ordinaire. Son vernis se compose de :

Silicate de soude à 50°	100 parties.
Minium	25 —
Silex finement broyé	16 —

On fait un mélange intime de ces matières et, lorsque la pièce a été suffisamment dégourdie, on la recouvre, avec un pinceau, sur ses parties inférieures, d'une à deux couches de ce vernis posées à un intervalle de 12 heures. La poterie est cuite ensuite par le procédé ordinaire.

Des expériences faites à la manufacture de Sèvres ont montré que la glaçure qu'il donne n'est pas attaquée, soit à froid, soit à chaud, par un contact de quarante-huit heures avec une dissolution à 8 pour 100 d'acide acétique monohydraté, qui est plus énergique que le plus fort vinaigre ; les graisses n'y contractent non plus aucun mauvais goût. Des essais comparatifs ont fait voir aussi qu'il est supérieur, à ce point de vue, aux vernis perfectionnés qu'on emploie pour les poteries communes, dans certaines parties de la France, à Orléans, à Vandœuvre, à Dieu-le-Fit, par exemple.

Vernis pour les statues (vernis des marbriers). — On prend :

```
Cire.............................................  1
Essence de térébenthine..........................  4
```

On l'emploie à chaud.
Vernis pour les tableaux.

VERNIS POUR LES TABLEAUX DE PRIX

```
Copal tendre de premier choix....................  500 grammes
Essence de térébenthine récemment distillée......  1000   —
Camphre..........................................   40   —
```

Faire fondre dans une petite fiole sur de la cendre chaude, en chauffant avec précaution, ou mieux au bain-marie. Ce vernis, quand il est froid et qu'il a déposé un ou deux jours, est parfaitement clair : on l'applique par couches légères avec un pinceau doux.

VERNIS POUR LES TABLEAUX DU COMMERCE

```
Térébenthine de Venise...........................  3 kilogr.
Essence de térébenthine..........................  8 litres.
```

VERRE. — **Moyen de couper les tubes de verre.** — I. Pour couper nettement un tube de verre en un point donné, on y fait une entaille à l'aide d'une pierre à fusil, ou d'un ressort de montre, ou d'un *tiers-point* dont on a aiguisé, sur la meule, un seul côté de l'arête tranchante. Pour que la lime entame plus aisément le verre, on peut la mouiller avec de l'essence de térébenthine ou même avec de l'eau. Si l'on vient à tirer le tube suivant sa longueur, il se brise nettement à l'entaille ; dans le cas où le diamètre du tube est un peu grand (1 centimètre), il faut, en même temps qu'on exerce une traction sur l'axe du tube, appuyer un peu latéralement, comme si on voulait le courber.

II. Lorsque la paroi du tube est assez épaisse, et tel est le cas des cols de ballons, des matras, des bouteilles, l'action de la lime est insuffisante; il faut se servir du procédé suivant :

CYLINDRES POUR COUPER LE VERRE (Gahn).

Nitre................	2 grammes.	Gomme arabique	60 grammes.
Storax calamite.....	15 —	Charbon	250 —
Benjoin	30 —	Eau	150 —
Gomme adragante ...	60 —		

On réduit toutes les substances en poudre fine, à l'exception du benjoin et du storax, que l'on fait dissoudre dans un peu d'alcool. Les poudres sont placées dans un mortier de fer, et, à l'aide de l'eau et de l'alcool, on les convertit en une pâte homogène qu'on roule, sur un marbre, en petits cylindres de la grosseur du doigt. Ce charbon, une fois enflammé, continue à brûler de lui-même, sans qu'il soit nécessaire d'entretenir la combustion en soufflant dessus.

Pour se servir de ces cylindres, on commence par faire, à la lime, une trace sur l'objet en verre qu'on désire couper, on taille en cône le cylindre de charbon, on l'enflamme et on l'approche de l'entaille. Il se fait ordinairement une fente dans le sens de l'entaille; on promène cette fente tout autour de l'objet, en plaçant le charbon incandescent un peu en avant de la fente et dans la direction où l'on veut propager celle-ci.

A défaut de charbon préparé, on peut se servir d'un charbon ordinaire incandescent et pointu, ou d'une tige de fer aiguë rougie au feu, ou de l'extrémité rougie d'un tube de verre.

III. Ce procédé est encore insuffisant lorsque la pièce de verre est très grosse. D'après M. Georges Petit, ingénieur, une modeste corde, de bonne qualité bien entendu, un morceau de papier, un peu d'eau froide, en voilà assez pour égaler, surpasser même le diamant.

Veut-on couper un goulot de bouteille ou un gros tube de verre, prenez du papier plié plusieurs fois sur lui-même et entourez de cette espèce de ruban le goulot ou le tube, de façon que son bord affleure à la partie où doit avoir lieu la coupure. Entourez ensuite le verre de la corde;

puis une personne saisissant une des extrémités de la corde, une seconde personne l'autre extrémité, l'objet en verre étant solidement appuyé contre une table, donnez à la corde un mouvement de va-et-vient aussi rapide que possible en la maintenant contre le papier. Au bout de quelques secondes le dégagement de chaleur est tel que la corde laisse échapper un peu de fumée ; à ce moment, une goutte d'eau froide jetée sur le circuit échauffé par la corde, produit sur le verre une coupure très nette.

Ce moyen est le plus fréquemment employé dans les laboratoires, pour couper les cols des cornues, des allonges ou des ballons.

IV. On peut arriver à couper nettement certains verres très épais, le col ou le fond d'une bouteille, par exemple, en cernant la partie qu'on veut séparer avec une ficelle trempée dans l'essence de térébenthine. On enflamme la ficelle et, dès que la combustion est terminée, on fait tomber sur l'anneau brûlant un filet d'eau, la séparation des deux parties se produit souvent instantanément.

V. S'il faut couper nettement un gros bocal de verre au milieu par exemple, le moyen ci-dessus indiqué ne serait pas efficace ; aussi procède-t-on comme il suit : On emplit le bocal d'eau jusqu'à quelques centimètres au-dessous du niveau voulu ; on complète avec de l'huile ordinaire, de l'huile à brûler, jusqu'à l'endroit où l'on veut opérer la coupure. On fait rougir ensuite au feu une barre de fer d'environ 2 centimètres de diamètre, et l'on plonge la partie rougie pendant quelques secondes dans la couche d'huile. On vide alors le bocal, et il est très nettement coupé au niveau supérieur de la couche d'huile. Un léger effort suffit pour séparer les deux portions du récipient en verre.

Si l'on veut réaliser une coupure bien droite, pour le bocal il suffit de le placer sur un plan horizontal ; veut-on, au contraire, une coupure biaise, il convient de tenir ou de supporter le bocal suivant l'inclinaison voulue

Ciment pour coller le verre à un métal. — Mélangez ensemble :

Résine	5 parties.	Minium de plomb	q. s.
Cire jaune	1 —	Blanc de céruse	q. s.
Rouge de Venise sec	1 —	Glycérine	q. s.

Dépolissage du verre. — Dans les ateliers, dans les magasins, dans les bureaux même, on éprouve souvent le besoin de dépolir des carreaux.

Le papier à calquer collé sur les carreaux, le brouillage des carreaux et autres procédés, ne résistent pas à d'aimables grattages. Lors donc que l'on veut dépolir complétement les carreaux on emploie la formule suivante :

Sandaraque......................	30 grammes.
Mastic.........................	30 —
Ether..........................	500 —

À moins de casser le carreau de vitre ainsi enduit, il ne reste aucune espérance de regarder au travers, ni d'éponger, ni de gratter.

Moyen de courber les tubes de verre. — I. Quand ces tubes présentent un petit diamètre (quelques millimètres), cette opération n'offre aucune difficulté, on marque sur le verre, par un trait à l'encre ou à la craie, l'endroit précis à courber, puis portant le tube horizontalement dans la partie supérieure de la flamme d'une lampe à alcool, partie qui est la plus chaude, on l'y maintient en le faisant tourner dans les doigts, afin de le chauffer uniformément. De temps en temps, on fait un léger effort sur le verre pour s'assurer s'il cède et si, par suite, il commence à se ramollir. Alors on l'infléchit, mais très lentement et sans sortir de la flamme.

II. Si la courbure doit être un peu large, il faut s'attacher à chauffer à la fois la plus grande longueur possible de verre, en promenant horizontalement le tube dans la flamme, sans pour cela cesser de le tourner. D'ailleurs, on ne réussit jamais à faire une longue courbure d'un seul coup, il faut courber successivement toutes les parties voisines qui doivent entrer dans la courbe totale. Néanmoins, si le tube est un peu gros, on évitera difficilement les nœuds ou plis dans la partie concave de la courbure et l'aplatissement dans la partie convexe. Pour remédier à l'aplatissement, on bouche avec de la cire une des extrémités du tube déjà courbé, on chauffe au point aplati, et, dès que le verre est suffisamment ramolli, on le retire de la lampe et l'on souffle dans l'intérieur du tube qui, sous l'influence de la pression qu'il éprouve, redresse sa partie écrasée.

Perçage du verre. — I. Le perçage du verre s'exécute aisément au moyen d'un équarrissoir aigu, triangulaire, en bon acier trempé, qu'on a soin d'humecter continuellement avec de l'essence de térébenthine pure ou dans laquelle on a fait dissoudre un peu de camphre.

Lorsqu'on humecte l'équarrissoir avec des huiles grasses, le travail marche avec lenteur et l'outil ne tarde pas à s'émousser, tandis qu'avec l'essence de térébenthine le verre est vivement attaqué, et l'instrument ne s'émousse qu'au bout d'un certain temps.

Pour percer rapidement, on peut monter l'instrument sur le tour et lui imprimer un mouvement de rotation ; à défaut de tour, on se servira d'une boîte à foret et d'un archet.

On facilite l'action de la térébenthine en se servant du mélange suivant :

Essence de térébenthine..........................	60 grammes.
Gousses d'ail	N° 5
Sel d'oseille..................................	125 —

On mélange le sel pulvérisé à l'essence, on ajoute le suc de l'ail, ou l'ail lui-même coupé en morceaux, et on laisse en macération, pendant huit jours, en agitant de temps en temps.

II. Un moyen qui réussit très bien consiste à se servir d'un tiers-point appointi par le bout, blanchi et affilé sur la meule, on fait tourner le tiers-point à l'aide d'un vilebrequin, ou bien on l'emmanche et on le fait tourner à la main.

III. Pour percer un objet en verre mince (ballon, fiole, verre de Bohême, ou autres objets de laboratoire), on se sert de la flamme la plus fine d'un chalumeau à gaz ordinaire.

IV. Pour percer un objet en verre épais, on peut employer le procédé suivant :

On chauffe au rouge blanc une lime dite *queue de rat*, très pointue, et on la trempe dans un bain de mercure ; on l'aiguise alors, puis on la plonge, au moment de s'en servir, dans une solution saturée de camphre dans l'essence de térébenthine ; le même liquide sert à mouiller, pendant l'opération, la partie du verre attaquée, laquelle se perce avec autant de facilité et de netteté que du bois.

V. On prend une lime à trois coins, on brise la pointe d'un violent coup de marteau ; un des trois coins est taillé en biseau ; on prend la lime dans la main, on appuie ce coin sur le verre au moyen du pouce en lui imprimant un mouvement de droite à gauche et *vice versa*, en ayant soin d'humecter le verre avec une solution d'alun de fer à saturation dans de l'essence de térébenthine ; à défaut de cette composition, on peut se servir de pétrole ordinaire, mais le travail marche plus lentement. En opérant de cette façon, on peut perforer un carreau de vitre ordinaire en moins de cinq minutes.

VI. Pour les trous de plus grandes dimensions, on colle sur le verre un morceau de bois, dans lequel on a découpé un trou de la dimension de celui que l'on désire faire et dans lequel peut entrer un tuyau de laiton qu'on remplit d'émeri ou de sable continuellement humecté d'eau ; on fait tourner le tuyau entre les mains ou au moyen d'un appareil giratoire quelconque ; le travail est assez lent, mais réussit bien ; de cette façon, on découpe dans le verre un trou correspondant au creux, du tuyau, car la partie correspondant au métal s'use par le frottement.

Moyen de travailler facilement le verre (Mondslay). — Mouiller la pièce et l'outil avec de l'acide sulfurique, comme on le fait ordinairement avec de l'huile ou de l'eau de savon, quand on travaille les pièces de métal.

Recuit du verre. — Le verre est un corps à la fois fragile et mauvais conducteur du calorique ; il éclate, quand, étant chaud, il est soumis à un brusque refroidissement, ou bien quand, étant à la température ordinaire, il est chauffé rapidement. Tous les objets en verre que l'on trouve dans le commerce ayant toujours été soumis à un refroidissement brusque par l'air ambiant, au moment de leur confection, sont tellement cassants, qu'ils ne seraient propres à aucun usage, si on ne corrigeait ce défaut par une opération ultérieure qu'on fait subir à tous les objets en verre et qui porte le nom de *recuit*. Elle consiste à placer les pièces encore rouges dans des chambres conve-

nablement chauffées, où elles subissent un refroidissement graduel. Néanmoins parfois ce recuit est insuffisant ;
aussi, lorsqu'un objet en verre, tel qu'un ballon, un
matras, doit supporter de brusques variations de température, il convient de lui faire subir un deuxième recuit,
qui consiste à l'immerger dans de l'eau froide ou mieux
de l'huile, dont on élève peu à peu la température, et
qu'on laisse ensuite refroidir lentement. Les objets sont
d'autant mieux recuits qu'ils seront refroidis plus lentement.

Verre durci par compression. — M. F. Siemens, de
Dresde, a créé le *verre durci par compression.*

Le procédé consiste à souffler, façonner et tremper le
verre dans des moules et cela dans une seule et même
opération. Cette fabrication porte surtout sur le verre de
vitre, qui n'exige qu'un moule à forme simple.

Ce verre est très dur, trop dur même, car on ne peut pas
le mordre et le couper au diamant, ce qui est un gros inconvénient. Il est surtout précieux pour les endroits su-
bissant de grandes différences de température, tels que les
vitres de réverbère, les regards de fourneaux.

Verre imperméable à la chaleur. — On a souvent besoin,
dans les applications industrielles, par exemple pour garnir les regards des fours et appareils à haute température,
d'employer du verre aussi imperméable que possible à la
chaleur. En voici une composition :

Sable......................................	70 parties.
Kaolin.....................................	25 —
Soude......................................	34 —

A l'analyse, le verre obtenu donne ce qui suit :

Silice...................	74,6 0/0	Chaux	0,9 partie.
Alumine	8,4 —	Oxyde de fer	traces.
Soude...................	15,4 —		

Une plaque de 7,6 millimètres d'épaisseur ne laisse
passer que 11 à 12 0/0 de la chaleur émise d'un côté de
cette plaque par un brûleur à gaz.

Verre trempé. — Le verre trempé, dit dans le commerce *verre incassable*, est dû à l'initiative de M. de la
Bastie ; il acquiert une force de résistance qui le met à

l'épreuve de la chaleur, de la grêle et des accidents ordinaires.

Voici les procédés par lesquels on arrive à donner au
verre trempé cette ténacité qui lui est propre.

Le verre trempé par les procédés la Bastie est travaillé
comme le verre ordinaire ; puis, la pièce terminée, est re-
chauffée jusqu'au commencement du ramollissement, opération fort délicate à cause des déformations à craindre.
Le verre rechauffé est trempé dans des bains de graisse,
où il est reçu soit dans des paniers métalliques, soit sur
une toile sans fin. Les objets sont ensuite refroidis peu à
peu et débarrassés de leur graisse. Ce procédé est assez
coûteux à cause des inflammations accidentelles de la
graisse, de plus il donne lieu à une odeur insupportable.

Des expériences ont été faites à la gare de Pont-d'Ain,
sur la demande de la compagnie du chemin de fer de
Paris-Lyon, qui a voulu s'assurer de la valeur de cette
découverte, en vue de l'utilité qu'elle pourrait en tirer
pour la fourniture des gares.

Une feuille de verre ordinaire, épaisse de 6 millimètres,
dont les bords étaient soutenus par un cadre en bois, a
été posée sur le sol. On a fait tomber sur la surface de ce
verre un poids en cuivre de 100 grammes, en élevant graduellement la hauteur de la chute. A un choc déterminé par 87 centimètres de chute, la feuille de verre s'est
brisée.

A cette feuille on en a substitué une autre moins
épaisse de moitié, c'est-à-dire de 3 millimètres, en verre
trempé par le nouveau procédé. On a fait tomber le même
poids de 100 grammes en l'élevant successivement jusqu'à la hauteur du plafond de la salle, sans que le verre
fût endommagé.

L'expérience s'est poursuivie en dehors de la gare. Le
cadre a été posé sur le trottoir extérieur, et l'expérimentateur est monté sur une échelle appuyée contre le mur
pour laisser tomber le poids. A une chute de 5^m,50, le
verre résistait encore ; à 5^m,75, il a été brisé.

On a pu constater alors que le verre trempé ne se brise
pas par éclats plus ou moins allongés comme le verre ordinaire. Il se divise en une infinité de petits cristaux résultant de sa nouvelle disposition moléculaire.

Jeté sur le sol, le verre trempé rebondit en reproduisant un son spécial assez semblable à celui qui résulterait de la chute d'une feuille de métal.

L'étude de la résistance à l'action de la chaleur a provoqué une autre série d'expériences.

Une lame de verre ordinaire a été posée à plat au-dessus de la flamme d'une lampe. Au bout de 24 secondes, un bruit sec annonçait que le verre était fendu.

Une lame de verre trempé, soumise aux mêmes conditions, a résisté indéfiniment. On l'a retirée, et l'ayant plongée dans un seau d'eau, on l'a de nouveau présentée tout ruisselant à la flamme. D'aucune façon ce verre n'a été cassé par le feu.

Les applications du verre trempé deviennent de plus en plus considérables, et des essais couronnés de succès tendent à le substituer au bois et au fer dans un grand nombre de leurs usages, notamment en ce qui concerne les traverses placées sous les rails.

Argenture de verre. — On a proposé les recettes suivantes :

I. — Nitrate d'argent...	30 grammes.	Eau distillée	60 grammes.
Ammoniaque liquide..........	15 —	Essence de cassia.	29 à 30 gouttes.
		Alcool à 60°......	90 grammes.

On dissout le nitrate d'argent dans l'eau distillée, on ajoute l'ammoniaque à la liqueur et, vingt-quatre heures après, l'essence de cassia dissoute dans l'alcool. L'essence de cassia peut être remplacée par celle de camomille, de rue, ou de girofle. Si l'on veut argenter une surface plane, une glace, par exemple, on la nettoie parfaitement, on la place dans une position horizontale après l'avoir entourée d'un rebord de mastic et dans l'espèce d'auge ainsi formée on verse de la liqueur précédente, de façon à avoir une couche de 4 à 5 millimètres d'épaisseur. Au bout d'une heure, l'argent s'étant déposé en couche suffisamment épaisse, on fait écouler le liquide superflu, on lave la surface avec de l'alcool, on sèche à l'étuve et on recouvre la pellicule d'argent d'une couche de vernis au suif et à la cire (Drayton).

II. — Nitrate d'argent..	60 grammes.	Alcool à 90°..........	90 grammes.
Ammoniaque....	30 —	Eau	90 —

On fait dissoudre et l'on ajoute à ce liquide 15 grammes de glucose dissous dans un demi-litre d'eau et un demi-litre d'alcool à 90°.

III. Pour 300 grammes de nitrate d'argent, et 200 grammes d'ammoniaque dissous dans 1 litre 30 centilitres d'eau distillée, on ajoute 35 grammes d'acide tartrique dissous dans quatre fois son poids d'eau. On étend ensuite la liqueur de 15 à 17 litres d'eau. C'est là ce qu'on appelle la solution N° 1. On en fait une seconde, dite N° 2, qui renferme le double d'acide tartrique. On argente parfaitement, en faisant réagir successivement ces deux solutions, sur le verre bien nettoyé et poli, pendant 15 à 20 minutes. On lave ensuite à l'eau chaude, on fait sécher et l'on enduit avec un vernis (Petit-Jean).

IV. On verse, dans un flacon, 12 centimètres cubes d'une dissolution contenant 100 grammes de nitrate d'argent par litre, 8 centimètres cubes d'ammoniaque à 13° Cartier et 20 centimètres cubes d'une solution de soude contenant 40 grammes de soude caustique par litre ; on ajoute ensuite assez d'eau distillée, pour faire 100 centimètres cubes. D'un autre côté, on prépare une solution de sucre interverti, en faisant bouillir, pendant vingt minutes, 25 grammes de sucre blanc dans 200 grammes d'eau distillée, avec 1 centimètre d'acide azotique à 38°, on y ajoute assez d'eau pour faire 500 centimètres cubes.

On procède alors à l'argenture ; pour cela on ajoute à la première liqueur $\frac{1}{10}$ à $\frac{1}{12}$ de la seconde et on y plonge la surface à argenter, préalablement nettoyée à l'acide azotique et à l'eau distillée. Sous l'influence de la lumière diffuse, le liquide devient jaune, puis brun et, au bout de 2 à 5 minutes, l'argenture envahit la surface du verre. Après 10 ou 15 minutes, l'épaisseur de la couche est convenable, on la lave à l'eau distillée et on la sèche. Il suffit alors de passer dessus un tampon de peau de chamois recouvert d'un peu de rouge à polir, pour lui donner un superbe brillant (Martin).

Colle pour réunir le verre et le bois. — Faites dissoudre à chaud de la colle de poisson dans l'acide acétique, en assez grande quantité pour que la solution présente l'aspect d'une pâte qui se solidifie en se refroidissant. Appliquez à chaud.

Cette recette, donnée par un chimiste anglais, a été expérimentée par lui-même. Il s'agissait de coller un tube de verre sur un morceau de bois de sapin ; notre chimiste avait fait sans succès plusieurs tentatives, lorsqu'il s'avisa du mélange que nous venons d'indiquer. Il réussit, cette fois, si complètement que, lorsqu'il voulut décoller son tube, il n'y put parvenir ; enfin après des efforts répétés il put l'arracher, mais avec des fragments du morceau de sapin : quant à la colle, elle ne céda point.

Colle céramique pour raccommoder le verre et la porcelaine. — Mêler par parties égales de l'eau pure et de l'eau-de-vie ordinaire. Délayer dans ce mélange :

Amidon....................................	60 grammes.
Craie pulvérisée.........................	100 —
Colle forte..............................	30 —

Mettre sur le feu et quand c'est en ébullition, ajouter 30 grammes de térébenthine de Venise ; agiter jusqu'à ce que les substances soient parfaitement incorporées.

Étamage intérieur des cylindres et des globes de verre. — On se sert de l'alliage suivant :

Mercure...............	2 parties.	Plomb...................	1 partie.
Bismuth................	1 —	Étain...................	2 —

On fait fondre l'étain et le plomb dans un creuset, on ajoute le bismuth concassé en petits fragments et, quand le mélange des trois métaux est fluide, on y verse le mercure, en ayant soin de brasser avec une baguette de fer. On enlève les impuretés qui nagent à la surface, et quand la température de la masse s'est suffisamment abaissée, on fait couler successivement cet amalgame sur toute la surface interne des vases que l'on veut étamer et qu'on a eu soin de faire un peu chauffer. Cette surface interne doit être bien nette.

Soudure pour le verre, la porcelaine et les métaux. — L'alliage suivant adhère si bien à la surface du verre, de la porcelaine et des métaux, que l'on peut l'employer pour souder des matières ne pouvant supporter une haute température. Le cuivre en poudre, obtenu en traitant une solution de sulfate de ce métal par le zinc, se place dans un mortier de fonte, doublé de porcelaine, et est mélangé avec de l'acide sulfurique concentré (densité, 1.85). On prend de 20 à 30 ou 36 parties de cuivre en poudre, selon le degré de dureté qu'on veut donner à la soudure. Au gâteau formé ainsi d'acide et de cuivre, on ajoute, sans cesser de remuer le mélange, 70 parties de mercure. Quand le mélange est à point, on lave l'amalgame avec soin à l'eau chaude pour le débarrasser de l'excès d'acide, puis on le laisse refroidir. Au bout de dix à douze heures, il est assez dur pour rayer l'étain.

Quand on veut s'en servir, on le fait chauffer jusqu'à ce qu'il devienne aussi mou que la cire ; dans cet état, on l'étend sur une surface quelconque, et il y adhère énergiquement lorsqu'il se durcit après refroidissement.

Lut pour réunir le verre et les métaux. — On prend :

<pre>
I. — Résine......................... 4 à 5 parties.
     Cire............................ 1   —
     Colcothar...................... 1   —
</pre>

Faites fondre. On y ajoute souvent un peu de plâtre en poudre.

Ce lut sert à fixer les lettres en métal sur le verre, le marbre, le bois.

<pre>
II. — Vernis au copal,... 15 parties.   Colle-forte préparée au
      Huile grasse siccative 5   —   bain-marie........., 5 parties.
      Térébenthine....... 3   —   Chaux éteinte........ 10   —
      Es. de térébenthine 2   —
</pre>

On mélange.

<pre>
III. — Vernis à la sandara-   Glu marine........... 5 parties.
       que ou au galipot,. 15 parties.   Blanc d'Espagne,,..... 5   —
       Huile de lin siccative. 5   —   Carbonate de plomb
       Térébenthine .... 2 1/2   sec................. 5   —
       Es. de térébenthine. 2 1/2
</pre>

Mêlez.

<pre>
IV. — Vernis au copal ou   V. — Vernis au copal ou
      à la gomme laque 15 parties.   à la colophane... 15 parties.
      Huile siccative.... 5   —   Térébenthine....... 2 1/2
      Caoutchouc ou gut-   Es. de térebenthine 2 1/2
      ta-percha...... .. 4   —   Colle de poisson en
      Huile de goudron.. 7   —   poudre........... 2   —
      Ciment romain.... 5   —   Limaille de fer...... 3   —
      Plâtre........... 5   —   Ocre ou terre pourrie.
</pre>

Dessins sur verre ou sur porcelaine. — Voici, deux procédés pratiques pour dessiner sur verre ou sur porcelaine et obtenir de gracieux et artistiques motifs de décoration, ayant une réelle originalité.

I. Ecrire ou dessiner sur des plaques de verre ou de porcelaine, des assiettes, des gobelets, etc., à l'aide de crayons formés d'une matière vitrifiable. On dessine comme on le ferait sur une feuille de papier avec un crayon ordinaire et on choisit la couleur que l'on veut, car il existe des crayons de diverses couleurs.

Lorsque le dessin est terminé, on passe la plaque au four ; la matière déposée par le dessinateur se vitrifie et devient inaltérable.

II. Employer des couleurs spéciales, dénommées *céramo-peinture*, *émail*, etc., qui produisent un bel effet décoratif et s'appliquent sur toutes sortes d'objets sans nécessiter le passage au four.

Gravure sur verre et sur cristal. — I. Gravure a la pointe. — L'art de graver sur verre et sur cristal était connu des anciens. Pline nous apprend, en effet, qu'à Rome « tantôt on souffle le verre, tantôt on le façonne au four, tantôt on le cisèle comme l'argent. »

Ce genre de gravure, qui exige beaucoup d'habileté et une longue pratique, s'exécute à l'aide d'une broche, terminée par une pointe d'acier ou de silex, et que l'on adapte au barillet d'un tour. L'artiste commence par dessiner sur le cristal ou le verre à la pointe, en ayant soin de bien suivre le tracé, et d'appuyer plus ou moins selon la profondeur qu'il convient d'obtenir.

C'est par ce procédé que sont faites les belles gravures qui décorent les cristaux de Bohême, d'Italie et de France, et dont la plupart sont des chefs-d'œuvre de composition. Quelques-unes cependant pèchent par la monotonie des motifs représentés, par le trop grand nombre de détails pour un même objet : ainsi on voit souvent des scènes de la vie champêtre où figurent à la fois des châteaux, des seigneurs, des paysans, des animaux, des fleurs, etc., resserrés dans un espace trop restreint. A ce point de vue, les cristalleries de Clichy sont plus artistiques et de meilleur goût ; les sujets simples et gracieux qui les décorent consistent, en général, en semis de fleurs, en guirlandes de feuillages et en ornements d'une exécution parfaite et d'une grande pureté de dessin.

Comme toutes les choses de prix, la gravure sur verre et sur cristal a ses imitations. On grave à l'*émeri*, à l'*acide* et au *sable*.

II. Gravure a l'émeri. — La gravure à l'*émeri* est encore le procédé qui donne les meilleurs résultats et se rapproche le plus de la gravure à la pointe.

Fig. 119. — Gravure à l'émeri.

Sur l'arbre d'un petit tour à pédale (fig. 119), on fixe un disque en cuivre dont l'épaisseur et le diamètre doivent être en rapport avec le sujet à graver. On recouvre ensuite la circonférence de ce disque avec une pâte formée d'huile d'olive et d'émeri très fin ; puis, après avoir indiqué sur le verre, à l'aide d'un mélange d'eau de gomme et de céruse, les contours du dessin à graver, on imprime au tour un mouvement de rotation dont la vitesse doit dépendre du diamètre de la roue.

Pour protéger les yeux contre les poussières que projette le disque sous l'action de la force centrifuge, il est indispensable de disposer au-dessus, et dans le même plan, une lame de métal que l'on fixe à un support mobile le long d'une tige de fer.

III. GRAVURE A L'ACIDE. — 1. L'*acide fluorhydrique*, qui se prépare en chauffant dans une cornue de plomb une partie de fluorure de calcium pulvérisé et trois parties et demie d'acide sulfurique concentré étendu de la moitié de son volume d'eau, est souvent employé, soit à l'état gazeux, soit à l'état liquide, pour graver sur verre et sur cristal ; suivant qu'on emploie cet acide gazeux ou liquide, il donne des traits opaques ou transparents.

A l'aide d'un pinceau doux, on étend sur le verre bien sec et chaud une couche de vernis graveur (Voyez *Vernis*). Quand ce vernis est sec, on y trace, avec une pointe métallique, le dessin qu'on a choisi et l'on applique dessus une pâte molle formée de :

Fluorure de calcium (*spath fluor*) en poudre fine... 1
Acide sulfurique 2

L'acide fluorhydrique, qui résulte de la réaction des deux corps, attaque le verre partout où il a été mis à nu ; au bout de quelques heures, on enlève, avec de l'eau, la pâte qui salissait le verre, puis on chauffe légèrement l'objet pour ramollir le mastic qui le recouvre, on l'essuie et on le nettoie avec de l'essence de térébenthine ou de l'alcool. On retouche, avec un burin, les traits qui ne sont pas bien venus.

Au lieu de déposer le mélange de spath et l'acide sur la lame de verre, on peut placer ces deux corps dans un vase en plomb, qu'on chauffe à une douce chaleur. La lame de verre préparée est disposée sur le vase de manière à l'obturer. Les vapeurs d'acide fluorhydrique qui se dégagent attaquent tous les points du verre non garantis par le vernis ; quelques minutes suffisent pour que les traits qu'on a tracés deviennent apparents.

Quand on emploie l'acide liquide, après avoir tracé le dessin sur le verre, ainsi qu'il vient d'être dit, on entoure la surface qui doit être gravée, d'un petit bourrelet de mastic et on la recouvre d'une légère couche d'acide liquide, étendu du tiers ou de la moitié de son volume d'eau. On laisse mordre l'acide sur le verre, pendant plus ou moins de temps, selon la profondeur qu'on désire ; on lave à l'eau et en dernier lieu à l'essence, pour dissoudre le vernis.

On trouve l'acide fluorhydrique liquide dans le commerce ; il doit être renfermé dans des vases en gutta-percha ; on se sert aujourd'hui pour le transporter de vases spéciaux brevetés (Faures et Kessler) formés de deux tonneaux renfermés l'un dans l'autre, goudronnés et séparés par un intervalle dans lequel on coule une composition bitumeuse.

2. L'acide fluorhydrique n'attaquant pas le caoutchouc, on a eu l'idée de faire fabriquer des dessins en relief, en caoutchouc, dans des timbres humides, et de s'en servir pour imprimer à l'acide sur le verre. Afin que l'acide mouille uniformément toute la surface du relief, on passe d'abord la planche à l'éther, puis on l'abaisse en contact avec l'acide, et on l'imprime immédiatement. Lorsqu'on a acquis une certaine habitude du procédé, on peut effectuer dix à quinze empreintes pour une seule prise d'acide.

3. Pour préparer une encre permettant de graver sur le verre, on prend de l'acide fluorhydrique commercial et on y ajoute de l'ammoniaque (alcali volatil), jusqu'à ce que la liqueur, qui était fortement acide ou autrement dit qui rougissait le papier bleu de tournesol soit devenue neutre, c'est-à-dire sans action sur le papier sensible, puis on ajoute au mélange un volume égal au sien d'acide fluorhydrique et on épaissit le tout avec un peu de sulfate de baryte en poudre fine. On met l'encre ainsi préparée dans un récipient soit en plomb, soit en gutta-percha. Le verre étant attaqué par elle, on peut écrire avec une plume métallique ordinaire ; l'encre mord presque instantanément, on laisse en contact avec le verre, deux ou trois secondes, on lave à l'eau et l'objet est gravé.

La gravure obtenue par ce procédé est loin d'être aussi belle et aussi nette que la gravure à la pointe et même que la gravure à l'émeri. Aussi ne l'emploie-t-on que pour décorer les vitres, les globes de lampes et tous autres objets de peu de valeur.

IV. Gravure au sable. — La *gravure au sable* a été imaginée par M. Tilghamm, qui a été conduit à sa découverte en se promenant sur le rivage de la mer ; il observa que le sable de la plage, soulevé par le vent et lancé avec force contre les carreaux de la fenêtre d'une cabane, avait usé et complètement dépoli le verre.

1. Tilghamm imagina aussitôt un appareil construit sur ce principe, qui venait de lui être révélé fortuitement, son système consistait en un réservoir rempli de sable siliceux très fin, et muni d'un tube terminé par une mince ouverture. Si on présente une lame de verre à ce jet de sable, elle ne tarde pas à être perforée de part en part ; chaque grain de silex agit comme un petit marteau en miniature, et les chocs se renouvellent avec une rapidité extraordinaire.

2. La gravure au sable a été rendue pratique grâce à l'appareil de M. Hervé-Mangon (fig. 120) ; elle consiste à projeter sur le verre un jet de sable au moyen de la vapeur ou de l'air comprimé. Au centre d'une trémie pleine de sable fin, se trouve un tube de cuivre qui amène le jet de vapeur ou de vent, et qui est percé, à sa partie inférieure, de plusieurs trous d'air. Ce tube aboutit un peu au-dessus d'un second tube soudé à la trémie et par lequel s'échappe le sable. En faisant varier le diamètre du jet, la vitesse et le volume

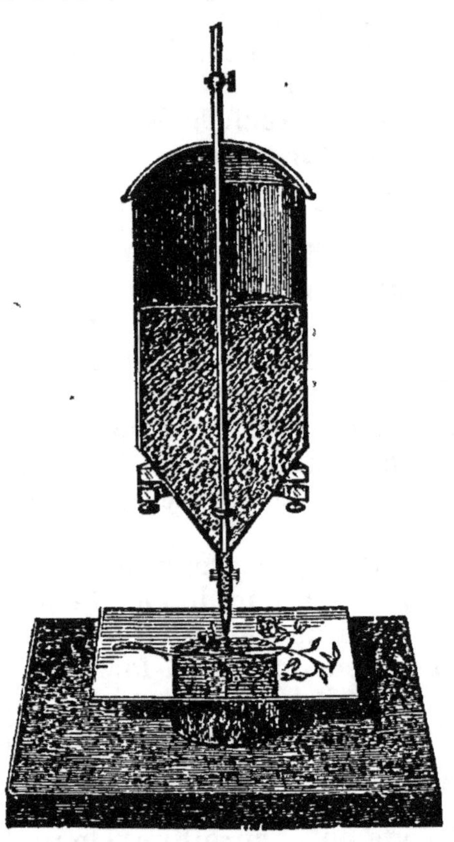

Fig. 120. — Gravure au sable.

de la vapeur ou de l'air, ainsi que l'inclinaison du tube qui projette le sable, on peut obtenir tous les effets désirables.

Dans la plupart des cas, la soufflerie d'une lampe d'émailleur est plus que suffisante, et non seulement ce procédé permet de graver sur verre, mais encore sur pierre. « La puissance du sable ainsi projeté est telle, dit M. Péligot, que dans les premières expériences faites à New-York, en employant une pression de 136 kilogrammes, on a percé en vingt-cinq minutes un trou de $0^m,032$ de diamètre dans un bloc de corindon avec une pression de 45 kilogrammes ; en trois minutes, un trou de $0^m,032$ de diamètre et de $0^m,008$ de profondeur a été fait dans une lime d'acier. Le poids d'un diamant a été sensiblement diminué en une minute, et une topaze a été détruite. »

3. M. Morse (de New-York) procède plus simplement : son appareil ne nécessite aucun mécanisme ; il se compose d'une botte remplie d'émeri en poudre fine, qui s'écoule à l'extrémité d'un tube étroit qui a $2^m,50$ de longueur. Ce sable fin tombe sur la coupe de cristal que l'on veut graver : au bout de quelques minutes l'opération est terminée et l'on voit avec étonnement une gravure fine produite avec délicatesse sur l'objet qui a été soumis à l'action de la pluie de sable.

On recouvre l'objet d'une feuille de papier découpée suivant toutes les lignes du dessin à reproduire ; ce papier protège ainsi les surfaces que l'on veut laisser intactes et met à nu celles qui doivent être usées par le jet de sable. On peut aussi faire les réserves, comme par le procédé à l'acide, avec un vernis élastique pouvant résister au choc du sable. Le collodion à l'huile de ricin réussit parfaitement.

On évite les poussières en entourant l'objet à graver d'une cage de verre, qui, tout en protégeant les yeux de l'opérateur, lui permet de surveiller son travail.

Nettoyage des appareils en verre. — Voici un procédé employé avec succès pour le nettoyage des pompes à mercure, des grands tubes de baromètres, etc., qui doivent être d'une propreté absolue. On fait dissoudre à saturation du permanganate de potasse dans de l'acide sulfurique concentré. Cette solution visqueuse est introduite dans le tube à nettoyer et étalée sur toute sa surface intérieure ; l'excès ayant été vidé, on lave le tube avec une grande quantité d'eau distillée dans un appareil en platine ; on recommence le lavage jusqu'à ce que l'eau distillée n'ait plus aucune teinte rosée. Le tube est ensuite séché à l'aide d'un courant d'air chaud et privé de poussières. La solution de permanganate dans l'acide sulfurique est tellement oxydante que, versée sur du papier ou de la ouate, elle produit de vives lueurs.

VIS. — Moyen de dévisser une vis rouillée. — Il suffit de chauffer la tête de cette vis. On fait rougir au feu une petite tige ou une barre de fer plate par son extrémité, et on applique la partie rougie, pendant deux ou trois minutes, sur la tête de la vis rouillée ; aussitôt que la vis est échauffée, on peut la retirer avec un tourne-vis, aussi facilement que si elle venait d'être mise en place.

VITRES. — Démasticage des vitres cassées. — Les jardiniers et horticulteurs ont rarement recours aux vitriers pour remplacer les carreaux cassés de leurs châssis ; mais il leur arrive parfois, en démastiquant les fragments d'une vitre, d'en briser une bonne à côté.

Pour éviter ce genre d'accident, M. Gilbert recommande de passer un fer rouge sur le mastic, qui se trouve aussitôt ramolli ; on peut ensuite l'enlever sans efforts avec un couteau, comme s'il s'agissait de mastic frais.

La précaution était bonne à signaler, et il est étonnant que les vitriers n'en fassent pas leur profit quand ils ont à remplacer un carreau qui n'est cassé que dans un des coins, et dont ils pourraient encore tirer parti.

VOITURE. — Traction des voitures. — Voici les conditions les plus indispensables pour rendre facile la traction des voitures.

1° Employer des roues à grand diamètre et d'une largeur proportionnelle à la charge moyenne.

2° Adopter des essieux en fer à fusées tournées, et des boîtes de moyeux en bronze.

3° Elever la volée, de telle manière que le point d'attache des traits se fasse aux colliers, à peu près à la même hauteur qu'aux palonniers.

4° Donner en hauteur, aux roues de devant, neuf quatorzièmes de moins qu'à celles de derrière.

5° Répartir la charge de telle manière que les trois cinquièmes portent sur le train de derrière, et les deux cinquièmes sur le train de devant.

6° Graisser avec soin la fusée des essieux et toutes les surfaces de frottement.

VOLUMES. — **Mesure de volumes.** — Lorsque les susb-

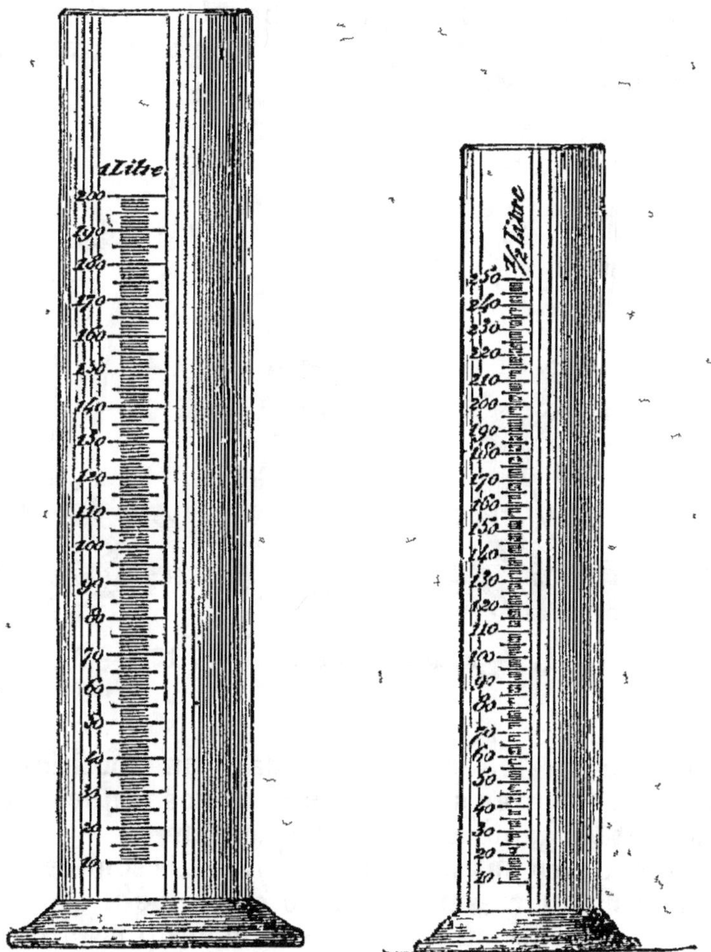

Fig. 121 et 122. — Éprouvettes graduées.

tances qu'on veut mesurer exercent une action chimique sur le métal des mesures, il est indispensable de se servir de vases en verre auxquels on donne plusieurs formes.

ÉPROUVETTES GRADUÉES (fig. 121 et 122). — Elles servent

aussi à mesurer les liquides; elles sont cylindriques, le pied qui les supporte doit être bien dressé, de manière à maintenir le vase dans une position verticale, quand il a été posé sur une table bien horizontale.

MATRAS JAUGÉS (fig. 123 et 124). — Ils ont habituellement la capacité d'un litre, mais on peut s'en procurer dans le commerce, d'une capacité moindre, 500 centimètres cubes, ou encore, 250, 125, 100 centimètres cubes. On mesure ordinairement les liquides à l'aide de ces vases, à la température de 15°.

Fig. 123 et 124. — Matras jaugés.   Fig. 125. — Verre à pied gradué.

Pour s'en servir, on les place dans une position verticale et l'on examine si la courbure du ménisque est rigoureusement tangente au point d'affleurement.

VERRES A PIED GRADUÉS (fig. 125). — Ils sont également commodes pour mesurer un volume donné de liquide.

Il faut, pour les employer, les mêmes précautions que pour les matras jaugés et les éprouvettes graduées.

L'emploi des mesures graduées dispense d'avoir recours à la balance, quand on veut obtenir un poids donné d'un liquide; il suffit de connaître la densité de ce liquide, c'est-à-dire son poids comparé à celui de l'eau à égalité de volume, et de chercher quel est le volume à mesurer.

Supposons, par exemple, qu'il s'agisse de peser 1,000 gr. d'alcool à 60°, la densité de cet alcool est représentée par 0,9141; c'est-à-dire que si un litre d'eau pèse 1,000 gr., un litre de cet alcool pèsera 914 gr., 1.

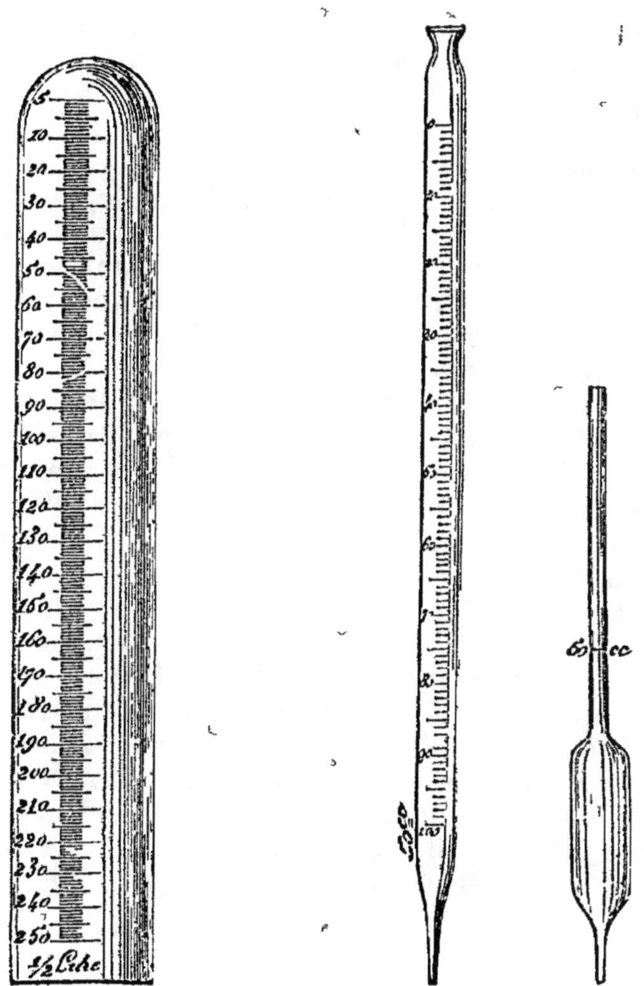

Fig. 126. — Tube gradué.　　Fig. 127 et 128. — Pipettes jaugées.

Le volume occupé par un kilogramme de cet alcool sera donné par la formule

$$\frac{1}{0,9141} = \frac{x}{1.000}, \text{ d'où } x = \frac{1.000}{0,9141} = 1094 \text{ cc.}$$

Veut-on connaître le volume qu'occuperaient 175 grammes de cet alcool, on divisera 175 centimètres cubes, volume occupé par 175 grammes d'eau, par 9141 : le quotient 186cc. indiquera le volume occupé par 175 grammes d'alcool à 60°.

En un mot, pour obtenir le volume cherché, il suffira de diviser le poids qu'on désire obtenir par la densité du liquide, le quotient indiquera ce volume en centimètres cubes.

TUBES DE VERRE GRADUÉS. — Lorsque la quantité de liquide à mesurer est peu considérable, on se sert de *tubes de verre* (fig. 126) fermés par un bout ou divisés, dans toute leur longueur, en parties d'égale capacité. Ces divisions sont ordinairement des centimètres cubes ou des fractions de centimètre cube. Il faut choisir ceux qui sont les plus cylindriques.

PIPETTES JAUGÉES. — Elles permettent de mesurer rapidement et avec précision de petites quantités de liquide. La figure 127 représente une pipette, à l'aide de laquelle on peut mesurer des quantités variables de liquide ; avec la pipette représentée par la figure 128 la quantité est constamment la même.

Pour se servir de ces instruments, on plonge la partie effilée dans le liquide et on opère un mouvement de succion par la partie supérieure. On continue à aspirer jusqu'à ce que le liquide, pénétrant dans l'appareil, atteigne la division qui limite le volume désiré. Alors on obture rapidement avec le doigt l'extrémité par laquelle on a aspiré ; on porte ensuite l'extrémité inférieure au-dessus du vase où l'on doit recevoir le liquide, on retire alors le doigt et le liquide s'écoule.

Z

ZINC. — Bronzage et coloration du zinc. — I. Les objets en zinc moulé sont revêtus d'une couche de cuivre par les procédés ordinaires de la galvanoplastie et mis en couleur avec le mélange de sanguine et de plombagine dont on se sert pour le cuivre.

II. On fait une solution de :

Sel ammoniac	30 grammes.	Acide arsénieux	8 grammes.
Alun	15 —	Vinaigre fort	1000 —

Appliquez cette composition, avec un pinceau doux ou un tampon de chiffon à plusieurs reprises, sur l'objet à bronzer, qu'on a préalablement bien nettoyé.

Étamage du zinc. — I. Le zinc peut être étamé en le chauffant à 75°, dans un bain composé de :

Bichlorure d'étain	1 partie.
Bitartrate de potasse	2 —
Eau	45 —

II. Faire dissoudre, à chaud, 300 grammes d'alun et 10 grammes de protochlorure d'étain dans 20 litres d'eau.

Ce bain peut également servir pour le *fer*; il ne donne qu'un dépôt léger.

Suppression de l'éclat du zinc. — Insupportables, les toitures en zinc qui brillent au soleil avec des réverbérations aveuglantes. Pour en ternir l'éclat, M. Romain recommande de les laver avec un liquide ainsi composé :

Graphite porphyrisé	14
Chlorate de potasse	5
Acide sulfurique	28

Les toitures traitées par ce procédé prennent l'apparence du plomb et ont aussi un aspect plus riche, un ton plus chaud.

TABLE ALPHABÉTIQUE

F

G

Grisou, lampes de sûreté, 251.
Gutta percha, 226.

H

Hectographe, 34.
Herborisation sur une pièce de monnaie, 284.
Horloges, 227.
Huiles, 228; — à brûler, épuration, 228; grasses, 231; — d'horlogerie, épuration, 230; — manganésée, 231; — minérales, 231; — de roses, 232 ; — siccatives, 231, 360; — de tartre par défaillance, 355.
Hydromètre, 232.

I

Immersion des bois, 50; — (dorure par), 130.
Imperméabilisation, 233; — des étoffes, 197; — des murs en briques, 288.
Imperméabilité du papier, 295; — du verre à la chaleur, 399.
Incendies par le pétrole (extinction des), 315.
Incombustibilité, 233; — du bois, 62; — des étoffes, 199; — des matières organiques, 233; — du papier, 297.
Incongelables (liquides), 261.
Incrustation des chaudières à vapeur, 83.
Indigo (encre à l'), 169.
Ininflammabilité des étoffes, 199.
Inoxydation de l'acier, du fer, de la fonte, 203.
Insectes (vernis pour les), 389.
Instruments de musique (vernis pour les), 380.
Irisation du plâtre, 342.
Ivoire, 233; — artificiel, 236; — (blanchiment de l'), 233; — (collage de l'), 234; — (encre pour écrire sur l'), 174; — (mastic pour l'), 277; — (plâtre imitant l'), 340; — (teinture de l'), 235; — végétal, 237; — végétal (teinture de l'), 237.

J

Jaugeage des tonneaux, 363.
Jet de sable pour retailler les limes, 259.
Joints (ciment pour remplir les), 90.
Jouets acoustiques, 242; — électriques, 242; — mécaniques, 242; — optiques, 241; — physiques, 239; — scientifiques, 238.

K

Kaléidoscope théâtre, 241.
Kupfernickel, 288.

L

Laine, 188, 189, 191; — (argenture de la), 31; — (filtre en), 217.
Laiton, 249; — (bronzage du), 249; — (coloration du), 251; — mastic pour le fixer sur le verre, 277; — (soudure pour le), 361; — (vernis pour le) 387.
Lampes barométriques, 253; — Davy, 254; — électrique, 253; — Lechien, 256; — Marsaut, 256; — du mineur, 252; — Mueseler, 255; — phosphorescente, 253; — de sûreté pour les mines à grisou, 251; — à toile métallique, 253.
Lances, 208.
Lardons, 211.
Limes, 259; — (avivage des vieilles), 259; — (retaillage des), 259; — retaillage par l'électricité, 260; — retaillage par le jet de sable, 259.
Lin, 185, 191.
Linge (encre à marquer le), 162.
Linoleum, 260.
Liquide éthéré pour l'éclairage, 149; — incongelable, 261.
Luts, 262; — pour les acides, 262; — à la chaux, 262; — à la colle, 262; — gras, 262; — de Mohr, 263; — à l'oxychlorure, 263; — au plâtre, 263;

TABLE DES INDUSTRIES

Cette *Table des industries* renvoie aux articles de la
Table alphabétique

———

Architectes. Voy. *Barrière, Bois,
Dessin, Diviseur linéaire, Murs,
Salpêtre.*

Armuriers. Voy. *Armes, Bronzage,
Canons de fusil, Poudre.*

Articles de Paris. Voy. *Ambre,
Billards, Cadres, Celluloid, Coribou,
Corne, Écaille, Écume de mer, Ivoire,
Jouets, Perles artificielles, Pierres
précieuses artificielles, Plumes,
Sciure, Serpents de Pharaon, Taba-
tière.*

Artificiers. Voy. *Feux d'artifice.*

Arts décoratifs. Voy. *Argenture,
Barbotine, Bas-reliefs, Bronzage,
Cachets, Cire à modeler, Dorure,
Emaux, Fusain, Irisation, Médailles,
Modelage, Objets d'art, Photogra-
phie, Pierre, Pierres gravées, Plâtre,
Reproduction, Statues, Stuc, Tapis-
series, Terre cuite, Vernis.*

Arts graphiques. Voy. *Autocopiste, Calque, Dessin, Dorure, Encre,
Gravure, Pantographe, Photographie, Polycopie, Reproduction, Vernis.*

Bijoutiers. Voy. *Ciment, Electri-
ques (Bijoux), Empreintes, Essais,
Monnaies, Perles artificielles, Pierres
fines, Pierres précieuses artificielles,
Simili diamant, Soudure.*

Bois (Industrie du). Voy. *Barrière,
Bois, Bronzage, Ciment, Compres-
sion, Colle, Dorure, Incombustibilité,
Pavage en bois, Vernis, Vieux bois.*

Bronze (Industrie du). Voy. *Bronzage, Bronze, Décapage, Fonte.*

Céramistes. Voy. *Céramique, Ciment, Colle, Email, Faïence, Porcelaine, Poterie, Terre cuite, Vernis.*

Charpentiers. Voy. *Barrière, Bois,
Mouton, Pieux.*

Chaudières à vapeur. Voy. *Chaudières, Incrustation, Piston.*

Chimistes. Voy. *Acides, Air, Alcool, Alliage, Bouchon, Carbonique
(acide), Décapage, Filtre, Pèse acides,
Soudure, Verre.*

Clicheurs. Voy. *Clichés.*

Corps gras. Voy. *Graissage,
Graisse, Huiles, Savons.*

Couleurs. Voy. *Chromodurophane,
Cirage, Cire, Couleur, Encre.*

Couteliers. Voy. *Affûtage, Rasoirs,
Trempe.*

Couvreurs. Voy. *Ardoises, Couverture.*

Cuir (Industrie du). Voy. *Colle, Cuir,
Rognures, Vernis.*

Cuivre (Industrie du). Voy. *Cuivre,
Dorure.*

Dessinateurs. Voy. *Calque,
Crayon, Dessin, Diviseur linéaire,
Fixatif, Fusain, Pantographe, Repro-
duction.*

Doreurs. Voy. *Dorure.*

Ebénistes. Voy. *Acajou, Bois, Boiseries, Ciment, Ebénisterie, Meubles,
Palissandre, Siccatif, Vernis.*

Eclairage (Industrie de l'). Voy.
*Allumettes, Compteur à gaz, Con-
duites de gaz, Eclairage, Electricité,
Flamme, Gaz, Lampes, Liquide éthéré, Pétrole.*

Electriciens. Voy. *Bijoux, Electricité, Fleurs, Lampes, Pile, Torpilles.*

Encadreurs. Voy. *Cadres, Tableaux.*

Encres (Fabricants d'). Voy. *Aniline, Autocopiste, Cire, Encre, Polycopie, Timbre à imprimer.*

Essayeurs. Voy. *Alliage, Monnaies.*

Etoffes. Voy. *Coton, Fils, Imper-*

méabilité, Incombustibilité, Ininflammabilité, Laine, Soie, Toile, Vieilles étoffes.

Explosifs. Voy. Bombe, Dynamite. Explosifs, Mélanges, Nitroglycérine, Torpilles.

Fer. Voy. Dérouillage, Grillages, Limes, Outils, Poli, Régénération, Rouille, Trempe, Vis.

Fondeurs. Voy. Acier, Alliages, Emaillage, Fonte, Médailles.

Forgerons. Voy. Acier, Affûtage, Fer, Vernis.

Galvanoplastie. Voy. Décapage, Dorure.

Gaz (Industrie du). Voy. Compteur, Conduites, Tuyaux.

Graveurs. Voy. Acier, Empreintes, Fluorhydrique, Graveur, Gravure, Vernis, Verre.

Horlogers. Voy. Cadrans, Horloge, Huile, Montre, Mouvement d'horlogerie, Pendule, Réglage.

Huiles. Voy. Epuration, Essais, Huiles.

Ingénieurs civils Voy. Barrière, Bois, Calque, Chaudières, Construction, Dessin, Diviseur linéaire, Machines, Métaux, Pantographe, Pierre, Séchage.

Jouets (Fabricants de) Voy. Animaux, Jouets, Poupée, Soldats.

Maçonnerie (Entrepreneurs de). Voy. Brique, Ciment, Fentes, Joints Mortier, Murs, Pierre, Plâtre, Revêtement, Scellements, Stuc.

Marbriers. Voy. Ciment, Marbre, Scie, Vernis.

Mécaniciens. Voy. Acier, Barrières, Chaudières, Electricité, Graissage, Incrustation, Machines, Torpilles.

Menuisiers. Voy. Barrière, Bois, Colle, Meubles, Planchers, Vernis.

Métallisation. Voy. Argenture, Bois, Bronzage, Plâtre.

Métallurgistes. Voy. Acier, Alliage, Aluminium, Argent, Argenture, Bronzage, Bronze, Chaudières, Ciment, Colle, Cuivre, Décapage, Dorure, Etain, Etamage, Fer, Fils métalliques, Fonte, Forgerons, Laiton, Limes, Maillechort, Mastic, Métal, Métaux, Monnaies, Nickel, Or, Polissage, Rouille, Soudure, Tôle, Trempe, Vernis, Zinc.

Mineurs. Voy. Dynamite, Explosifs, Grisou, Lampes de sûreté.

Naturalistes. Voy. Insectes, Oiseaux, Savon.

Nickeleurs. Voy. Alliages, Nickel.

Orfèvres. Voy. Alliages, Argenture, Décapage, Monnaies, Or, Orfèvrerie, Soudure, Touchaux.

Papiers (Fabricants de). Voy. Billet de banque, Bronzage, Cartes, Carton, Colle, Dédoublement, Enveloppe, Etiquettes, Filtre, Fûts, Imperméabilisation, Incombustibilité, Maisons, Papier, Transparence, Vernis.

Peintres. Voy. Goudron, Odeur Peinture, Vernis.

Photographes. Voy. Atelier, Gravures, Manuscrits, Photographie, Photolithographie, Photomètre, Revivification, Vernis.

Physiciens. Voy. Aréomètres, Balance, Flamme, Phonographe, Photomètre, Volumes.

Plombiers. Voy. Compteurs à gaz, Conduites d'eau et de gaz, Gaz, Mastic, Robinet, Soudure, Tuyaux.

Porcelaines. Voy. Céramique, Ciment, Email, Porcelaine, Poterie, Terre cuite, Vernis.

Produits chimiques. Voy. Alun, Bouchons, Celluloïd, Cirage, Cire, Colle, Dynamite, Emeri, Encre, Essence, Lut, Mastic, Pétrole, Résine, Vases de terre, Vernis.

Quincailliers. Voy. Affûtage, Aimant, Bronzage, Lime, Poudres métalliques, Trempe, Vis.

Savons. (Industrie des). Voy. Huiles, Savons.

Soieries. Voy. Couleurs des étoffes, Etoffes.

Teinturiers. Voy. Bois, Corye, Couleurs des étoffes, Ivoire, Marbre, Plumes, Teinture.

Tissus (Industrie des). Voy. Caoutchouc, Coton, Couleurs des étoffes, Dorure, Drap, Encre, Etoffes, Filtre, Imperméabilisation, Incombustibilité, Laine, Tissus.

Vernis. Voy. Cirage, Vernis.

Verriers Voy. Argenture, Bouteilles, Ciment, Cloches, Cristal, Cylindres, Démasticage, Dépolissage, Etamage, Flacon, Globe, Gravure, Perçage, Trempage, Vernis, Verre, Vitres.

FIN DE LA TABLE DES INDUSTRIES

DIJON. — IMPRIMERIE DARANTIERE

L'Industrie agricole, par F. CONVERT, professeur à l'Institut agronomique. 1901, 1 vol. in-18 de 443 pages, cart.., **5 fr.**

Climat, sol, population de la France.

Les céréales et la pomme de terre. — Le blé. — Pays exportateurs. — Législation, — La farine, le pain, le son. — Le seigle, l'avoine, l'orge, le maïs. — La pomme de terre, les légumineuses alimentaires.

Les plantes industrielles. — Les betteraves à sucre et l'industrie de la sucrerie. — La betterave de distillation et l'alcool. — Les plantes oléagineuses et textiles. — Le houblon, la chicorée à café, le tabac. — La viticulture. — Les vins étrangers, les vins de raisins secs. — L'olivier.

Le bétail et ses produits. — Les espèces chevaline, bovine, ovine, porcine. — Le lait, le beurre et le fromage. — La viande de boucherie. — Le commerce extérieur du bétail. — La laine et la soie. — La production agricole de la France.

Précis de Chimie agricole, par EDOUARD GAIN, maître de conférences à la Faculté des Sciences de Nancy, 1895, 1 vol. in-16 de 436 pages, avec 93 figures, cartonné .... **5 fr.**

Après avoir étudié le principe général de la nutrition des végétaux, l'auteur trace rapidement l'historique des différentes doctrines relatives à l'alimentation des plantes. Abordant ensuite la physiologie générale de la nutrition, il passe en revue les rapports de la plante avec le sol et l'atmosphère, les fonctions de nutrition, le chimisme dynamique et le développement des végétaux. La deuxième partie traite de la composition chimique des plantes. La troisième est consacrée à la fertilisation du sol par les engrais et les amendements. La quatrième comprend la chimie des produits agricoles.

Analyse et Essais des Matières agricoles, par A. VIVIER, directeur de la Station agronomique et du Laboratoire départemental de Melun. 1897, 1 vol. in-16 de 470 pages, avec 88 figures, cartonné .... **5 fr.**

L'auteur indique les *méthodes générales de séparation et de dosage des éléments les plus importants dans les engrais, dans les sols et dans les plantes.*

Il étudie l'*analyse des engrais et des amendements*, et à propos des *engrais commerciaux*, des exigences des plantes, ainsi que des conditions d'emploi des engrais dans les différents sols et pour les différentes cultures. Vient ensuite l'*analyse du sol* et celle des *roches*. L'*analyse des eaux*, les méthodes générales applicables à l'analyse des matières végétales et animales. Enfin, M. Vivier indique l'*application de ces méthodes aux cas particuliers, fourrages, matières premières végétales des industries agricoles, produits et sous-produits de ces industries*, etc.

Le Pain et la Panification, *chimie et technologie de la boulangerie et de la meunerie*, par L. BOUTROUX, professeur de chimie à la Faculté des Sciences de Besançon, 1897, 1 vol. in-16 de 358 pages, avec 57 figures, cartonné .... **5 fr.**

Dans une première partie, M. Boutroux étudie la farine. La seconde partie est consacrée à la transformation de la farine en pain. Etude théorique de la fermentation panaire, opérations pratiques de la panification usuelle, procédés de panification employés en France ou à l'étranger. Composition chimique du pain, et opérations par lesquelles le chimiste peut en apprécier la qualité ou y déceler les fraudes. Au point de vue de l'hygiène, valeur nutritive du pain en général et des diverses sortes de pain.

Le Tabac, culture et industrie, par ÉMILE BOUANT, agrégé des Sciences physiques. 1901, 1 vol. in-16, 347 pages, avec 104 figures, cartonné .... **5 fr.**

Historique. — Culture. — Technologie. — Matières premières. — Fabrication des scaferlatis. — Cigarettes. — Cigares. — De la poudre. — Des tabacs à mâcher. — Economie politique et hygiène.

J.-B. BAILLIÈRE ET FILS, 19 RUE HAUTEFEUILLE A PARIS

Les Produits chimiques employés en médecine, *chimie analytique et fabrication industrielle*, par A. TRILLAT. Introduction par P. SCHUTZENBERGER, de l'Institut. 1894, 1 vol. in-16 de 415 pages, avec 67 figures, cartonné .... 5 fr.

Quatre chapitres sont consacrés à la classification des *antiseptiques*, à leur constitution chimique, à leurs procédés de préparation et à la détermination de la valeur d'un produit médicinal. Vient ensuite une classification rationnelle des produits médicaux, dérivés de la *série grasse* et de la *série aromatique*. Pour chaque substance on trouve : la constitution chimique, les procédés de préparation, les propriétés physiques, chimiques et physiologiques et la forme sous laquelle elle est employée.

Le Pétrole, exploitation, raffinage, éclairage, chauffage, force motrice, par A. RICHE, directeur des essais à la Monnaie et G. HALPHEN, chimiste du Ministère du commerce. 1896, 1 vol. in-16 de 484 pages, avec 114 figures, cartonné.......................... 5 fr.

Gisements et méthode d'extraction et de raffinage, procédés suivis en Amérique, en Russie, en France et en Autriche-Hongrie, pour la séparation et la purification des essences, huiles lampantes, huiles lourdes, paraffines et vaselines.

Applications : éclairage et chauffage; production d'énergie mécanique; lubrification. Qualités des différentes huiles et méthodes d'essai.

Verres et Émaux, par L. COFFIGNAL, ingénieur des arts et manufactures. 1 vol. in-16 de 332 pages, avec 129 figures, cartonné.......................... 5 fr.

La première partie du livre de M. Coffignal est consacrée aux *Verres*. Composition, propriétés physiques et chimiques et analyse des verres, des fours de fusion, produits réfractaires et préparation des pâtes, procédés de façonnage du verre, produits spéciaux, et compositions vitrifiables : verres solubles, verres de Bohème, cristal, verres d'optique, décoration du verre.

La deuxième partie est consacrée aux *Émaux et glaçures*. Composition, matières premières et propriétés des glaçures, fabrication et pose des glaçures, emploi des émaux.

Technologie de la Céramique, par E.-S. AUSCHER, ingénieur des arts et manufactures. 1901, 1 vol. in-16, avec 93 figures, cartonné.......................... 5 fr.

Classification des poteries. — Argiles, feldspaths, kaolins, quartz, craie, pâtes et couvertes, outillage céramique, préparation des pâtes, façonnage des pièces, préparation des couvertes et émaux, émaillage, séchage et cuisson, encastage, enfournement, fours sans foyer, — à foyers, — à gazogènes, moufles, fours d'essais, décoration des poteries, décors de grand feu et au feu de moufle, colorants céramiques.

Les Industries céramiques, par E.-S. AUSCHER. 1901, 1 vol. in-16, avec 53 figures, cartonné.................... 5 fr.

Histoire de la céramique. — Poteries non vernissées poreuses. — Terres cuites. — Briques. — Tuiles. — Tuyaux. — Jarres. — Cuviers. — Alcarazzas. — Pots à fleurs. — Pipes en terre. — Filtres. — Carreaux. — Poteries vernissées à pâte poreuse. — Poteries lustrées. — Faïences stannifères. — Majoliques. — Faïences à vernis transparents. — Couvertes. — Faïences fines. — Poteries vernissées à pâte non poreuse. — Grès. — Porcelaines. — Porcelaines dures. — Porcelaines de Sèvres. — Porcelaines ordinaires. — Porcelaines orientales. — Porcelaines tendres. — Poteries non vernissées à pâte non poreuse. — Biscuits.

La Bière et l'Industrie de la Brasserie,

par PAUL PETIT, professeur à la Faculté des Sciences, directeur de l'École de brasserie de Nancy, 1895, 1 vol. in-16 de 420 pages, avec 74 figures, cartonné.. 5 fr.

Matières premières : Maltage. — Étude de l'eau, du houblon, de la poix — Brassage; Cuisson et houblonnage, refroidissement et oxygénation des moûts. — Fermentation: Maladies de la bière. — Contrôle de fabrication. — Consommation et valeur alimentaire de la bière. — Installation d'une brasserie. — Enseignement technique.

Chimie du Distillateur, *matières premières et produits de fabrication*, par P. GUICHARD, ancien chimiste de distillerie, 1895, 1 vol. in-16 de 408 pages, avec 75 figures, cartonné.... 5 fr.

Ce volume a pour objet l'étude chimique des matières premières, et des produits de fabrication de la distillerie. M. Guichard étudie successivement les éléments chimiques de la distillerie, leur composition et leur essai industriel.

Microbiologie du Distillateur, *ferments et fermentations*, par P. GUICHARD, 1895, 1 vol. in-16, de 392 pages, avec 106 figures et 38 tableaux, cartonné........................... 5 fr.

Historique des fermentations; matières albuminoïdes; ferments solubles, diastases, zymases ou enzymes; ferments figurés et levures; fermentations; composition et analyse industrielle des matières fermentées, malt, moûts, drêches, etc. Tableaux de la force réelle, des spiritueux, du poids réel d'alcool pur, des richesses alcooliques, etc.

L'Industrie de la Distillation, *levures et alcools*, par P. GUICHARD, 1897, 1 vol. in-16 de 415 pages, avec 138 figures, cartonné.. 5 fr.

Fabrication des liquides sucrés par le malt et par les acides. — Fermentation de grains, pommes de terre, mélasses, etc. — Industrie de la levûre de brasserie, de distillerie et levure pure. — Fabrication de l'alcool ; grains, pommes de terre, mélasses. — Distillation et purification de l'alcool. — Applications : levûres, alcools, résidus.

Placé pendant longtemps à la tête du laboratoire d'une fabrique de levure, M. Guichard a pu apprécier les besoins de cette grande industrie, et le traité qu'il publie aujourd'hui y donne satisfaction, en mettant à la portée des industriels, sous une forme simple, quoique complète, les travaux les plus récents des savants français et étrangers.

Le Sucre et l'Industrie sucrière, par PAUL HORSIN-DÉON, ingénieur-chimiste, 1895, 1 vol. in-16 de 495 pages, avec 83 figures, cartonné.. 5 fr.

Ce livre passe en revue tout le travail de la sucrerie, tant au point de vue pratique de l'usine, qu'au point de vue purement chimique du laboratoire ; c'est un exposé au courant des plus récents perfectionnements. Voici le titre des différents chapitres :

La betterave et sa culture. — Travail de la betterave et extraction du jus par pression et par diffusion, travail du jus, des écumes et des jus troubles, filtration, évaporation, cuite. — Appareils d'évaporation à effets multiples. — Turbinage. — Extraction du sucre de la mélasse. — Analyses. — Sucre de canne ou saccharose. — Glucose, lévulose et sucre interverti. — Analyse de la betterave, des jus, des écumes, des sucres, des mélasses, etc. — Le sucre de canne, culture et fabrication. — Raffinages des sucres.

J.-B. BAILLIÈRE ET FILS, 19 RUE HAUTEFEUILLE A PARIS

Savons et Bougies, par Julien LEFÈVRE, agrégé des

sciences physiques, professeur à l'École des sciences de Nantes, 1894,
1 vol. in-16 de 424 pages, avec 116 figures, cartonné .... 5 fr.

M. Lefèvre exposa d'abord les notions générales sur les corps gras neutres.

Il traite ensuite de la savonnerie et décrit les matières premières, les procédés de
fabrication, les falsifications et les modes d'essai. La seconde partie contient la fabrication
des chandelles, (moulage des bougies stéariques, fabrication des bougies colorées, creuses,
enroulées, allumettes-bougies, etc.), fabrication de la glycérine.

Dans les deux industries, l'auteur s'est appliqué à faire connaître les méthodes et les
appareils les plus récents et les plus perfectionnés.

Couleurs et Vernis, par G. HALPHEN, chimiste au Mi-

nistère du commerce, 1894, 1 vol. in-16 de 388 pages, avec 29 figures,
cartonné.. 5 fr.

Ce livre présente l'ensemble des connaissances générales relatives à la fabrication des
couleurs et vernis, tant au point de vue technique que dans leurs rapports avec l'art,
l'industrie et l'hygiène.

On trouvera réunis dans ce volume tous les renseignements qui peuvent guider l'artiste ou l'artisan dans le choix des substances qu'il veut employer et le fabricant dans
les manipulations qu'entraîne leur préparation. Il a été suivi une marche uniforme à
propos de chaque couleur: la synonymie, la composition chimique, la fabrication, les
propriétés et les usages. L'auteur a pu recueillir auprès des industries un grand nombre
de renseignements pratiques sur les procédés les plus employés.

Les Parfums artificiels, par Eug. CHARABOT, chimiste

industriel, professeur d'analyse chimique à l'École commerciale de
Paris, 1899, 1 vol. in-16 de 300 pages, avec 25 figures, cartonné 5 fr.

Les parfums synthétiques qui, incontestablement, présentent le plus d'intérêt au point
de vue de leurs applications sont: le terpinéol, la vanilline, l'héliotropine, l'ionone, le
musc artificiel. Ce sont eux qui ont droit au plus grand développement.

Toutefois l'auteur étudie en outre plusieurs principes naturels à composition définie
(linalol, bornéol, safrol) qui servent de matières premières pour la préparation de substances odorantes.

Ce livre rendra service aux chimistes, aux industriels, aux experts.

Cuirs et Peaux, par H. VOINESSON DE LAVELINES, chi-

miste au Laboratoire municipal, 1894, 1 vol. in-16 de 451 pages, avec
88 figures, cartonné..................................... 5 fr.

M. Voinesson de Lavelines passe d'abord en revue les peaux employées dans l'industrie des cuirs et peaux, puis les produits chimiques usités en hongroirie et mégisserie,
les végétaux tannants et les matières tinctoriales pour les peaux et la maroquinerie.
Vient ensuite la préparation des peaux brutes pour cuirs forts, le tannage des cuirs
forts et la fabrication des cuirs mous. Les chapitres suivants sont consacrés à l'industrie du corroyeur, qui donne aux peaux les qualités spéciales, nécessaires suivant les
industries qui les emploient: cordonniers, bourreliers, selliers, carrossiers, relieurs, etc.
L'art de vernir les cuirs, est décrit très complètement. Viennent ensuite la hongroirie,
la mégisserie, la chamoiserie et la buffletterie. L'ouvrage se termine par la maroquinerie,
l'impression et la teinture sur cuir, la parcheminerie et la ganterie.

L'industrie et le Commerce des Tissus,

en France et dans les différents pays, par G. JOULIN, chimiste au
Laboratoire municipal, 1895, 1 vol. in-16 de 346 pages, avec 76 fig.,
cartonné.. 5 fr.

Après avoir décrit les opérations préliminaires du tissage et les opérations spéciales
pour étoffes façonnées; M. Joulin consacre des chapitres distincts au coton (filature et
tissus de cotons, tissus unis, croisés, façonnés, velours, bonneterie, etc.) au lin, au jute,
au chanvre, à la ramie, et à la laine (filature, travail de la laine à cardes et à peigne,
draperie, reps, étamine, alpaga, barège, mérinos, velours, peluche, tapis, passementerie,
vêtement, etc.).

L'Eau dans l'Industrie, par P. GUICHARD, 1894, 1 vol.
in-16 de 417 pages, avec 80 figures, cartonné............... 5 fr.

M. Guichard s'occupe d'abord de l'analyse chimique, microscopique et bactériologique de l'eau, puis de la purification des eaux naturelles, par les procédés physiques ou chimiques. Il passe en revue les différentes espèces d'eaux employées ; puis il étudie la fabrication et l'emploi de la glace, et l'emploi de l'eau à l'état liquide dans les industries alimentaires, dans la teinturerie, la papeterie, les industries chimiques, etc. Il traite ensuite des eaux résiduaires et de leur purification.

L'Eau potable, par F. COREIL, directeur du laboratoire municipal de Toulon, 1896, 1 vol. in-16 de 359 pages, avec 136 figures, cartonné.................................... 5 fr.

Éléments et caractères de l'eau potable. Analyse chimique, prise d'échantillon, analyse qualitative et quantitative. Examen microscopique. Analyse bactériologique. Amélioration et stérilisation des eaux.

Les Eaux d'Alimentation, épuration, filtration, stérilisation, par Éd. GUINOCHET, pharmacien en chef de l'hôpital de la Charité, 1894, 1 vol. in-16 de 370 pages, avec 52 fig., cart. 5 fr.

I. *Filtration centrale :* Galeries filtrantes, filtres à sable, puits Lefort, procédés industriels. — II. *Filtration domestique: Epuration par les substances chimiques, filtres domestiques. Nettoyage et stérilisation des filtres* (Nettoyeur André, Expériences de M. Guinochet, stérilisation des bougies filtrantes). — III. *Stérilisation par la chaleur : Action de la chaleur, appareils stérilisateurs.*

L'Industrie du Blanchissage et les blanchisseries, par A. BAILLY, 1895, 1 vol. in-16 de 383 p., avec 106 fig., cart. 5 fr.

Ce livre est divisé en trois parties : 1° *le blanchiment des tissus neufs, des fils et des cotons ;* 2° *le blanchissage domestique du linge dans les familles ;* 3° *le blanchissage industriel.* L'ouvrage débute par une étude des matières premières employées dans cette industrie. A la fin sont groupés les renseignements sur les installations et l'exploitation moderne des usines de blanchisseries: on y trouvera décrite : 1° *l'installation et l'organisation des lavoirs publics ;* 2° *les blanchisseries spéciales du linge des hôpitaux, des restaurants, des hôtels à voyageurs, des établissements civils et militaires ;* 3° *la manière d'établir la comptabilité du linge à blanchir ;* 4° *les relations entre la direction des usines, leur personnel et leur clientèle.*

L'industrie de la Soude, par G. HALPHEN, 1895, 1 vol.
in-16 de 368 pages, avec 91 figures, cartonné................. 5 fr.

Cet ouvrage renferme ; 1° L'exposé des propriétés et des modes d'extraction des matières premières ; 2° L'étude des anciennes méthodes de fabrication de la soude ; 3° Un examen détaillé des procédés actuellement en usage dans les soudières, ce qui a nécessité les études spéciales de la fabrication du sulfate de soude, de la condensation de l'acide chlorhydrique, de la régénération de l'ammoniaque et du chlore dans le procédé à l'ammoniaque, de celle du soufre dans les marcs ou charrées de soude Leblanc ; 4° Les notions relatives à la fabrication de la soude caustique ; 5° Les principes généraux de fabrication de la soude par la cryolithe et les sulfures doubles.

J.-B. BAILLIÈRE ET FILS, 19 RUE HAUTEFEUILLE A PARIS

L'Or, propriétés physiques et chimiques, gisements, extraction, applications, dosage, par L. WEILL, ingénieur des mines. Introduction par U. LE VERRIER, professeur de métallurgie au Conservatoire des Arts et Métiers et à l'Ecole des mines, 1896, 1 vol. in-16 de 420 pages, avec 67 figures, cartonné.................................. 5 fr.
Propriétés physiques et chimiques; dosage. Géologie; minerais, gisement. Métallurgie; voie sèche, amalgamation et lixiviation. Elaboration: alliages, frappe des monnaies. Orfèvrerie: argenture. Rôle économique; commerce, statistique, avenir.

L'Argent, géologie, métallurgie, rôle économique, par Louis DE LAUNAY, professeur à l'École des mines, 1896, 1 vol. in-16 de 382 pages, avec 80 figures, cartonné...................... 5 fr.
Propriétés physiques et chimiques. — Gisements ; Gisements filoniens ; Gisements sédimentaires. — Alluvions aurifères. — Extraction. — Applications. — Orfèvrerie. — Médailles. — Monnaies. — Dosage. — Essai des minerais. — Essai des alliages.

Le Cuivre, par PAUL WEISS, 1893, 1 vol. in-16 de 344 pages, avec 86 figures, cartonné................................... 5 fr.
M. P. Weiss résume en un volume portatif toutes les données actuelles sur les gisements, la métallurgie et les applications du cuivre.
Dans une première partie, M. Weiss passe en revue l'origine, les gisements, les propriétés et les alliages du cuivre. Dans la deuxième partie, il passe en revue le grillage des minerais, la fabrication de la matte bronze, la transformation de la matte bronze en cuivre noir, l'affinage du cuivre brut et le traitement des minerais de cuivre par la voie humide.
La troisième partie traite des applications du cuivre, de son marché, de son emploi, de la fabrication et de l'emploi des planches de cuivre (chaudronnerie, etc.), de l'emploi du cuivre en électricité (tréfilerie, etc.), de la fonderie du cuivre et de ses alliages, enfin des bronzes et laitons.

L'Aluminium, par A. LEJEAL, Introduction par U. LE VERRIER, professeur à l'École des mines, 1894, 1 vol. in-16 de 357 pages, avec 36 figures, cartonné.................................. 5 fr.
Le volume débute par un exposé historique et économique. Vient ensuite l'étude des propriétés physiques et chimiques de l'aluminium et de ses sels, l'étude des minerais et de la fabrication des produits aluminiques. Les chapitres suivants sont consacrés à la métallurgie (procédés chimiques, électrothermiques et électrolytiques), aux alliages, aux emplois de l'aluminium, à l'analyse et à l'essai des produits aluminiques, enfin au mode de travail et aux usages de l'aluminium.
Le volume se termine par l'histoire des autres métaux terreux et alcalino-terreux : manganèse, baryum et strontium, calcium et magnésium.

Les Minéraux utiles et l'Exploitation des Mines, par KNAB, répétiteur à l'École centrale, 1894, 1 vol. in-16 de 392 pages, avec 76 figures, cartonné................. 5 fr.
Dans une première partie, *Gîte des minéraux utiles*, M. Knab expose les faits géologiques qui mènent à la connaissance du gisement des minéraux. Il décrit les gîtes minéraux, les combustibles minéraux, le sel gemme, les minerais, les mines de la France et des colonies et expose les principes qui doivent guider pour la reconnaissance des mines.
La seconde partie, *Exploitation des minéraux utiles*, traite de l'attaque de la masse terrestre (*abatage, voies de communication, exploitation*), et des transports de toute nature effectués dans le sein de la terre (*épuisement, aérage, extraction*). L'éclairage, la *descente des hommes*, les *accidents des mines* forment sous le titre de *Services divers* un groupe à part. Enfin, sous le nom de *Préparation mécanique des minerais*, l'auteur suit les minerais au-delà de l'instant où ils ont été amenés au jour, en vue de les livrer aux usines dans un état mieux approprié aux opérations à subir.

Précis de Physique industrielle, par H. PÉCHEUX, professeur à l'École pratique de commerce et d'industrie de Limoges. Introduction par M. Paul JACQUEMART, inspecteur général de l'enseignement technique, 1899, 1 vol. in-16 de 570 pages, avec 646 figures, cartonné.. 6 fr.

Le livre de M. Pécheux, répondant exactement au programme de physique des Écoles pratiques de commerce et d'industrie, est appelé à rendre d'utiles services aux élèves des Écoles pratiques et à tous les jeunes gens qui se destinent à l'industrie et qui doivent se familiariser avec les grands phénomènes physiques qu'ils sont exposés à rencontrer, dans tous les ateliers, en même temps qu'à toute une catégorie de jeunes gens mis dans l'impossibilité de suivre leur enseignement.

Traité d'Électricité industrielle, par R. BUSQUET, professeur à l'École industrielle de Lyon, 1900, 2 vol. in-16 de 500 pages chacun, avec 400 figures, cartonné................ 12 fr.

Il n'existait pas encore un véritable livre d'initiation qui permît d'aborder les questions d'électricité industrielle sans avoir fait au préalable des études spéciales. C'est cette lacune que l'auteur s'est proposé de combler voulant exposer simplement et sans le secours des hautes mathématiques les phénomènes électriques, sans rien sacrifier toutefois des principes exacts qui servent de base à l'électricité industrielle.

Le Monteur électricien, par E. BARNI, ingénieur-électricien et A. MONTPELLIER, rédacteur en chef de *l'Électricien*. 1900, 1 vol. in-16 de 500 pages, avec 120 figures, cartonné........... 5 fr.

Dynamos. — Lampes à arc et à incandescence. — Appareils auxiliaires. — Lignes aériennes et souterraines. — Canalisations intérieures. — Calculs et essais des conducteurs. — Accumulateurs. — Courant alternatif et courants polyphasés. — Distribution de l'énergie électrique. — Moteurs.

La Galvanoplastie, *le nickelage, l'argenture, la dorure, l'électrométallurgie et les applications chimiques de l'électrolyse*, par E. BOUANT, agrégé des sciences physiques, 1894, 1 vol. in-16 de 400 pages, avec 52 figures, cartonné............................. 5 fr.

I. *Notions générales sur l'électrolyse*: Unités pratiques de mesure. Sources d'électricité employées dans les opérations électrolytiques. Piles, accumulateurs, machines électrolytiques. — II. *Galvanoplastie*. Moulage. Disposition des bains, formation du dépôt, électrotypie. — III. *Électrochimie*: Décapage, cuivrage, argenture, dorure. Dépôt de divers métaux, coloration et ornementation par les dépôts métalliques. — IV. *Électrométallurgie*. — V. *Applications chimiques de l'électrolyse*: Épuration des eaux, désinfection, blanchiment, fabrication du chlore, tannage, préparation de l'oxygène, etc.

La Traction mécanique et les Voitures automobiles, par G. LEROUX et A. REVEL, ingénieurs du service de la traction mécanique à la Compagnie générale des Omnibus. 1900, 1 vol. in-16 de 394 pages, avec 108 figures, cartonné. 5 fr.

Les auteurs ont d'abord consacré un chapitre spécial à l'examen des organes qui sont communs à tous les systèmes. Puis ils passent en revue les TRAMWAYS A VAPEUR, à AIR COMPRIMÉ et A GAZ, les TRAMWAYS ÉLECTRIQUES et les TRAMWAYS FUNICULAIRES. Les trois derniers chapitres sont consacrés aux VOITURES AUTOMOBILES, *voitures à vapeur, voitures à essence de pétrole et voitures électriques*, et à la description des principaux *types d'automobiles*.

J.-B. BAILLIÈRE ET FILS 19 RUE HAUTEFEUILLE A PARIS

Chaux et Ciments, par T. LEDUC, directeur technique du laboratoire de contrôle des usines et des essais des chaux et ciments du service du génie militaire. 1902, 1 vol. in-16 de 350 pages, avec figures, cartonné.................................... 5 fr.

L'Industrie des Matières colorantes, par J. DUPONT, professeur à l'Institut commercial, chargé de conférences technologiques à l'École de physique et de chimie industrielles. Préface par Ch. LAUTH, directeur de l'École de physique et de chimie industrielles de la ville de Paris. 1902, 1 vol. in-16 de 364 pages, avec 31 figures, cartonné...................... 5 fr.

Matières colorantes naturelles : Bois de teinture, préparation des extraits. Autres matières végétales : indigo, pastel, garance, gaude, rocou, carthame, orseille, etc. Matières colorantes animales.

Matières colorantes artificielles. Le goudron de houille, traitement, examen des matières premières, produits intermédiaires. Matières diverses : dérivés nitrés, azoïques. Colorants azoïques, hydrazoniques, nitrosés. Dérivés de l'anthracène, du diphénylméthane et du triphénylméthane, de la quinone-imide, etc.

Applications des matières colorantes : les fibres textiles, teinture directe, application sur mordants, formation de la couleur sur la fibre.

La Machine à vapeur, par A. WITZ, docteur ès sciences, ingénieur des arts et manufactures. 2e *édition* entièrement refondue, 1902, 1 vol. in-16 de 350 p., avec 100 fig., cartonné. 5 fr.

Théorie générique et expérimentale de la machine à vapeur. Détermination de la puissance des machines. Classification des machines à vapeur. Distribution par tiroir et à déclic. Organes de la machine à vapeur. Types de machines, machines à grande vitesse, horizontales et verticales. Machines locomobiles demi-fixes et servo-moteurs, machines compactes, machines rotatives et turbo-moteurs.

Les Chemins de fer, par A. SCHOELLER, ingénieur des arts et manufactures, inspecteur de l'exploitation du chemin de fer du Nord. 2e *édition*, 1902, 1 vol. in-16 de 384 pages, avec 96 figures, cartonné....................................... 5 fr.

Construction, exploitation, traction. La voie, les gares, les signaux, les appareils de sécurité, la marche des trains, la locomotive, les véhicules, les chemins de fer métropolitains, — de montagne, — à voie étroite. Les tramways et les chemins de fer électriques.

L'Acétylène, par J. LEFÈVRE, professeur à l'École des sciences de Nantes. 1897, 1 vol. in-16 de 400 pages, avec figures, cartonné................................... 5 fr.

Le carbure de calcium, préparation et fabrication industrielle, propriétés, rendement. Préparation de l'acétylène. Générateurs divers. Acétylène liquide, dissous. Impuretés et purification. Propriétés chimiques. Éclairage : brûleurs, lampes, etc. Chauffage et force motrice. Applications chimiques. Inconvénients : toxicité, explosibilité. Règlements.

ENVOI FRANCO CONTRE UN MANDAT POSTAL

★★

Précis de Chimie atomique, tableaux schématiques coloriés,

par **J. Debionne**, professeur à l'École de médecine d'Amiens. 1896,
1 vol. in-16 de 192 pages, avec 43 planches, comprenant 175 figures
en 5 couleurs, cartonné.. **5 fr.**

Les progrès réalisés par la chimie moderne et l'innombrable variété de corps nouveaux auxquels l'application des nouvelles méthodes a donné naissance, n'ont pas été sans rendre l'étude de cette science plus aride et plus difficile. Aussi, combien de jeunes gens, effrayés par une suite interminable de mots barbares, qui semblent ôter à la science chimique tout son attrait, n'ont pas persévéré dans l'étude de cette science, faute d'avoir été aidés dès leurs premiers pas.

Dans toutes les sciences cependant on s'ingénie de plus en plus à donner de plus grandes facilités pour apprendre. L'enseignement par les yeux est certes un de ceux qui apprennent le plus vite et gravent le mieux dans la mémoire. Rien de semblable n'avait été tenté jusqu'ici pour la chimie.

L'idée de ce précis a été suggérée à l'auteur par les difficultés qu'ont les débutants à se reconnaître dans les ouvrages théoriques trop abstraits. Parler aux yeux, telle a été la préoccupation de M. DEBIONNE. L'originalité de ce précis de chimie atomique, c'est que les composés chimiques les plus importants y sont représentés schématiquement par des couleurs et des signes conventionnels.

Les Théories et les Notations de la Chimie moderne, par **A. de Saporta**. Introduction par C. FRIEDEL, de l'Institut, 1889.

1 vol. in-16, de 336 pages.................................... **3 fr. 50**

Ce volume débute par une introduction de M. Friedel, en faveur de l'emploi de la notation atomique, aujourd'hui usitée dans le monde entier. Cet ouvrage sera d'un grand secours aux jeunes chimistes qui ont besoin de se mettre, dès le principe, au courant de la notation chimique et de la constitution des corps.

Les Nouveautés chimiques, par G. Poulenc, docteur

ès sciences. Chaque année forme 1 vol. in-8 de 250 pages, avec
150 figures.. **4 fr.**
Années 1896, 1897, 1898, 1899, 1900, 1901, 1902. Chaque......... **4 fr.**

La Mécanique générale Américaine,

par **G. Richard**. 1896, 1 vol. gr. in-8 de 630 pages, avec 1441 figures... **8 fr.**
Chaudières. — Machines à vapeur. — Moulins à vent. — Turbines et roues hydrauliques. — Pompes à vapeur. — Appareils de levage (ascenseurs, grues, monte-charges, treuils, etc.). — Mécanismes (embrayages, câbles, courroies, engrenages, paliers, poulies).

Les Machines à Bois Américaines,

par **Vautier**. 1896, 1 vol. gr. in-8 de 144 pages, avec 107 figures... **3 fr. 50**
Scies et machines à scier. — Machines à mortaiser et à raboter. — Machines à découper, moulurer et sculpter.

Dictionnaire
de Chimie

COMPRENANT :

*les applications aux Sciences, aux Arts, à l'Agriculture et à l'Industrie,
à l'usage des Chimistes, des Industriels,
des Fabricants de produits chimiques, des Laboratoires municipaux,
de l'École centrale, de l'École des Mines, des Écoles de Chimie, etc.*

Par E. BOUANT
AGRÉGÉ DES SCIENCES PHYSIQUES

Introduction par **M. TROOST**, Membre de l'Institut

1 vol. gr. in-8 de 1220 pages, avec 400 figures.......... **25 fr.**

Sous des dimensions relativement restreintes, le *Dictionnaire de Chimie* de M. BOUANT contient tous les faits de nature à intéresser les chimistes, les industriels, les fabricants de produits chimiques, les pharmacies, les étudiants.

Parmi les corps si nombreux que l'on sait aujourd'hui obtenir et que l'on étudie dans les laboratoires, on a insisté tout particulièrement sur ceux qui présentent des applications. Sans négliger l'exposition des théories générales, dont on ne saurait se passer pour comprendre et coordonner les faits, on s'est restreint cependant à rester le plus possible sur le terrain de la chimie pratique. Les préparations, les propriétés, l'analyse des corps usuels sont indiquées avec tous les développements nécessaires. Les fabrications industrielles sont décrites de façon à donner une idée précise des méthodes et des appareils.

A la fin de l'étude de chaque corps, une large place est accordée à l'examen de ses applications. On ne s'est pas contenté, sur ce point, d'une rapide énumération. On a donné des indications précises, et fréquemment même des recettes pratiques qu'on ne rencontre ordinairement que dans les ouvrages spéciaux.

Ainsi conçu, ce Dictionnaire a sa place marquée dans les laboratoires de chimie appliquée, les laboratoires municipaux, les laboratoires agricoles. Il rendra également de grands services à tous ceux qui, sans être chimistes, ne peuvent cependant rester complètement étrangers à la chimie.

J.-B. BAILLIÈRE ET FILS 19 RUE HAUTEFEUILLE A PARIS

Traité élémentaire de Physique, par A. Imbert,

professeur de physique à la Faculté de Montpellier, et H. Bertin-Sans, chef des travaux de physique à la Faculté de Montpellier. 1896, 2 vol. in-8 de 1124 pages, avec 464 figures et 6 planches coloriées.. **16 fr.**

En écrivant ce nouveau *Traité de Physique*, MM. Imbert et Bertin-Sans ont eu la double préoccupation de satisfaire à une bonne instruction scientifique générale et de donner aux élèves toutes les notions théoriques dont ils auront besoin plus tard pour comprendre et utiliser les applications de la physique. C'est un traité complet, suffisamment développé, pour permettre de préparer tous les examens dans les programmes desquels entre la physique. L'ouvrage, écrit avec clarté et précision, est illustré de très nombreuses figures intercalées dans le texte et même de planches coloriées hors texte, pour l'optique : c'est là une innovation qui sera particulièrement appréciée.

Manipulations de Physique. Cours de travaux pratiques, par

A. Leduc, maître de conférences à la Faculté des sciences de Paris. 1895, 1 vol. in-8 de 384 pages, avec 144 figures......... **6 fr.**

Chargé par M. Bouty, professeur à la Faculté des sciences de Paris, de réorganiser le service des manipulations du laboratoire d'enseignement de la physique, M. Leduc s'est trouvé à même de faire une étude critique approfondie des manipulations les plus usuelles.

M. Leduc a introduit, au commencement de chaque série de manipulations, les notions que l'on doit avoir bien présentes à l'esprit au moment de les mettre en pratique, afin de tirer le meilleur profit de l'exercice entrepris. D'autre part, il a insisté sur le *mode opératoire*, sur les précautions à prendre dans les diverses mesures pour mener l'opération à bonne fin et trouver des résultats exacts.

Voici la liste des principaux sujets traités : Instruments de mesure. Balances. Densités. Pression atmosphérique. Thermomètres. Calorimétrie. Densité des vapeurs. Hygrométrie. Miroirs et lentilles. Photographie. Microscope composé. Prisme. Indices de réaction. Spectroscopie. Photométrie. Polarisation chromatique et rotatoire. Charges et densités électriques. Balance de Coulomb. Machines électriques. Electromagnétisme. Galvanomètres et appareils de mesures électromagnétiques. Enregistrement des vibrations.

Manipulations de Physique, Cours de travaux pratiques,

par H. Buignet, professeur à l'École de pharmacie de Paris. 1877, 1 vol. gr. in-8 de 788 p., avec 265 figures et pl. col., cart... **16 fr.**

Citons parmi les sujets traités : poids spécifiques, aréométrie, mesure de volume des gaz, thermométrie, changement de volume et changement d'état, calorimétrie, hygrométrie, transmission de la chaleur rayonnante, pouvoir conducteur, électrolyse, galvanoplastie, application des électro-aimants, photométrie, gonométrie, observations microscopiques, lumière polarisée, analyse spectrale, photographie.

Traité élémentaire de Chimie, par R. Engel, Professeur à l'Ecole Centrale des arts et manufactures. 1895, 1 vol. in-8 de 700 p. avec 165 figures............ 8 fr.

Le *Traité de Chimie* de M. Engel est le premier ouvrage qui ait été spécialement rédigé conformément aux programmes du certificat d'études physiques, chimiques et naturelles, et des examens d'entrée à l'Ecole centrale des arts et manufactures.

L'auteur s'est proposé, dans ce livre, de présenter un exposé méthodique de la science et de coordonner l'étude spéciale de chaque corps suivant un plan uniforme, de manière à faciliter la mémoire des faits si nombreux en chimie. Il s'est efforcé, d'autre part, de rattacher les notions spéciales à des idées générales et de porter ainsi le lecteur à des rapprochements qui facilitent la compréhension des phénomènes et celle du mécanisme des réactions.

Dans ce but, il a apporté à la disposition habituellement adoptée des matières diverses modifications auxquelles l'a amené l'expérience acquise depuis vingt années d'enseignement. C'est ainsi que : 1° Les propriétés générales des sels sont exposées dans la première partie de l'ouvrage. — 2° Les genres de sels sont décrits immédiatement après l'acide dont ils dérivent et dont l'histoire se trouve ainsi complétée. — 3° Les caractères analytiques des sels, qui se confondent avec ceux de l'acide, figurent à la suite de la description de chaque genre de sel et non dans une partie spéciale du livre. — 4° La plupart des équations chimiques qui ne sont pas des phénomènes de double décomposition sont complétées par l'indication du phénomène thermique qui les accompagne.

Manipulations de Chimie, Préparations et Analyses, par L. Etaix, chef des travaux chimiques à la Faculté des sciences de Paris. Préface de M. Joannis, Professeur à la Faculté des sciences de Paris. 1897, 1 vol. in-8 de 276 pages avec 150 figures............... 5 fr.

Ce livre aidera tous ceux qui débutent dans les laboratoires de chimie pour la préparation des principaux corps étudiés dans les cours, la répétition des expériences importantes et surtout les recherches analytiques, qualitatives, et quantitatives.

La connaissance des instruments dont on aura à se servir, la description détaillée et rendue plus claire par des figures des opérations simples que l'on a à effectuer pour monter un appareil, leur montage et leur vérification avant l'expérience forment l'*introduction*. Une suite de vingt manipulations comprend les *préparations des principaux corps* et les précautions à prendre pour que celles-ci soient bien faites et pour éviter tout danger dans le maniement de produits souvent dangereux et dans la conduite de réactions parfois sujettes à se produire trop vivement.

La partie relative à la *chimie analytique*, si particulièrement riche en applications, est divisée en deux parties. La première, consacrée à l'*analyse qualitative*, comprend la préparation des dissolutions employées comme réactifs, les caractères analytiques des principaux métaux et des acides les plus importants et la marche systématique à suivre pour reconnaître ces corps dans une dissolution ou dans un mélange de plusieurs sels dissous ou solides. Dans la deuxième partie, après un exposé rapide des *procédés volumétriques*, l'auteur aborde l'alcalimétrie, les essais par le permanganate de potassium, l'iodométrie, la sulfhydrométrie, puis les essais d'argent par la voie humide et la voie sèche. L'*analyse organique* et l'*analyse des gaz* terminent cet ouvrage.

Manipulations de Chimie, par E. Jungfleisch, Professeur au Conservatoire des Arts et Métiers. *Deuxième édition*, 1893, 1 vol. gr. in-8 de 1180 pages, avec 374 figures, cartonné............... 25 fr.

Cet ouvrage fournit à ceux qui commencent l'étude pratique de la chimie les renseignements techniques nécessaires à l'exécution des opérations les plus importantes. Il expose les conditions dans lesquelles chaque expérience doit être faite, les difficultés et les accidents auxquels elle peut donner lieu, les causes d'insuccès qu'on y rencontre, les moyens à mettre en œuvre pour en assurer le résultat. Il servira de guide dans toutes les écoles où s'organisent des manipulations.

ŒNOLOGIE

Sophistication et analyse des vins, par ARMAND GAUTIER, membre
de l'Institut et de l'Académie de médecine, professeur de chimie à la
Faculté de médecine de Paris. 4e *édition entièrement refondue.* 1 vol.
in-18 de 356 p., avec fig. et 4 pl. noires et color., cart...... **6 fr.**

L'ouvrage est divisé en deux parties : dans la première, l'auteur s'occupe du dosage
de divers éléments du vin. Dans la seconde partie, M. A. Gautier s'occupe de la recherche des diverses sophistications : mouillage et vinage, addition de vins de raisins
secs, coloration artificielle, plâtrage et déplâtrage, phosphatage et tartrage des moûts.
Dans la partie si importante de la coloration artificielle, les procédés de recherches
de M. Ch. Girard, directeur du Laboratoire municipal, sont minutieusement exposés.

La coloration artificielle des vins, par MARIUS MONAVON, pharmacien de 1re classe. 1 vol. in-16 de 68 pages, avec fig....... **2 fr.**

L'essai commercial des vins et des vinaigres, par J. DUJARDIN.
1 vol. in-16 de 368 pages, avec 366 fig., cartonné............ **4 fr.**

Cet ouvrage s'adresse à tous ceux qui ont besoin de savoir essayer les moûts, doser
l'alcool, l'extrait sec, les cendres, le sucre, le tannin, la glycérine, etc. : — rechercher
la présence des raisins secs, du plâtre, de l'acide sulfurique, de l'acide azotique, de
l'acide chlorhydrique, de l'acide borique, de l'acide salicylique, de la saccharine, des
colorants, etc., — connaître enfin les principales maladies du vin. L'ouvrage est complété par la fabrication, l'analyse et l'essai des vinaigres.

La chimie des vins, les vins naturels, les vins manipulés et falsifiés,
par A. DE SAPORTA. 1 vol. in-16 de 160 p., avec figures........ **2 fr.**

Les vins sophistiqués, procédés simples pour reconnaître les
sophistications les plus usuelles, par ETIENNE BASTIDE, pharmacien de
1re classe. 1 vol. in-16 de 160 pages, avec figures............ **2 fr.**

Coloration artificielle. — Réactifs. — Matières colorantes (fuchsine, caramel, dérivés
de la houille, couperose, indigo, cochenille, baies de sureau, rose trémière, phytolaque,
troène, etc.). — Essai des teintures des étoffes par le vin. — Examen microscopique. —
Action des vins colorés artificiellement sur l'homme. — Vinage ou alcoolisation et
mouillage. — Addition sulfurique. — Salicylage. — Addition d'acide oxalique et d'acide
tartrique. — Plâtrage. — Alunage et salage.

Le vin et la pratique de la vinification, par V. CAMBON, président
de la Société de viticulture de Lyon. 1892, 1 vol. in-16 de 358 p.,
avec 100 figures, cartonné..................................... **4 fr.**

La coloration des vins, par les couleurs de la houille, par
P. CAZENEUVE, professeur à la Faculté de Lyon. 1 vol. in-16 de
316 pages... **3 fr. 50**

Traité de distillerie, par GUICHARD. 1896, 3 vol. in-18 jésus de
400 pages, avec figures, cartonné.......................... **15 fr.**

   I. Chimie du distillateur : matières premières et produits de fabrication.... **5 fr.**
   II. Microbiologie du distillateur : ferments et fermentation................ **5 fr.**
   III. Industrie de la distillation : levures et alcools..................... **5 fr.**

**L'alcool au point de vue chimique, agricole, industriel, hygiénique
et fiscal,** par LABSALÉTRIER, 1 vol. in-16 de 312 p., et 62 fig. **3 fr. 50**

Les eaux-de-vie et la fabrication du cognac, par A. BAUDOIN,
directeur du Laboratoire de Cognac. 1893, 1 vol. in-16 de 278 pages,
avec 89 figures, cartonné.................................... **4 fr.**

La fabrication des liqueurs, par J. DE BRÉVANS, chimiste principal
au Laboratoire municipal de Paris. 2e *édition.* 1898, 1 vol. in-18, de
324 pages, avec 93 figures, cartonné........................ **4 fr.**

Les Liqueurs. Composition des principaux types de liqueurs, par
Ch. GIRARD, directeur du Laboratoire municipal. 1901, in-8, 15 p. **1 fr.**

Les boissons hygiéniques, par ZABOROWSKI, 1889, 1 vol. in-16, 156 pages, avec 24 figures.......................... 2 fr.

De l'eau comme boisson. — Le filtrage de l'eau. — L'eau glacée. — Les eaux minérales naturelles. — Les eaux gazeuses artificielles. — L'eau aromatisée, — L s infusions. — Les tisanes. — Le lait. — Les fruits. — Les boissons de fruits. — Le cidre. — Les boissons de raisin secs. — La bière.

La vigne et le vin dans le midi de la France, par A. de SAPORTA, 1894, 1 vol. in-16, de 160 pages avec figures........................... 2 fr.

Les vignobles du midi. — Le phylloxéra. — La submersion. — Les vignes américaines. — Les plantations de sable. — L'installation des caves et des celliers du midi.

La chimie des vins, les vins naturels, les vins manipulés et falsifiés, par A. de SAPORTA, 1889, 1 vol. in-16, de 160 pages, avec 14 figures........................... 2 fr.

Les vins naturels. — Composition. — Méthode d'analyse. — Diversité de composition. *Les vins manipulés et falsifiés.* — Plâtrage des vins. — Emploi du sucre et de l'alcool pour améliorer les vins. — Mouillage et vinage. — Falsifications de nature complexe.

Les vins sophistiqués, procédés simples pour reconnaître les sophistications les plus usuelles, par ÉTIENNE BASTIDE, 1889, 1 vol. in-16, de 152 pages, avec figures................ 2 fr.

Coloration artificielle. — Réactifs. — Matières colorantes (fuchsine, caramel, dérivés de la houille, indigo, couperose, cochenille, baies de sureau, rose trémière, phytolaque, troène, etc.). — Essai de teinture des étoffes par le vin. — Examen microscopique. — Action des vins colorés artificiellement sur l'homme. — Vinage ou alcoolisation et mouillage. — Addition d'acide sulfurique. — Salicylage. — Addition d'acide oxalique et d'acide tartrique. — Plâtrage. — Alunage et salage.

La coloration artificielle des vins, par MARIUS MONAVON, pharmacien de première classe, 1890, 1 vol. in-16, de 160 pages, avec figures............................ 2 fr.

La coloration artificielle des vins est devenue un art si complexe que ce n'est pas trop de tout un volume pour exposer les procédés d'analyse permettant de la découvrir. Tous les chimistes ont apporté leur contingent à ces procédés, chacun a imaginé le sien et, comme l'ingéniosité des fraudeurs croissait avec l'habileté de leurs adversaires, il fallait tous les trois mois changer de méthode, trouver d'autres réactifs pour déjouer leurs artifices. De là est résulté un véritable encombrement de la chimie analytique appliquée aux vins, et un nouveau venu dans la science se fût trouvé fort embarrassé de trouver sa voie dans ce labyrinthe. M. Monavon s'est proposé de contrôler et de comparer toutes les méthodes et d'indiquer celles qui permettent d'arriver à un résultat hors de toute contestation.

Ce livre est écrit avec méthode et clarté, au courant des actualités, et rendra des services très appréciés aux chimistes spéciaux.

PRÉCIS
DE
Physique Industrielle
Par H. PÉCHEUX
PROFESSEUR A L'ÉCOLE PRATIQUE DE COMMERCE ET D'INDUSTRIE DE LIMOGES
AVEC UNE PRÉFACE
de M. Paul JACQUEMART, Inspecteur général de l'Enseignement technique.
1899. 1 volume in-18 de 570 pages, avec 464 figures, cartonné : **6 fr.**

M. Pécheux vient de publier un ouvrage qui répond à ce besoin nouveau de l'enseignement créé pour donner à la nouvelle génération des notions industrielles, de jour en jour plus indispensables.

C'est la reproduction du cours professé par l'auteur à l'École pratique du commerce et d'industrie de Limoges. Son objet est d'ailleurs nettement exposé dans la préface, écrite par M. Jacquemard, inspecteur général de l'enseignement technique.

L'ouvrage est divisé en deux parties. Dans la première l'auteur expose, en se servant exclusivement de la méthode expérimentale, les connaissances fondamentales des diverses branches de la physique. Dans la seconde, plus développée, il traite des grandes applications industrielles de la physique.

L'électricité occupe la plus grande partie du livre (400 pages environ sur 570). Les notions élémentaires de la science électrique, exposées dans la première partie, sont groupées de manière à permettre de comprendre aisément l'électricité appliquée, étudiée dans la seconde partie. Ces notions nous ont paru présentées sous une forme suffisamment élémentaire et avec assez de clarté pour pouvoir être comprises des lecteurs auxquels elles s'adressent. Quant aux applications de l'électricité, dont l'exposé est précédé d'une description des principaux moteurs thermiques et hydrauliques employés dans l'industrie, elles occupent dans le livre une place en rapport avec leur développement actuel.

En somme, cet ouvrage constitue une excellente préparation à l'entrée dans l'industrie des jeunes gens ayant une bonne instruction primaire.

Ce volume fait partie de l'*Encyclopédie industrielle*, dans laquelle M. Guichard a précédemment publié un *Précis de chimie industrielle* (5 fr.) répondant aux mêmes besoins.

Précis de Chimie industrielle, notation atomique,
par P. Guichard. 1894, 1 vol. in-18 jésus de 422 pages, avec 68 figures, cartonné.. **5 fr.**

LIBRAIRIE J.-B. BAILLIÈRE ET FILS

Traité d'Électricité

Industrielle

Par R. BUSQUET
Professeur à l'École industrielle de Lyon

1900, 2 vol. in-16 de 1 032 pages, illustrés de 562 fig., cart. **12 fr.**

Les ouvrages techniques sur l'électricité ne manquent pas, mais ils s'adressent, en général, à des personnes ayant des connaissances mathématiques relativement élevées, ou possédant des notions étendues sur la science électrique.

Il n'existait pas encore un véritable livre d'initiation, qui permît à tout homme intelligent et désireux de s'instruire, d'aborder directement les questions d'électricité industrielle, sans avoir fait, au préalable, des études spéciales. C'est cette lacune que M. Busquet s'est proposé de combler en exposant simplement et sans le secours des hautes mathématiques, les phénomènes électriques et les lois qui les régissent, sans rien sacrifier toutefois des principes exacts qui servent de base à l'électricité industrielle.

Toutefois, s'il exclut de son exposé les théories mathématiques transcendantes, il ne prétend pas supprimer ni négliger les résultats numériques et les calculs simples qui permettent de les établir, dans le domaine de la pratique; seulement, il les met à part, de manière à dégager entièrement l'enseignement théorique de toute complication de chiffres ou d'opérations, et il ne met d'ailleurs à contribution dans ces calculs que les opérations ordinaires de l'arithmétique ou de la géométrie.

De là, deux parties bien distinctes dans l'ouvrage : l'une, constituant l'exposé théorique de l'électricité industrielle, s'adresse à tous ceux qui veulent simplement s'initier à l'étude de cette science, se familiariser avec ses multiples applications; l'autre, imprimée en petits caractères, contient les formules simples et les applications numériques, que tout praticien est appelé à connaître et à utiliser.

Voici un aperçu des matières traitées :

I. *Notions primordiales. — Le courant électrique. — Magnétisme. — Aimantation et Induction. — Induction électro-magnétique. — Les Dynamos. — Les Dynamos à courant continu. — Fonctionnement des Dynamos. — Description des divers types de dynamos à courant continu. — Les courants alternatifs. — Dynamos à courants alternatifs. — Divers types d'alternateurs.*

II. *Distribution des courants électriques. — Transmission électrique de l'énergie. Moteurs. — Applications mécaniques de l'énergie électrique. — Éclairage électrique. — Électrochimie. — Canalisations. Appareils de mesure. Conduite des dynamos. — Télégraphie et Téléphonie.*

Ce nouveau traité donnera donc pleine satisfaction aux nombreuses personnes qui, sans appartenir au monde technique ou scientifique, ont le légitime désir de se mettre au courant de l'électricité moderne; de même qu'il rendra de réels services aux électriciens amateurs ou professionnels, qui trouveront dans la partie spéciale tous les renseignements techniques et pratiques dont ils auront besoin dans les applications de l'énergie électrique.

LIBRAIRIE J.-B. BAILLIÈRE ET FILS, 19, RUE HAUTEFEUILLE, A PARIS

Tableaux synoptiques d'Analyses

Le chimiste et le pharmacien qui font une analyse n'ont pas le temps de lire de longues descriptions : la collection de *Tableaux synoptiques*, dont la librairie J.-B. Baillière et Fils entreprend la publication, leur rendra les plus grands services et est appelée à devenir le vade-mecum de tous les laboratoires. Dix volumes ont déjà paru :

Tableaux synoptiques pour l'Analyse des Urines et des dépôts urinaires, par M. G. DREVET, pharmacien de 1re classe. 2e *édition*, 1901, 1 vol. in-16 de 72 p., avec 7 planches, cart.   **1 fr. 50**

Tableaux synoptiques pour l'Analyse des Engrais et des Amendements, par M. P. GOUPIL, pharmacien de 1re classe. 1900, 1 vol. in-16 carré de 80 pages, avec figures, cartonné.....   **1 fr. 50**

Généralités, solutions et réactifs, appareils, méthodes d'analyses, etc. Analyses spéciales : azote nitrique, azote ammoniacal, azote organique, acide phosphorique, potasse, humidité, sulfate d'ammoniaque, azotate de potasse, chlorure de potassium, sulfate de potasse, guano, sang desséché, corne, chair desséchée, engrais commerciaux composés, fumier, purin, poudrette, vidanges, vinasses, eaux d'égout, chaux, calcaires, marnes, plâtre.

Tableaux synoptiques pour l'Analyse des Conserves alimentaires, par le Dr C. MANGET, pharmacien major de l'armée. 1902, 1 vol. in-16 de 70 pages, avec figures, cartonné.....   **1 fr. 50**

Tableaux synoptiques pour l'Analyse des Vins, de la Bière, du Cidre et du Vinaigre, par P. GOUPIL, pharmacien de 1re classe. 1900, 1 vol. in-16 de 80 pages, avec 10 figures, cartonné.   **1 fr. 50**

Vin : Densité. Acidité. Extrait sec à 100°. Alcool. Glycérine. Sulfate et Bitartrate de potasse. Sucre. Tanin. Cendres. Chlorures. Phosphates. Acides carbonique et succinique. Falsifications et altérations. Vinage. Acides minéraux libres. Acide sulfureux. Acide borique. Acide salicylique. Abrastol. Saccharine. Alun. Plomb. Cuivre. Colorants. Maladies des vins. — *Bière :* Éléments normaux et caractères à déterminer. Falsifications. — *Cidre :* Éléments normaux. Falsifications. — *Vinaigre :* Éléments normaux. Falsifications.

Tableaux synoptiques pour l'Analyse du Lait, du beurre et du fromage, par P. GOUPIL. 1900, 1 vol. in-16 de 64 pages, avec 5 fig., cartonné..   **1 fr. 50**

Lait : Dosages et recherches. Éléments normaux. Caractères organoleptiques. Densité. Crème. Extrait sec à 100°. Cendres. Beurre. Caséine. Lactose. Falsifications et altérations. Mouillage. Acide borique. Borax. Acide salicylique. Bicarbonate de soude. Dextrine. Amidon. Examen microscopique. Lait normal et altérations. Falsifications. — *Beurre :* Éléments normaux. Humidité. Matières insolubles dans l'éther. Cendres. Matières grasses. Éléments normaux et falsifications. Matières grasses étrangères. Chlorure de sodium. Acide borique. Borax. Acide salicylique. Bicarbonate de soude. Matières colorantes. — *Fromage :* Caractères normaux. Humidité. Cendres. Chlorure de sodium. Matière grasse. Acidité. Falsifications.

ENVOI FRANCO CONTRE UN MANDAT POSTAL

Les Secrets de la science et de l'industrie.

Recettes, formules et procédés d'une utilité générale et d'une application journalière, par A. HÉRAUD, pharmacien en chef de la marine, professeur à l'École de médecine navale de Toulon. 1888, 1 vol. in-16 de 386 pages, avec 163 figures, cartonné......... 4 fr.

L'électricité ; les machines ; les métaux ; le bois ; les tissus ; la teinture ; les produits chimiques ; l'orfèvrerie ; la céramique ; la verrerie ; les arts décoratifs ; les arts graphiques.

Les Secrets de l'économie domestique,

à la ville et à la campagne. Recettes, formules et procédés d'une utilité générale et d'une application journalière, par le professeur A. HÉRAUD. 1889, 1 vol. in-16 de 884 pages, avec 241 figures, cartonné... 4 fr.

L'habitation ; le chauffage ; les meubles ; le linge ; les vêtements ; la toilette et l'entretien, le nettoyage et la réparation des objets domestiques ; les chevaux ; les voitures ; les animaux et les plantes d'appartements ; la serre et le jardin ; la destruction des animaux nuisibles.

Les Secrets de l'alimentation. Recettes, formules

et procédés d'une utilité générale et d'une application journalière, par le professeur A. HÉRAUD. 1890, 1 vol. in-16 de 428 pages, avec 221 figures, cartonné.. 4 fr.

Le pain, la viande, les légumes, les fruits ; l'eau, le vin, la bière, les liqueurs, la cave, la cuisine, l'office, le fruitier, la salle à manger, etc.

Ces trois ouvrages de M. le professeur Héraud contiennent une foule de renseignements que l'on ne trouverait qu'en consultant un grand nombre d'ouvrages différents. C'est une petite encyclopédie qui a sa place marquée dans la bibliothèque de l'industriel et du campagnard. M. Héraud met à contribution toutes les sciences pour en tirer les notions pratiques qui peuvent être utiles. De là, des recettes, des formules, des conseils de toute sorte et l'énumération de tous les procédés applicables à l'exécution des diverses opérations que l'on peut vouloir tenter soi-même.

Jeux et récréations scientifiques, Applications

usuelles des mathématiques, de la physique, de la chimie et de l'histoire naturelle, par le professeur A. HÉRAUD. 1903. 2 vol. in-16 de 400 pages chacun, avec 437 figures, cartonné................. 8 fr.

Les infiniment petits, la microscopie, récréations botaniques, illusions des sens, les trois états de la matière, les propriétés des corps, les forces et les actions moléculaires, équilibre et mouvement des fluides, la chaleur, le son, la lumière, l'électricité statique, le magnétisme, l'électricité dynamique, récréations chimiques, les gaz, les combustions, les corps explosifs, la cristallisation, les précipités, les liquides colorés, les décorations, les écritures secrètes, récréations mathématiques, propriétés des nombres, le jeu du Taquin, récréations astronomiques et géométriques, jeux mathématiques et jeux de hasard.

Ouvrages recommandés par le ministre de l'instruction publique pour les bibliothèques populaires.

J.-B. BAILLIÈRE ET FILS, 19, RUE HAUTEFEUILLE, A PARIS.

Aide-mémoire de Photographie, par Alb. LONDE,

directeur du service de photographie de la Salpêtrière. 2e édition, 1898, 1 vol. in-16 de 416 pages avec 75 figures, cartonné...   4 fr.

La lumière. — Le matériel photographique. — La chambre noire, l'objectif, l'obturateur, le viseur, le pied. — L'atelier vitré. — Le laboratoire. — Le négatif. — Exposition. — Développement. — Le positif. — Procédés photographiques. — La photocollographie. — Les agrandissements. — Les projections. — La reproduction des couleurs. — Orthochromatisme. — Procédé Lippman. — La photographie à la lumière artificielle. — Les rayons X.

M. Londe examine d'abord les principes théoriques qui sont la base de la photographie, puis le matériel nécessaire pour la reproduction de l'image négative, les divers procédés de préparation de la couche sensible, l'exécution du cliché, puis le développement de l'image latente. Il aborde ensuite l'étude des nombreux procédés qui permettent de multiplier l'image positive, et il s'arrête plus particulièrement sur ceux qui sont les plus pratiques, les plus employés et, par suite, à la portée de tous.

Au lieu de se contenter de simples descriptions, ou d'une sèche énumération de formules sans commentaires, il donne toujours un avis motivé ou une appréciation absolument impartiale, du reste, sur les points examinés. De cette manière, le lecteur, au lieu d'être désorienté au milieu de nombreux procédés qu'on lui signale, trouvera, au contraire, dans ses conseils, un guide sûr qui facilitera ses recherches et lui évitera bien des tâtonnements.

Formulaire des Nouveautés photographiques, par Georges BRUNEL. 1898, 1 vol. in-16 de 343 pages, avec 144 figures, cartonné.................................... 4 fr.

Grouper, analyser et présenter d'une façon méthodique, en même temps que critique, toutes les nouveautés photographiques : tel est le but de ce livre.

Dans un premier chapitre, M. Brunel expose tout ce qui concerne les appareils : chambres noires, détectives, jumelles, cyclographes, objectifs et obturateurs. Le deuxième chapitre est consacré aux accessoires : châssis, viseurs, pieds, lampes, sécheurs et agitateurs, appareils d'agrandissement, de laboratoire, d'atelier, de vérification. Vient ensuite la photographie composite, la multiplication des images, etc. Le chapitre III traite de la photographie au magnésium. Dans le chapitre IV sont passés en revue toutes les formules et recettes nouvelles pour la pose, le développement, le virage, les réducteurs et renforcements, la revivification des épreuves voilées, les colles, vernis, émails et couleurs, les papiers photographiques, les produits chimiques, etc.

Enfin dans un dernier chapitre, sont exposées les applications de la photographie scientifique et artistique : la photographie des couleurs, le cinématographe, la reproduction à distance des dessins et gravures, la radiographie ou photographie de l'invisible, la photographie et l'illustration du livre, etc.

Carnet-agenda du Photographe à l'usage des Amateurs et des Professionnels, par Georges BRUNEL. 1900, 1 vol. in-16 de 350 pages avec figures, cartonné................... 4 fr.

Solution de tous les problèmes et des difficultés qui se présentent dans la technique opératoire de la photographie — procédés — formules — tours de main — nouveautés — adresses des laboratoires — sites à photographier.

Cet agenda contient une foule de renseignements pratiques que l'on ne trouvait qu'en consultant un grand nombre d'ouvrages différents : documents pratiques, physiques, chimiques et surtout opératoires, essai des appareils, temps de pose, formulaires (ables), etc.

ENVOI FRANCO CONTRE UN MANDAT POSTAL

Les Industries d'amateurs, Le papier et la toile,
la terre, la cire, le verre et la porcelaine, le bois, les métaux, par
H. DE GRAFFIGNY. 1889, 1 vol. in-16 de 365 pages, avec 395 figures,
cartonné.. 4 fr.

Cartonnages, abat-jours, masques, papiers de tenture, encadrements, brochage et
reliure, fleurs artificielles, cerf-volant, aérostats, feux d'artifices. — Modelage, moulage,
gravure sur verre, peinture de vitraux, lanterne magique, mosaïques. — Menuiserie,
tour, découpage du bois, marqueterie et placage. — Serrurerie, gravure en taille-
douce, mécanique, électricité, galvanoplastie, nickelage, métallisation, horlogerie.

Le nombre des amateurs de travaux manuels augmente chaque jour : ce manuel sera
un guide précieux pour éviter les tâtonnements du début et réduire au minimum le
temps de l'apprentissage.

On y trouvera une foule de moyens pour occuper utilement et agréablement ces
loisirs.

La Menuiserie, par A. POUTIERS, professeur à l'École des
Arts industriels d'Angers. 1896, 1 vol. in-16 de 376 pages, avec
133 figures, cartonné... 4 fr.

M. Poutiers, tout d'abord, passe rapidement en revue la *Menuiserie* à travers les
âges et chez les différents peuples. Dans le deuxième chapitre, il développe l'*Art du
Menuisier*, la connaissance des bois, leur choix et leur appropriation aux différentes
sortes de travaux ; les préparations que l'on doit faire subir avant de les employer, et
enfin les opérations chimiques auxquelles on les soumet dans certains cas.

Le troisième chapitre traite de la *Menuiserie plane* en général, tracé et construction,
application des différentes sortes de menuiserie aux divers usages auxquels on les destine. Le quatrième chapitre est un abrégé de l'*Art du Trait* proprement dit, s'appliquant
à toutes les parties de menuiserie où s'emploient les divers tracés.

La description des escaliers et l'exposé des méthodes employées pour leur construction font l'objet du cinquième chapitre, dans lequel l'auteur donne, à côté des théories,
les procédés employés dans les ateliers pour le tracé et l'assemblage de ce genre de
travail.

Les Moteurs, par JULIEN LEFÈVRE, professeur à l'École des
sciences de Nantes. 1896, 1 vol. in-16 de 384 pages, avec 141 fig.,
cartonné.. 4 fr.

Moteurs hydrauliques. — Puissance. — Roues en dessus, de côté, en dessous. —
Turbines centrifuges, centripètes, parallèles, mixtes, américaines. — *Moulins à vent.* —
Moulins à axe horizontal, à axe vertical, américains. — *Moteurs à gaz tonnants.* —
Comparaison des machines thermiques. — Gazogènes. — Carburation de l'air. — Moteurs
à gaz. — Moteurs à essence de pétrole, à huile de pétrole. — Applications : appareils
de levage, distribution d'énergie, éclairage électrique, voitures, cycles, bateaux.

Le Gaz et ses Applications, éclairage, chauffage,
force motrice, par E. de MONT-SERRAT et BRISAC, ingénieurs de
la Compagnie parisienne du gaz. 1892, 1 vol. in-16 de 308 pages,
avec 86 figures, cartonné....................................... 4 fr.

Fabrication du gaz et canalisation des voies publiques. Éclairage : principaux brûleurs
à gaz, éclairage public et privé. Chauffage : applications à la cuisine et à l'économie
domestique, applications industrielles, emploi dans les laboratoires. Moteurs à gaz. Sous-
produits de la fabrication du gaz ; coke, produits ammoniacaux, goudron et divers.

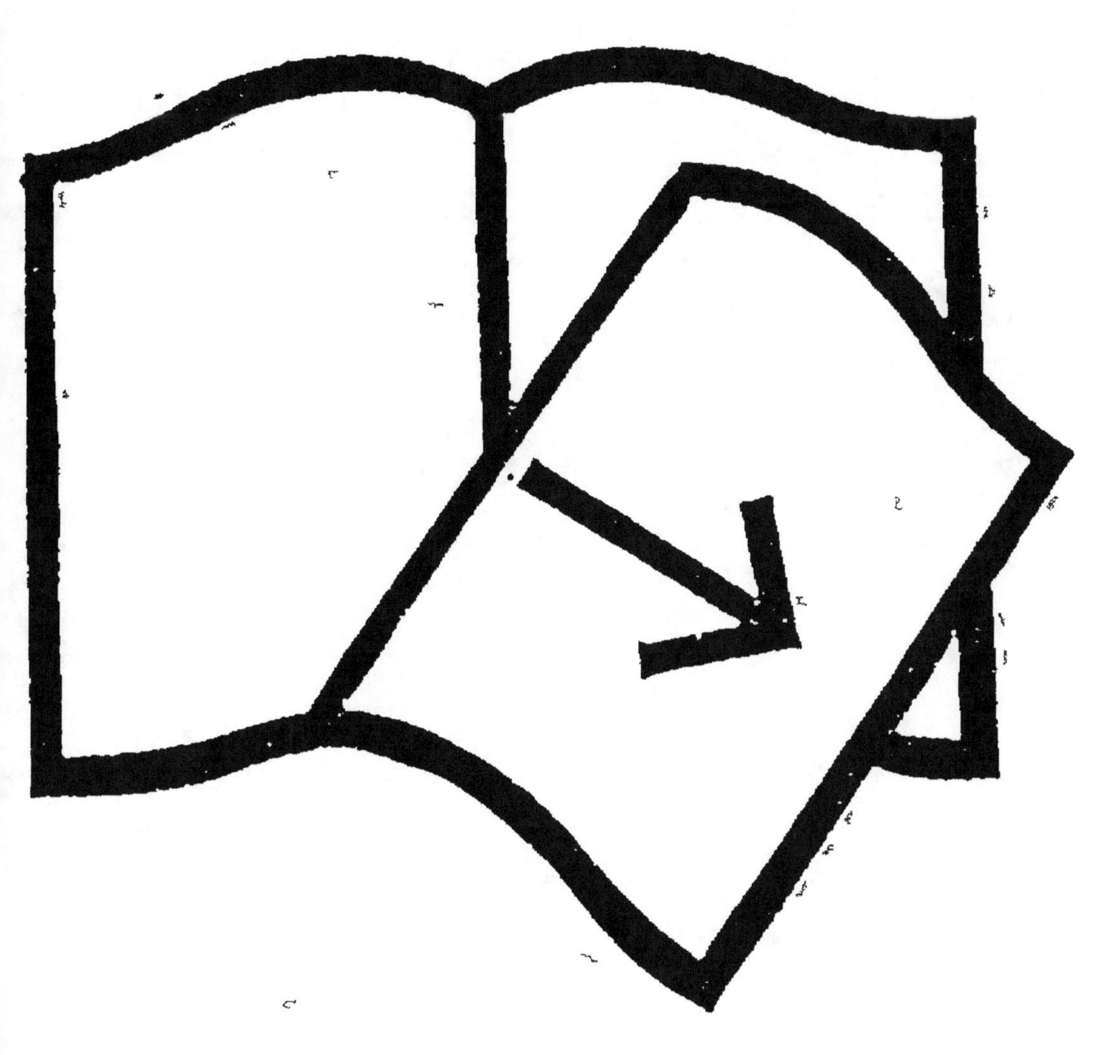

Documents manquants (pages, cahiers...)
NF Z 43-120-13

www.ingramcontent.com/pod-product-compliance
Lightning Source LLC
LaVergne TN
LVHW021923030726
842523LV00001B/49